INTERNATIONAL CREATIVE LANDSCAPE DESIGN

STYLE + FUNCTIONALITY

国际创意景观

风格+功能

ThinkArchit 工作室　主编

华中科技大学出版社
http://www.hustp.com
中国·武汉

图书在版编目(CIP)数据

国际创意景观：风格+功能 / ThinkArchit工作室 主编. －武汉：华中科技大学出版社，2012.6
ISBN 978-7-5609-8052-2

Ⅰ. ①国… Ⅱ. ①T… Ⅲ. ①景观设计－作品集－世界－现代 Ⅳ. ①TU-856

中国版本图书馆CIP数据核字(2012)第108462号

国际创意景观：风格+功能

ThinkArchit工作室 主编

出版发行：华中科技大学出版社（中国·武汉）
地　　址：武汉市武昌珞喻路1037号（邮编：430074）
出 版 人：阮海洪

责任编辑：刘锐桢　　责任监印：张贵君
责任校对：杨　睿　　装帧设计：张　靖

印　刷：利丰雅高印刷（深圳）有限公司
开　本：787 mm × 1092 mm　1/8
印　张：52
字　数：208千字
版　次：2012年8月第1版 第1次印刷
定　价：699.00元

投稿热线：(010)64155588-8000 hzjztg@163.com
本书若有印装质量问题，请向出版社营销中心调换
全国免费服务热线：400-6679-118　竭诚为您服务

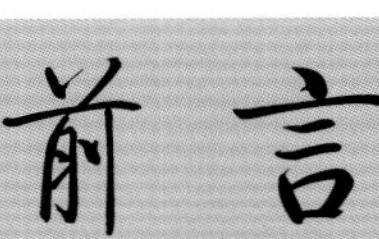

本书收录了近年来全球优秀的景观设计案例，除了有大量案例的实景照片外，还配附了规划平面图、剖面图、手绘效果图以及详实的文字说明等，深层次多角度地展现了设计者的设计理念和手法。编者按照景观功能将设计作品分为住宅庭院、公园绿地、文化教育、商业办公、休闲娱乐、滨水生态、屋顶花园、广场街道八类。本书还特意对每个作品的设计风格作了分析，既有简洁而精美的现代景观，又有富含深厚文化底蕴的古典式景观；既有恢弘壮观的东南亚式景观，又有那隐藏在碧水青山间的小桥流水、亭台楼阁的日式景观。

景观设计师用细腻的笔触勾勒出一幅幅与自然和谐共生的画面，它是激情和畅想，是隐逸和仁和，更是纯粹和完美。

“Thinking”每一个建筑

2012 年 5 月

CONTENTS

住宅庭院 Residence and Garden

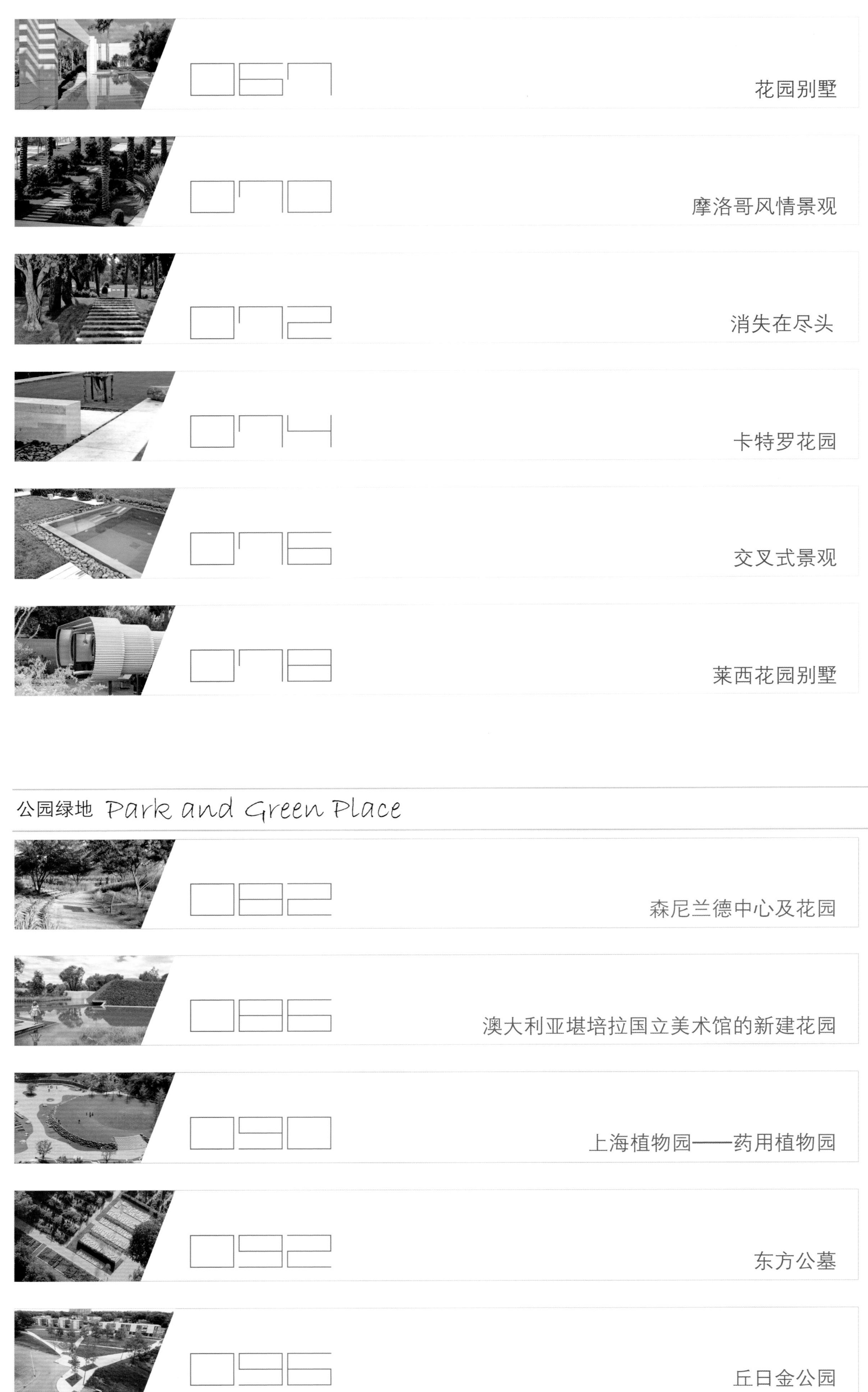

公园绿地 Park and Green Place

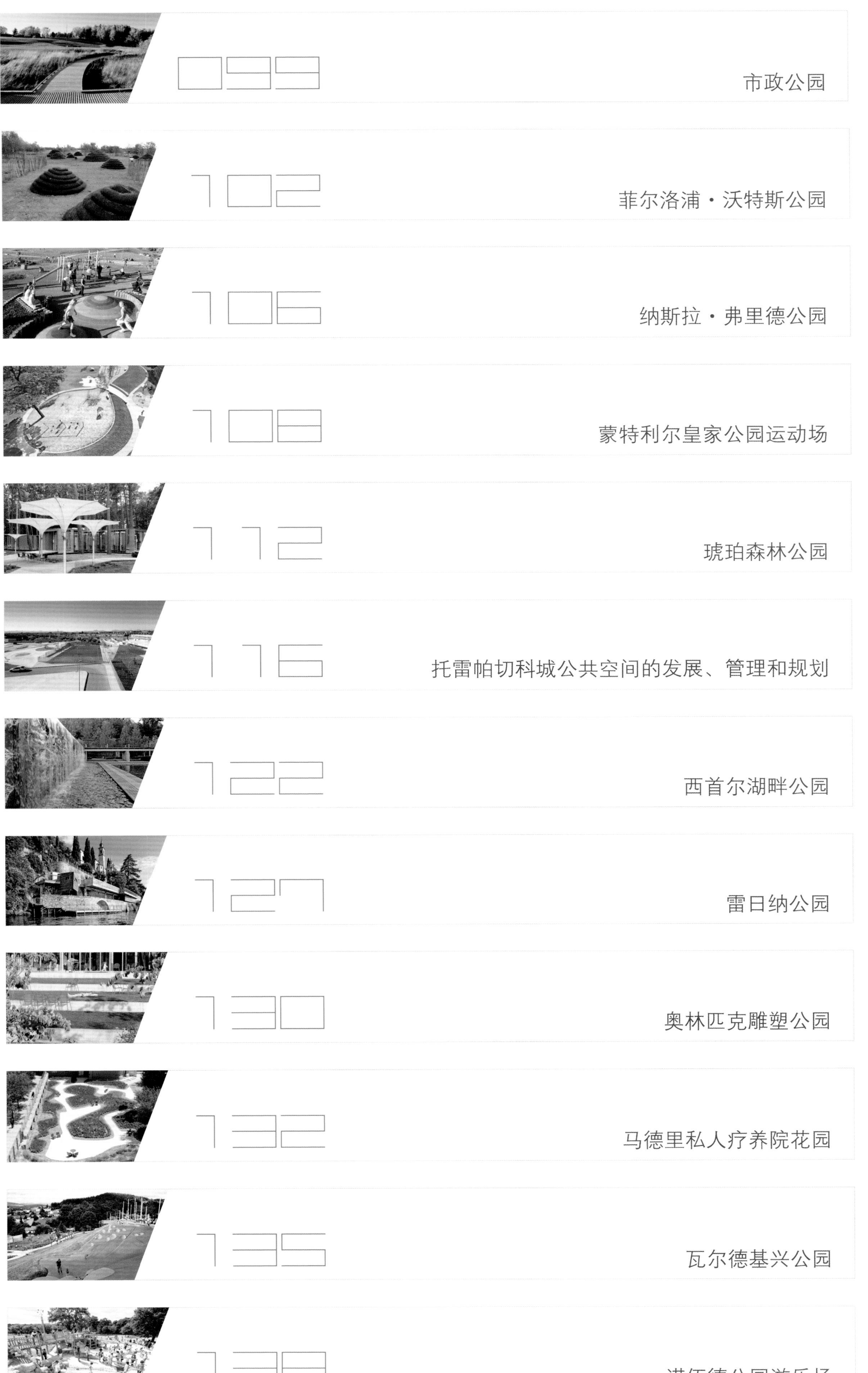

文化教育 Culture and Education

Commercial and Office Space 商业办公

休闲娱乐 Entertainment and Leisure

Waterfront and Ecology 滨水生态

Roof Garden 屋顶花园

Square and Street 广场街道

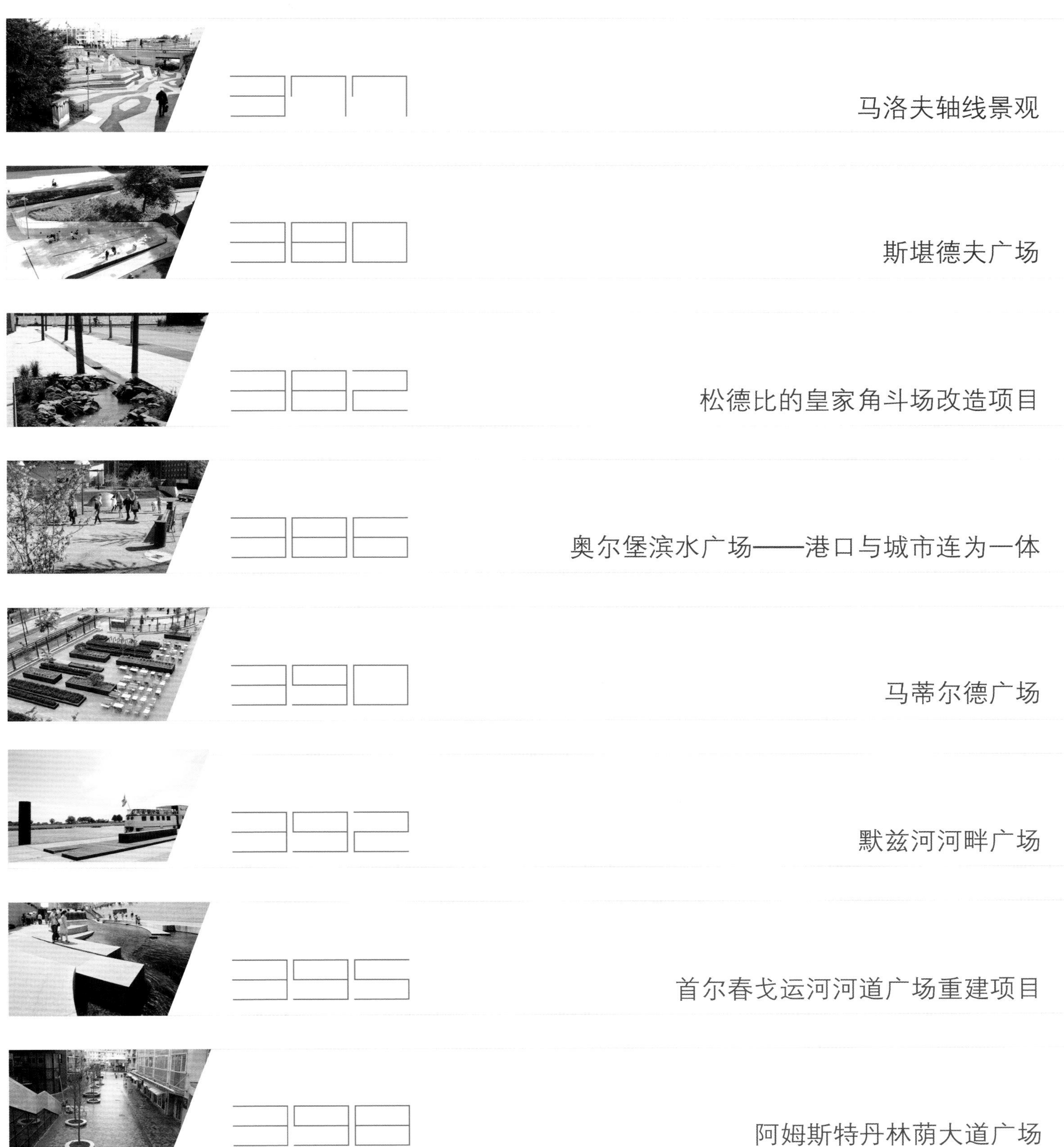

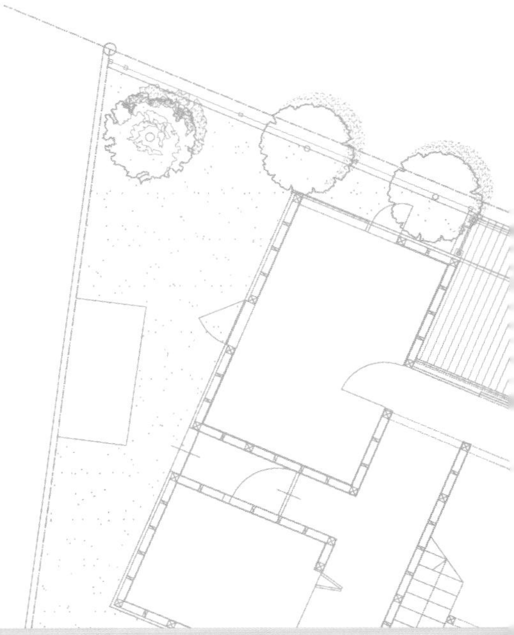

住宅庭院 Residence and Garden

珀斯伍德半岛

景观设计：HASSELL

地点：澳大利亚
面积：17 hm^2

摄影：Acorn

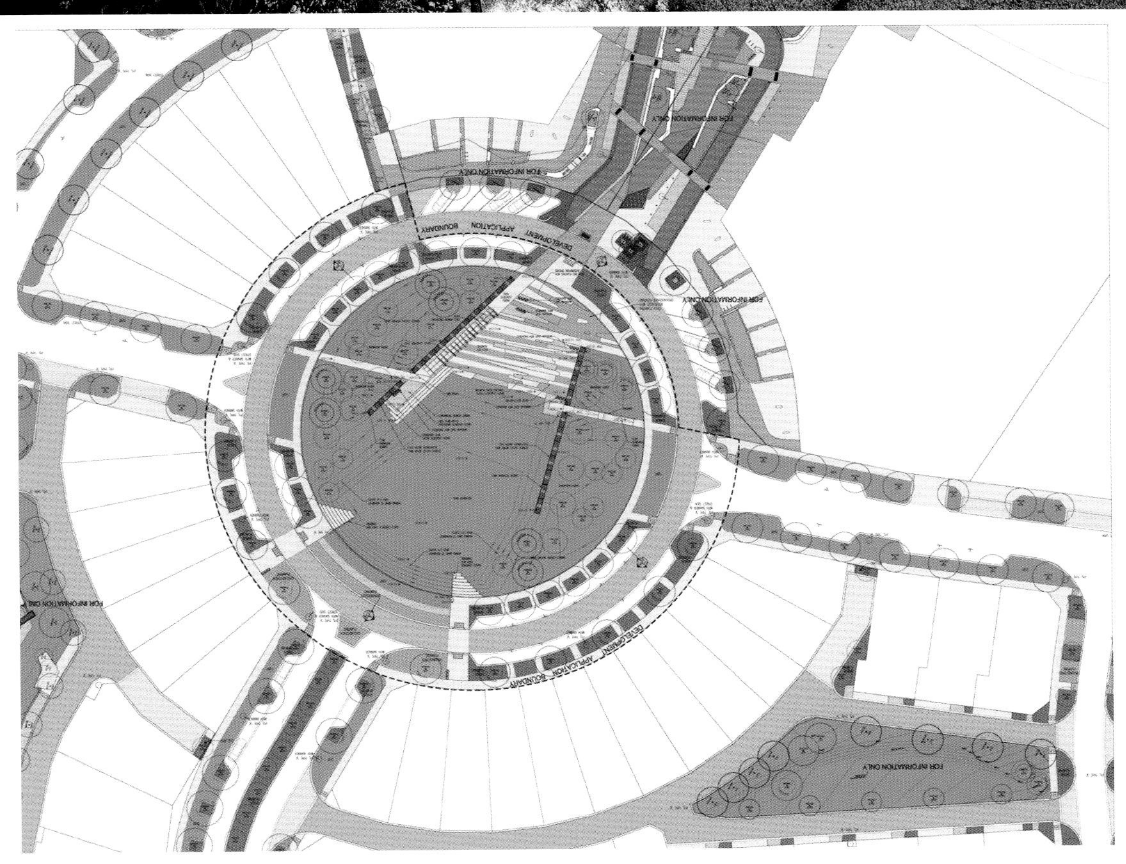

珀斯伍德半岛是澳大利亚最大规模的总体规划社区之一，距离珀斯 4km。这处新住宅项目将会成为大都市市区建设中一处质量高、环境好的住宅区。这里的交通线路将该项目与珀斯中心城区连在一起，步行和骑自行车是这里最常见的交通方式。

步行空间是该项目中不可缺少的组成部分。该项目设计了 5 处相互连接的公共开放空间，广场就是其中的一处。这些开放空间将项目中心区域与斯万河联系在一起。该广场位于两座兼具住宅功能的综合性建筑之间。这是一处安全舒适的场所，行人可在这里自由漫步，这里偶尔还能看到骑自行车的人。按照哈塞尔设计团队的设计方案，步行空间是灰色的混凝土结构，而自行车用空间是红色的混凝土结构。花坛围绕着开阔的绿地设置，花坛的附近是木制平台和水道。混凝土铺地是一种经济高效的路面铺装方案，它与鹅卵石、钢材、木制平台、抛光水磨石、石砌挡土墙一起创造了一个丰富多彩的空间。该广场是一处独特的功能空间，满足了居民的诸多需求。这里有一处公共花园，还有通向建筑、体育馆、咖啡馆等诸多设施的人行通道。

湖畔重建项目

景观设计：HASSELL　**地点**：澳大利亚　**面积**：4.3 hm^2　**摄影**：Peter Bennetts

该项目位于澳大利亚珀斯西部 8km 处，该海滨地区属于城郊，植被茂密。本项目是一个拥有 39 个地块的小型住宅开发项目。在这里，人们可以俯瞰克莱尔蒙特湖的湿地。

该重建项目始于 2002 年，自项目伊始，整个社区的公众就参与到项目建设中。该项目试图通过一系列融于地区景观的雕塑元素重现该地区的独特财富。该景观的设计元素能使人们体会这片土地对土著居民的重要意义。土著居民在欧洲人在此定居之前就生活在这里。

该地块靠近克莱尔蒙特湖和一片原始林区，其地域特点要求设计师对整体设计进行细致的考量，以保护并提升这里的生态环境。设计师设置了防护林和自然栖息地以保护这里的原始林区。设计师为该项目设计了一些富有特色的细节之处，比如住宅区的围墙、可观赏湖泊的瞭望台、花园、林间小道等。最后所设计出来的景观既保护了当地的传统资源，又达成了与时代相符合的开发建设目标。

奥尔胡斯居住区环境改造

景观设计： C. F. Møller Architects, Vibeke Rønnow Landscape Architects

地点： 丹麦
面积： 170 000 m^2

摄影： Helene Hoyer Mikkelsen, C. F. Møller Architects

这处位于 Bispehaven 住宅区周边的户外区建于 1970 年，该区域比较显著的特点有开阔的空间、高高的混凝土墙和茂密的植被，这个阴暗的环境使人很没有安全感。

该项目地块比较开阔，距离城镇也很近，但长久以来，该区域却拥有类似“贫民区”的名声，所以人们都不太愿意到这个地方来。整个改造项目的目的是赋予该地块以新的形象和特色，特别是为城镇居民营造出新的聚会地点。

通过将茂密的植被改造为草坪和花坛，该户外区域呈现出了开放和简洁的特性。住宅区周边斜坡上的矮树丛都被清除掉了，该斜坡成为一处开放式的长满青草的地方，其上栽种着成排的桦树。原先那些高高的混凝土墙被“锯”得矮矮的，几乎与地平面持平，变成了低矮的栏杆。

新建的铺路材料使用的是黑白相间的色调，其与修缮后的住宅建筑立面相协调，而植被也尽量保证简洁，主要有紫藤、女贞、各种草本植物和喜马拉雅桦树。

倾斜的地形被用来打造可供人们歇坐的台阶，居民们可以在多功能广场上开展形式多样的活动。其中有一处带有遮阳棚的台地，人们可以在这里跳舞、滑旱冰或进行球类运动。四座人行桥成为该区域新的标志。在夜晚，搭配上新的、更为安全的照明设施，每座桥都闪耀着不同的色彩，成为该区域的标志性地点所在。

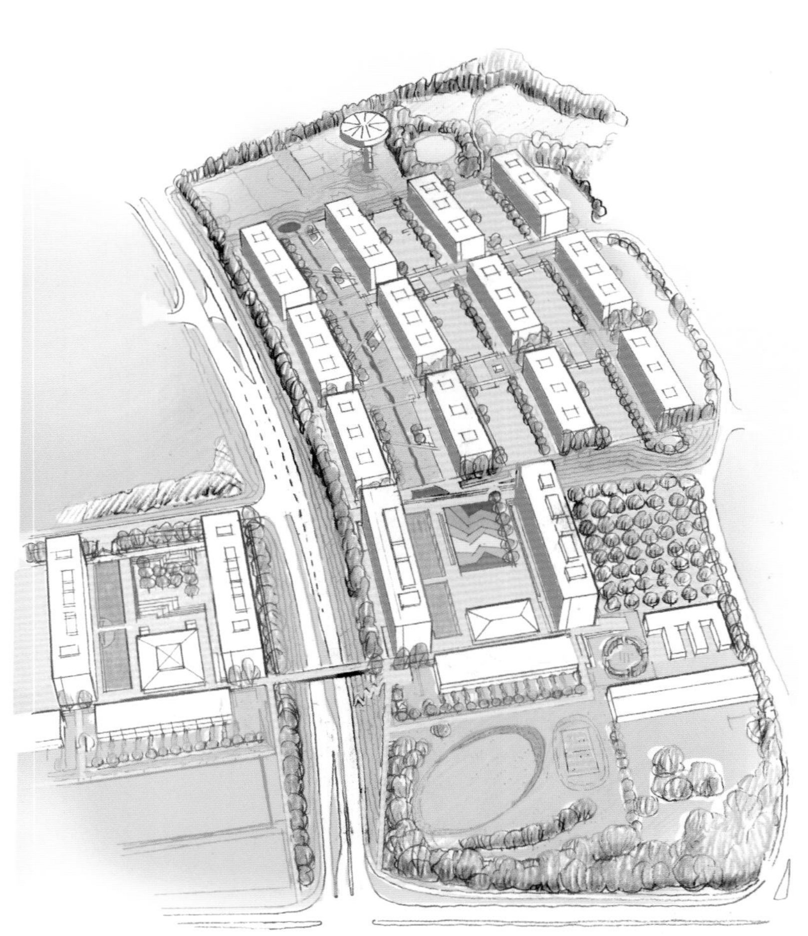

77 号住宅

景观设计：Charles Anderson | Atelier ps
景观设计师：Larry M. Smart
地点：美国
面积：0.68 hm²
摄影：Larry M. Smart, Lara Normand, Mithun

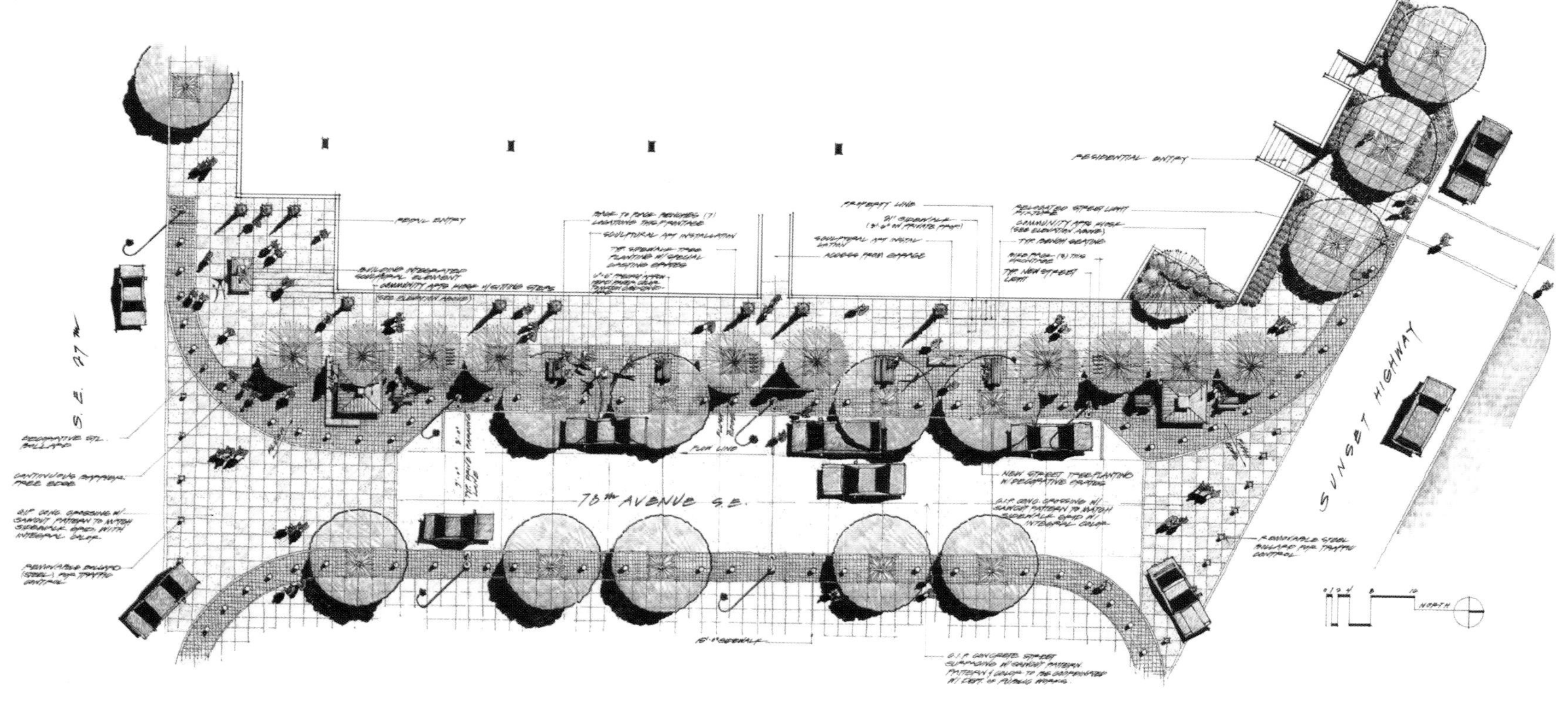

该项目有多种用途，体现了西北太平洋地区的生活方式，这处新古典式的住宅区距离西雅图市中心只有几分钟的车程。这里风景秀丽，社区设计得很是考究，其周边被华盛顿湖的湖水所环绕。该项目含四个楼层的住宅单元，地下为停车区。设计师在东、南、西侧面向街道的地方设置了零售店面，联排房屋均拥有极好的视野，且均有通道与邻近的雕塑园相连接。

街景上设置了不同规模和风格的户外平台，为行人和居民提供了诸多便利。其中最大的平台是街区中央的一处面南的广场。建筑面向广场一侧有一处开口，这使得上方的内部庭院以及面向庭院的公寓能够接受充足的阳光照射。面南的广场为该项目提供了一些额外的使用空间。花槽为就地浇筑的混凝土基座式，这为放置桌子和设置会谈区提供了空间。树木也为该项目空间的视野提供了一个恰到好处的缓冲区。街道一侧的花槽中放置了大型的艺术品，这更凸显了该项目与雕塑公园之间的联系。

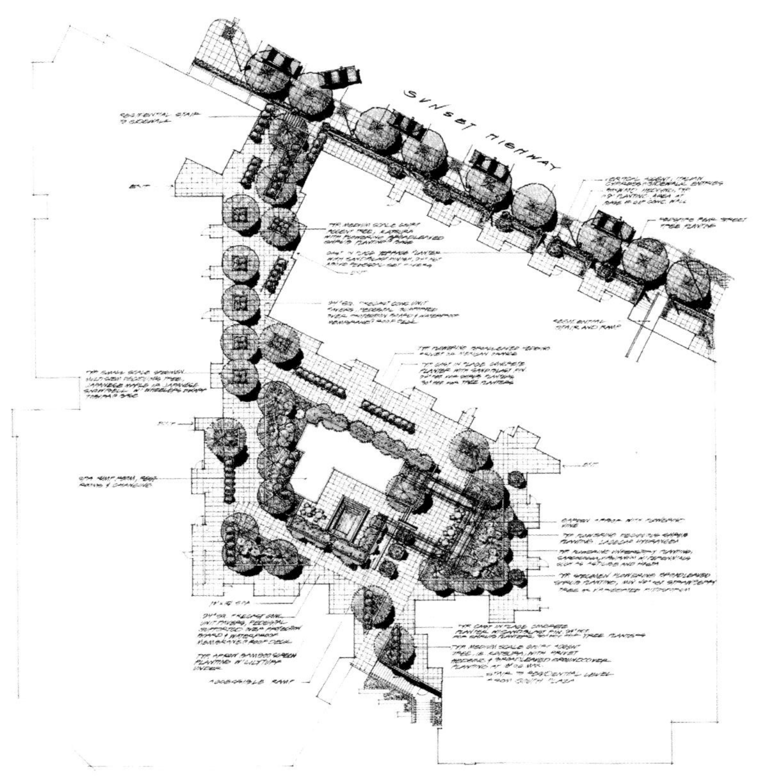

SUNSET HIGHWAY

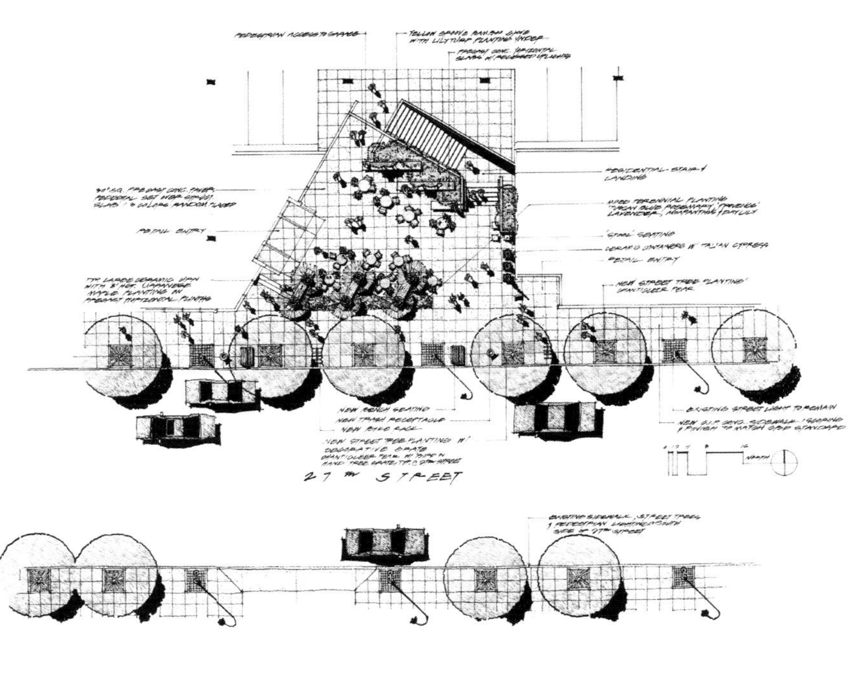

NEW BENCH SEATING
NEW TRASH RECEPTACLE
NEW BIKE RACK
NEW STREET TREE PLANTING W/
DECORATIVE GRATE
27TH STREET

AVAILABLE

代尔夫特居住区

景观设计：OKRA landscape Architects　**地点**：荷兰　**面积**：1 500 m^2　**摄影**：OKRA

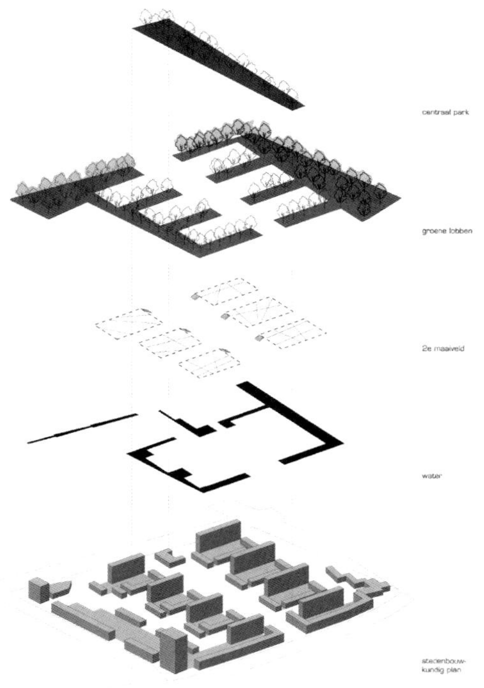

该公园打破了该地区的线性外观，从外观来看整座公园颇具连续性。公园设置了几个功能区。公园具有相互联系的网络结构，公园面积很大，设置了专门的区域供人们遛狗。该公园在设计上对以下几个方面给予了特别关注：会面、约会、广度、多样性等。不同文化的共存是该公园的一大特色，这些都在设计草图中有所体现。

该公园中存在着诸多在功能上需要进一步界定的区域，例如会面以及约会区。吊环是这些地区的基本配置，这里还有电力供应、临时性座位等。在该公园中还能找到其他功能区，比如运动场、商场、聚会区等。

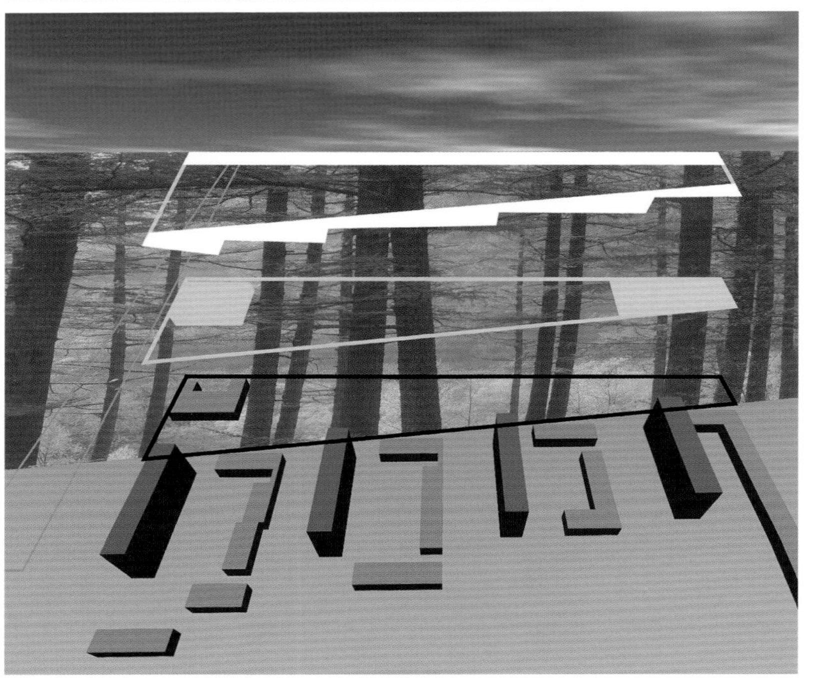

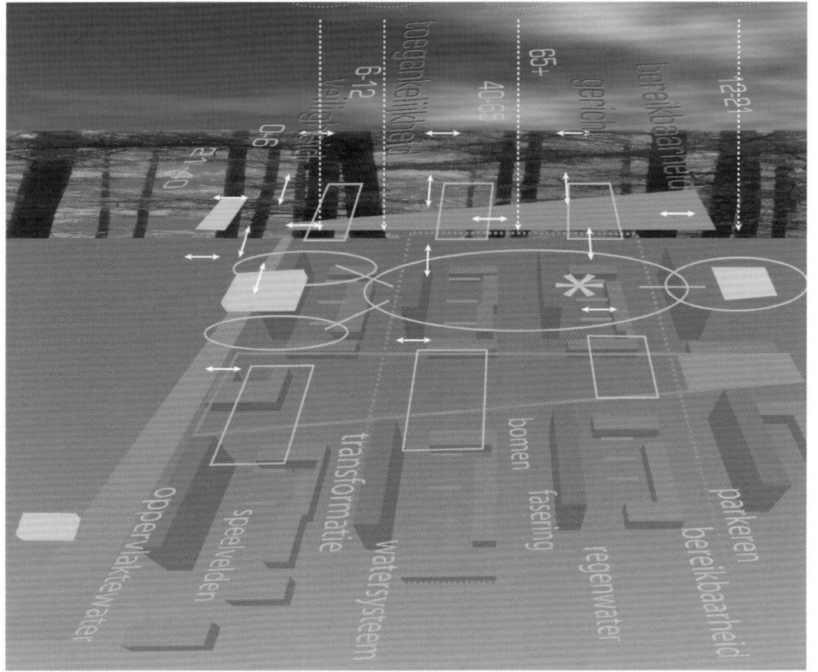
toegankelijkheid
6-12
40-65
65+
bereikbaarheid
oppervlaktewater
speelvelden
transformatie
watersysteem
bomen
fasering
regenwater
parkeren
bereikbaarheid

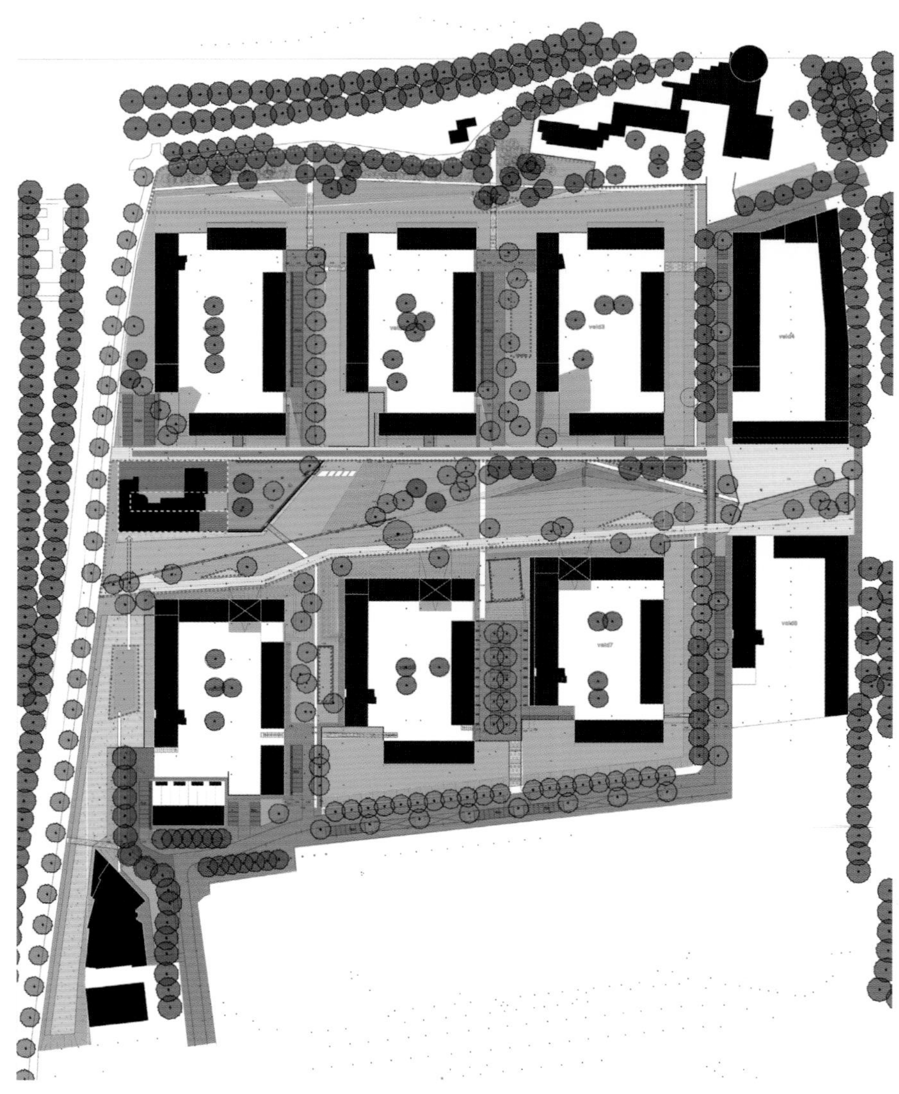

Delft

迪拜绿洲硅城别墅区

景观设计：Verdaus Landscape Architects LLC　**地点**：阿联酋　**面积**：551 379 m²　**摄影**：Mr William Lyon

迪拜绿洲硅城是一处设有栅栏和警卫室的占地 550000m² 的住宅社区，共建设了 560 栋别墅。该景观设计项目包含所有的街景设计、九座公园以及一处含游泳池、饭店和便利零售店的社区中心。

景观设计公司接受邀请，对现有的地块总体规划方案提出一些建议。Verdaus 的第一项建议是作出一些调整，以提升私人空间与公共空间之间的关系。按照最初的总体规划方案，别墅区的后部区域潜藏着几座公园，只能通过别墅间的一条小道到达这些公园。而这种设置并没有在公共和私人空间之间构建起最优的关联。

景观公司还建议对别墅进行一些重新设计，使其正面可以俯瞰公园。公园周边被别墅区的车行道包围，这在公园之间营造出了有益的缓冲带，并且这种设计也方便更多的人四处走动、游览花园。

景观公司还在整个项目地块上沿街道栽种了很多树木。这 560 栋别墅的设计都是一模一样的。从很多方面来讲，街边栽种的大树都是非常重要的景观元素。这些树还有一个重要的功能，即缓和 560 栋完全相同的别墅建筑带给人的视觉冲击，也给整个社区增添了很多趣味和美感。景观公司与主要咨询顾问进行了密切的协作，以确定在街边栽种树木的具体位置。最终，栽种的树木产生的视觉效果令人非常满意。

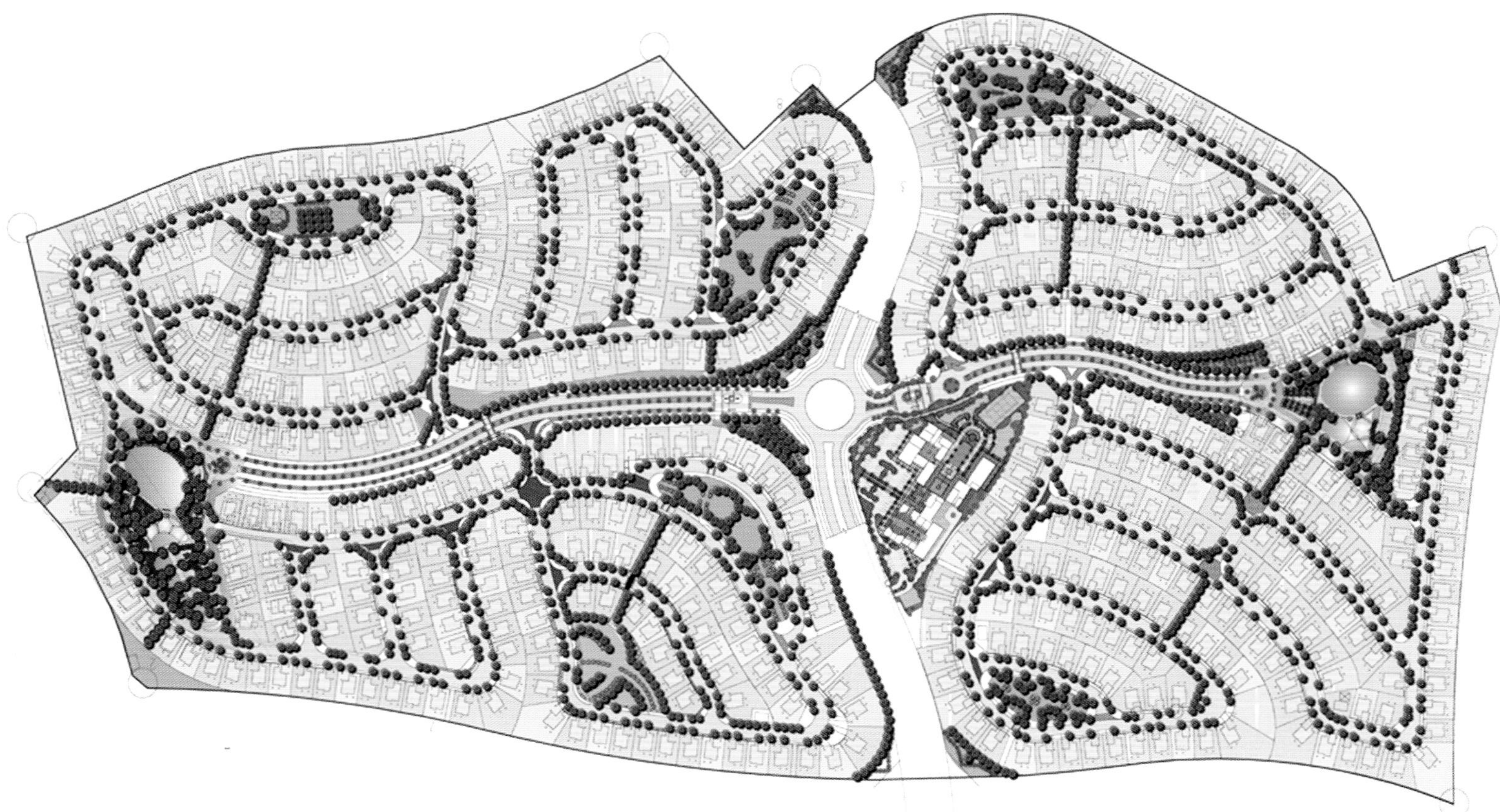

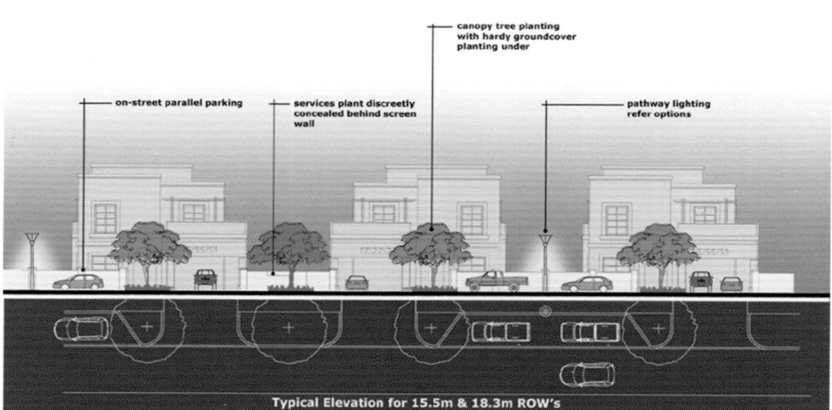
canopy tree planting with hardy groundcover planting under
on-street parallel parking
services plant discreetly concealed behind screen wall
pathway lighting refer options
Typical Elevation for 15.5m & 18.3m ROW's

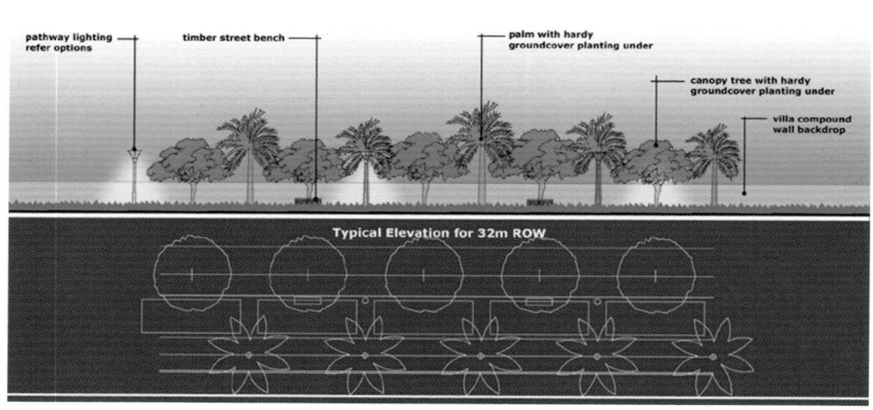
pathway lighting refer options
timber street bench
palm with hardy groundcover planting under
canopy tree with hardy groundcover planting under
villa compound wall backdrop
Typical Elevation for 32m ROW

雷德帕斯公寓

景观设计：Marton Smith Landscape Architects
景观设计师：Sweeny Sterling Finlayson & Co. Architects Inc.
地点：加拿大
面积：approx. 6526 m^2
摄影：Lucien Marton, MSLA

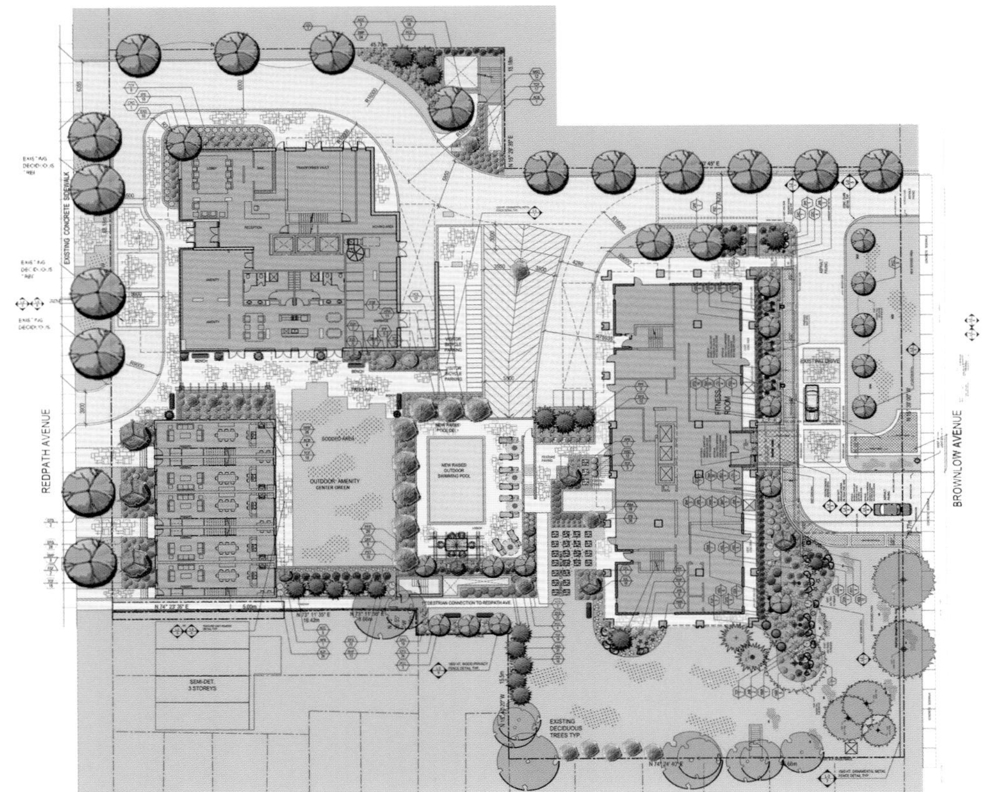

这栋 21 层高的公寓位于环境优美的城镇中心，周围植被密布，其外立面为玻璃和钢制结构，它还通过了绿色环保认证。这栋现代风格的建筑拥有简洁的线条。它拥有两层高的门厅、瑜伽室、健身馆、篮球场以及一处位于屋顶的户外休闲娱乐中心。人们在这个屋顶休闲娱乐中心，可以欣赏城市美景，这个屋顶休闲娱乐中心还设置了倒影池、室外台球桌、壁炉、烧烤区、户外淋浴设备以及水疗中心。作为一座通过绿色环保认证的建筑，它严格遵守了有关环保设计的标准规范，在环保、可持续性、节能等方面远远超越了传统的建筑。

豪华的立方花园

景观设计：TROP
景观设计师：Pok Kobkongsanti
地点：泰国
面积：51 222 m^2
摄影：Pok Kobkongsanti

该项目的设计灵感来自于纸拼贴画。其与纸拼贴画的区别在于没有使用彩色纸，而是使用不同颜色的不同材料。我们使用混凝土、岩石、草地、灌木丛以及其他材料作为拼贴作品的“色彩”。

我们首先按照二维方案来安排所有素材，就如绘画一般，然后通过将一些区域的建筑结构抬升，以将整个设计转变成三维的。其中一些元素成为通向销售处的主台阶，而其他的为公园的景观元素。

我们致力于用有限的资金将花园建设成为项目场地中的一个亮点。

该项目地块位于所在地区的一处主要的交叉路口，当地人和行人都非常喜欢这个项目。这片绿色的景观缓解了拥堵的交通带给人的焦虑感。

对于该项目的客户（大多数是年轻人）来说，他们都很喜欢这个花园与众不同的美景。

NOBL
NOBLE PATTANAKARN

NÖBL

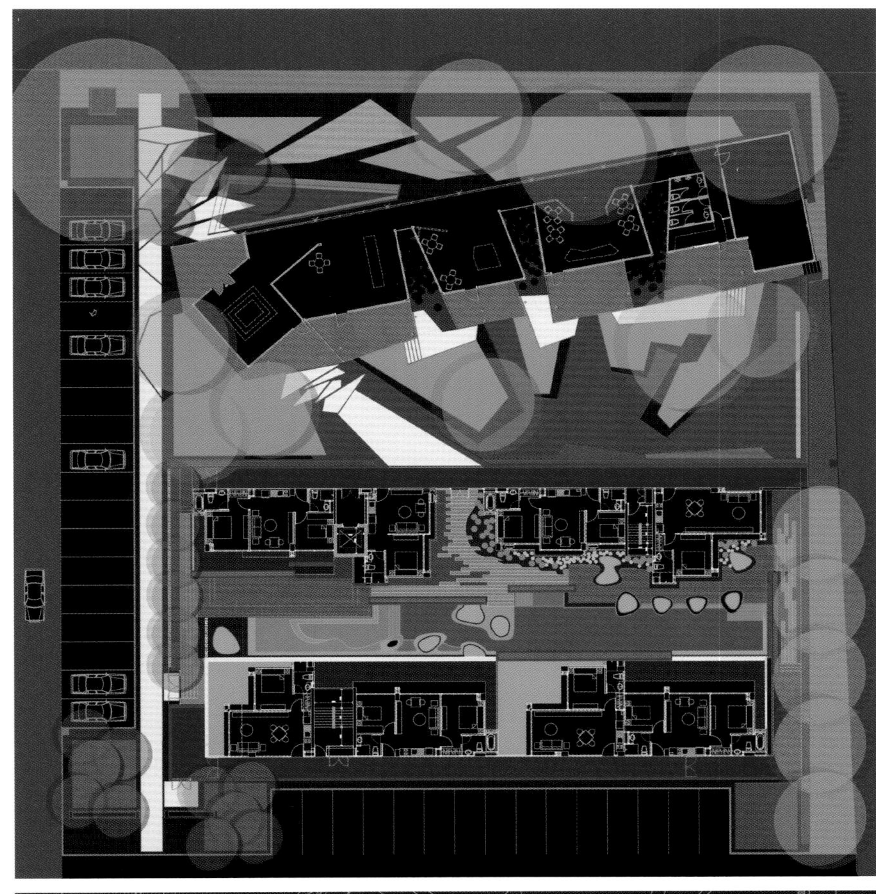

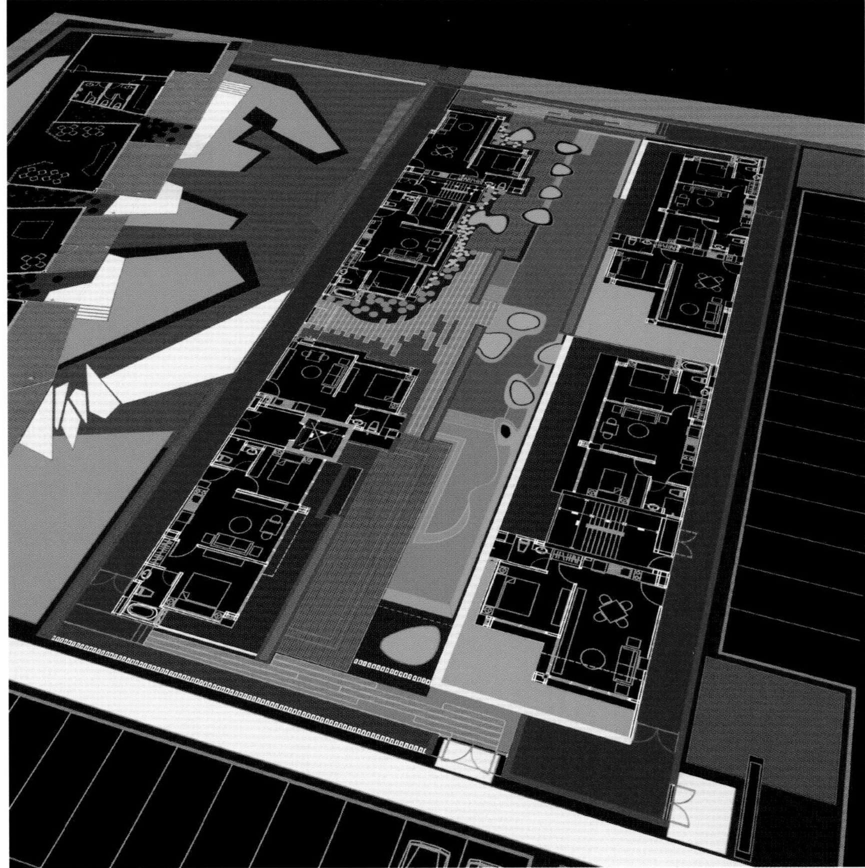

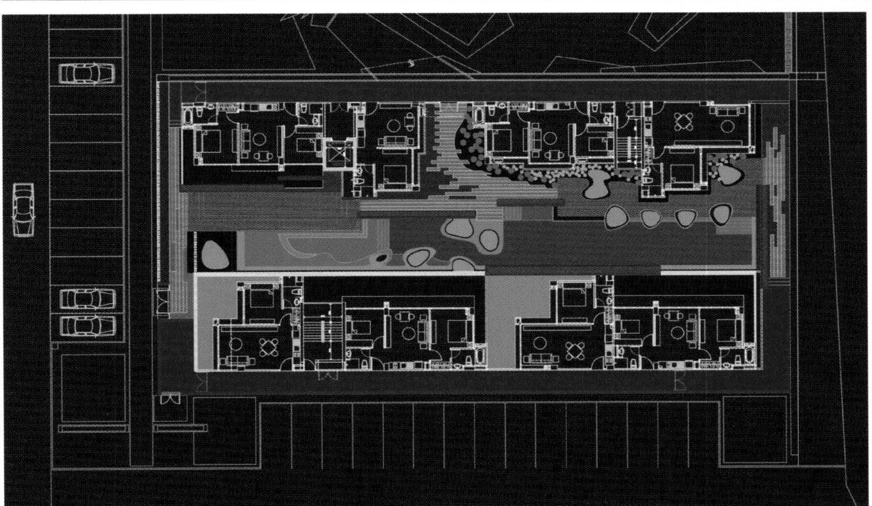

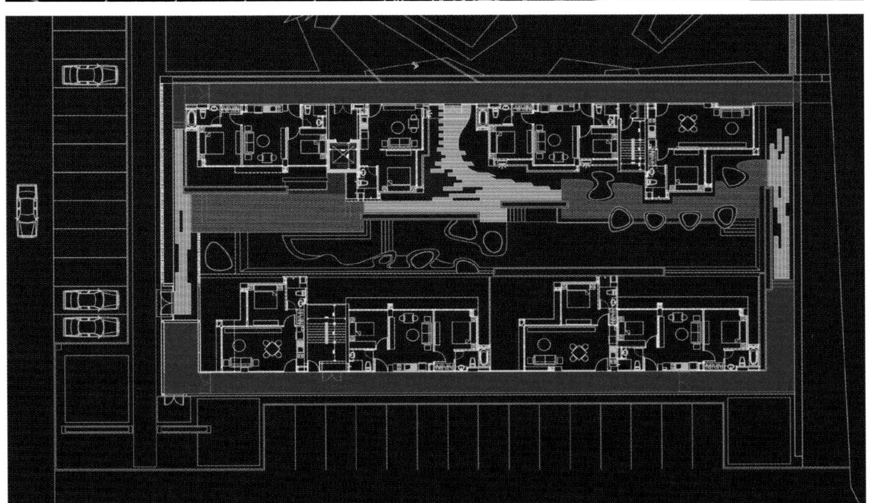

法勒尔池塘项目

景观设计：Mikyoung Kim Design　**地点**：美国　**摄影**：Charles Mayer Photography

FARRAR POND
Koi Pool
CorTen Fence
Main House
STONE WALL
PAPER BIRCH GROVE
BlueStone Path
Blue Stone Gravel Driveway
RIVER BIRCH GROVE
PRESERVE WOODLAND
Entry Drive
Kettle
CorTen Retaining Wall
WHITE PINE GROVE
HUNTLEY LANE

该项目的设计目标是通过使用丰富的本土植物提升地块的自然之美，以保护原有的生态环境。

按照规划，不应选择那些较难养护的植物类型，而应栽种一些不需要特别的养护措施，也不需要设置灌溉系统的植物。车道主入口两侧栽种了许多白桦。住宅主行人入口的前方栽种有水白桦。在柯尔顿耐腐蚀钢制成的篱笆处还有一片白桦林，其一直延伸到法勒尔池塘的森林景观中，与原有的桦树林之间构建起了一种对话。

按照项目规划，需要为狗狗们建造一处有防护带的区域，为人们设置一处不受干扰的散步区，在整个项目地块上也需要辟出多条通道。在户外的青石露台上，人们可以俯瞰法勒尔池塘的美景。花岗岩踏脚石设置了一些接缝处，其中栽上了苔藓和百里香等植物，这使得人们穿越森林时会拥有独特而又生动的视觉体验。天然的硬木林中设置了柯尔顿耐腐蚀钢制成的篱笆，篱笆的设置与地面的运行轨迹保持一致。设在建筑中的锦鲤池所使用的建造材料有层压式不锈钢板和大型定制浇铸玻璃结构，该锦鲤池与从青石露台区所欣赏到的法勒尔池塘的美景相呼应。

该项目很好地展现了新英格兰森林景观的优良品质，同时严格遵守了城镇管理部门针对土地规划所制定的各项规定。更为重要的是，该项目呈现出了富有时代特色的建筑语言，而这恰好满足了对艺术、雕塑都颇有兴趣的客户的需求。

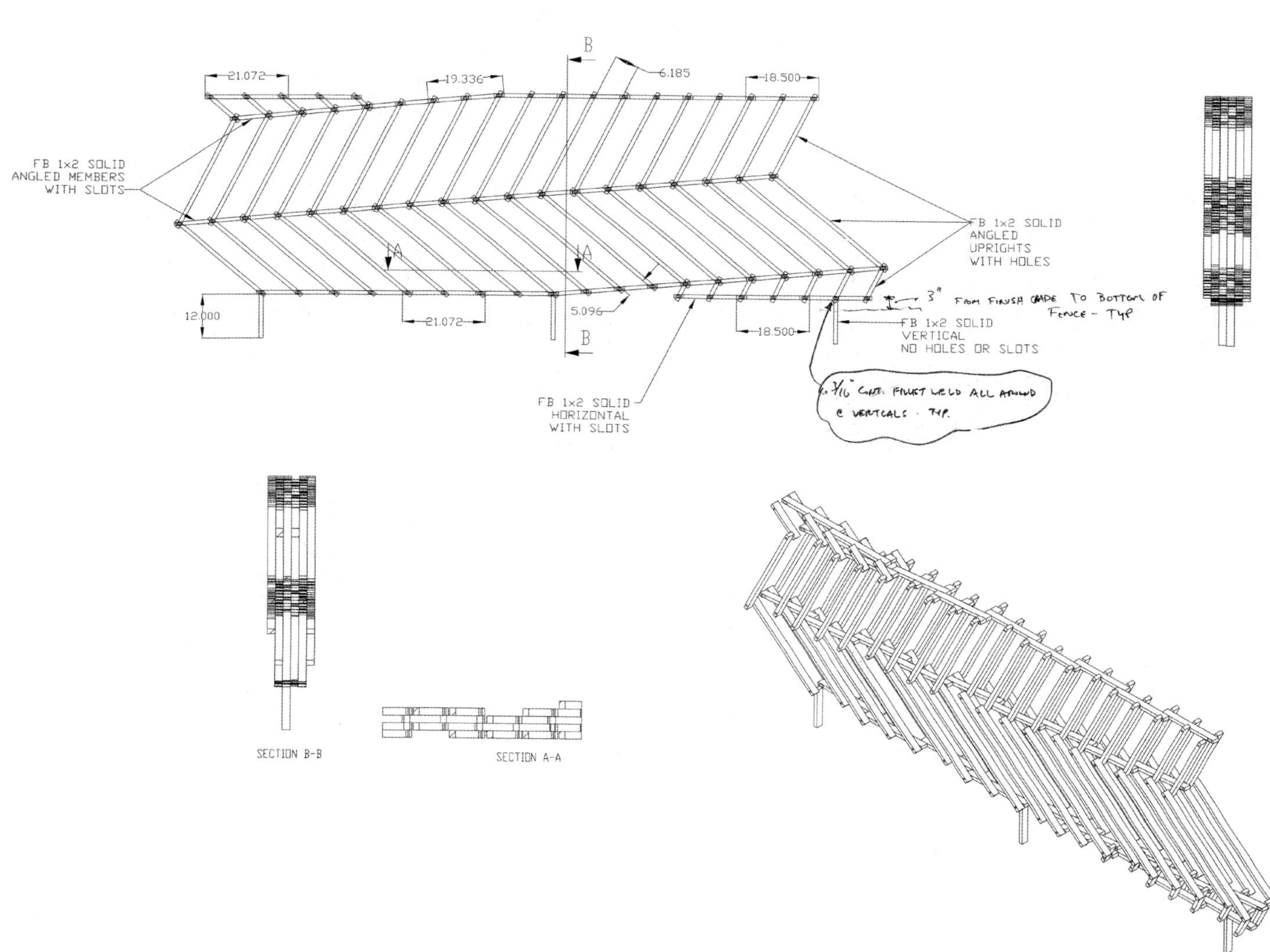

B
21.072
19.336
6.185
18.500
FB 1x2 SOLID ANGLED MEMBERS WITH SLOTS
FB 1x2 SOLID ANGLED UPRIGHTS WITH HOLES
A
A
12.000
21.072
5.096
B
18.500
3" FROM FINISH GRADE TO BOTTOM OF FENCE - TYP
FB 1x2 SOLID VERTICAL NO HOLES OR SLOTS
FB 1x2 SOLID HORIZONTAL WITH SLOTS
ALL AROUND @ VERTICALS · TYP.
SECTION B-B
SECTION A-A

一座住宅的景观

景观设计：Pitágoras Arquitectos　**地点**：葡萄牙　**面积**：12 000 m²　**摄影**：LUIS FERREIRA ALVES

现有的住宅占地 4 000m²，最近修建了一处宽 4m 的公共楼梯，它将该住宅一分为二。本次设计还要为该住宅新建一处占地 12 000m² 的橡树林。新建的楼梯为该住宅营造了一条便捷的通道，它设置在马路边上，将成为该住宅的主要通道。这样，原来那条建在高地上的距离该楼梯有 24m 的通道即可弃用了。

还有很重要的一点是赋予该楼梯以休闲娱乐的特色，它跨越了地块的很大一部分，并与周边的人行小道相互连接，其设计也得益于现存的泉水，水是该公园的结构要素之一。该项目在功能和结构设计方面，设计师都花费了很多心思。指导人们设计的主要理念有想法、结构和外观。景观与建筑都遵循了同样的设计思路。墙壁、斜坡和坡道都按照规划来设计。小路都按照等级顺序来设置。溪水都被引入到新建的湖泊中。

在这里，源于抽象灵感设计出来的材料、生物种类、材质和色彩相互融合，自然与人工之间的关系得以发掘出来。用一句话来总结，我们想要营造的是一处人们可以获得充分感官享受的地方。

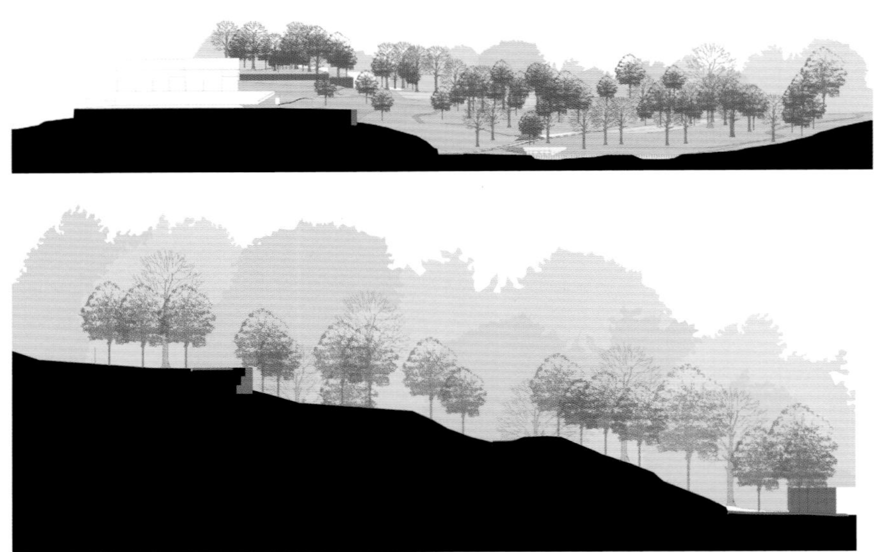

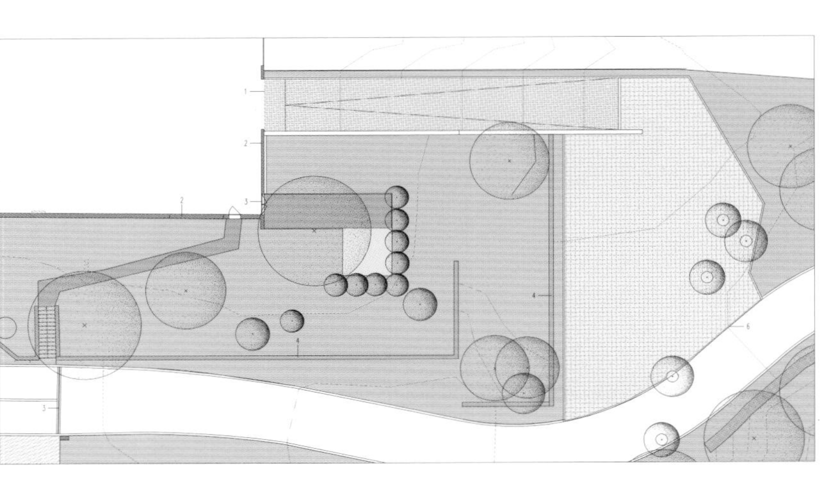

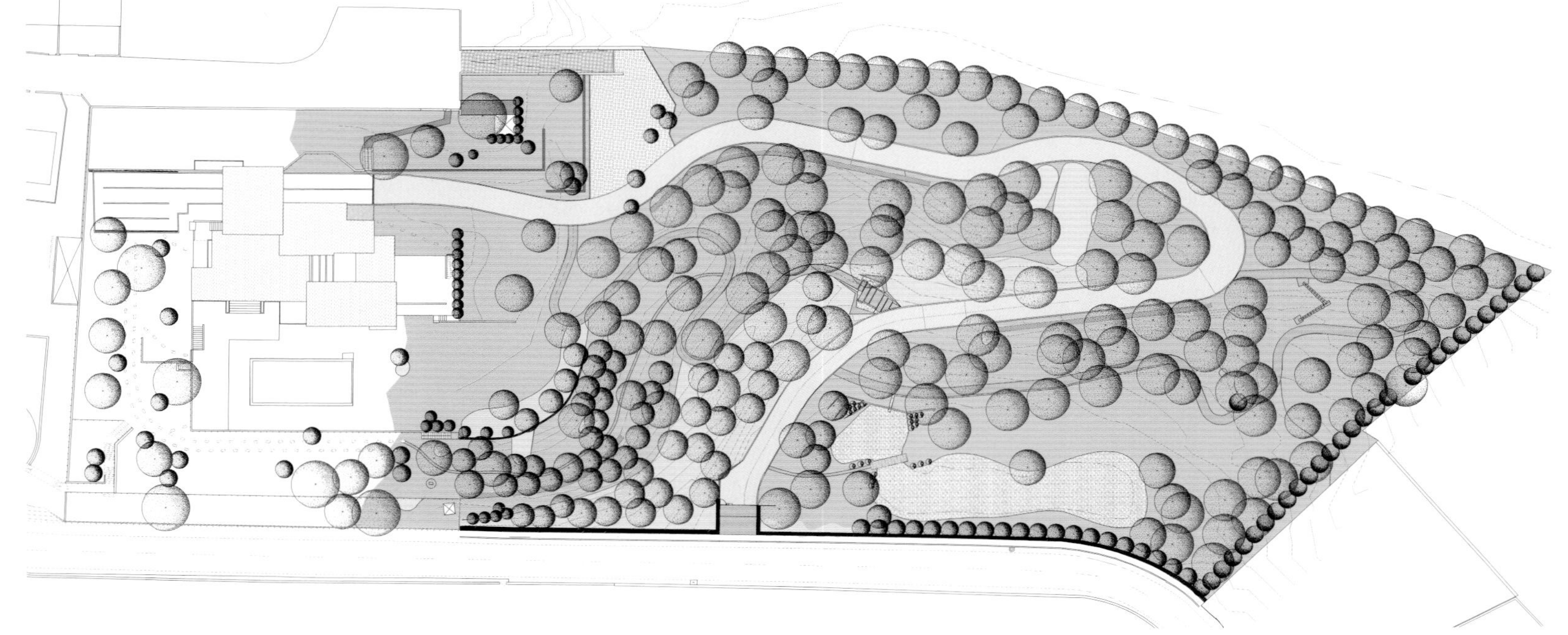

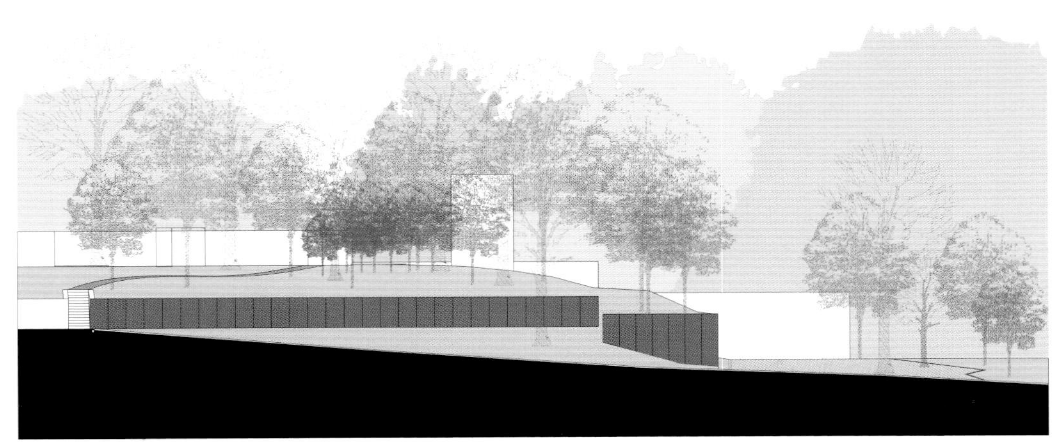
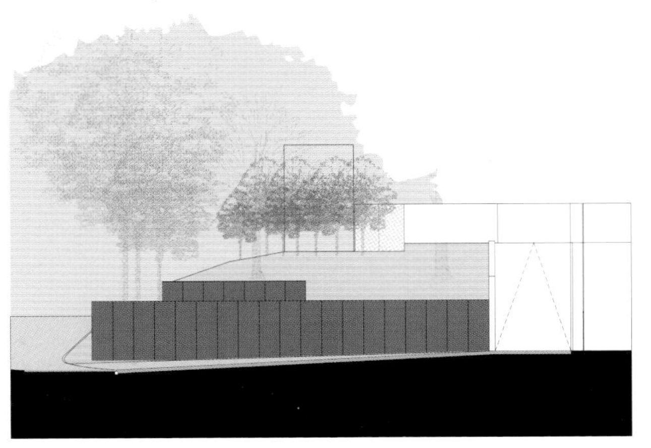

18 号花园

景观设计：BRUTO landscape architecture d.o.o.
设计团队：Matej Kučina, Tanja Maljevac
地点：斯洛文尼亚
面积：2000 m²
摄影：Miran Kambič

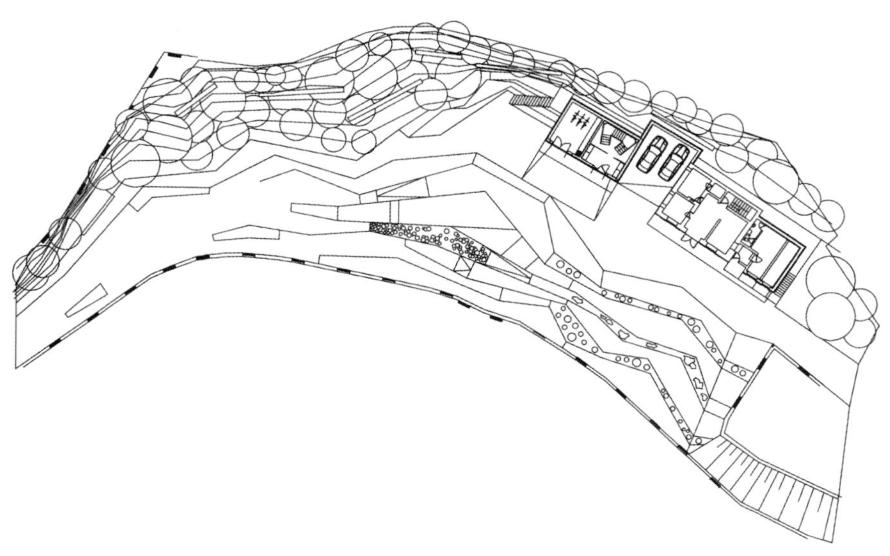

该花园按照地形来设计，房屋前部有一个条状结构的花坛，这些条状结构采取了折线设计。这些结构的边线在设计上顺应了附近小溪的走势，从装饰性花坛的入口处，穿过花园的木制平台，一直延伸至花园的自然生态景观区域，进而营造出了该地块的构架和花园的总体外观。在某种意义上可以说，该项目是人工与自然的结合，靠近建筑的部分具有明显的刀削斧凿的人工痕迹，而南侧的景观却具有更多的自然生态元素。

该景观花园由三部分组成：入口花园由沙石和草坪打造的带状结构构成，其中栽种了装饰性小草；主花园为按照地形打造的木制平台和游泳池；南侧的自然花园由草坪和天然植被构成。

从外观上看，该项目非常像“折叠式木制高台”，它从高处一直向下延伸至木制平台边的小溪。依地形而建的木制平台给这处狭长、相对平坦的区域注入了活力。将花园与东边那条日夜奔流向前的天然河流分隔开来的混凝土墙实际上是一处防洪屏障。这里还有夜间照明设施，其也是依据场地的地形和溪岸的轮廓来打造的。

法式别墅

景观设计：A J MILLER Landscape Architecture
景观设计师：Mariane Wheatley-Miller
地点：美国
面积：0.404 hm^2
摄影：Charles Wright

景观设计承包商负责设计该项目的灌溉系统以及植被（含乔木、灌木、多年生植物以及草坪等）种植。为了展示设计效果，设计师种植了几株乔木和一些灌木丛。除此之外，该项目还栽种了许多适应当地环境条件的本土植物，这样使景观便于维护。

A J Miller景观设计事务所是该项目的照明设计者。电工安装了很多电缆以创建一个综合的景观照明系统。设计师选用的均是耐久性能好、防水性强的由黄铜铸造的照明设备。设计师采用间接照明的设计原则，照明设备都被掩藏起来，与景观和植被融为一体。

设计师建议客户将建筑重新粉刷，将原先白色和灰色的墙壁粉刷成柔和的米黄色，并用绿色来提亮。重新粉刷后的建筑拥有棕色的屋顶和铜质沟槽。该建筑不会显得太过耀眼，与整个项目的设计相得益彰，同时营造出了更为温馨的环境氛围。

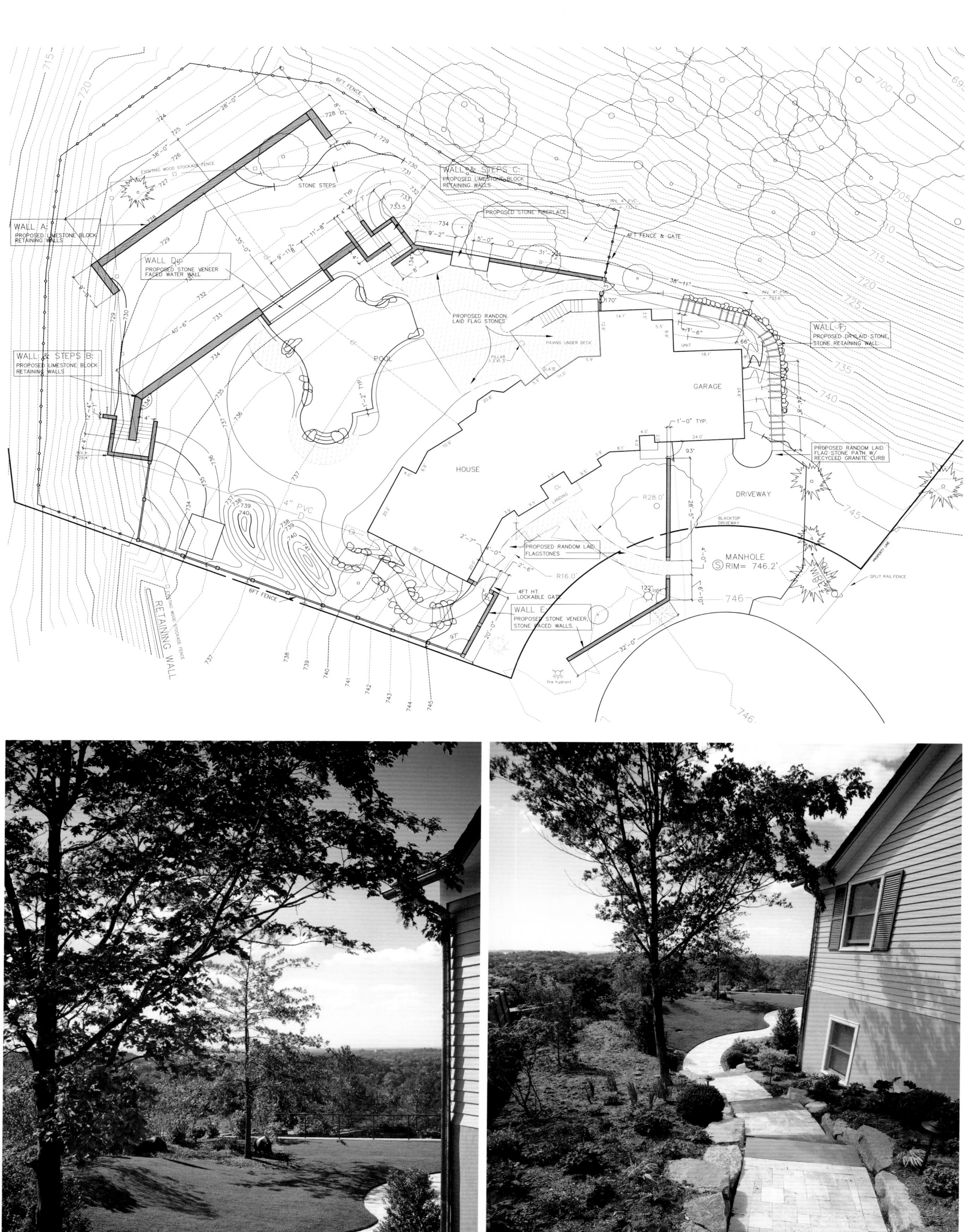
WALL A:
PROPOSED LIMESTONE BLOCK
RETAINING WALLS
WALL D:
PROPOSED STONE VENEER
FACED WATER WALL
WALL & STEPS B:
PROPOSED LIMESTONE BLOCK
RETAINING WALLS
WALL & STEPS C:
PROPOSED LIMESTONE BLOCK
RETAINING WALLS
STONE STEPS
PROPOSED STONE FIREPLACE
4FT FENCE & GATE
6FT FENCE
PROPOSED RANDOM
LAID FLAG STONES
PAVING UNDER DECK
POOL
HOUSE
GARAGE
DRIVEWAY
WALL F:
PROPOSED DRYLAID STONE
STONE RETAINING WALL
PROPOSED RANDOM LAID
FLAG STONE PATH W/
RECYCLED GRANITE CURB
PROPOSED RANDOM LAID
FLAGSTONES
4FT HT.
LOCKABLE GATE
WALL E:
PROPOSED STONE VENEER,
STONE FACED WALLS.
MANHOLE
RIM= 746.2'
BLACKTOP
DRIVEWAY
SPLIT RAILFENCE
RETAINING WALL
4" PVC

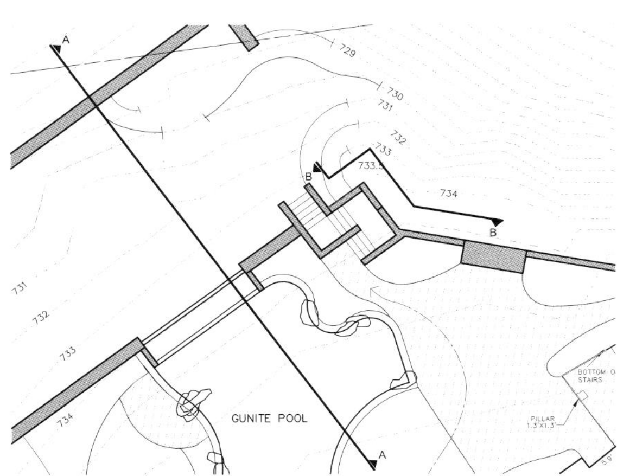
A
729
730
731
732
733
733.5
B
734
B
731
732
733
734
GUNITE POOL
BOTTOM OF STAIRS
PILLAR 1.3'X1.3'
A

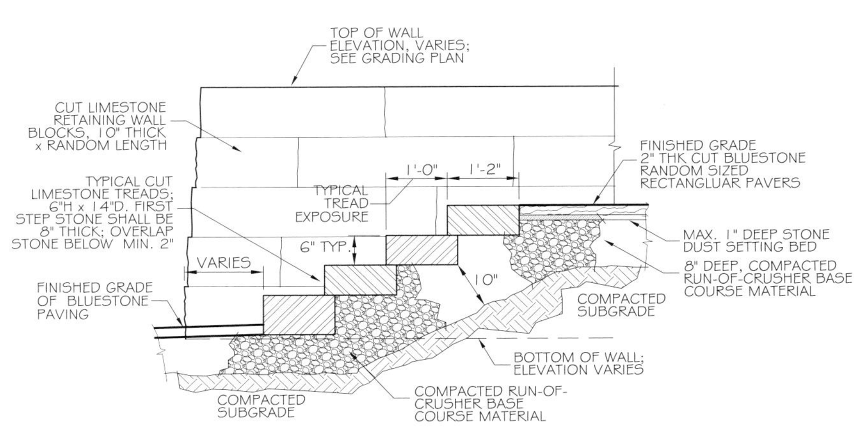
TOP OF WALL ELEVATION, VARIES; SEE GRADING PLAN
CUT LIMESTONE RETAINING WALL BLOCKS, 10" THICK x RANDOM LENGTH
TYPICAL CUT LIMESTONE TREADS; 6"H x 14"D. FIRST STEP STONE SHALL BE 8" THICK; OVERLAP STONE BELOW MIN. 2"
TYPICAL TREAD EXPOSURE
1'-0"
1'-2"
FINISHED GRADE 2" THK CUT BLUESTONE RANDOM SIZED RECTANGLUAR PAVERS
MAX. 1" DEEP STONE DUST SETTING BED
8" DEEP, COMPACTED RUN-OF-CRUSHER BASE COURSE MATERIAL
6" TYP.
VARIES
10"
FINISHED GRADE OF BLUESTONE PAVING
COMPACTED SUBGRADE
BOTTOM OF WALL; ELEVATION VARIES
COMPACTED RUN-OF-CRUSHER BASE COURSE MATERIAL
COMPACTED SUBGRADE

米勒别墅

景观设计：A J MILLER Landscape Architecture
景观设计师：Mariane Wheatley-Miller, Anthony Miller
地点：美国
摄影：Charles Wrightt

前面的那座花园为欧式古典风格，其中设有座椅和石灰岩喷泉；后面的那座花园为现代风格。下沉式花园周边种植了竹子和耐阴植物。该区域专为举办户外休闲活动而设计，这里还可以烹饪，铜质火炉和烧烤区周边都布置了组合式座椅。

该花园坐落在纽约一条非常古老的历史性街区上，这里有很多建于 20 世纪初的房屋。本项目中的建筑建于 1911 年（工艺美术运动盛行的时期）。在花园建成之前，这座建筑周边除了草坪、疯长的灌木丛、枯树、柏油马路之外就一无所有了。

设计师做的第一件事情就是铲除草坪、枯树和灌木丛。设计师用高高的树篱来分隔空间，共栽种了 900 棵黄杨。花园后部栽种了冬青属植物，它们都被修剪成了四四方方的形状。

花园中有紫色、白色、黄色、银色、黑色和绿色，映衬了拥有黄色外墙、灰色屋顶的房子。

花园的设计与整座建筑的风格和外观相协调。设计师将房子中四扇玻璃窗户的形式运用到花园的设计中。屋内的观赏区一处位于房前，一处位于屋侧，建筑上方还设计有屋顶花园。在这里，人们可以欣赏整个花园的美景。

海边花园

景观设计：Charles Anderson | Atelier ps
景观设计师：Larry M. Smart
地点：美国
面积：1858 m²
摄影：Larry M. Smart, Lara Normand

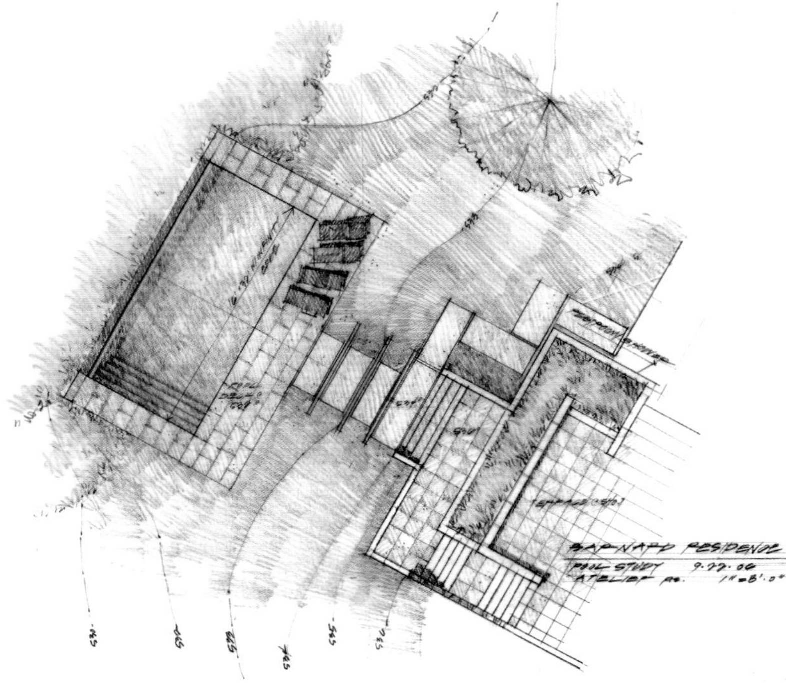

这座现代住宅坐落在西雅图城北部边缘的山坡上，该住宅具有俯瞰普吉特海湾的绝佳视野。对厨房和入口通道进行的重新改造使人们有机会重新构建花园与建筑之间的联系。该设计在建筑东边打造了一处私人平台，人们可以在这里晨练；西边设计了一处可欣赏风景的平台，也可以用作户外的生活空间——这就大大拓展了房子以外的生活区，在这里还可以接待来宾。

东边平台一侧的山坡上设计草地和灌木丛，这在街道（入口车道）和新建厨房之间营造了一条美丽的彩色地带，并且确保了室内空间的私密性。通往大门的台阶非常宽阔，旁边设有简易的混凝土泄洪道和水池，其边缘栽种有灯芯草、莎草等各色植物。当游客顺着通道向着大门慢慢走来时会听到潺潺的水声，可以欣赏到车库与房子之间的小庭院（其中栽种有高大的日本枫树，还有苔藓类植物、蕨类植物、小草等）。

对原有场地重新设计后，设计师在西边的平台设置了一处开阔的座位区，木制屏障可以确保这个区域的私密性。在这里，人们可以欣赏远处奥林匹斯山的美景。穿过草坪的新建的石砌台阶周边栽种有薰衣草等植物，这里是欣赏低处草场的最佳位置。

斯普林斯景观庭院

景观设计：Terragram Pty Ltd

地点：澳大利亚

面积：520 m^2

摄影：Vladimir Sitta

该住宅拥有几处非常别致的花园房，其中第一处即位于车道边。市政厅对景观设计在通透性上有一定的要求，因此，在车道边可以建造一座“花园”，石头、混凝土材料构成了直线形的通道，小道边的空地上种满了马蹄金。小道的水平线条巧妙呼应了篱笆和车库门的垂直木质板材，构建起了各具特色的直线元素。篱笆之外还有一座花园房，房屋边上葱郁的草坪上满是长势良好的马蹄金——这也较好解决了客户的一个诉求，即打造一处便于维护的花园。这片绿油油的覆盖着地被植物的草地中有一条小路，用石材铺设而成。该小路会引领着人们来到大花园中，花园中也有石头、水景等景观元素。透过房屋的窗户望出去就像是欣赏画中的风景一般，窗户即是这幅画的画框，景观丰富而有序、怡然动人。建筑入口处碎石铺就的地面上种植着一棵龙血树，它拥有奇特的外观，就像一尊雕塑一样屹立在那里。作为铺路材料和台阶铺砌材料的花岗岩相当富于美感，设计中对石材表面和边缘处进行了不同的处理。

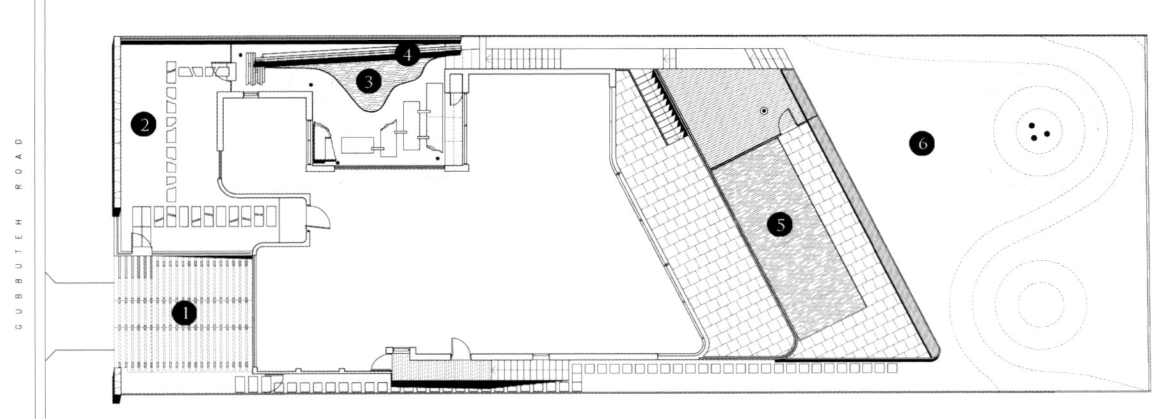

1. DRIVEWAY WITH PLANTING SLOTS
2. GARDEN WITH 'KIDNEY WEED' LAWN
3. COURTYARD & POND
4. WALL OF 100 SPRINGS
5. SWIMMING POOL
6. LOMANDRA PLANTED SLOPE

克洛诺斯时光花园

景观设计：Terragram Pty Ltd　**地点**：澳大利亚　**面积**：700 m²　**摄影**：Vladimir Sitta

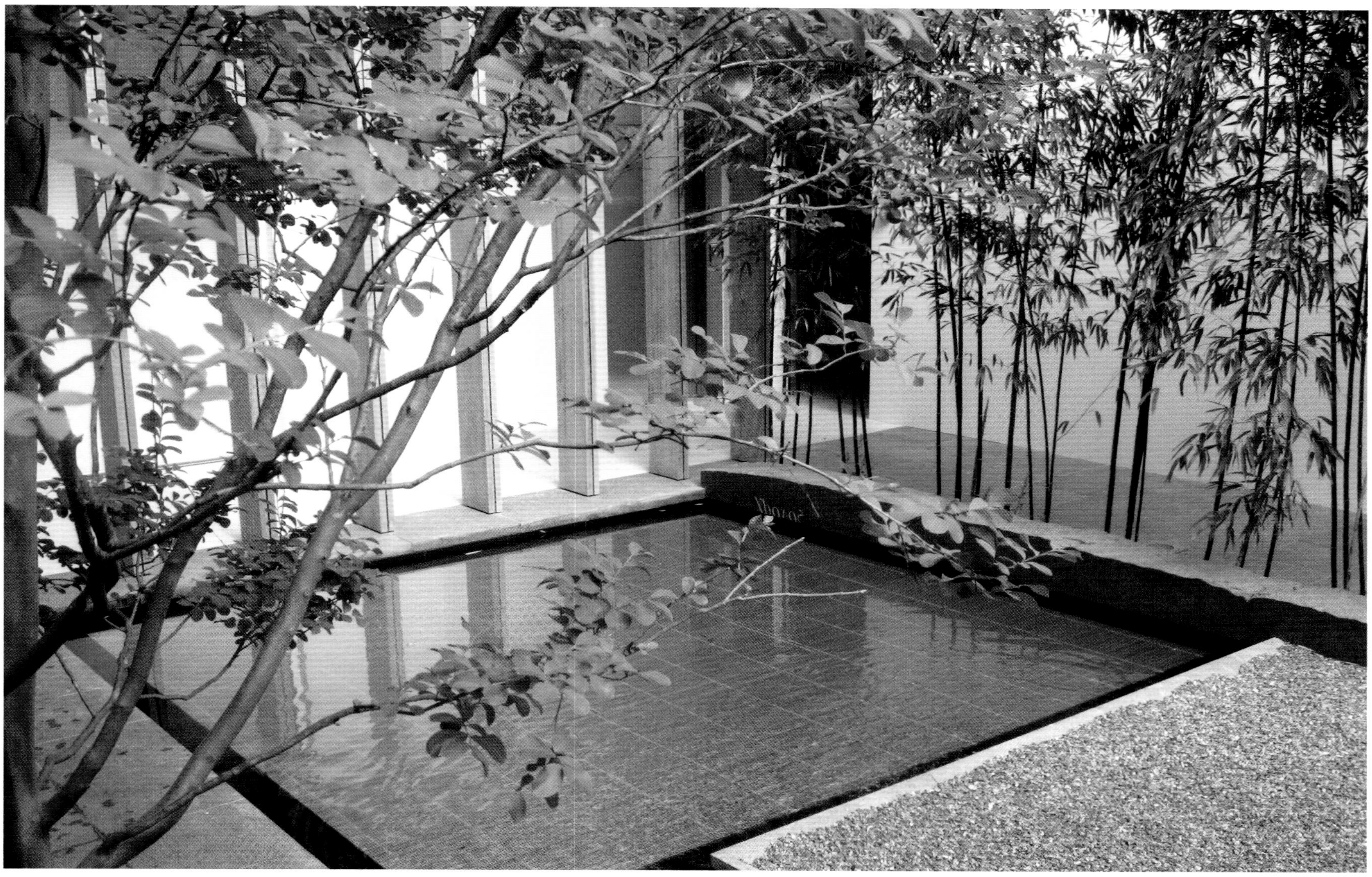

该花园前方有一汪水域，从住宅前边一直延伸到海港边上。在悉尼的景观项目中，经常可以看到不规则设计的绿色墙体。该项目在一楼处设计了一处平台来代替绿色墙体的功能，该平台给整个花园景观提供了一个生机勃勃的大背景。这片绿色的空间不仅能展现其原始的建筑结构，并设计有界限明晰的干燥地面和潮湿地面，种植有各色植物：兰花、凤梨科植物、蕨类植物、肉质植物、苔藓等。

在主庭院中有一处潮汐池，池中设有一处黄铜制平台，平台下部稍稍浸在池水之中。该设计的最初用意是，户主可以将其大钢琴置于水池中的平台之上，花园就顺势化身为一座“音乐厅”。夜幕降临，虽然整座花园会沉入夜色之中，也被音乐充满——人们会产生一种错觉：这架钢琴就像是“悬浮”在水池上空一般，而轻柔的音乐在四处流淌。当池中的水被抽干时，黄铜制的底座成为干燥表面的一部分，户主可以在这里放置桌椅来招待更多的客人。

该庭院的另外一个独特之处在于水域边雕刻在石头结构之中的希腊文单词“Xpo'ros”，意为“时间”，这些字母随着水的反射效果时隐时现。

1. TERRACED PLANTING ALONG STAIRS
2. MECHANISED TIDAL POOL WITH BRASS GRATE
3. COURTYARD GARDEN
4. DECKING WITH GREEN WALL
5. SIDE PASSAGE
6. LAWN
7. SWIMMING POOL
8. EXISTING DECK

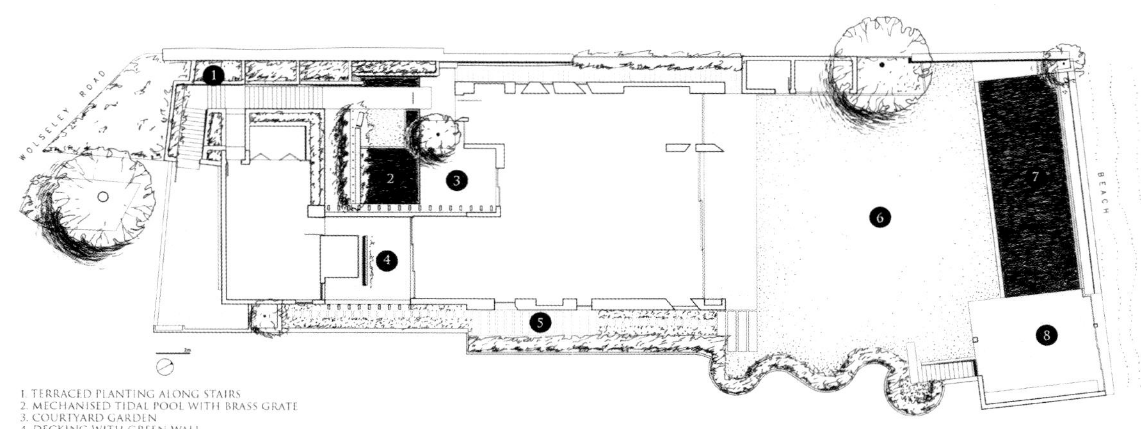

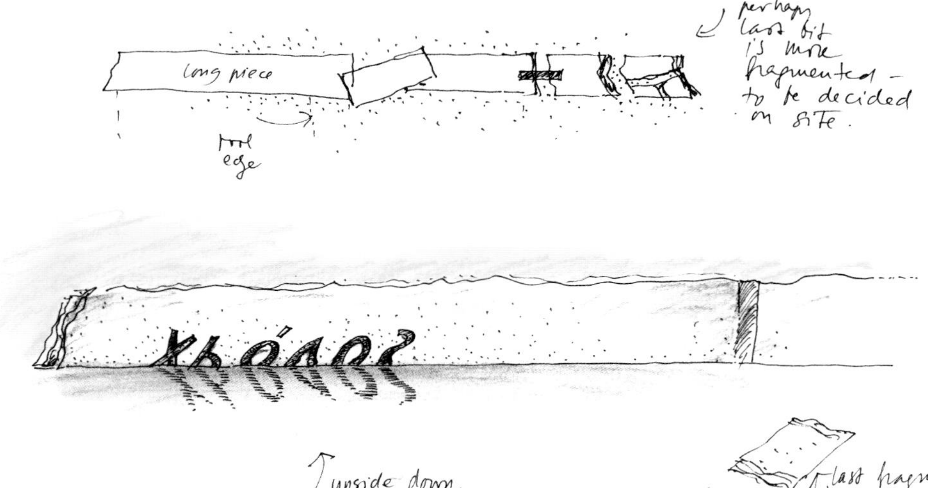

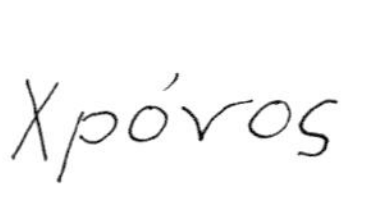

现代禅意花园

景观设计：Studio Lasso Ltd
景观设计师：Haruko Seki
地点：英国
面积：32 m^2
摄影：Helen Fickling / Haruko Seki

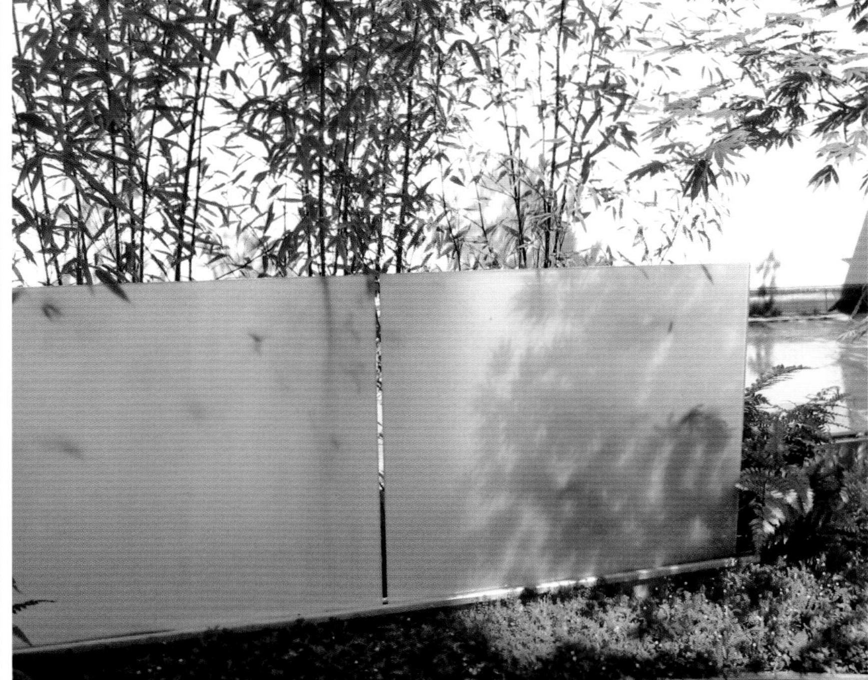

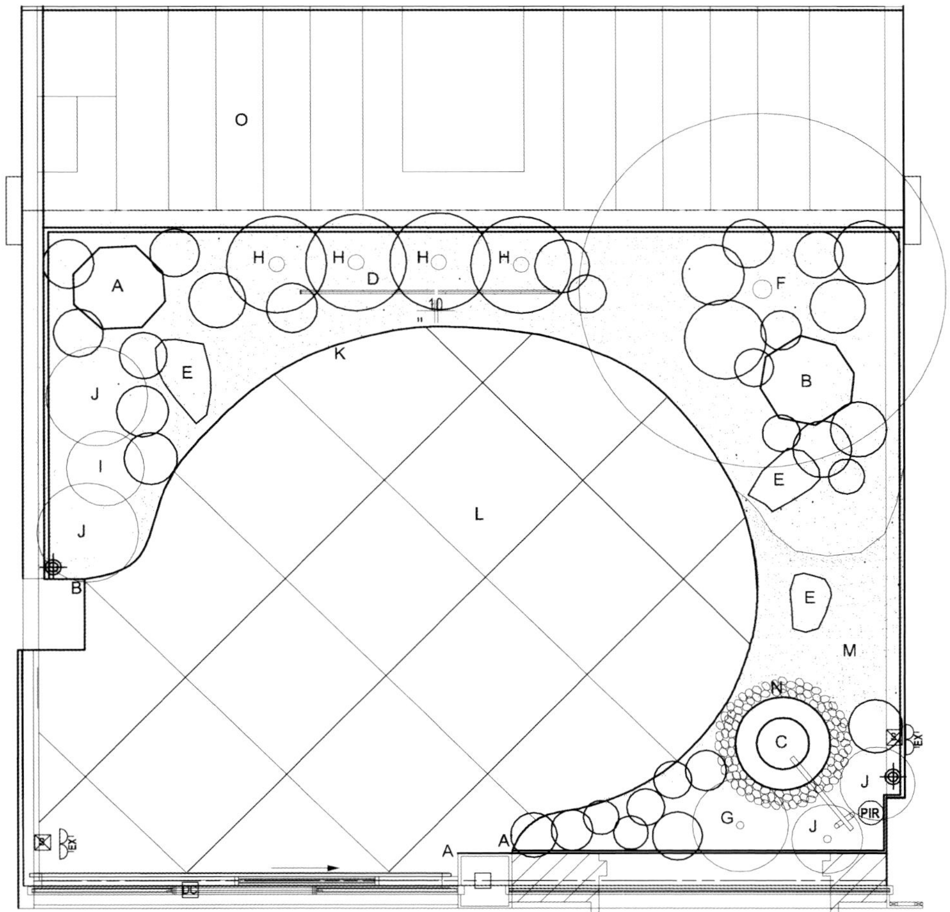

业主在整修这座位于伦敦骑士桥的五层住宅时产生了这个想法，即将一层露台转变成一处现代禅意花园。很显然，该花园的设计理念即为赋予空间禅意精神以及现代风格，以使其适应西方现代生活。

该项目所使用的材料融合了传统和现代两种风格，比如玻璃、不锈钢等。花园中摇曳的竹影反射到玻璃屏幕上，激起人们心底的阵阵涟漪。

景观设计融合了多个层面，比如历史、地质、地形以及社区等。设计师在空间概念设计阶段即表达了对地块空间精神的充分尊重，设计师的主要设计目的是重新设计空间并使空间自然特性直观化——光照、风、水和大地，而这些是三维空间的主要元素。同时，该空间也可以是融合四维空间特性的艺术品，比如时间和记忆，而这些均与个体体验有关。

在营造空间时，设计师通过对日式传统花园的研究，创立了当代景观设计的新典范。

Main Feature:
A Tachigata-Toro
B Yukimi- Doro
C Water Basin + Spout
D Glass Screens
E Stepping Stone

Key Plants:
F Acer japonicum
G Acer palmatum
H Phyllostachys nigra
I Viburnum nitida
J Pieris japonica

Hard Materials:
K Stainless Steel Containers
L Limestone Paving
M White Limestone Gravel
N Black Polished Cobbels
O Glass Panels

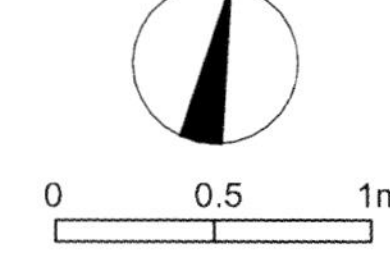

银色月光下的花园

景观设计：Studio Lasso Ltd
景观设计师：Haruko Seki, Makoto Saito(add.locus architects, +m)
地点：英国
面积：120 m²
摄影：Helen Fickling / Haruko Seki

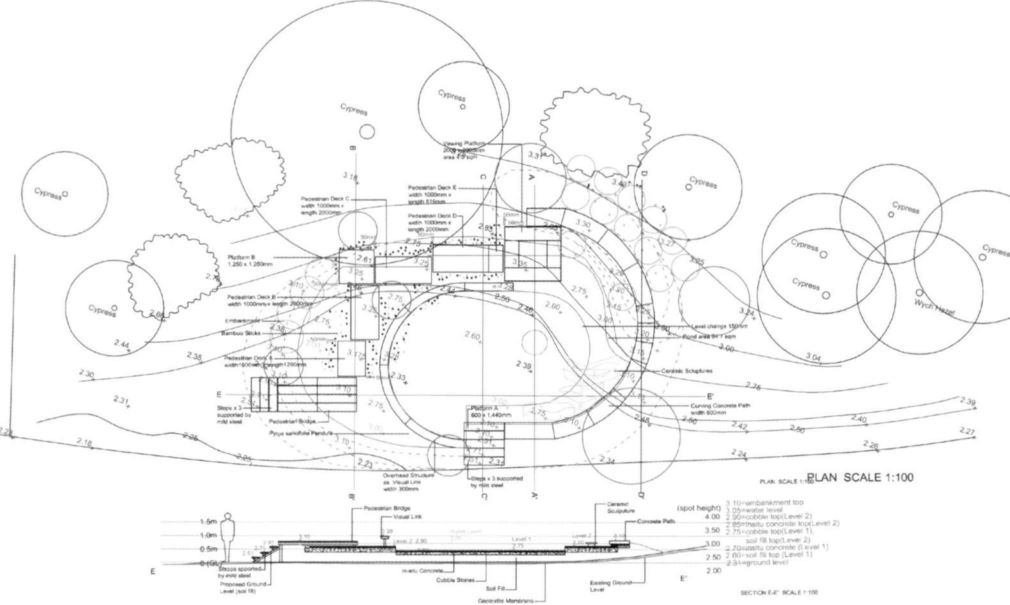

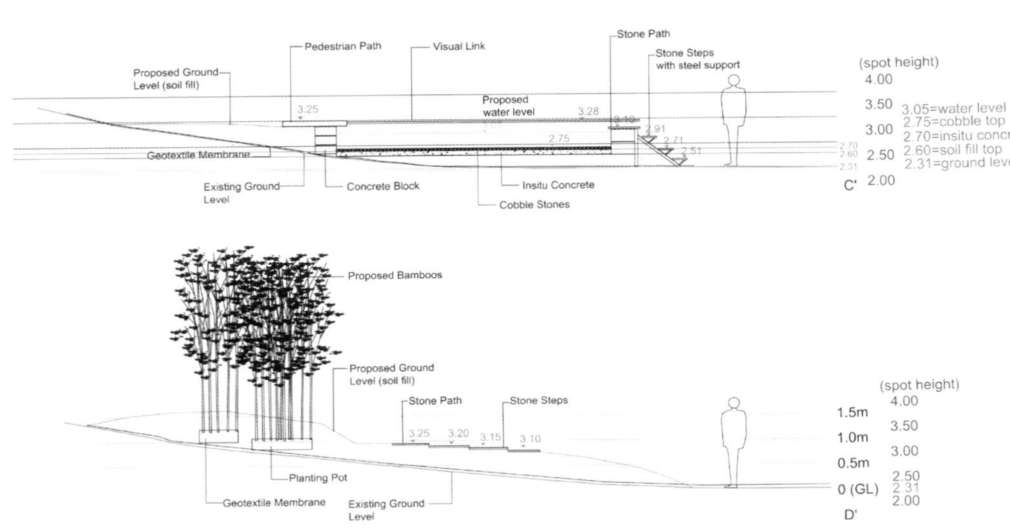

该花园在设计上受桂离宫（为 17 世纪日本京都建筑杰作）赏月台的启发，其致力于用现代的手法对日式园林的美感和亲近自然的风格做出全新的阐释。

日本对大自然的传统哲学理解要通过一处平台来表达，在平台上观赏花园和其中倒映着月光的水面。水面就如一面镜子，折射着这个我们生活其中的暂时的、转瞬即逝的、不断变幻的世界。

这是第一座在切尔西花园展览环节作为特别展示区的当代日式花园，在该展览上，来自世界各地的设计师展示了花园设计的最新理念。该花园也具有庆祝日英外交友好条约缔结 150 周年的纪念意义。

该花园由来自各个行业（景观、建筑、美术、音乐等）的顶尖艺术家和设计师通力合作完成，它如一件艺术品，刺激着人的五官感受。

维维耶住宅花园

景观设计：The Green Zone　**地点**：南非　**面积**：160 m^2　**摄影**：Stephen Hetherington

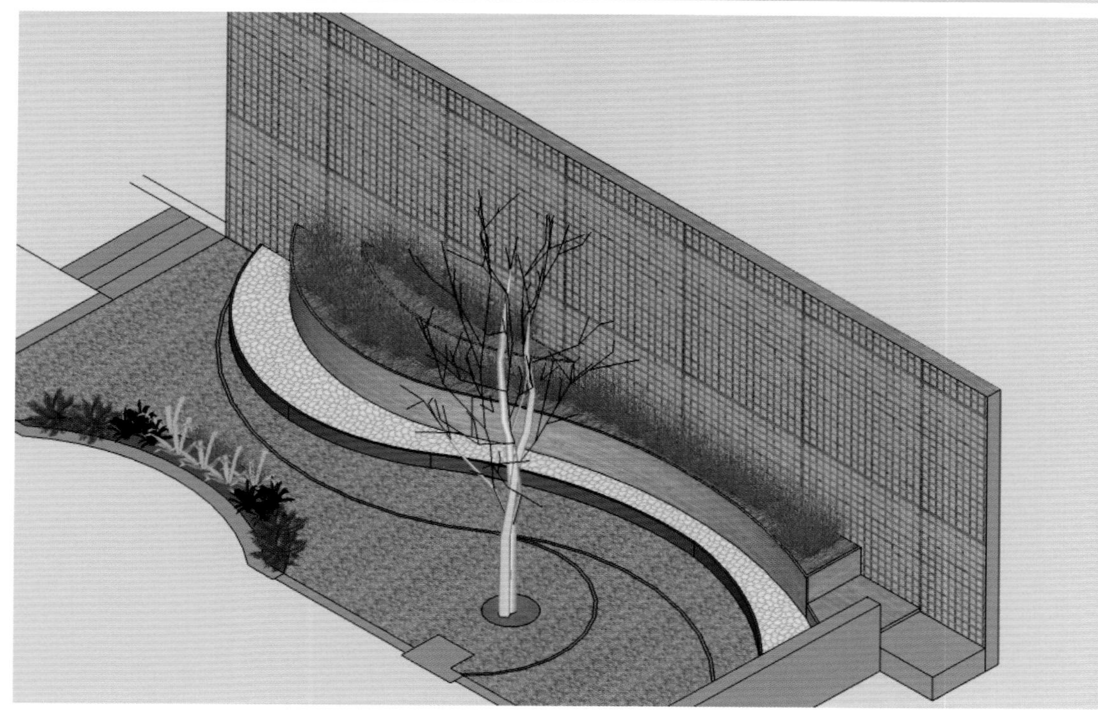

该建筑展现了超豪华的现代城市居住风格：大型的开放空间、强有力的干净的曲线以及富有趣味的结构平面。我们面对着三处需要进行改造的户外空间：南侧的走廊（一年中要保证至少有 6 个月时间是处在完全的阴凉之中）、游泳池区（外观似明亮的大眼睛）以及厨房外的庭院区（该庭院正对着围墙）。该空间需要有一定的围挡设施，能够遮挡住邻家的视线，并拥有一定的娱乐功能。因为该空间刚好在厨房就餐区之外，庭院中也可以顺势设计一处小型的就餐区。

直角式的家庭菜园区被多条曲线分割成了多个小部分。其中靠近地块边界的一些空间被抬高，并设置了种植槽。不同的结构（如草坪、倾斜的碎石堆、柔软的小草等）会使人们联想到室内的结构平面。一棵野苹果树减轻了建筑的规模对整个环境氛围的影响。窗下的种植槽中种植着烹饪用的香料植物。最终设计出来的空间有适当的遮挡作用，迎合了人们的意愿，并预留出了足够的空间供客人们在室外散步，而又不至于破坏草坪。

该项目的绿色景观设计方案对建筑结构起到了画龙点睛的作用，还贴合了生活其中的人们的生活方式。现在，这里已经没有闲置空间了。同时，经过恰当的维护，生活在其中的人们必将能从中获取更多。

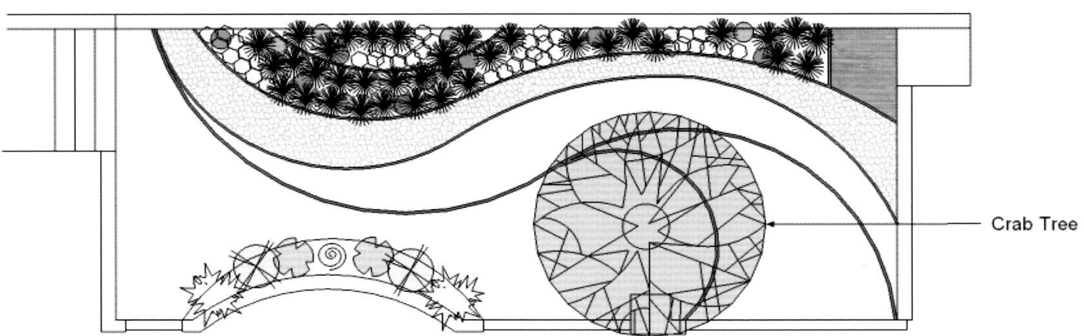
Crab Tree

景观设计：wa-so design

地点：日本
面积：entrance 40.8m^2, back yard 29.7m^2

摄影：Takatoshi Denno

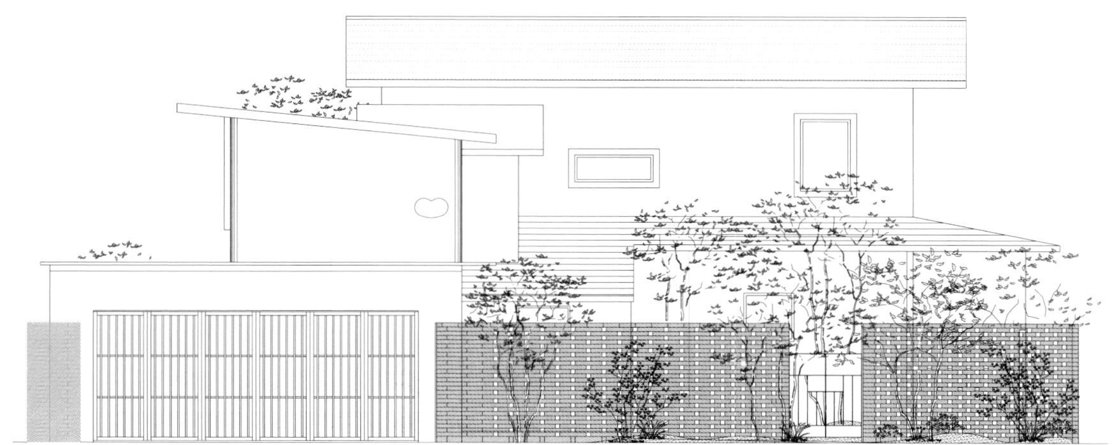

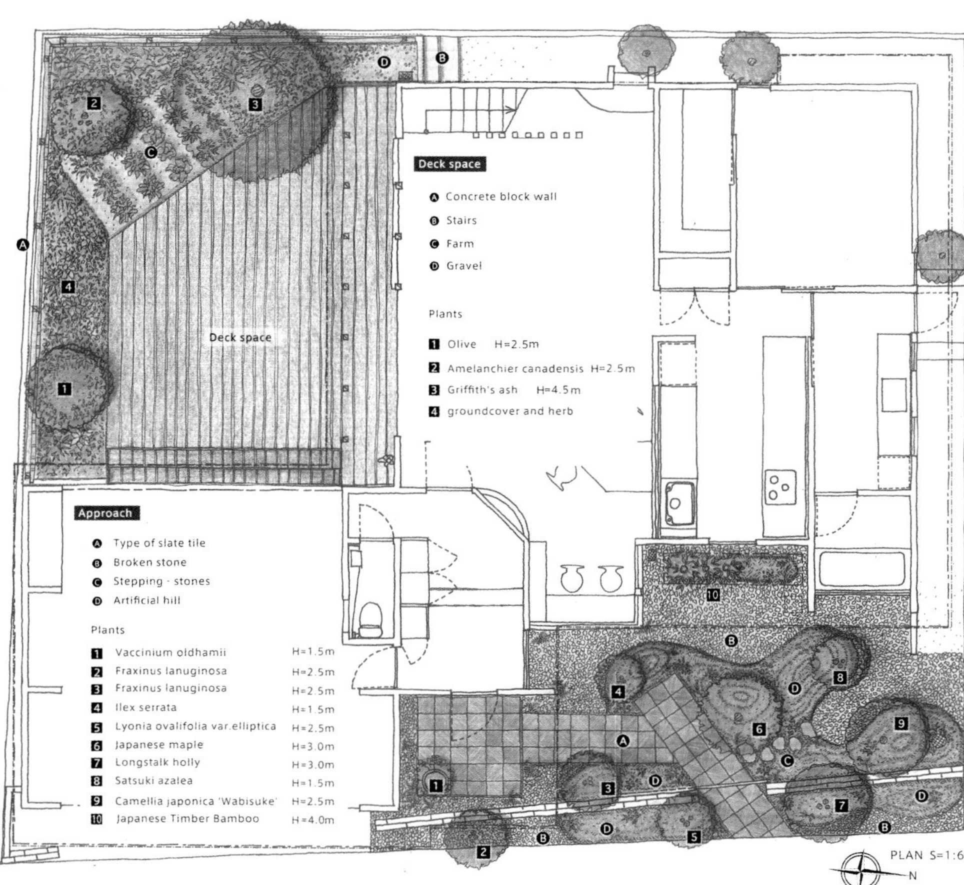

该项目空间为一座花园，该花园从大门一直延伸到新建住宅的入口处。这是一处应用传统日式庭院设计手法、采用自然素材而营造出的典型日式住宅。沿住宅前方道路一侧，有一堵按照特殊建造方法建成的墙体。我们考虑在已有建筑结构的前提下，建造一处传统的日式花园。我们在这处传统的花园中，通过现代的设计手法，设计了一处与住宅相匹配的明亮的花园。我们在有限的空间中营造出了水、山和桥梁的意象。该花园与禅意花园有所不同，后者使用白色的砾石。该花园通过使用大块的切割石材粗略营造出水面的感觉，"水面"上漂浮着绿色的苔藓堆积成的小岛。入口通道使用板岩铺砌而成，营造出日式花园中桥的意象，并赋予其漂浮之感。为了让人感受季相的变化，花园中栽种了几株落叶树。这样，人们就可以欣赏多彩的树叶营造出的美景。苔藓小岛就如花瓶一般，承载着其中的籽苗。

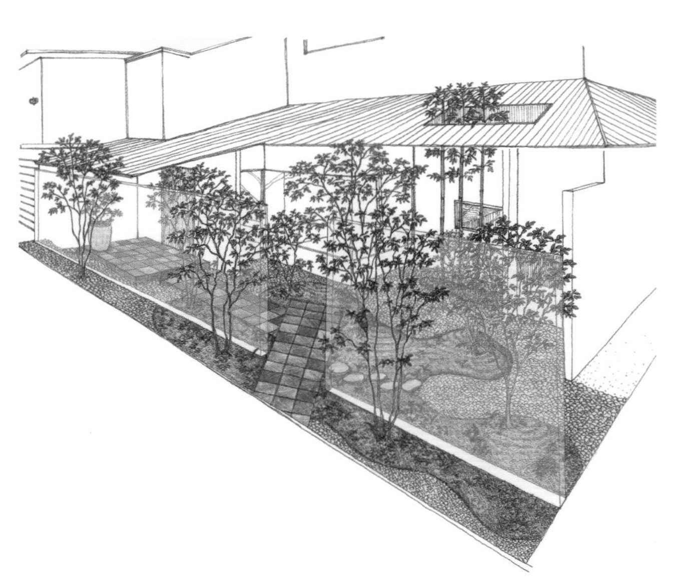

私家庭院 O

景观设计：wa-so design

地点：日本

面积：362.5 m^2

摄影：Takatoshi Denno

该住宅坐落在一处风光秀丽的地方，北边有溪谷和山脉。我们在项目伊始即决定在该地块的景观设计中将北边的风景充分利用起来。建筑的北侧设置了一处很大的入口，以方便人们在白天可以欣赏到山峦风光。东边的花园中设置了一条小道，该小道通往北边的山脉，将山脉风景与住宅紧密联系在一起。小道两侧栽种了白桦，假以时日，这里将变身为一条林荫大道。这处被林荫道环绕的空间景观与山脉的美景相映成趣。因为户主对花非常偏爱，我们特地设计了一处小树林，营造出季节变换之感，其中点缀着朵朵绽放的鲜花。在植物类型的选择上，我们与户主进行了长时间的商议。小树林中栽种了落叶树。为了使小树林显得更加多姿多彩，我们在其南侧设置了大大小小的石头，最大的重约 3t，最终营造出了一个多彩的植物园。这里设计有地下储水装置来收集地下水。收集起来的水通过铁制手压泵实现对植物的浇灌。我们在白桦掩映的小道东侧设置了一处小巧可爱的储物间来存放耕作用的器具。户主亲自种下了很多蔬菜，且非常享受这种每天可以打理蔬菜的日子。

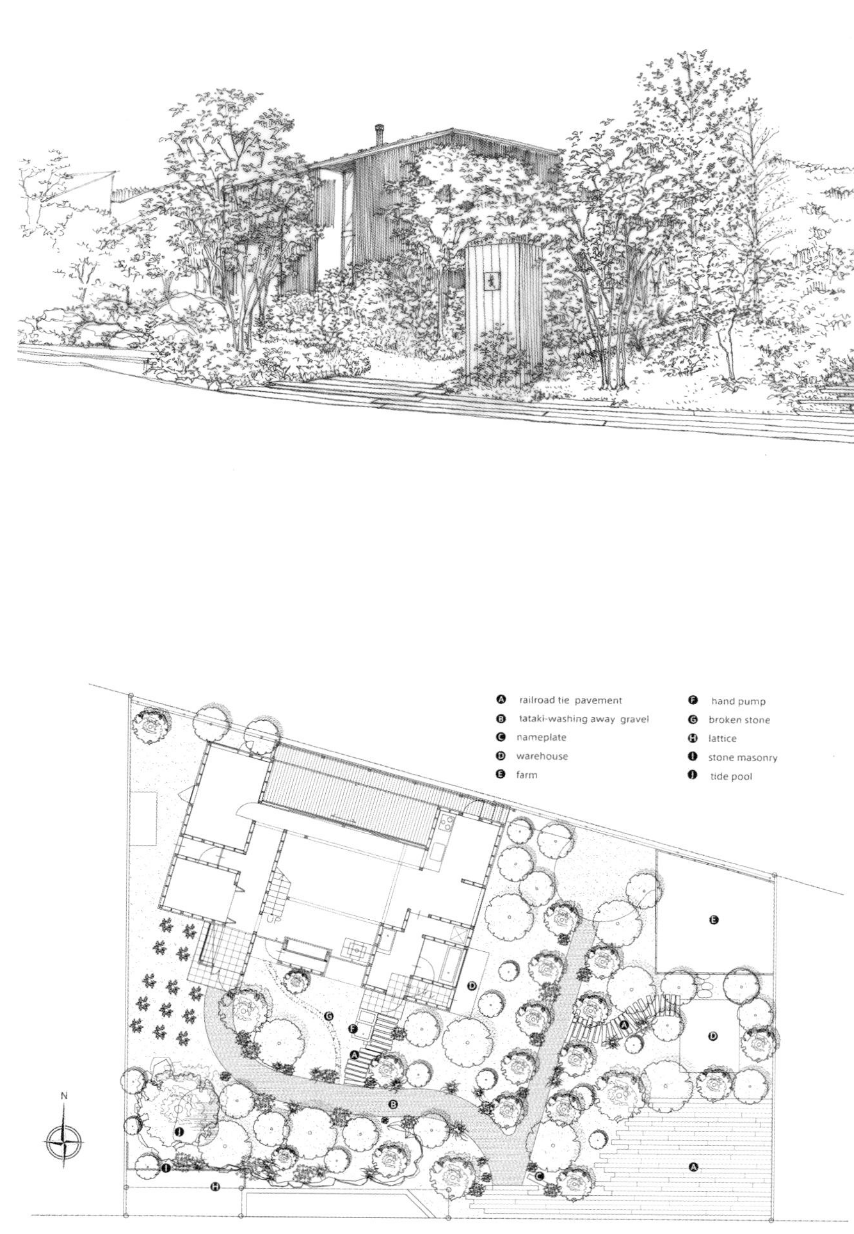
A railroad tie pavement
B tataki-washing away gravel
C nameplate
D warehouse
E farm
F hand pump
G broken stone
H lattice
I stone masonry
J tide pool
N

私家庭院 K

住宅庭院　日式园林风格

景观设计： wa-so design　**地点：** 日本　**面积：** 111.1 m²　**摄影：** Takatoshi Denno, Yoshiyuki Hirai

该住宅由两部分建筑结构组成，外观为纯白色，屋顶使用黑色瓦片进行平铺。该住宅由父母住所和孩子的住所构成，父母和孩子生活在同一个屋檐下。这两处住所并排而立，其共享空间为一处 34m² 的木制平台。因为两处住所都朝向这处平台空间开放，并进行了相应的设计，家人们可以在这处平台上共享悠闲生活。父母住所正对着木制平台的是起居室，所以户主的日常生活就与这处平台紧密联系在一起，考虑到这点，平台上设计了一处景观花园，以美化人的视野。景观花园中栽种了一棵标志树。该花园并没有选用传统日式花园常见的树木作为标志树，而是栽种了一棵山上常见的日本白蜡树。两处设计简洁的建筑之间的平台花园中栽种有蕨类植物，人们可在乡野的农田中经常看到此类植物，因此，人们在住宅之内也能感受到乡野风光。我们最初的设计意图就是打造一处简单、自然的环境，对花园的设计与规划即遵从了这一原则。

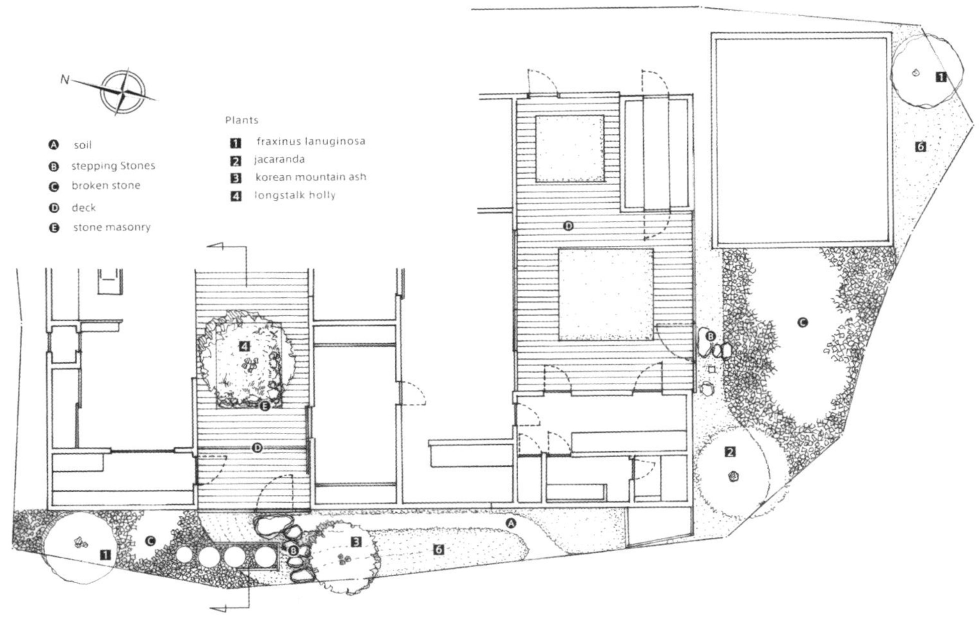

N

A soil
B stepping Stones
C broken stone
D deck
E stone masonry

Plants

1 fraxinus lanuginosa
2 jacaranda
3 korean mountain ash
4 longstalk holly

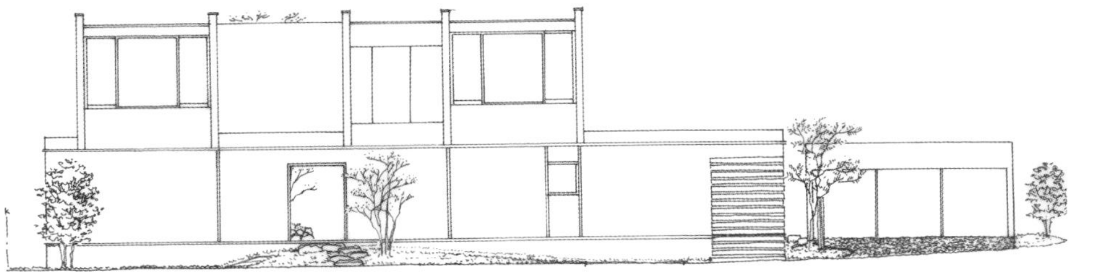

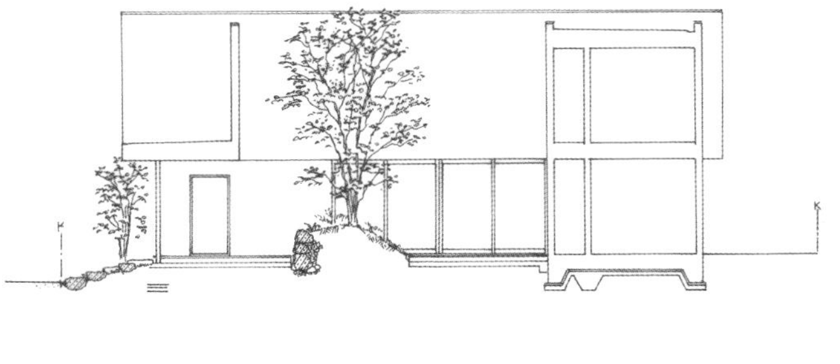

花园别墅

景观设计：Francis Landscapes
景观设计师：Frederic Francis
地点：黎巴嫩
面积：6000 m²
摄影：Fares Jammal

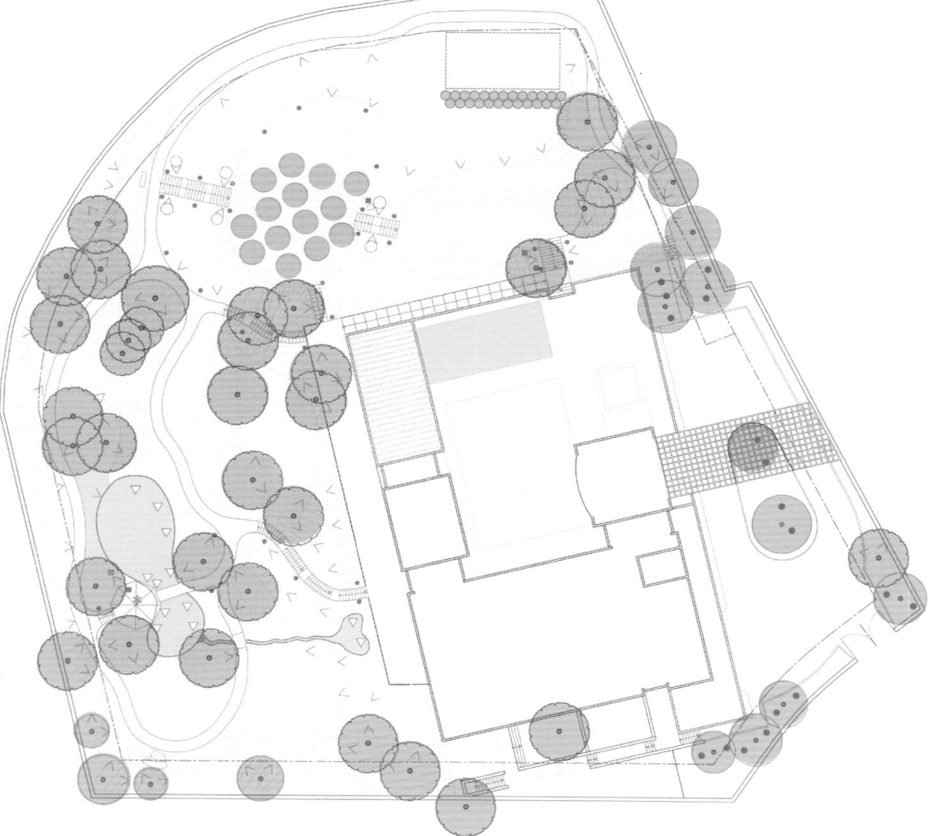

从一开始，该项目最为宝贵的资产就是其所处的位置：苍劲的古松装点着这个多山的地区，在这里可以俯瞰平静的海岸边的熙熙攘攘的城市。无论用哪个标准来衡量，这都是一个梦幻花园。

设计师面临的挑战是在不破坏该地的自然环境的前提下建设一座现代别墅。为了实现这个目标，设计师设置了一个具有高大廊柱结构的露台，这种设计就像是为风景框定了一个框架。

游泳池池水平静如镜，倒映着周边的景致，在游客看来，它就像是一面无边无际的镜子。

露台上设置了通道，引领着人们通向一个静谧的空间，这里有形式多样的花园，有日式花园、竹园、山石盆景花园以及一处现代花园。人们在这里可以惬意舒适地生活，可以随意地行走直到找到属于自己的角落，然后度过一段美好时光。

摩洛哥风情景观

景观设计：Francis Landscapes
景观设计师：Frederic Francis
地点：卡塔尔
面积：8 000 m²
摄影：Fares Jammal

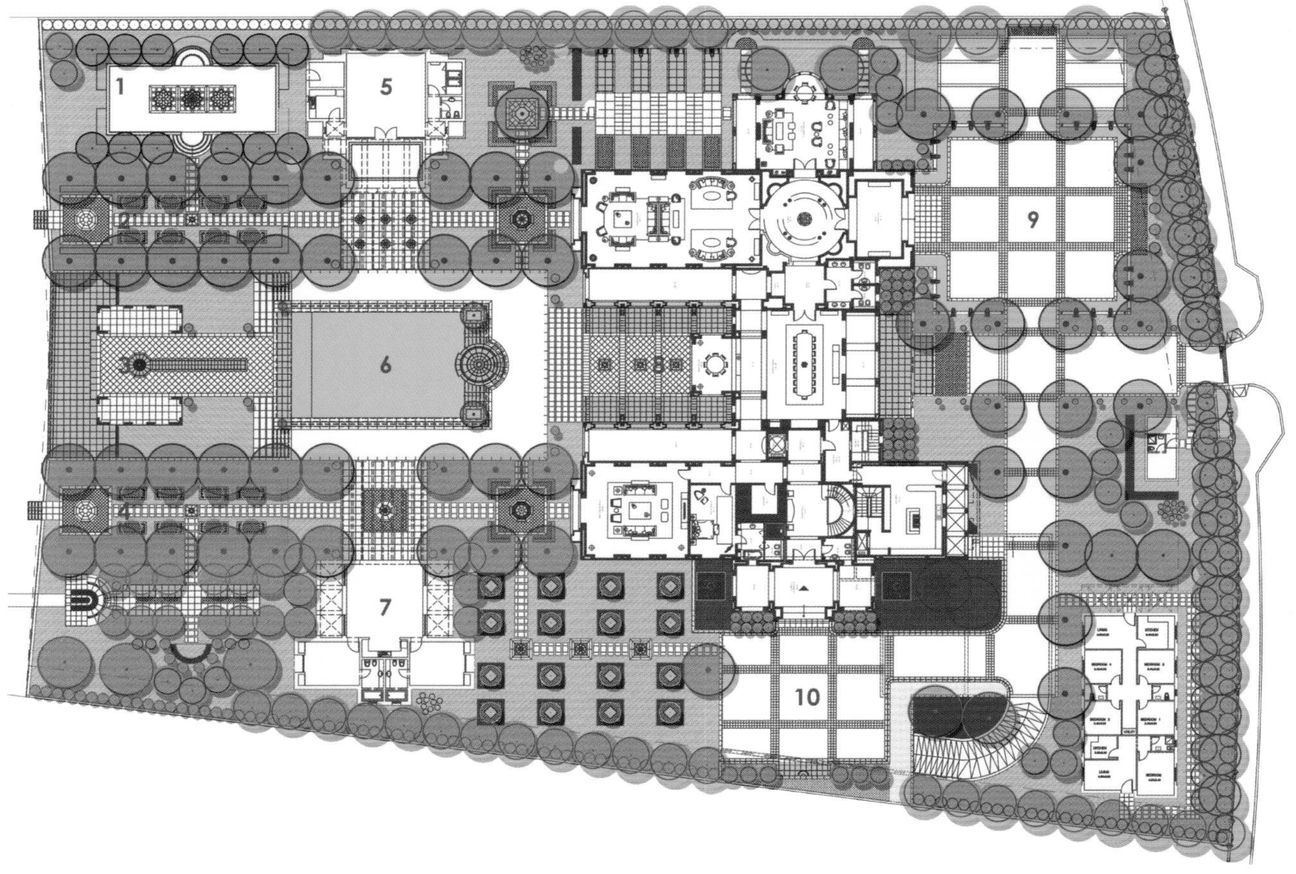

一系列的主题公园和天然石材砌成的庭院成为这块空地崭新的生活空间。不同的区域拥有着不同的特点和氛围，却是一个统一的整体。整体设计极具流畅性，贯穿整个项目的水体以及地块边上的湖水更加凸显了设计的流畅性。

花园外观的直线性和对称性更展现了别墅的摩洛哥风情。建筑的内外空间达到了平衡。户外空间中的各种元素都排列得井然有序，很多元素都拥有几何形的外观，如一个方形的花池或是一个星形的喷泉。最主要的水景位于整个地块的中央，正对着泻湖，呈现出三个层次。水景最高处有一个满溢的水池，下面是一个游泳池。处在游泳池中的人们可以欣赏泻湖的美景。木制藤架更为环境增添了趣味。蓝色的矩形无边沿游泳池给人留下了深刻印象。游泳池一端是个小型的瀑布，水都汇集在下面狭长的沟槽中。这里还有一处迷人的安达卢西亚式的水槽，其中的一边设有一个八角形的喷泉。一排排的棕榈树整齐地树立在两边，使风景更为优美。

消失在尽头

景观设计：Francis Landscapes
景观设计师：Frederic Francis
地点：黎巴嫩
面积：12 000 m²
摄影：Fares Jammal

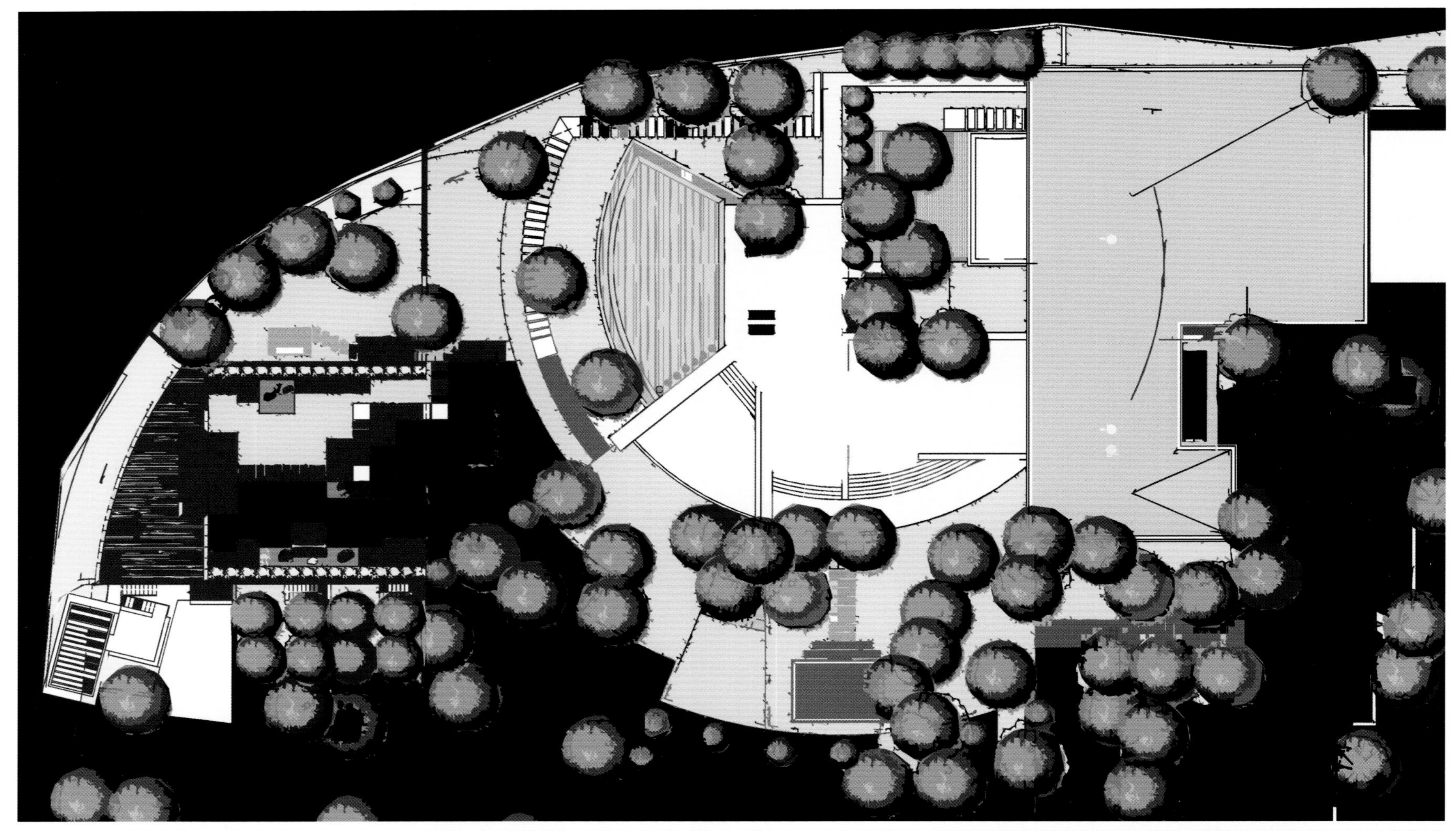

该别墅坐落在山顶上，整个设计的点睛之笔为一处开阔的游泳池，它似乎将大地和天空融为一体。从这里可以俯瞰贝鲁特港口和地中海的美景。花园顺着小山盘旋而下，山上那些生长了 50 多年的松树和 360° 的观景视角更为该项目增添了无限魅力。该项目所在地即为整个地块的焦点所在，其景观设计充分体现了地块的宏伟和壮观。

该别墅建于 20 世纪 40 年代末，其精彩之处在于花园的螺旋式设计，花园围拢着小山，此种美景使人们不由自主地想要发现未曾领略过的美景。这里有酒吧、游泳池、玫瑰花园、池塘、有遮蔽的休闲花园，当然还有那开阔的全景式视野。

该项目的设计理念源于其陡峭的地形，地块上遍布着高耸入云的大树，这样，在这里可以新建一座花园，同时该花园又能拥有古老的灵魂。这一点通过这里的植被特点即可轻松看出，这里既有苍翠的绿地和灌木丛，也有生长了半个多世纪的松树和柏树。尽管该别墅绝不缺少壮丽的美景，但最美的风景却要通过高高的游泳池来欣赏，看上去这个游泳池似乎没有边际，直至融入天际线中。

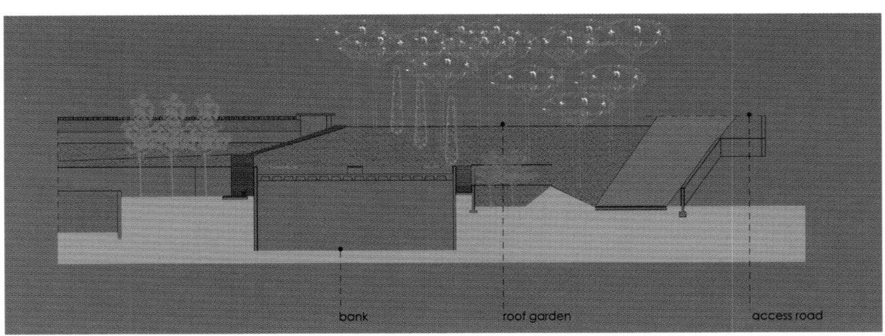
bank
roof garden
access road

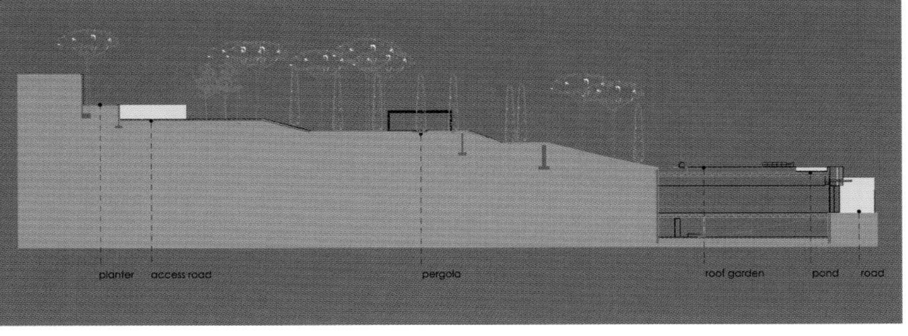
planter
access road
pergola
roof garden
pond
road

卡特罗花园

景观设计：TROP
设计团队：Chonfun Atichat
地点：泰国
面积：8022.97 m^2
摄影：Pok Kobkongsanti

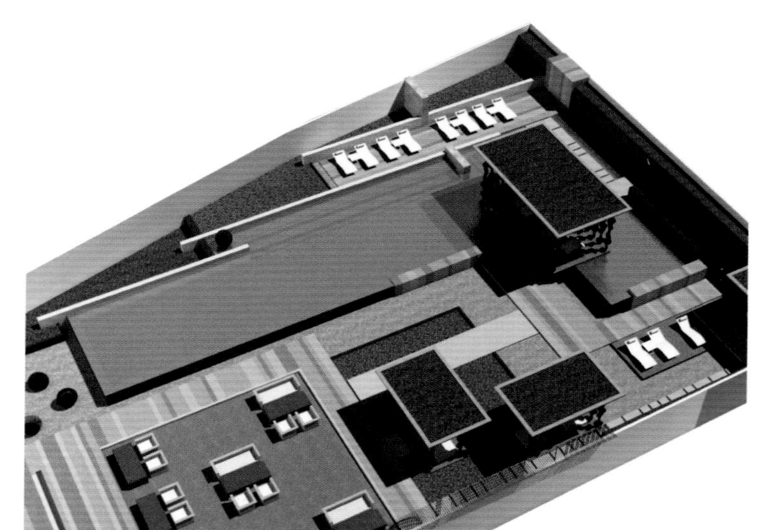

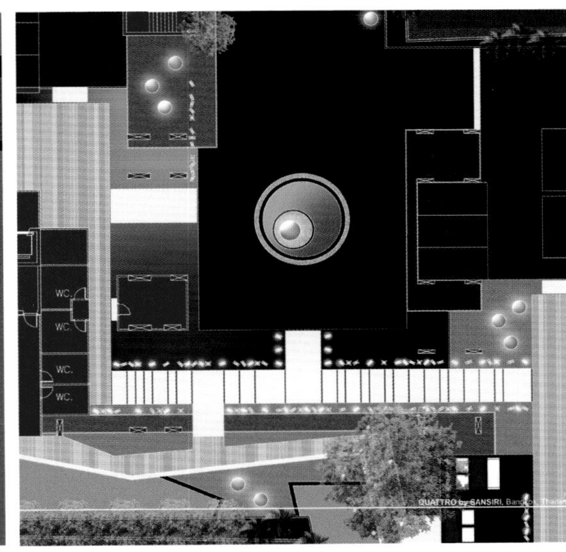

该项目是开发商 Sansiri 所承建的最为豪华的住宅项目之一，而 Sansiri 是泰国最有名的开发商。该项目包含两座屹立在通罗街中央的公寓大楼，通罗街是曼谷最受欢迎的一条街道。该地块位于通罗街 4 号，该项目因此得名“卡特罗”。

设计师想要设计一个让人感觉亲切的公园。不同于一般的公园，该公园是独一无二的。设计师将确定“卡特罗”这个名字作为整个项目的设计起点，“4”即开启整个项目的钥匙。设计师的第一项工作是将各种不同形式的矩形素材按照特定的方式进行组合，最后创造出不同的公园元素。最终，设计师设计了一座长长的矩形水池、几座矩形亭子以及水池边的露台。各个元素或相互连接，或彼此重叠，这些公园元素营造出了颇有趣味的空间关联。设计师并不满足于在主要空间元素上应用矩形元素设计。在细节之处，设计师也应用了相同的矩形元素。

原有的大树都保存完好。这对于曼谷公寓楼所处地块来说比较罕见。此项目设计后的景观已经与大自然完美地结合在一起。

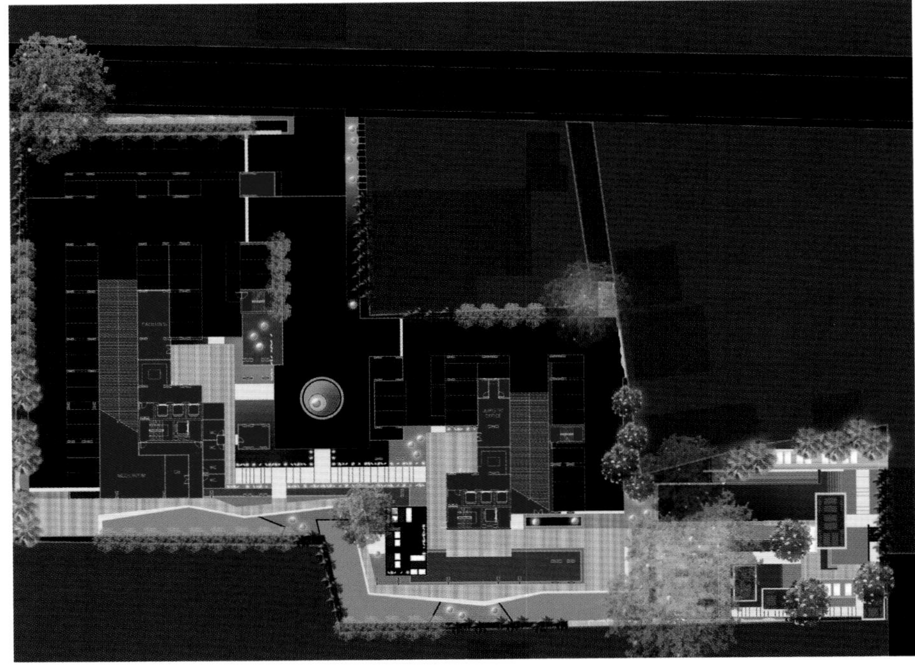

交叉式景观

景观设计：Liquidambar studio
设计团队：Carlos García Puente & partners
地点：西班牙
面积：135 m²
摄影：LIQUIDAMBAR

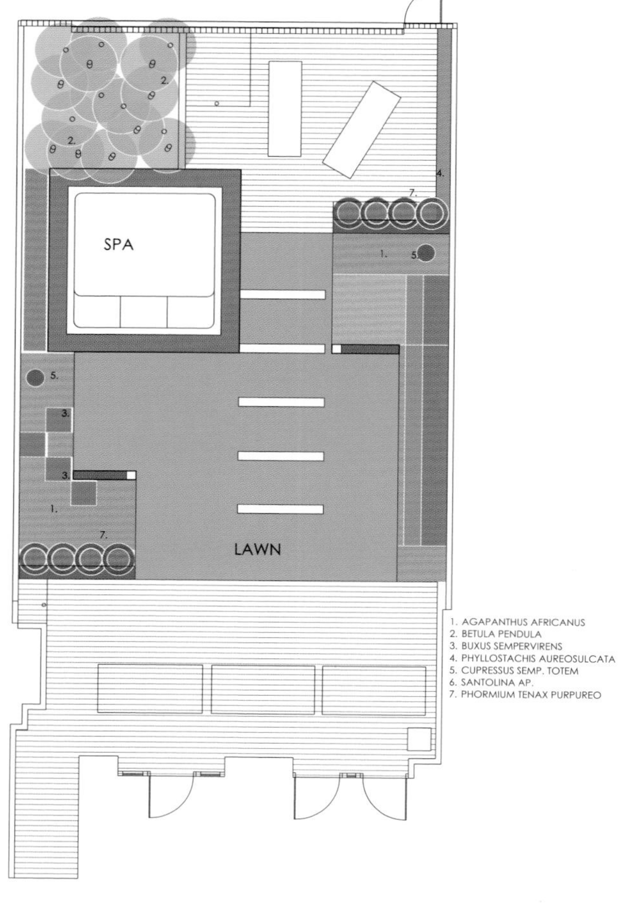

简洁的空间设计给人以无限的舒适和静谧感。该项目的设计目标是营造一个宜人的环境，在这里可以开展各种各样的户外活动。设计团队所面临的一大挑战是将处在半干旱环境中心的一个地块转变成一处肥沃的功能区。该花园的点睛之笔是其中的一处水池，冬夏均可使用。

景观中各个设计元素的边线进行了精心设计以营造出整体感。该设计的主要特色在于水平边线和垂直边线之间所呈现出的空间张力。四方布局中的交叉边线突出了对角线在设计中的应用，这种应该隐含在不对称的景观空间设计之中。

按照上述原则设计出来的花园是一处不错的生活空间。该花园与室内空间拥有直接的对话，在天气不好的时候就如一幅风景画一般呈现在人们眼前。夏天，夜幕降临时，照明设备将花园转变成了一处异趣横生的空间。温泉浴场和围墙等建筑元素成为光源，反射着光线。照明设备成就了空间的深度和广度，内外空间就这样被联系在一起。综合的功能和对美感的设计处理赋予人无与伦比的视觉和感官享受。

莱西花园别墅

景观设计：John Douglas Architects
景观设计师：John Douglas
地点：美国
面积：0.02 hm^2
摄影：John Douglas

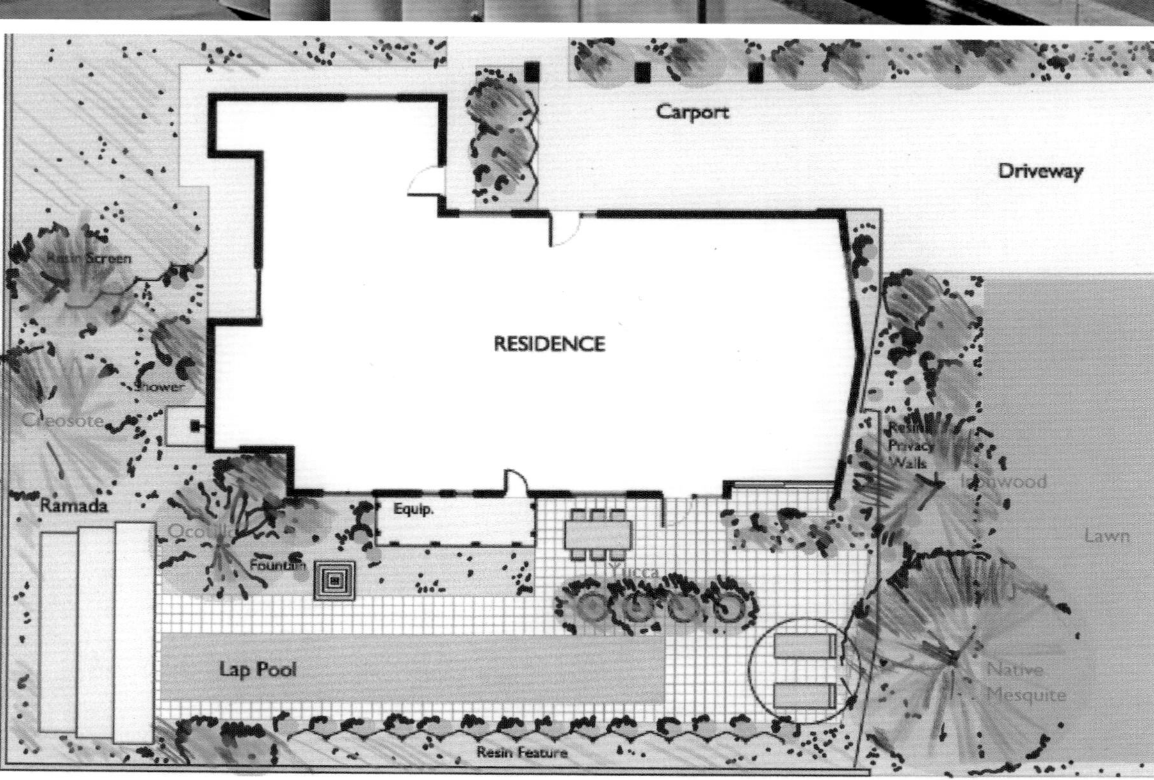

该改造项目的设计初衷是提升原有建筑的空间功能。建筑几乎保持原样，只在建筑后部加建了一小部分。然而，对于该地块原有外部环境的一些特征，业主并没有要求完全保留，这就为景观设计师创造了自由的发挥空间。

户外生活空间集中提升了该项目的品质。由有色树脂制成的半透明墙壁倒映在新建的湖面上，形成一处光影仙境。庭院尽头设置了一个钢制结构，为住户提供遮蔽。这里还设有冷却扇、照明设备以及户外淋浴场所等。

按照规划，该项目的景观设计师意图丢弃所有原有景观。景观设计师的设计目标是创造一个能展现现代主义设计理念的景观环境。

该项目的设计就好像是在一个瓶子中建造一艘船。设计师需要进行创造性的设计，并考虑到街道一侧的主要的景观元素。景观设计中用到的树脂板是预先在场地外建造完成的。该项目在建造过程中可能会用到起重机。

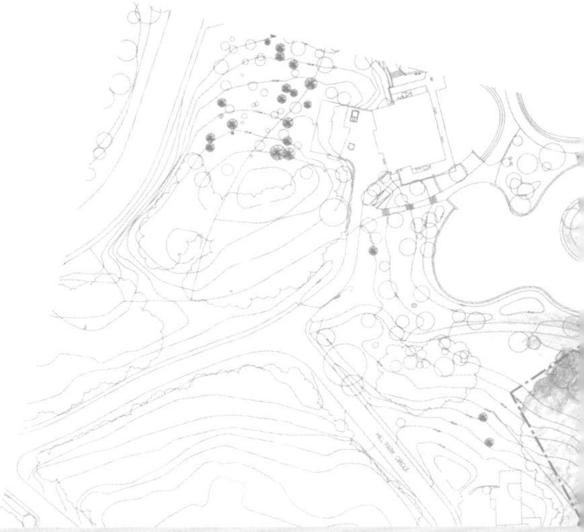

公园绿地 Park and Green Place

森尼兰德中心及花园

景观设计：The Office of James Burnett
设计团队：The Office of James Burnett
地点：美国
面积：6.07 hm²
摄影：Paul Hester, Dillon Diers, George Phelps

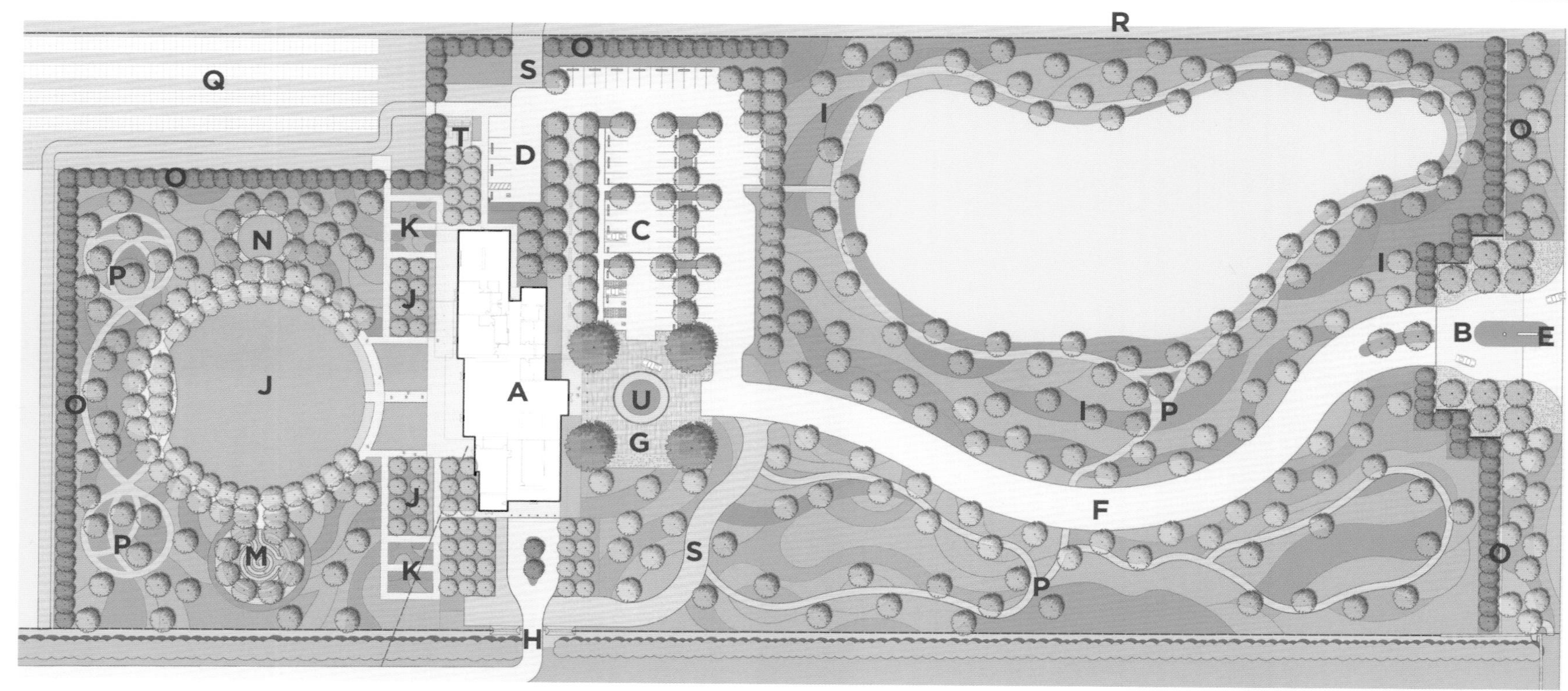

坐落在加利福尼亚兰乔森尼兰德的安嫩伯格公寓是一处占地 800000m² 的沙漠寓所的扩建部分，该寓所属于沃尔特·安嫩伯格及其妻子莉奥诺。安嫩伯格是一名出版商、外交家、慈善家，还是一位大使。1963 年，安嫩伯格夫妇委托 A. 昆西·琼斯在沙漠里为他们设计了一座住宅。2006 年，安嫩伯格基金会要求设计团队为安嫩伯格夫妇设计一处纪念中心，该中心可以展现出安嫩伯格为美国的文化、艺术以及建筑所作的贡献。

因为该项目位于沙漠中，可持续性就成为整个项目极其重要的考量因素。该项目是地块上原有的高尔夫场地的扩建部分。设计团队和业主就一点达成了共识：最大限度地追求可持续性，这符合每个人的利益。

该项目除了有一些当地特有的植被外，还有重建的沙漠栖息地、高效的灌溉系统、土壤水分监测系统、就地建设的雨水收集系统、地热井、光伏发电系统、就地建设的绿色废弃物循环再利用系统，等等。位于中央位置的项目体现了整个项目可持续发展的设计理念，获得 LEED 金级认证，业主使用的水有 20% 取自于附近的山谷中。

澳大利亚堪培拉国立美术馆的新建花园

景观设计：McGregor Coxall
景观设计师：Adrian McGregor, Christian Borchert
地点：澳大利亚
面积：total 3.6 hm²
摄影：Christian Borchert, Simon Grimmett

根据设计要求，建筑和周边景观应紧密融合，以营造出整齐划一、清晰明朗的观感。该地块曾是一处停车场，原先的桉树林得以留存下来，景观花园就位于这片桉树林的周边。两块平坦的草坪是景观的主要空间。草坪上可以举办多种活动，比如可作为艺术展览场地或举行公园聚会等。

位于花园中央的是一处大型水池，水池中央有一个雕塑，这个雕塑是由詹姆斯·蒂雷尔设计的。人们通过一处坡道可进入水池的内部，在这里可以欣赏到雕塑的全貌。

可持续性设计是整个设计必须遵循的原则，比如使用耗能低的建设材料。澳大利亚板岩、花岗岩、混凝土以及产自当地采石场的沙砾均与现有建筑的材质保持一致。这里有大片堪培拉当地特有的植被，它们与桉树林一起保护着草坪。从外部区域和屋顶收集来的雨水不仅可以满足室内空间的用水，还可以灌溉花园。

新景观精致的细部设计营造了一个恒久不变的优雅的公共生活空间。设计师的设计意图是通过新建的空间、光线和材质使整个地块的面貌焕然一新。澳大利亚国立美术馆最精彩的一面是内部和外部的公共空间大大提升了城市生活的品质。

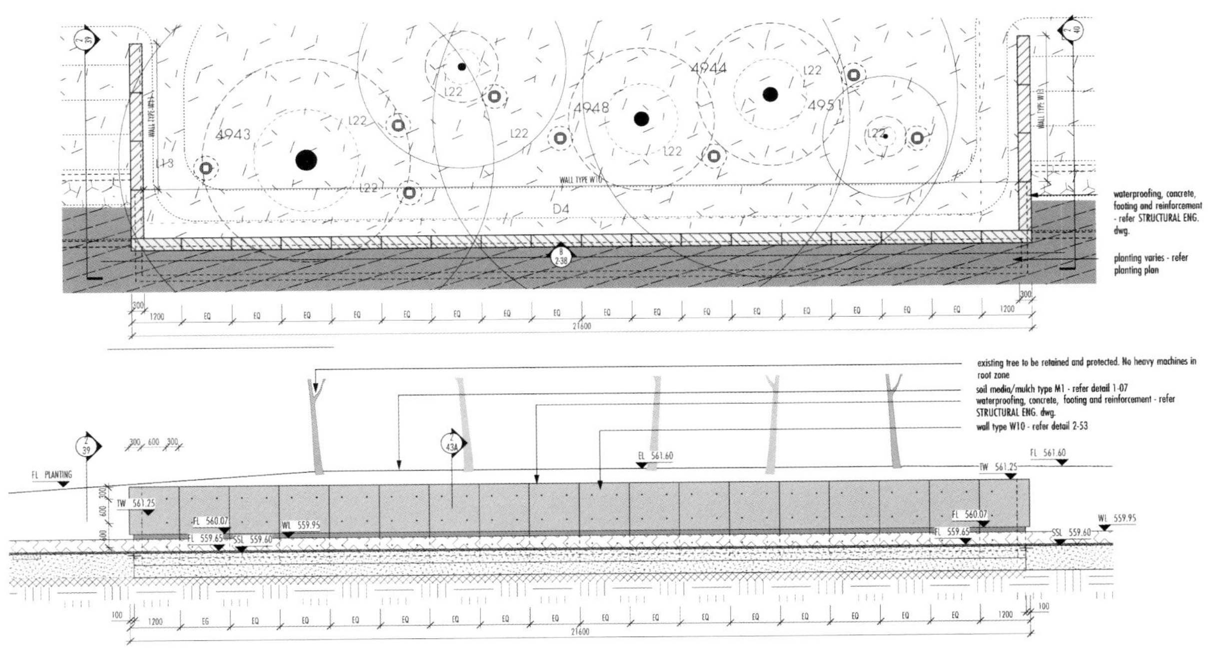
waterproofing, concrete, footing and reinforcement - refer STRUCTURAL ENG. dwg.
planting varies - refer planting plan
existing tree to be retained and protected. No heavy machines in root zone
soil media/mulch type M1 - refer detail 1-07
waterproofing, concrete, footing and reinforcement - refer STRUCTURAL ENG. dwg.
wall type W10 - refer detail 2-53
FL PLANTING
TW 561.25
FL 561.60
FL 560.07
FL 559.65
SSL 559.60
WL 559.95
1200
EQ
21600

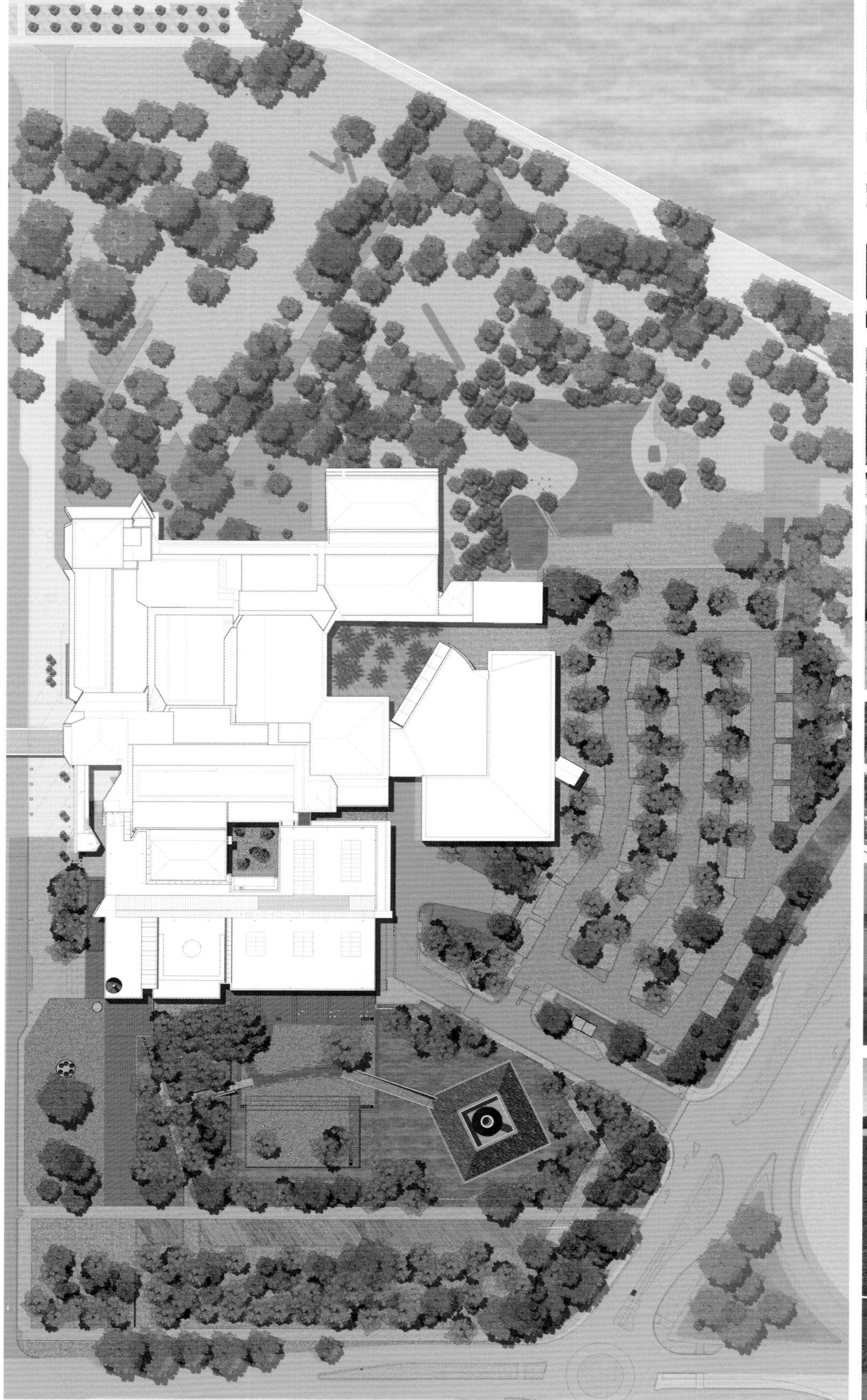

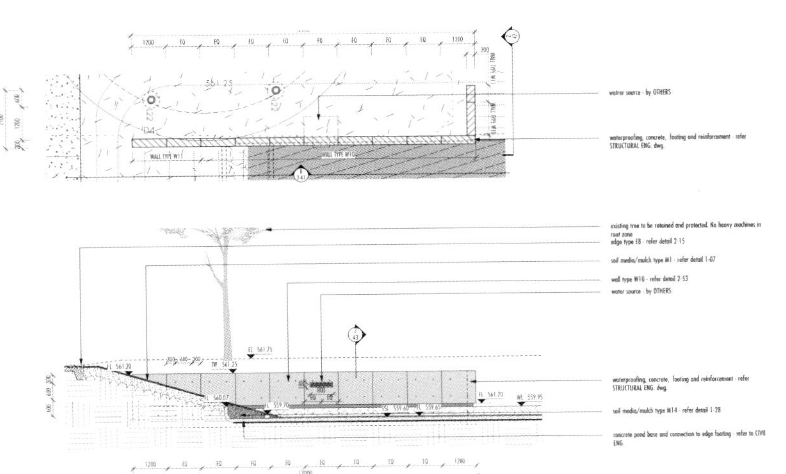

watrer source - by OTHERS
waterproofing, concrete, footing and reinforcement - refer STRUCTURAL ENG. dwg.
existing tree to be retained and protected. No heavy machines in root zone
edge type E8 - refer detail 2-15
soil media/mulch type M1 - refer detail 1-07
wall type W10 - refer detail 2-53
water source - by OTHERS
waterproofing, concrete, footing and reinforcement - refer STRUCTURAL ENG. dwg.
soil media/mulch type M14 - refer detail 1-28
concrete pond base and connection to edge footing - refer to CIVIL ENG.

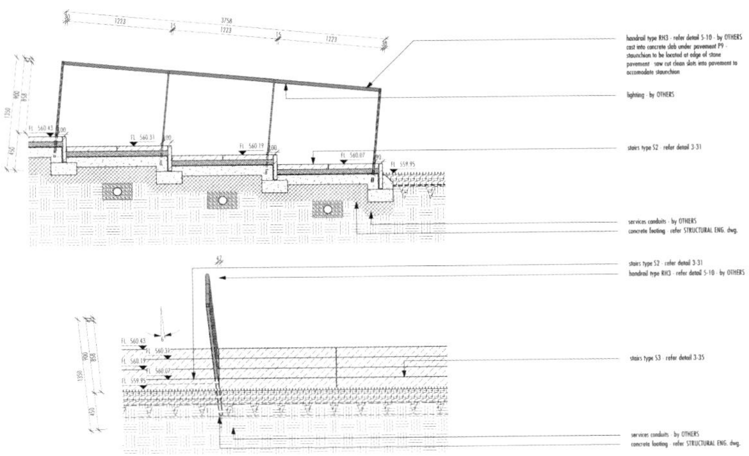

handrail type RH3 - refer detail 5-10 - by OTHERS
cast into concrete slab under pavement P9 - staunchion to be located at edge of stone pavement - saw cut clean slots into pavement to accomodate staunchion
lighting - by OTHERS
stairs type S2 - refer detail 3-31
services conduits - by OTHERS
concrete footing - refer STRUCTURAL ENG. dwg.
stairs type S2 - refer detail 3-31
handrail type RH3 - refer detail 5-10 - by OTHERS
stairs type S3 - refer detail 3-35
services conduits - by OTHERS
concrete footing - refer STRUCTURAL ENG. dwg.

上海植物园——药用植物园

公园绿地　中式自然园林风格

建筑设计师： Planungsgruppe Valentien: Valentien+Valentien, Landscape Architects and Urban Planners SRL; Straub + Thurmayr, Landscape Architects; Auer+Weber+Assoziierte GmbH Architects

地点： 中国

面积： 21 500 m²

摄影： Jan Siefke, Klaus Molenaar

中国的中药在国内外都颇具盛名。中药学是人们在长期的医疗实践中积累的一门学问。

在今天的中国，仍可以找到约 800 种草药。人们在描述药用植物时，总会把描述重心放在花园上。该项目的设计意图是赋予原有的稍显闭塞的地块以无限的活力，并将特别的岩石表面展现在人们面前。一条条小路指引人们穿过树林来到药用植物园中。石板、沙子、沙砾等铺就的小路和其他区域营造了河床般的景象。一座造型别致的小山与崎岖的岩石表面和种植区域形成鲜明对比，这座小山就坐落在花园的中央位置。它不仅可供人们休息、观赏风景，而且也凸显了周边的岩石地貌。

东方公墓

景观设计： Karres en Brands Landscape Architects
摄影： Jeroen Musch, Peter Zoech, Thyra Brandt

设计团队： Sylvia Karres, Bart Brands, Lieneke van Campen, Joost de Natris, James Melsom, Marc Springer, Monika Popczyk, Pierre-Alexandre Marchevet, Julien Merle, Jim Navarro

地点： 荷兰
面积： 330 000 m²

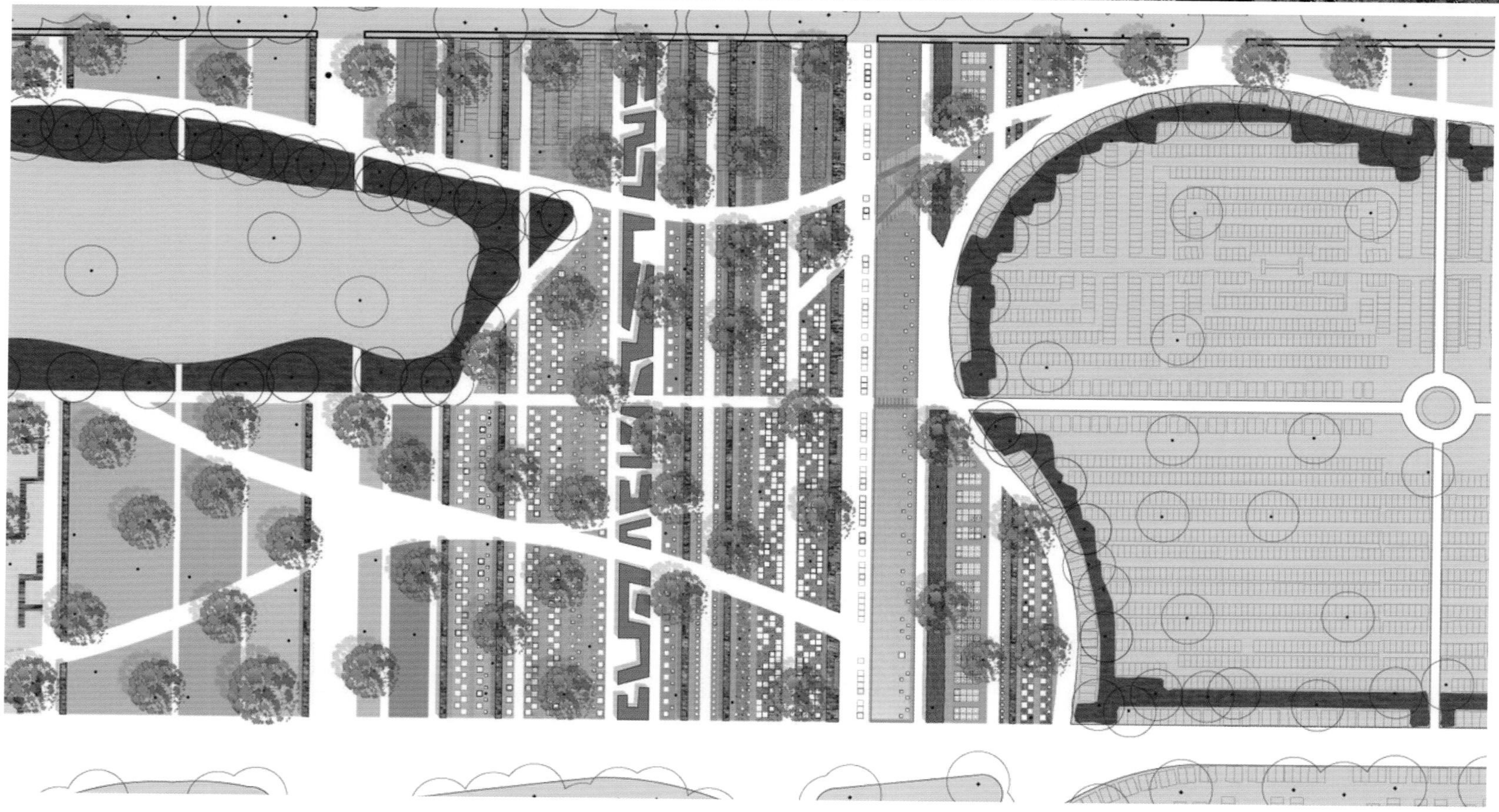

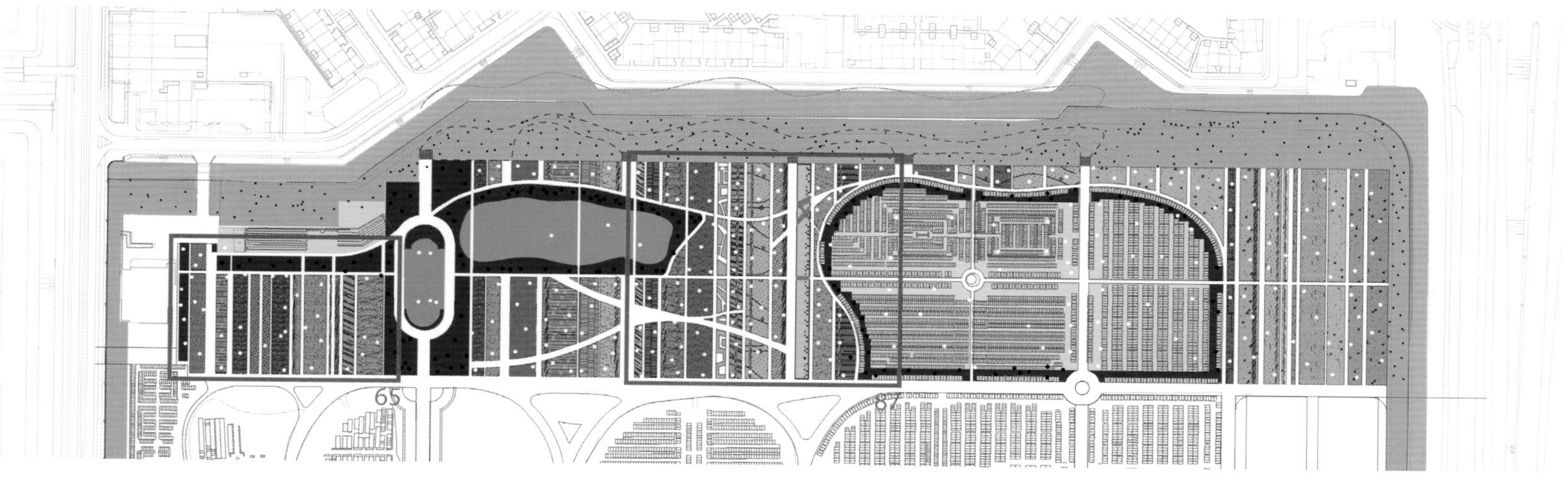

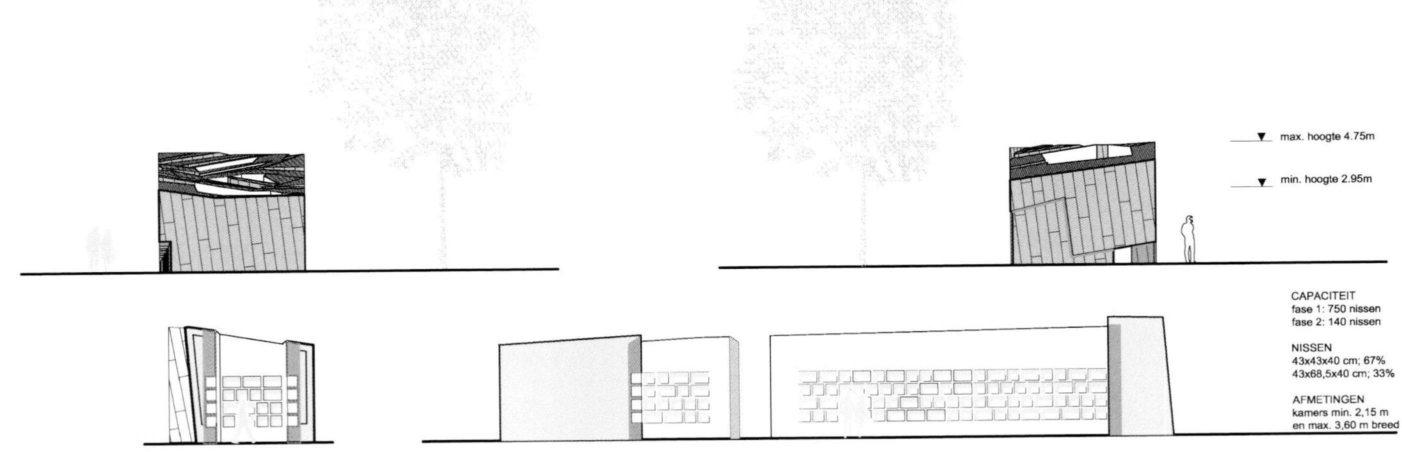

位于阿姆斯特丹的东方公墓和火葬场是荷兰迄今为止最大的一片墓地，占地 330 000m²，包含超过 28 000 个坟墓。该墓地共分 3 个阶段修建，分别是 1889 年、1915 年和 1928 年。它拥有约 117 年的历史，在这期间经历过许多变化。2001 年它被再次修缮，2003 年成为一处国家级纪念场所。

设计师没有将墓地中三个不同的墓葬区联结在一起，而是使每个墓葬区都保持自己的特色。通过强化对比，进一步突出了每个墓葬区的特色，因此，每个墓葬区可以被轻易区分开来。

第二处扩建区域缺乏自身的统一性，设计师需要赋予其新的特色。设计师所采取的设计策略极为大胆，但这种设计策略是易于操作的。该区域的空间架构需要与现有的墓葬区相协调，并能为扩建工程营造出必要的空间。当今的社会变得越来越没有等级之分，更加崇尚个性：每个人都想长眠在弯曲小径的旁边。该公墓试图满足人们的这些需求。因此，通过设计师的空间设计，该墓地被赋予了多样的风格，使其能够满足个体的需求，使每个人都能如愿以偿长眠于小径的旁边。

COLUMBARIUM - DEEL 1

丘日金公园

景观设计：Karres en Brands Landscape Architects
摄影：Karres en Brands Landscape Architects
设计团队：Bart Brands, Sylvia Karres, Lieneke van Campen, Joost de Natris, Simon Nunez, Femy-Jeanine Bol, Jorryt Braaksma, Gwendolyn Verheul
地点：荷兰
面积：80 000 m²

该公园坐落在一个狭长的地块上，这里曾经计划被设计为通往蒂尔堡北部的主要交通要道。有关该公园的新的城市开发设计需要设计师重新考量并改变之前制定的开发方案。该设计方案将这片未完成的开放式区域转变成了一个灵动而富于活力的空间，将原先周边两个彼此分离的空间联系起来。因此，设计的重点在于建立两个区域之间的联系。该公园就像是这两个区域之间的纽带。

该公园周边街区有以下特点：人们的生活方式、品位、需求以及休闲娱乐方式都各不相同。因此，传统的设计模式已不合时宜。该公园一定得呈现一些新的东西。传统的公园元素，比如小路、广场、设施、植被以及建筑等，都将给予同等的对待。不能将该区域称为一座公园或一座建筑，也不能称其为一个广场或一座花园，该公园必须加入所有这些元素。设计师通过有限的元素营造出了无穷的空间应用和个体体验。道路系统即为整个公园的“神经系统”。道路系统很轻松地将周边街区联系在一起。与周边地区不同的是，该景观地面有轻微的起伏，营造出了丰富的视觉效果。

景观设计：Bjørbekk & Lindheim AS

地点：挪威

面积：39 000 m²

摄影：Bjørbekk & Lindheim AS

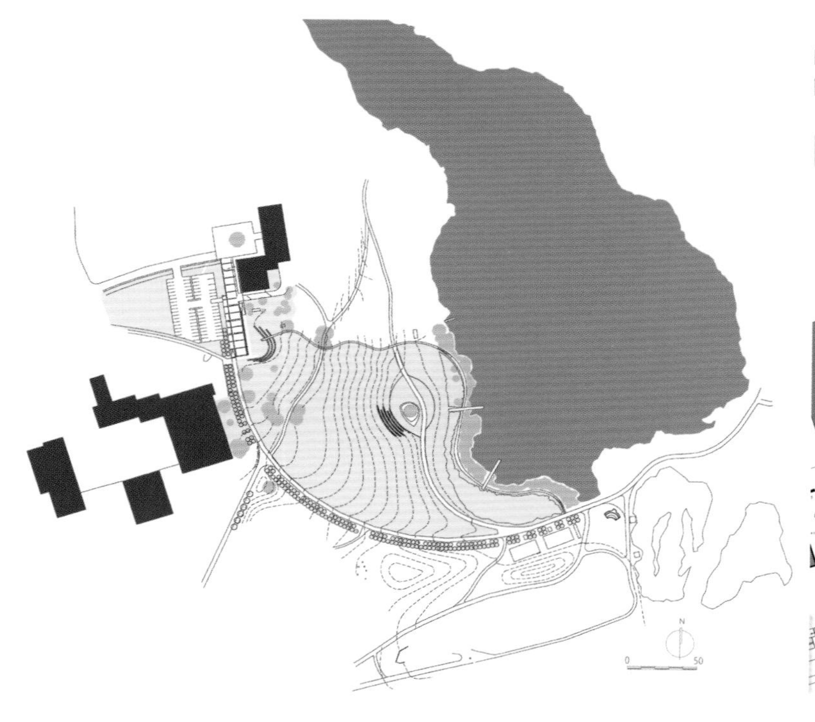

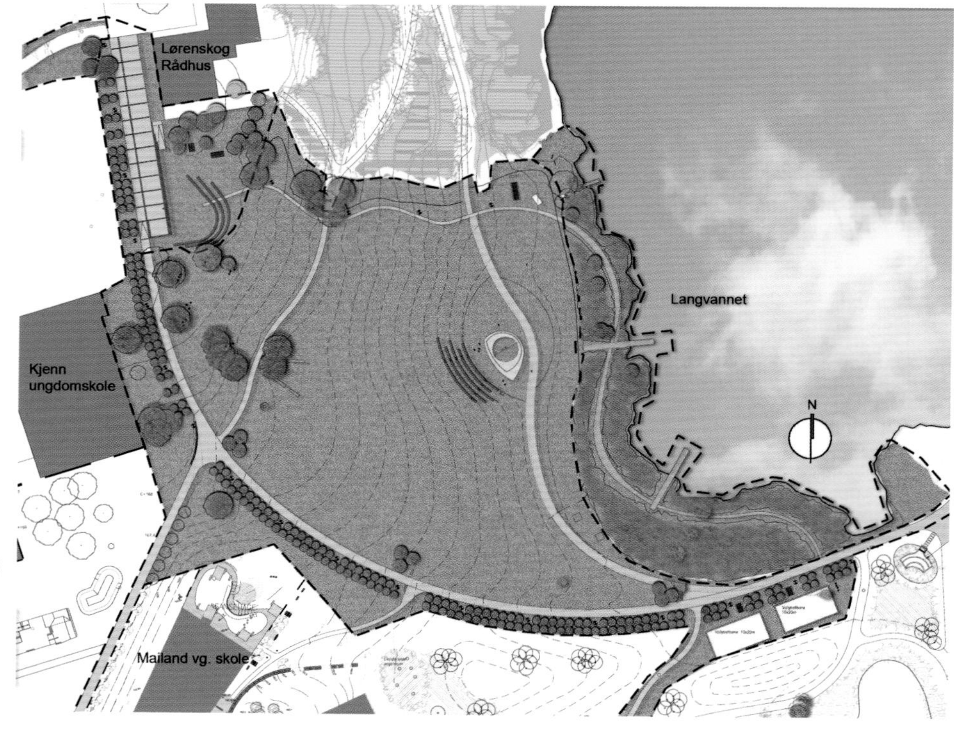

Lorenskog 市政厅公园已成为一处新的文化地标。该公园的一期工程于 2008 年 8 月按时完工以庆祝该城市建成 100 周年，公园开放第一天就迎来了 10000 名游客。公园的二期工程于 2009 年完工。

冬天，孩子们可以在公园里溜冰、滑雪；夏天，孩子们可以在这里野餐、钓鱼、玩遥控船或遥控飞机、给鸭子喂食等。

该公园所处的地块靠近城市中心的市政厅，紧邻一片湖、一所中学和一所小学，这里风光秀丽、景色优美。Lorenskog 市位于奥斯陆北部，该城市计划开展中心区的扩建工程。新建的大型艺术中心将是一个极为重要的建筑。新建的公园与这处新建的艺术中心通过 159 公路上的人行天桥相连接。

除了开展市中心开发建设、阿克什胡斯大学校医院扩建项目以及设置该公园附近的邮政服务设施之外，该项目也需要景色宜人的绿色空间、人行小道和自行车道将所有这些空间元素连接在一起。

市政厅公园位于一个早已确立为娱乐休闲功能的地块上，这里通常用作举办音乐会或演出，是当地居民的休闲场地。在冬天，公园中的坡地则是极佳的滑雪场地。

菲尔洛浦・沃特斯公园

景观设计：FoRM Associates with artists Olivia Fink, Stephen Shiells and PiP

地点：英国

面积：4 hm^2

摄影：FoRM Associates

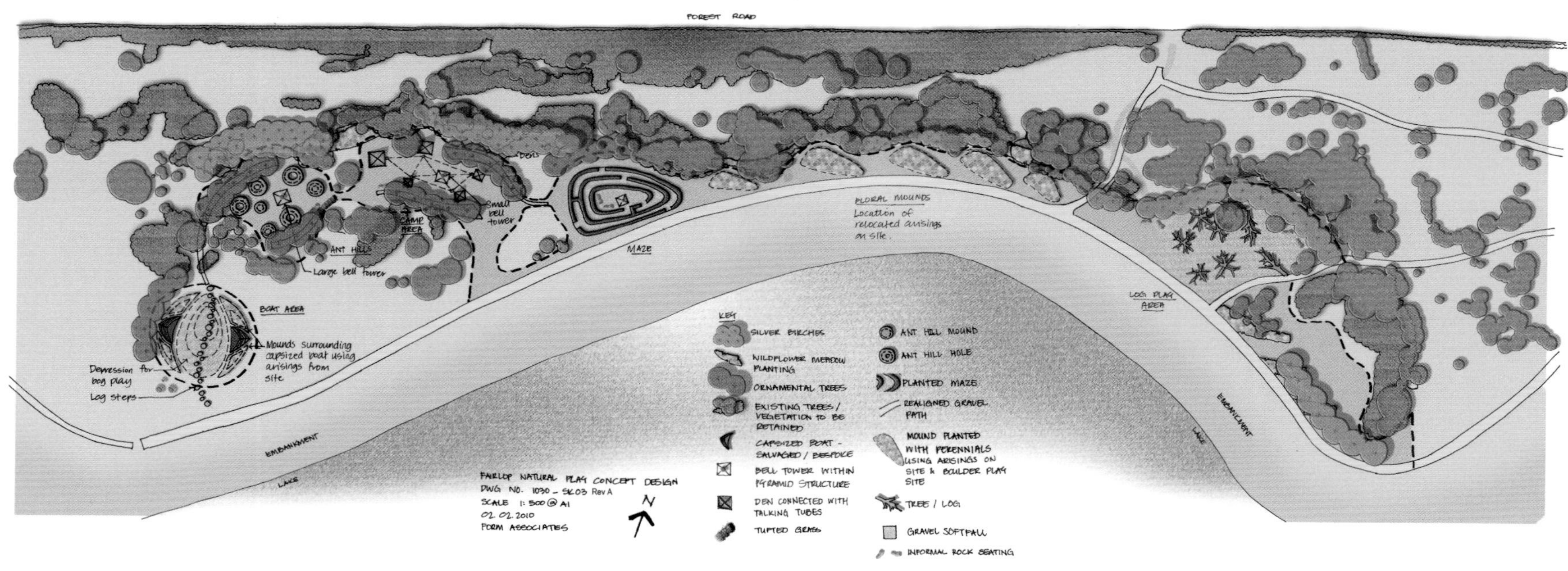

这处自然的游玩区在设计上充分考虑了该地的地形特点和土壤条件，并展现了该空间的历史背景．这里的湖是一个划船的好去处，游玩区与湖泊相互联系在一起。公园分为了一系列的活动和功能区，营造了诸多挑战孩子们体能的空间，发掘他们的体力潜能和创造力。比如这里的供孩子们跑、跳、攀爬的器械，还有实验性（教育性）空间，可以激发孩子们的想象力，鼓励孩子们自己编写故事和剧本。该项目的设计目的在于创造一个激发孩子们想象力的空间，供他们自己去发掘周围环境的精彩之处，并增加其与社会互动的机会。该设计为父母们和看护者提供了一个别致的环境，他们可以在这里监护孩子们的活动，同时又不至于因为大人们的存在而破坏了孩子们自如游玩的氛围。不同的区域通过所使用材料的一致性得以相互联系在一起，比如所有木结构所使用的木材，定制钟塔（不同游戏区间要进行互动游戏时可以敲响钟塔，每个的声调都不一样），作为整个场地背景的林地植被以及遍布整个地块的野花和草坪，等等。

纳斯拉·弗里德公园

景观设计： FoRM Associates with EDAW + Peter Neal + LDA Design + C J Pryor

地点： 英国

面积： 27 hm^2

摄影： FoRM Associates, Chris McAleese

纳斯拉·费里德公园是伦敦一个世纪以来最大的新建的公园。整个设计最显著的特点是构建出一个新的地标，而它的材料与伦敦周边项目保持协调，大多数是拆除项目的材料再利用。例如希思罗机场 5 号航站楼、白城和温布利大球场。这样节省了 4754 元，这种回收再利用的方法也有助于缩短材料的运输路程，大约为 270 000km。

新的地形也解决了一些周边发展所带来的问题，大大减少了相毗邻的 A40 高速公路的影响（特别是噪声，视觉和空气污染），通过新的地形和土壤创造新的生态环境。

四座圆锥形土丘帮助减少视觉和噪声污染，同时也成为伦敦西部地标性的艺术品，可以说是具有里程碑的意义。最高的土丘上拥有 360 度的视角，整个伦敦市中心和金丝雀码头一览无余。

多条道路纵横交错，极大地拓展了人们的活动空间。新的操场是沿着公园的中脊建造的，开阔的草地、植被、休息区相互交融。水是公园的另一个主要特征，六个湖泊组成了一个水系网络，人们可以尽情地在此垂钓和划船。

蒙特利尔皇家公园运动场

景观设计：Cardinal Hardy Architecture | Paysage | Design Urbain　**地点**：加拿大　**摄影**：Marc Cramer, CHA

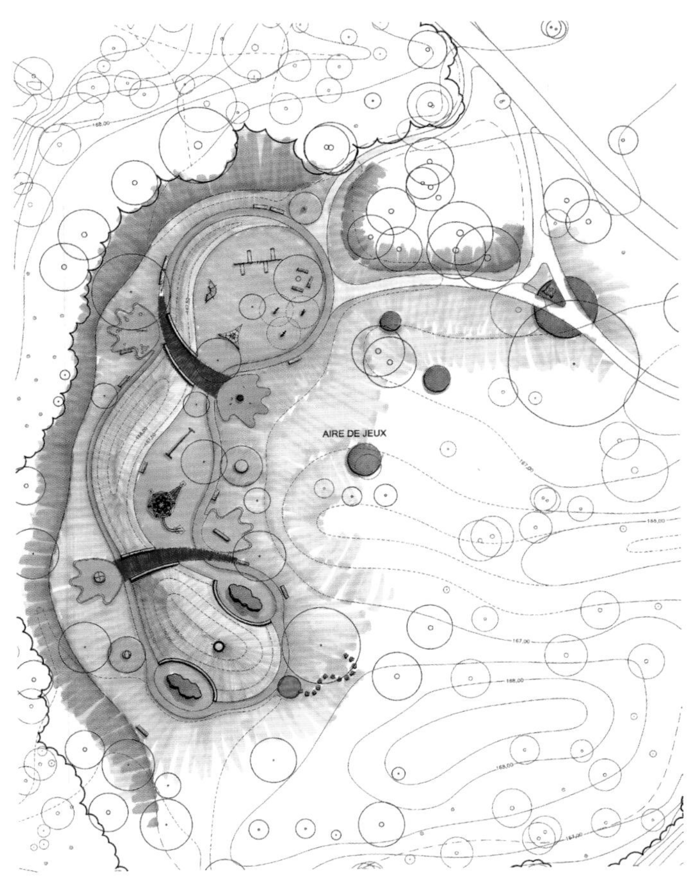

位于加拿大蒙特利尔的这座皇家公园始建于 1874 年，每年有超过 3000000 的游客。尽管该公园历经了很多变化，但公园原始方案的精华部分却都传承了下来。为了展现其独特之处，魁北克政府赋予其自然历史公园的名号。该项目包含以下几个部分：运动场（其主题源自于皇家公园本身）、绿地上的野餐区（大约设置了 30 张餐桌）、道路的重建以及景观的重建与修缮（以景观的林地特色为基础）。该运动场的设计主题为蓝色斑点钝口螈，这是该皇家公园土生土长的一种两栖动物，而这也是组织游玩设施和其他公园元素的主要依据。水景和其他富于奇思妙想的游玩设施融入了该“斑点钝口螈”的轮廓之中。这样的设计能够激发孩子们开展别具特色的游玩活动，提升其认知能力和社会交际能力。这已经不仅仅是一处自然历史公园，其凸显了这处大型绿色空间对整个城市的影响力。建造区域被限制在尽可能小的范围内，以最大限度地减少对生态的破坏。地面上所使用的自然材料使地表水可以渗透进土壤之中。空地的边缘地带有一处生态走廊，它将两个主要生态网络的节点联系在一起，而该生态走廊中栽种了本土植物，这是为了保护并滋养这里的下层植被。

être protégé
jouer
proteger, assurer la securite
ÊTRE PROTÉGÉ
ARTICLE 19
LE DROIT À LA PROTECTION
TU AS LE DROIT D'ÊTRE PROTÉGÉ CONTRE TOUTE FORME DE VIOLENCE, D'ATTEINTE OU DE BRUTALITÉ PHYSIQUES OU MENTALES, D'ABANDON OU DE NÉGLIGENCE, DE MAUVAIS TRAITEMENTS OU D'EXPLOITATION PENDANT QUE TU ES SOUS LA GARDE DE TES PARENTS, DE REPRÉSENTANTS LÉGAUX OU DE TOUTE AUTRE PERSONNE À QUI TU ES CONFIÉ

琥珀森林公园

景观设计：Substance
景观设计师：Arnis Dimins, Brigita Barbale
地点：拉脱维亚
面积：park 131 108 m^2 / gross internal floor 541 m^2
摄影：Ansis Starks

琥珀森林公园所处的地理位置是独一无二的，其所在地块占地 130000m^2，坐落在尤尔马拉市的正中心。历经 200 年仍在生长的松树以及受保护的橘树林是该森林公园的最富有的资源。尽管该公园位于市中心，但几十年来这些树种仍然保存完好。该森林公园吸引了很多过路人在这里逗留以及欣赏海滨的自然美景。

该地区周边的公共和住宅建筑发展迅速，来该公园游览的人也越来越多，基础设施的建设如果不能跟上，那么这将对该公园宝贵的自然资源带来损害。因此，对该地区进行重新规划使其适应新的发展现状就变得至关重要。设计的主要目标是保护该森林公园最原始的美及其独特性。

公园中的基础设施呈均匀式分布，这些设施通过高于地面的木栈道相连。原先的人行道使用鹅卵石进行铺装。最重要的娱乐休闲设施是位于公园中部的轮滑轨道。轮滑轨道区设有人行天桥供行人通过。公园中还设有滑板区、街头篮球区、儿童游乐场、咖啡馆、厕所以及其他设施。

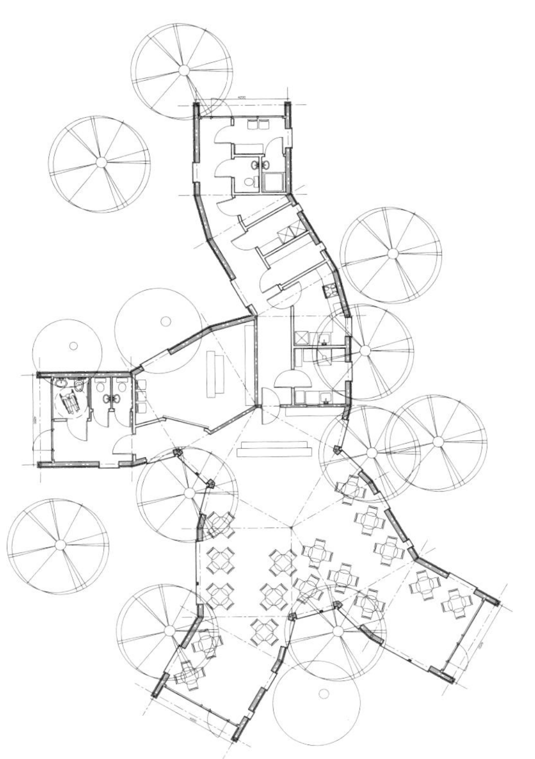

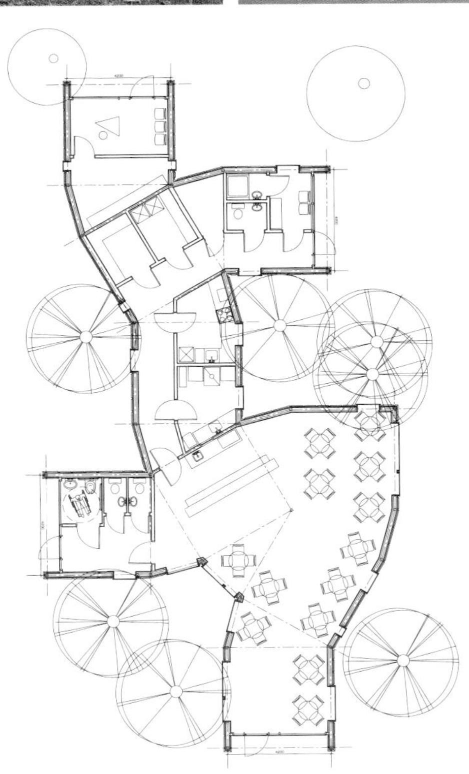

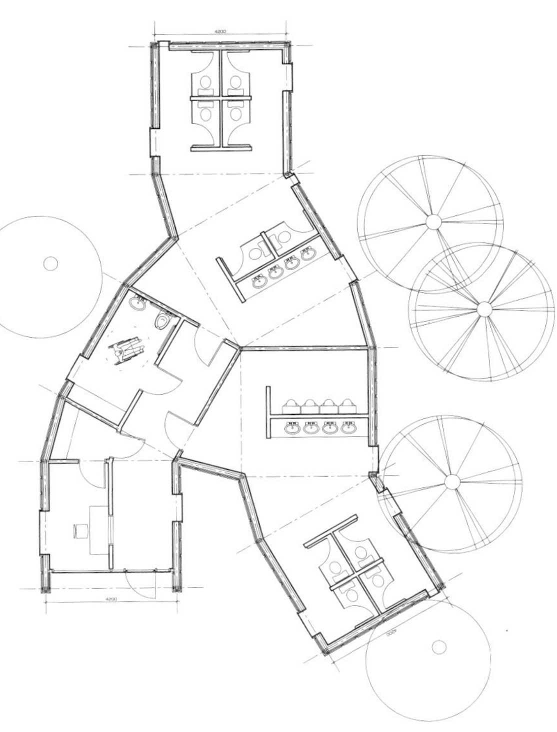

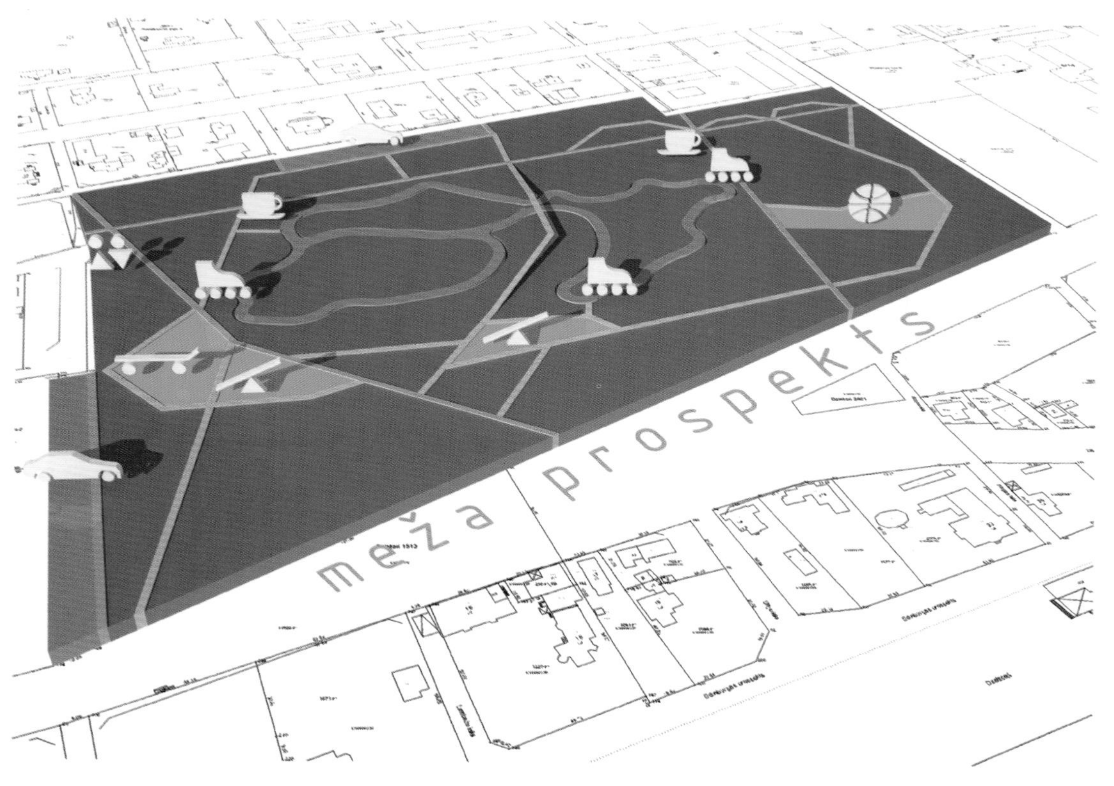
meža prospekts

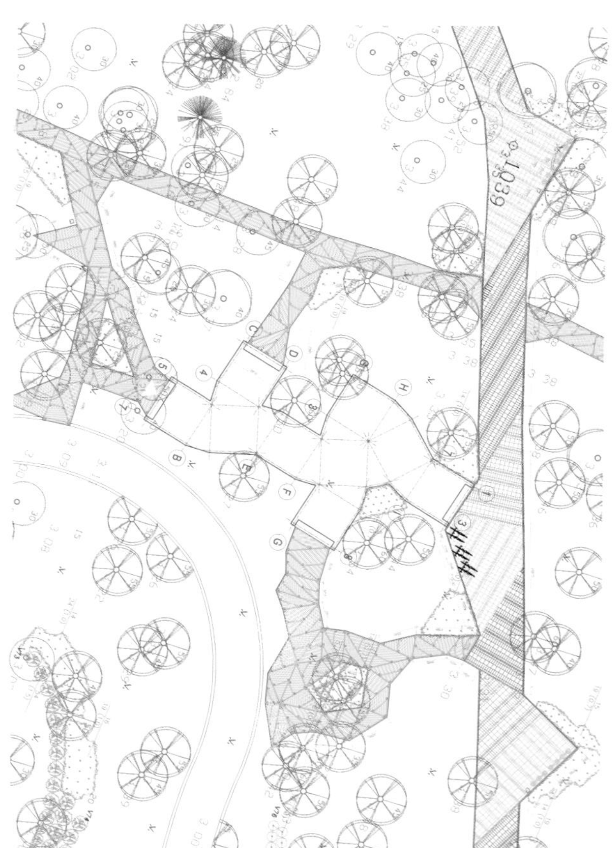

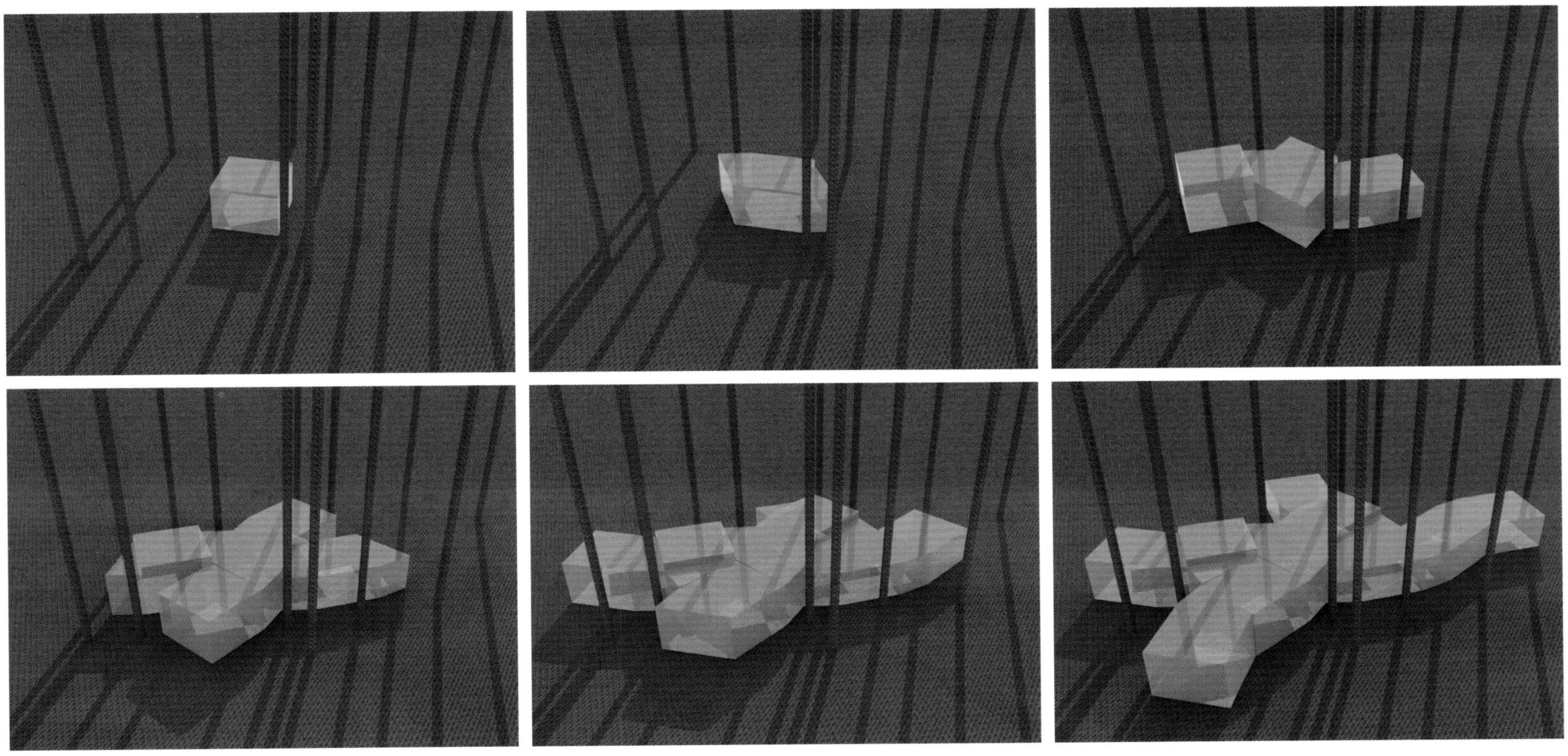

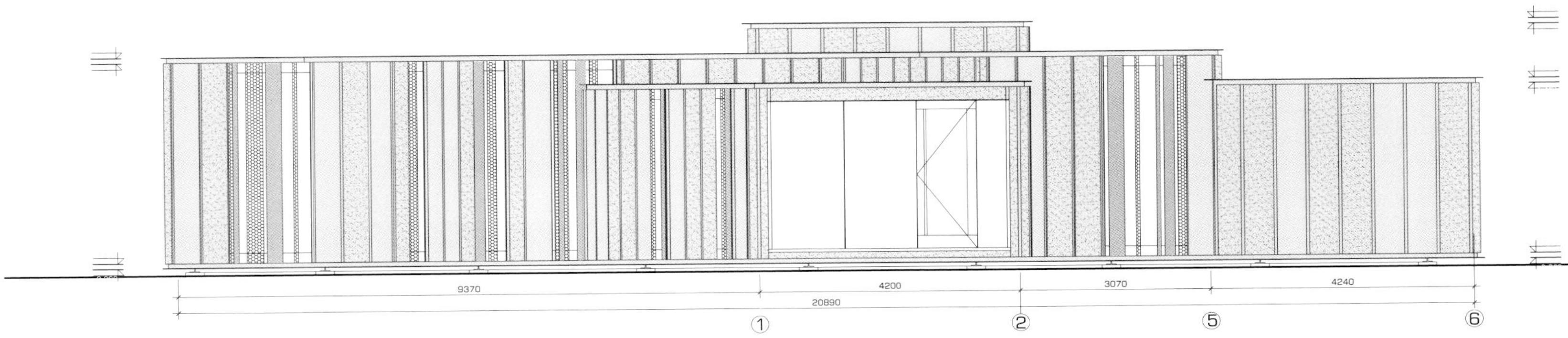

9370
4200
3070
4240
20890
①
②
⑤
⑥

托雷帕切科城公共空间的发展、管理和规划

景观设计：Martín Lejarraga arquitecto

地点：西班牙

面积：school 4 652 m^2 / library 2 475 m^2

摄影：David Frutos

托雷帕切科城的演变和不断加速的变化带来了建筑和城市化领域的很多现象，这些现象促使受人口统计学、社会经济学、多种族学科以及文学与旅游发展进程影响的所有参数以有条理的、相互协调的方式进行发展。而这种发展变化也带来了一种新的城市模式，在这种模式里，所有的变化都以极其快速的方式影响着周围的环境。

该项目位于托雷帕切科城新辟出的地块上，这里设置有诸多的公共设施，是城市居民休闲娱乐的好去处。

交叉式规划设计是该项目的主要特色所在，主要地块上的公共设施、学校、图书馆和公园布局合理，营造出来的新空间可以免遭外界的干扰。这个公共空间“包裹”着并保护着这些建筑，就像人们通常所说的“一枚硬币的两个面”。

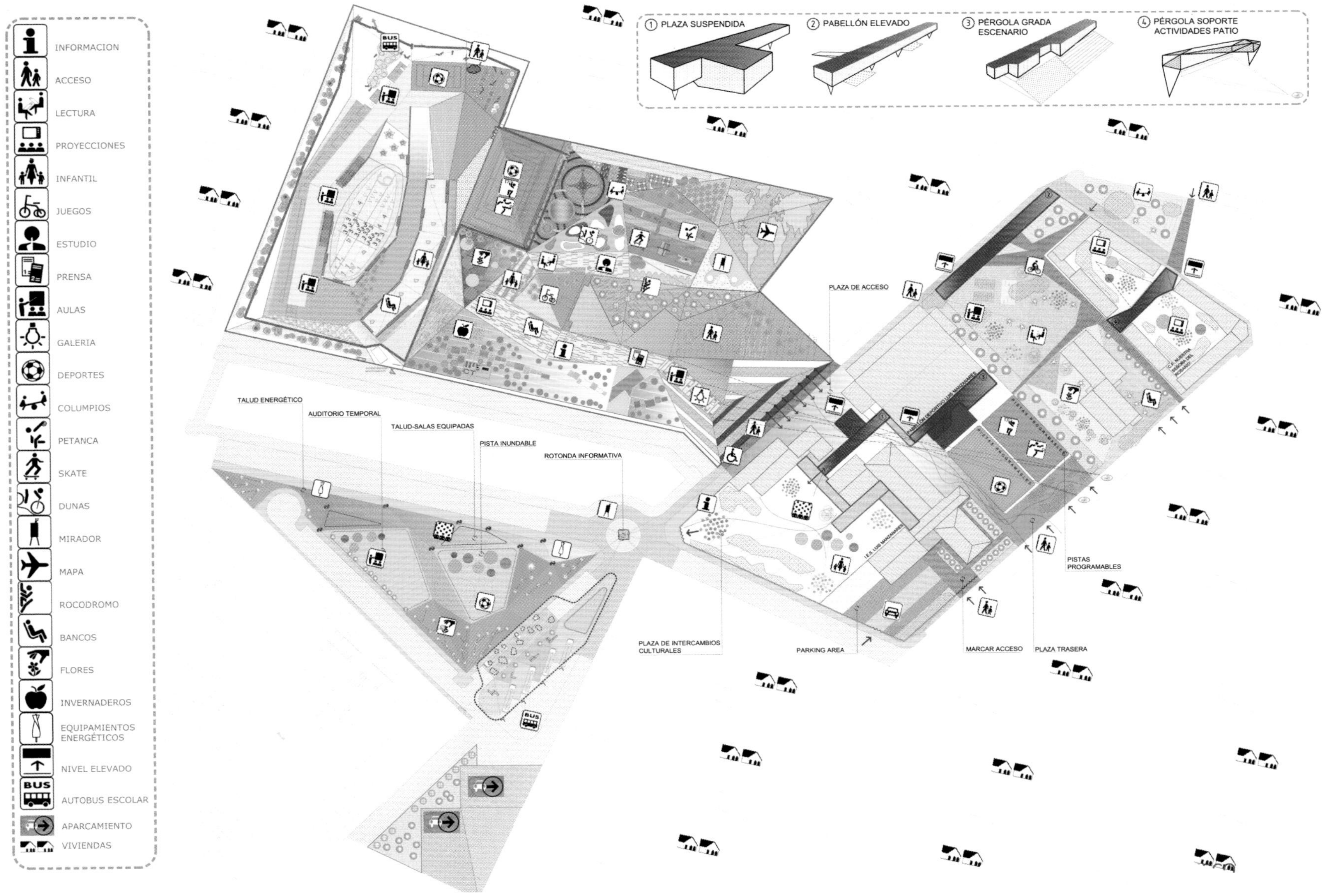

INFORMACION
ACCESO
LECTURA
PROYECCIONES
INFANTIL
JUEGOS
ESTUDIO
PRENSA
AULAS
GALERIA
DEPORTES
COLUMPIOS
PETANCA
SKATE
DUNAS
MIRADOR
MAPA
ROCODROMO
BANCOS
FLORES
INVERNADEROS
EQUIPAMIENTOS ENERGÉTICOS
NIVEL ELEVADO
AUTOBUS ESCOLAR
APARCAMIENTO
VIVIENDAS

① PLAZA SUSPENDIDA
② PABELLÓN ELEVADO
③ PÉRGOLA GRADA ESCENARIO
④ PÉRGOLA SOPORTE ACTIVIDADES PATIO

PLAZA DE ACCESO
TALUD ENERGÉTICO
AUDITORIO TEMPORAL
TALUD-SALAS EQUIPADAS
PISTA INUNDABLE
ROTONDA INFORMATIVA
PISTAS PROGRAMABLES
PLAZA DE INTERCAMBIOS CULTURALES
PARKING AREA
MARCAR ACCESO
PLAZA TRASERA

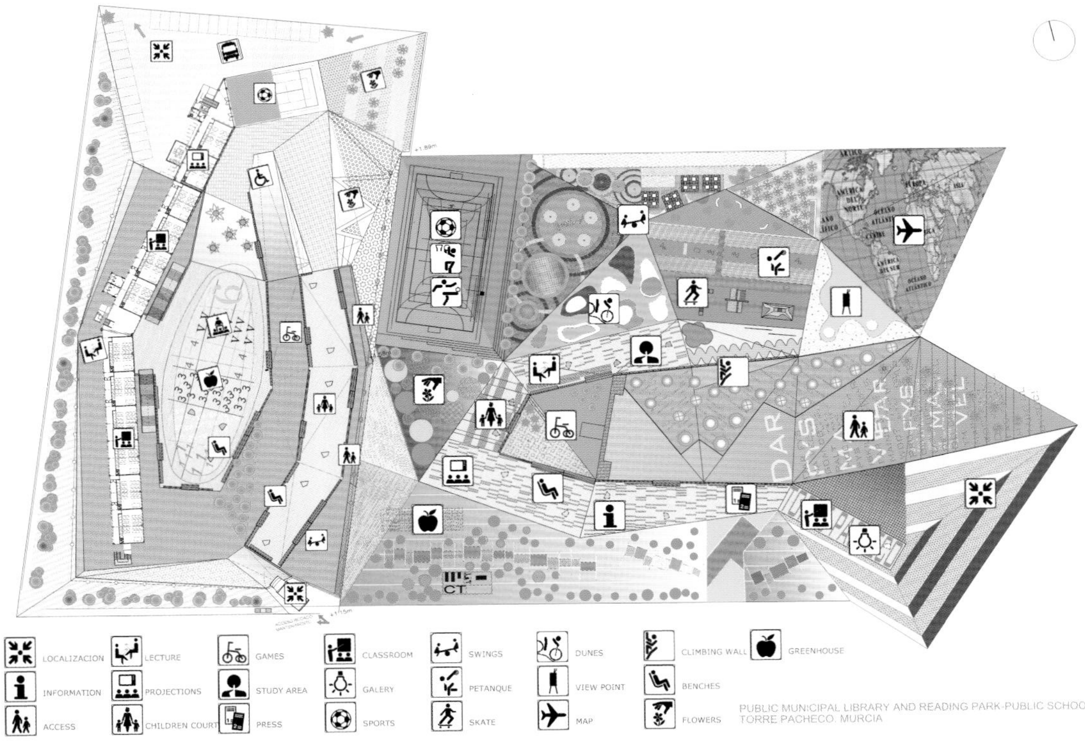

LOCALIZACION
INFORMATION
ACCESS
LECTURE
PROJECTIONS
CHILDREN COURT
GAMES
STUDY AREA
PRESS
CLASSROOM
GALERY
SPORTS
SWINGS
PETANQUE
SKATE
DUNES
VIEW POINT
MAP
CLIMBING WALL
BENCHES
FLOWERS
GREENHOUSE

PUBLIC MUNICIPAL LIBRARY AND READING PARK-PUBLIC SCHOOL. TORRE PACHECO. MURCIA

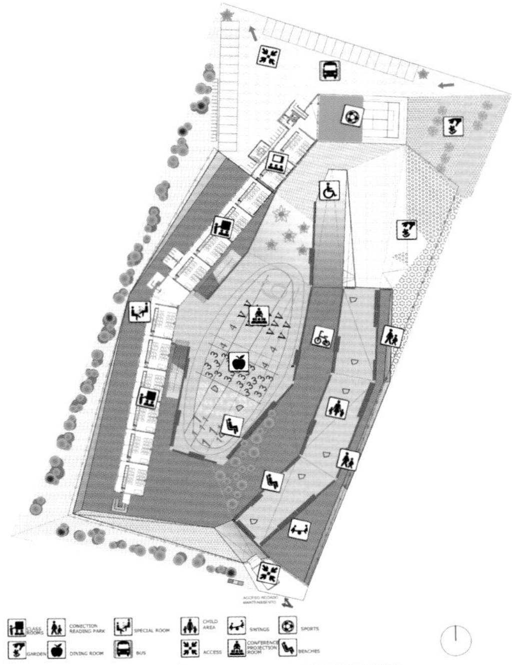

CLASS ROOMS
GARDEN
CONECTION READING PARK
DINING ROOM
SPECIAL ROOM
BUS
CHILD AREA
ACCESS
SWINGS
CONFERENCE PROJECTION ROOM
SPORTS
BENCHES

PUBLIC SCHOOL NUESTRA SEÑORA DEL ROSARIO.TORRE PACHECO.

西首尔湖畔公园

景观设计：CTOPOS DESIGN
设计团队：Shin Hyun Choi (Lead Designer), Shin Hyun Choi (Landscape Architect)
地点：韩国
面积：225 368 m²
摄影：CTOPOS DESIGN, Jongoh Kim

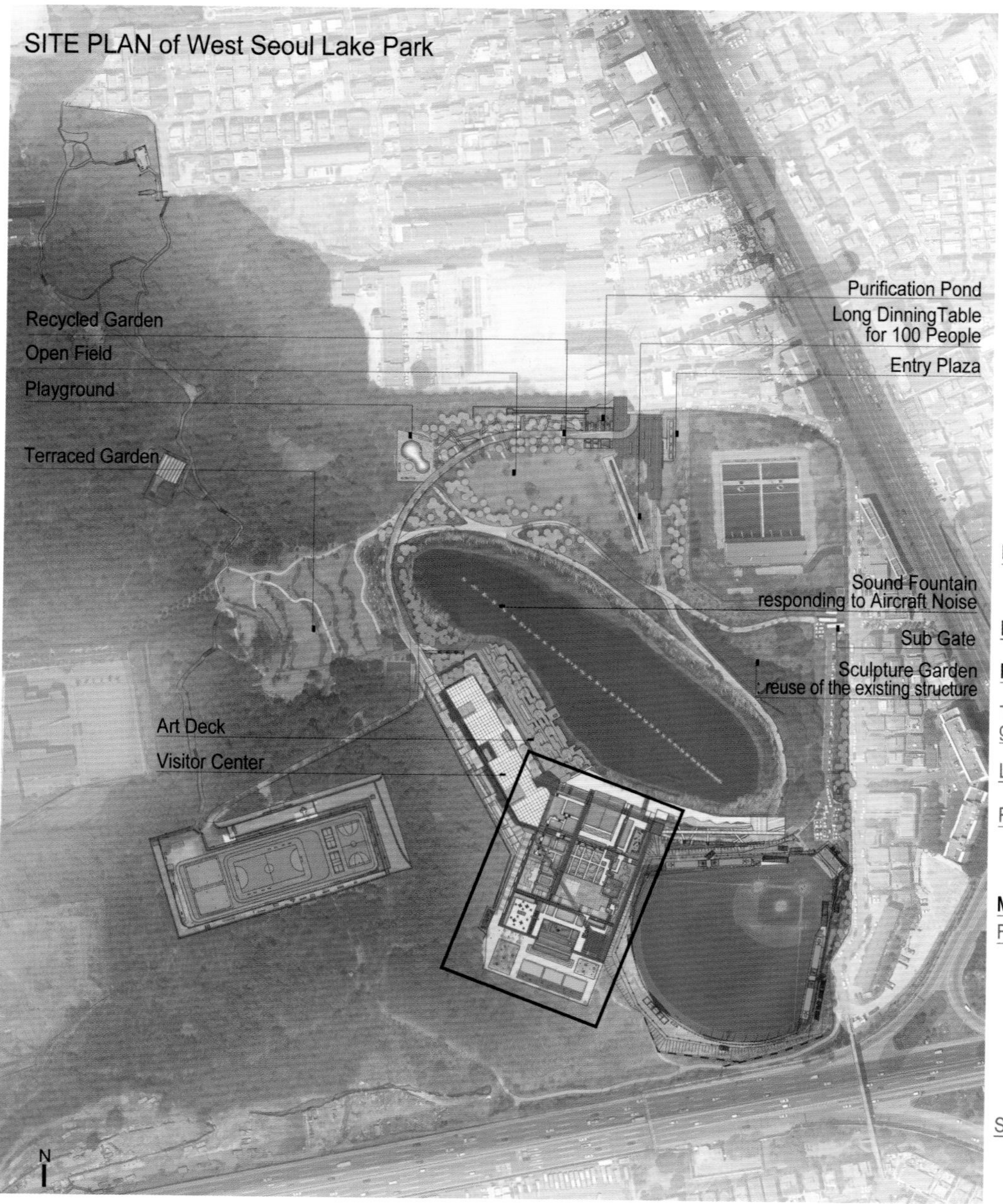

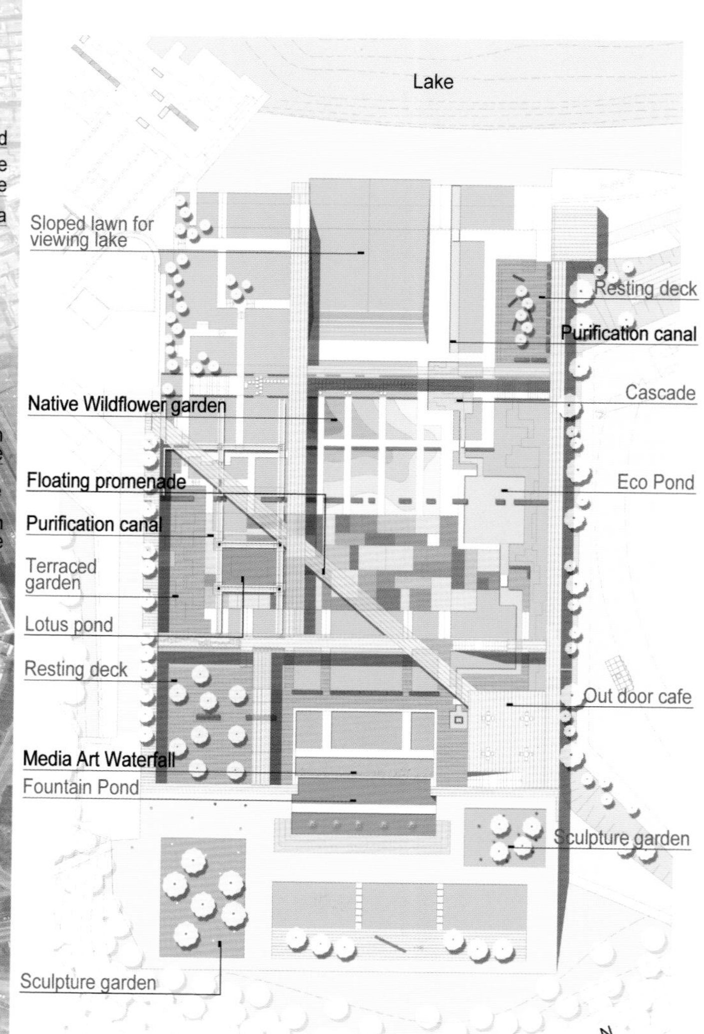

当人们进入这处公园的时候，就会被公园中那些深棕色的物体所吸引，入口通道、柱廊、写有公园名称的标志牌、座椅以及自行车停放处均为深棕色结构。这些结构意在告诉参观者这是一处环境友好型的公园，并以水和重生为主题，管径为 1m 的输水管道沿水平和垂直方向进行设置，所有深棕色结构与这些管道有机统一起来，而这也透露了该公园的设计目的所在。

为了与公园名称相匹配，公园中心有一座占地 18000m^2 的人工湖，湖的类型是首尔市中心所罕见的。该湖泊没有受到原有的水处理工厂的影响，保持了其自然面貌，湖畔种植着很多植物，这里也栖息着很多小型的海洋生物。为了方便人们欣赏湖水的美景，这里设置了一处观景甲板，还有一处文化广场，后者位于湖泊和旧的厂房设施之间，而这里曾有一个高 4m 的石砌结构。这些石砌结构都被拆除，以供人们毫无阻碍地欣赏湖泊的美景。

公园中的另一处特色空间是蒙德里安广场。原先水处理厂的老旧的钢筋混凝土沉降槽都被拆除了，只留下星星点点几处结构，并在原址新建了几处蒙德里安式的建筑结构，其规模各不相同，产生了富于美感的和谐效果。

THK5.0 CORTEN STEEL
2050
31.50
32.10
1500
800
800
800
800
34.30
33.90
THK5 CORTEN STEEL
33.50
33.10
32.70
32.30
400
300
THK10X250X200 CORTEN STEEL BRAKET

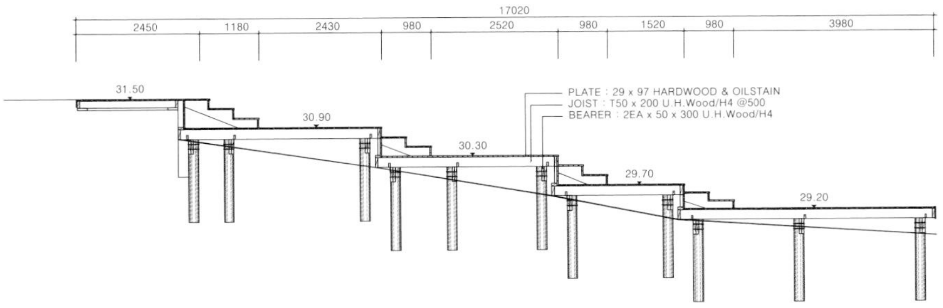

17020
2450 1180 2430 980 2520 980 1520 980 3980
31.50
30.90
30.30
29.70
29.20
PLATE : 29 x 97 HARDWOOD & OILSTAIN
JOIST : T50 x 200 U.H.Wood/H4 @500
BEARER : 2EA x 50 x 300 U.H.Wood/H4

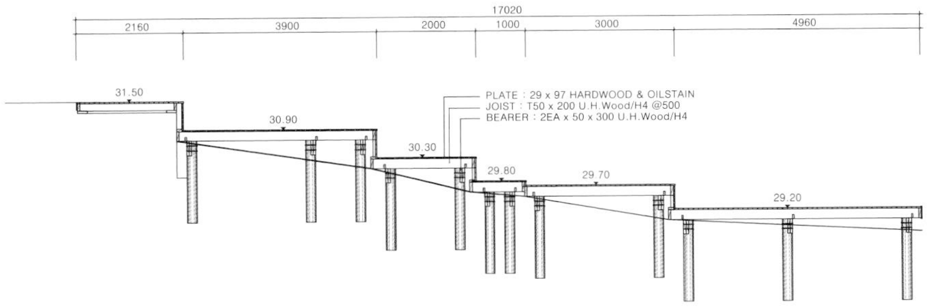

17020
2160 3900 2000 1000 3000 4960
31.50
30.90
30.30
29.80
29.70
29.20
PLATE : 29 x 97 HARDWOOD & OILSTAIN
JOIST : T50 x 200 U.H.Wood/H4 @500
BEARER : 2EA x 50 x 300 U.H.Wood/H4

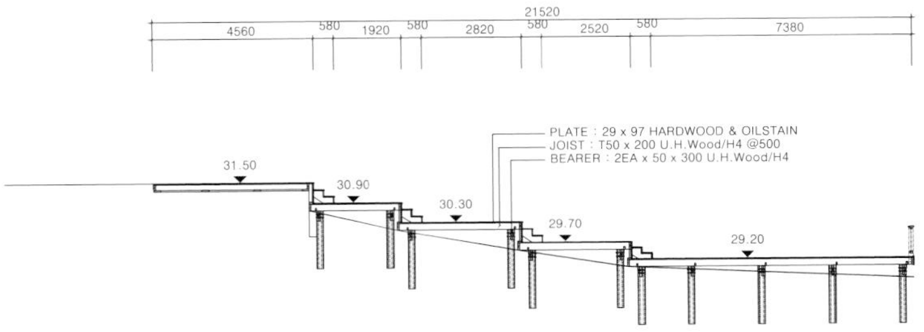

21520
4560 580 1920 580 2820 580 2520 580 7380
31.50
30.90
30.30
29.70
29.20
PLATE : 29 x 97 HARDWOOD & OILSTAIN
JOIST : T50 x 200 U.H.Wood/H4 @500
BEARER : 2EA x 50 x 300 U.H.Wood/H4

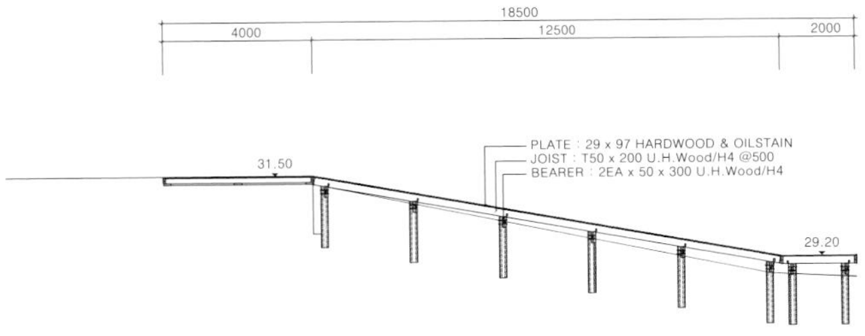

18500
4000 12500 2000
31.50
29.20
PLATE : 29 x 97 HARDWOOD & OILSTAIN
JOIST : T50 x 200 U.H.Wood/H4 @500
BEARER : 2EA x 50 x 300 U.H.Wood/H4

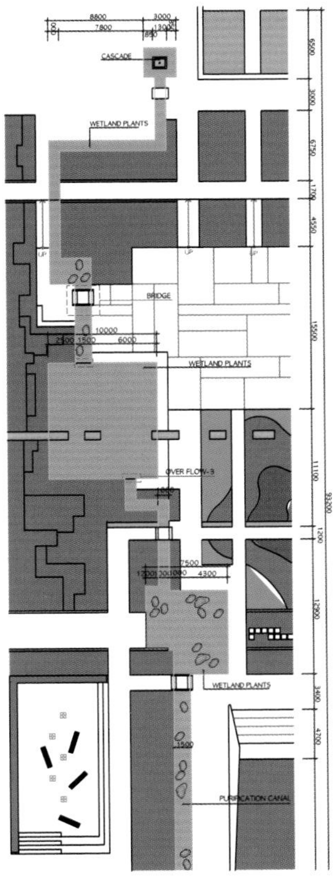

CASCADE
WETLAND PLANTS
BRIDGE
WETLAND PLANTS
OVER FLOW-S
WETLAND PLANTS
PURIFICATION CANAL

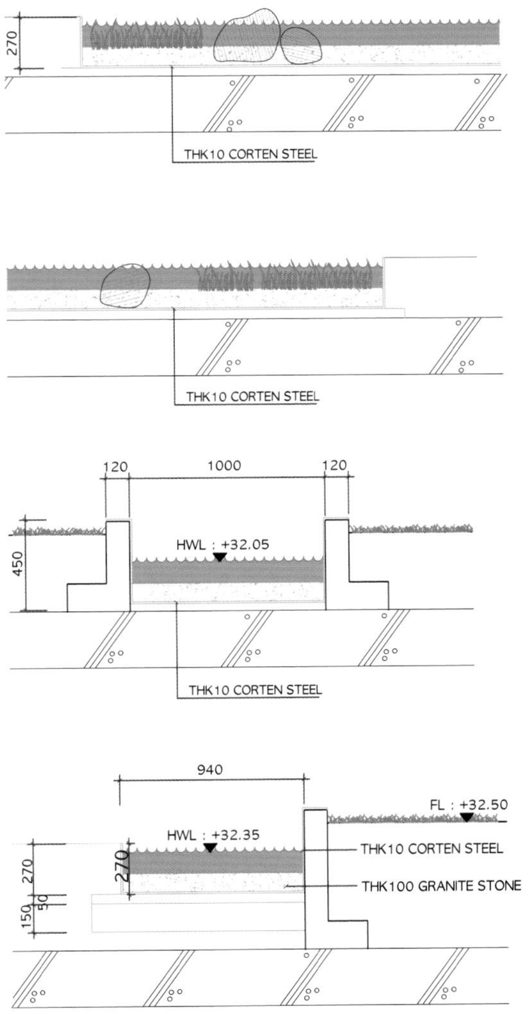

270
THK10 CORTEN STEEL

THK10 CORTEN STEEL

120 1000 120
450
HWL : +32.05
THK10 CORTEN STEEL

940
FL : +32.50
HWL : +32.35
270
270
150
50
THK10 CORTEN STEEL
THK100 GRANITE STONE

雷日纳公园

景观设计：Lorenzo Noè Studio di Architettura
地点：意大利
设计团队：Lorenzo Noè with Angelica Tortora, Erica Cazzaniga, Serena Conti, Linda Greco, Marco Sessa, Chiara Zanetti
面积：floor 260 m^2
摄影：Marco Introini

该项目地块有湖畔村庄那么大。与其他很多地方不同，这里并没有受到肆意建设带来的不利影响，并且保留了自己的鲜明特色。

该项目地块位于历史性中心的北侧，教堂和公墓的下方，石墙一侧有一部分为路堤，高于湖面约6m。设计中需要保持石墙的原貌，并且不能增加其负荷。

为了将悬崖也利用起来，设计师在其上设计了一处结构，其悬在湖水上方，拥有自己的房基和小型柱作为支撑结构。

该项目由如下几个元素构成：石砌台阶、木制甲板和码头。广场的表面稍稍向北倾斜，这提升了整体的空间感，并将其转变成了一处可饱览历史中心和对面海滨美景的观景点。

项目南侧有两处木质结构，即休息室和通往储藏室的楼梯，这里还设有一处船坞。广场与地平面之间的空间设有钢丝绳，可以供攀缘植物生长。

该项目位于一处具有重要景观价值的地块上，它应用了很多新型材料。所有的表面装饰材料所使用的都是未经处理过的松木板，这种木材随着时间的推移，在风化作用下会变成灰色，这是一种与周围环境相协调的色泽。项目伊始，对地块进行拆除工作时整理出了大量石材，修建通往公墓的台阶时所使用的就是这些石材。

有限的花费（预算和维护费）、较陡峭的地理位置、地块的历史价值以及对原有建筑结构的充分尊重对于该项目设计来说并不是什么障碍，而是激励设计师打造出能够经得起时间检验的设计。

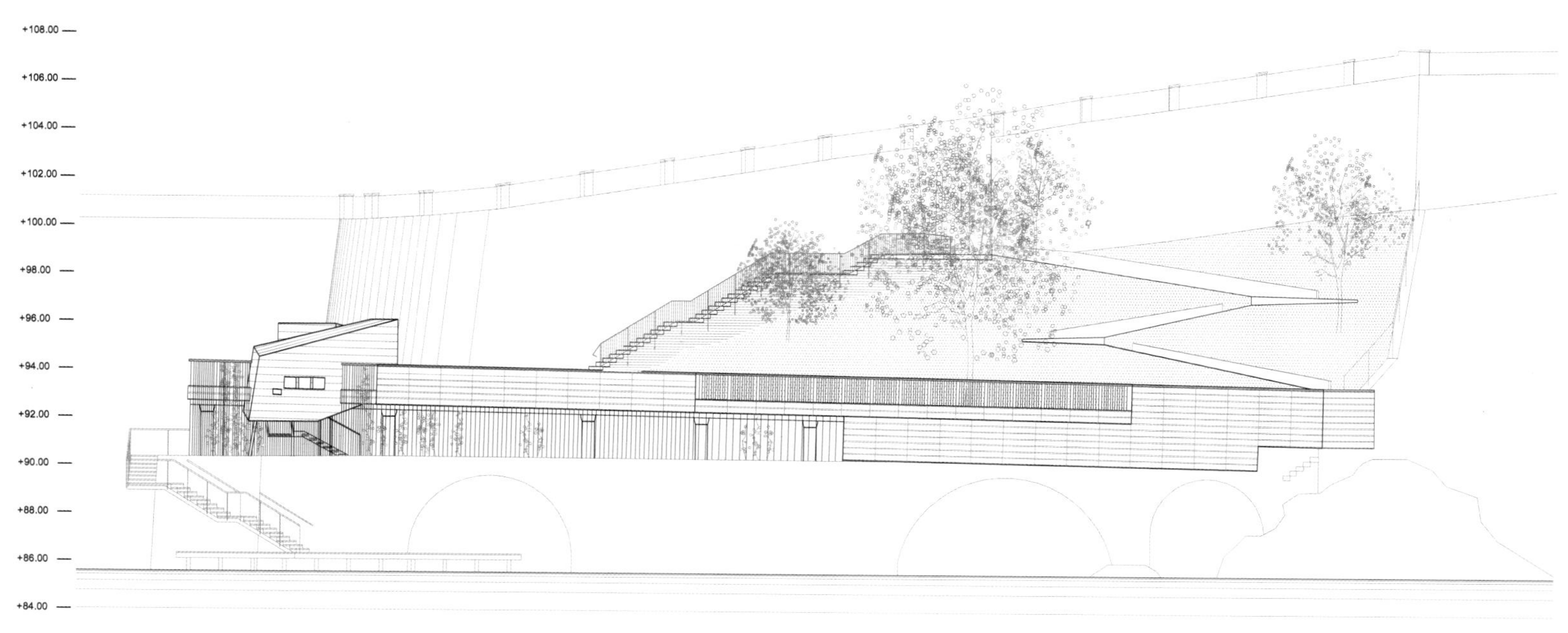
+108.00
+106.00
+104.00
+102.00
+100.00
+98.00
+96.00
+94.00
+92.00
+90.00
+88.00
+86.00
+84.00

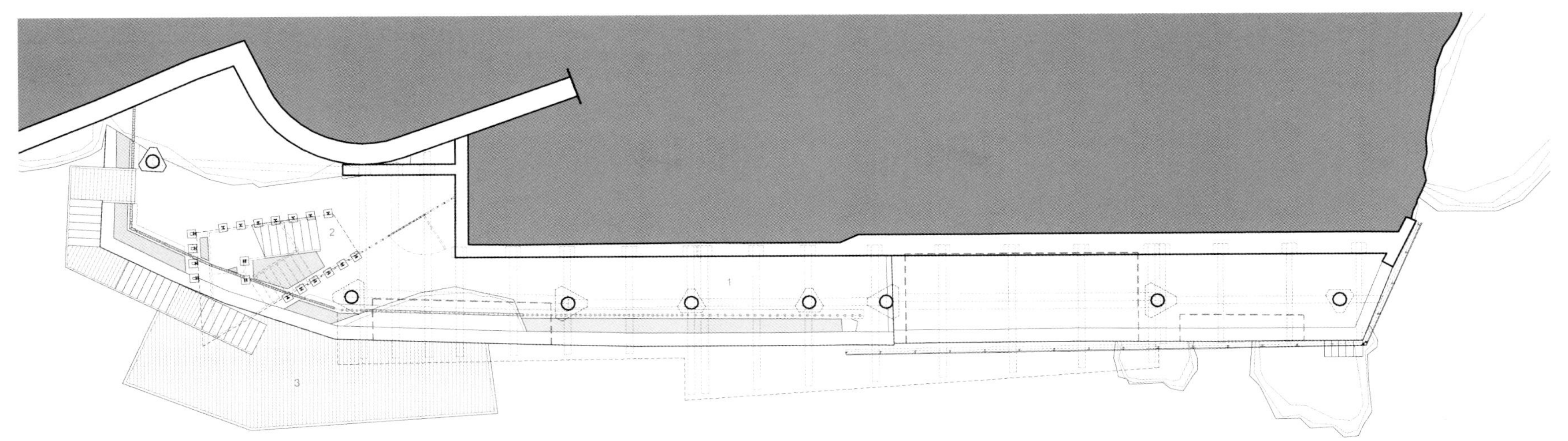
2
1
3

奥林匹克雕塑公园

景观设计：Charles Anderson | Atelier ps
景观设计师：Charles Anderson
地点：美国
面积：3.44 hm²
摄影：Charles Anderson | Atelier ps, Andrew Buchanan, Benjamin Benschneider, Lydia Heard, Bruce C. Moore

奥林匹克雕塑公园位于西雅图海滨一处废弃的燃料库地块上，装扮着这个 36400m² 的棕色地带。该项目坐落在一处占地 152910m² 的地块上（基本为挖掘材料和原始森林表层土），六座花园中栽种有 85000 多棵移植来的本土植物，展现了太平洋西北岸粗犷的景观特点．

草皮是各空间之间的联系元素。反转的 Z 形通道将公园的各个雕塑区联系在一起，并将西雅图与奥林匹克山、普吉特海湾的景观联系起来。这处直线形的区域从公园的亭台处开始，一直延伸至附近的爱德华兹公园的草坪，花园里铺设了草坪，栽种了能遮阴的大树。

雕塑公园中的山谷花园体现了该地区森林的特点，该花园又被分成了三个小型花园，名称分别为"常绿松柏"、"森林之缘"和"古韵"。常绿松柏区是该地区的主要景观，山谷西部坡地上的落叶灌木和山茱萸科植物体现了森林边缘和河畔不断变换的景观特点。银杏和水杉树作为"活化石"耸立在山谷的土地上，在这个地区，这些树种的历史可以追溯到 2 亿年以前。

马德里私人疗养院花园

设计团队：Paula Caballero and Diego Colón de Carvajal　**地点**：西班牙　**面积**：1028 m^2　**摄影**：Miguel de Guzmán

最初，人们只是想拆除马德里提供地区健康服务的老旧建筑，然而，人们发现可以将该地块用作私人疗养院"拉巴斯"的一部分，最终用低廉的成本建成了一座设计简洁的小花园。

在我们看来，就如人们所营造出来的自然环境一样，该花园在丰富多彩的大自然和简洁统一的设计方案之间取得了平衡，并呈现出了自己独特的美。我们以简单明了的组织方式来安排花园中植物和小路的分布，以强化其间的对比。不同色彩的弯曲地块就如放大的涂鸦作品一般清晰界定了公园中三种类型的地块表面：植被、排水沟和小路。

基于地理环境特点，花园中种植的植物均要能耐严酷气候、耐城市污染，消耗的水量也要很少。

为了应对自然环境恶化这一现状，我们也需要使用尽可能多的回收材料。因此，我们在钢筋混凝土结构之下没有使用碎石，而是使用了一些回收利用的压碎的混凝土材料。为了避免下雨时道路湿滑，我们在铺地材料中使用了混合树脂和回收玻璃制成的防滑材料。小路和植被之间用作排水的暗色碎石结构也是来自于拆除公路时回收的碎石材料。

PAVEMENTS

● RECYCLED ROAD MATERIAL ● CONCRETE PAVEMENT

VEGETATION

● LAVANDULA ● SALVIA ● CALLISTEMON ∴ FESTUCA

FURNITURE

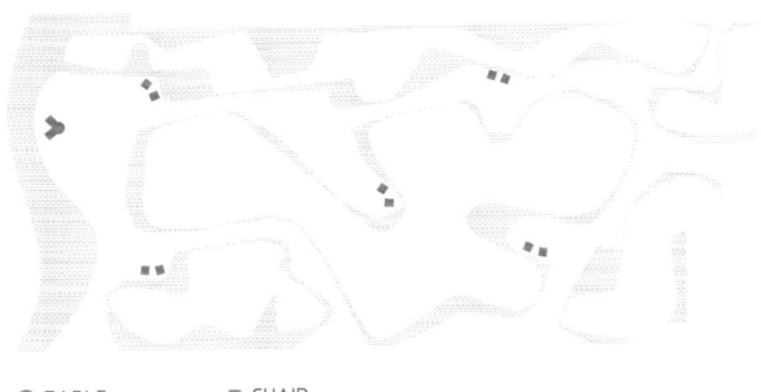

● TABLE ■ CHAIR

瓦尔德基兴公园

景观设计：Rehwaldt LA, Dresden
设计团队：Rehwaldt LA, Dresden
地点：德国
面积：7.5 hm²
摄影：Rehwaldt LA, Dresden

该公园的设计是要将展馆分区设置。公园的主要区域是那些环形道路所围绕着的中央区域，该花园区就是新建的瓦尔德基兴城市公园。

新建的城市公园是原有公园的主要景观，它位于旧城的东南边缘——瓦尔德基兴小溪附近。通过对现有街道、停车场和公交车站的重新规划，城市公园就拥有了一个超大的入口广场。这里可以开展形式多样、丰富多彩的活动。景观平台为人们提供了一个欣赏周边景观的地点。

瓦尔德基兴山谷中有诸多景点和古迹，比如自然地标、漫滩森林、山坡草地以及城市中诸多受保护的栖息地等。草地较长的一侧有多样的地形和地貌。设计师在现有的地理条件下建起了各种形式的花园，人们可以从这些花园中欣赏周边优美的风景。在公园展示区中有一个新建的开放式空间，开放式空间中的小路连接起了城市公园和邻近的住宅区。

就设施结构和设计侧重点而言，瓦尔德基兴地块的地理特点得到了充分的尊重。作为功能和艺术性元素的木材在整个景观中发挥着极其重要的作用。

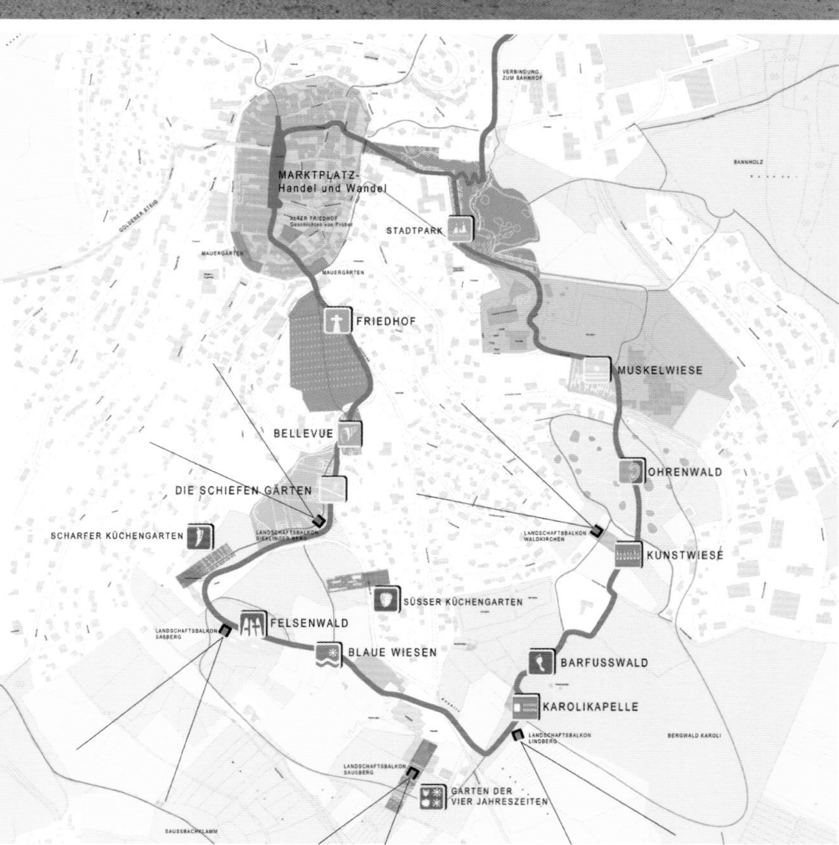
MARKTPLATZ-
Handel und Wandel
STADTPARK
FRIEDHOF
MUSKELWIESE
BELLEVUE
OHRENWALD
DIE SCHIEFEN GÄRTEN
SCHARFER KÜCHENGARTEN
KUNSTWIESE
SÜSSER KÜCHENGARTEN
FELSENWALD
BLAUE WIESEN
BARFUSSWALD
KAROLIKAPELLE
GARTEN DER
VIER JAHRESZEITEN

SUPER

诺伍德公园游乐场

景观设计：erect architecture
设计团队：Barbara Kaucky
地点：英国
面积：2 400 m^2
摄影：James Whitaker

诺伍德公园是伦敦朗伯斯区海拔最高的地方，从这里可以鸟瞰伦敦南部的美丽风景。新建的游乐场是山顶上原有的运动场的扩建部分。

客户提出的主要设计目标是为孩子及其家人（护理者）营造一处富有自然气息的、别致的游乐场地。

两座通过木制桥梁相连的坡度缓和的高地更加突出了山顶的地势。整个场地完全按照严格规划设计进行，这里设置了各种游乐设施。高地顶部的水泵可以使水源源不断地涌出，并顺着大圆石上的倾斜的装置流下。孩子们在这里找到了无穷的乐趣。利用沙土起重机和阿基米德式的螺旋抽水机，孩子们可以再将水和沙土搬运到高地。孩子们在沙地上可以玩水，可以建沙桥、建大坝等等。多余的水被收集到低处的沟槽中，并最终流到山脚的湿地中。

景观的高点和视觉焦点是一座塔，它提供了一处俯瞰风景的好的地点。水都储存在顶部附近的一处水库中。人们通过高地就可以进入游乐场的一层，这里设置了很多娱乐设施，还有乐器。

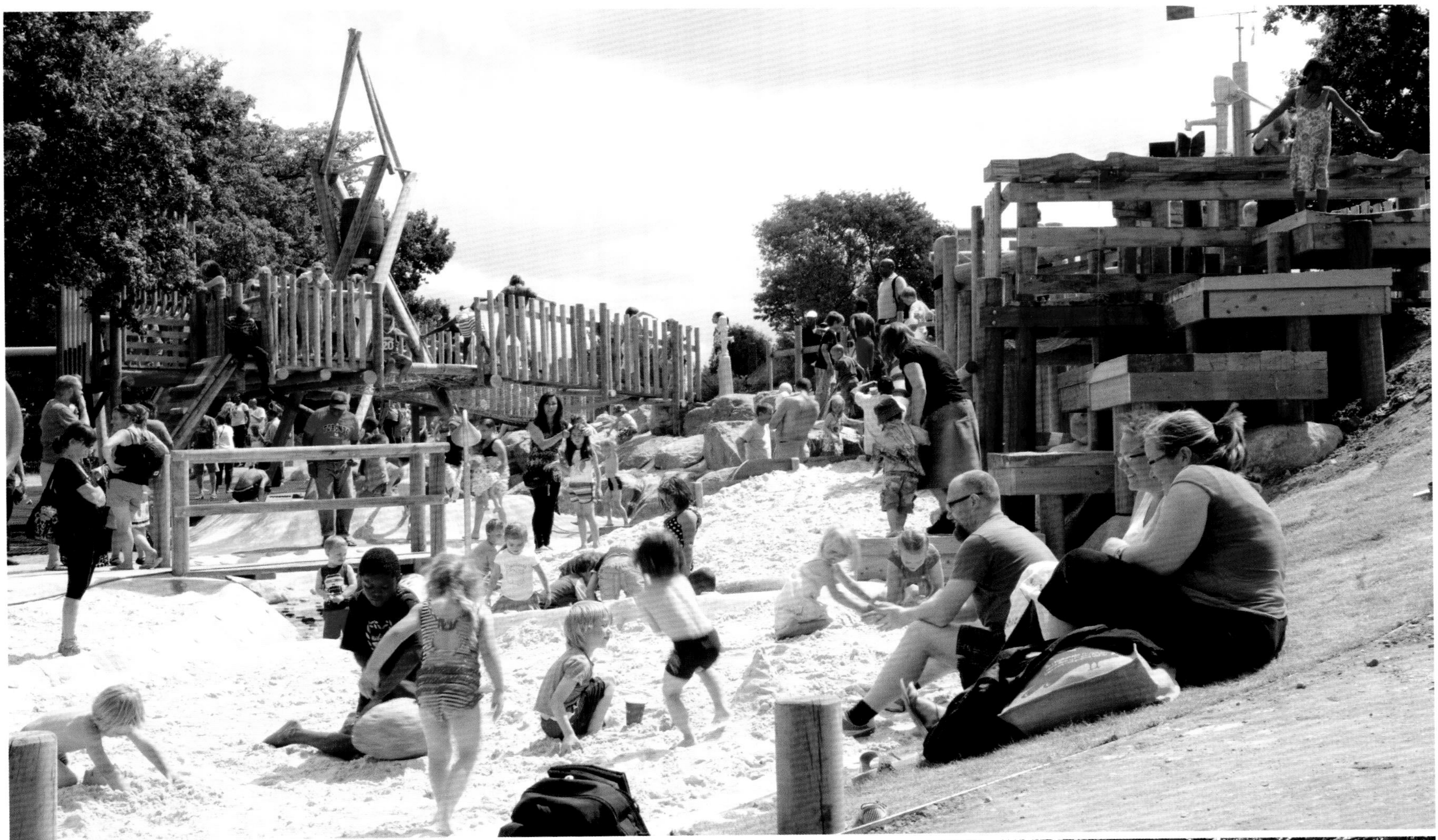

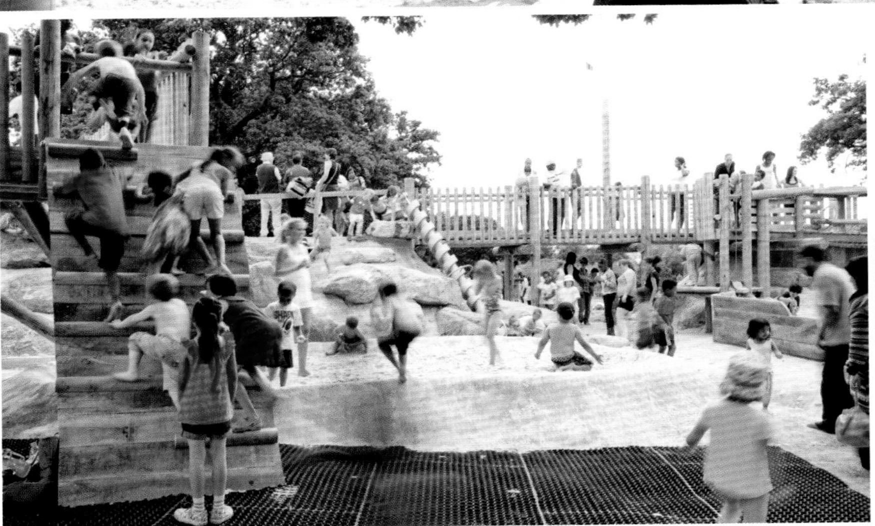

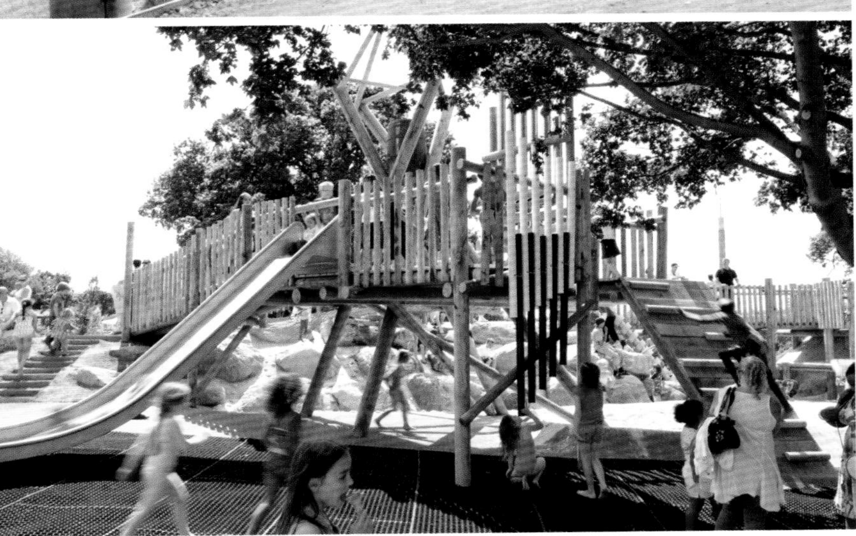

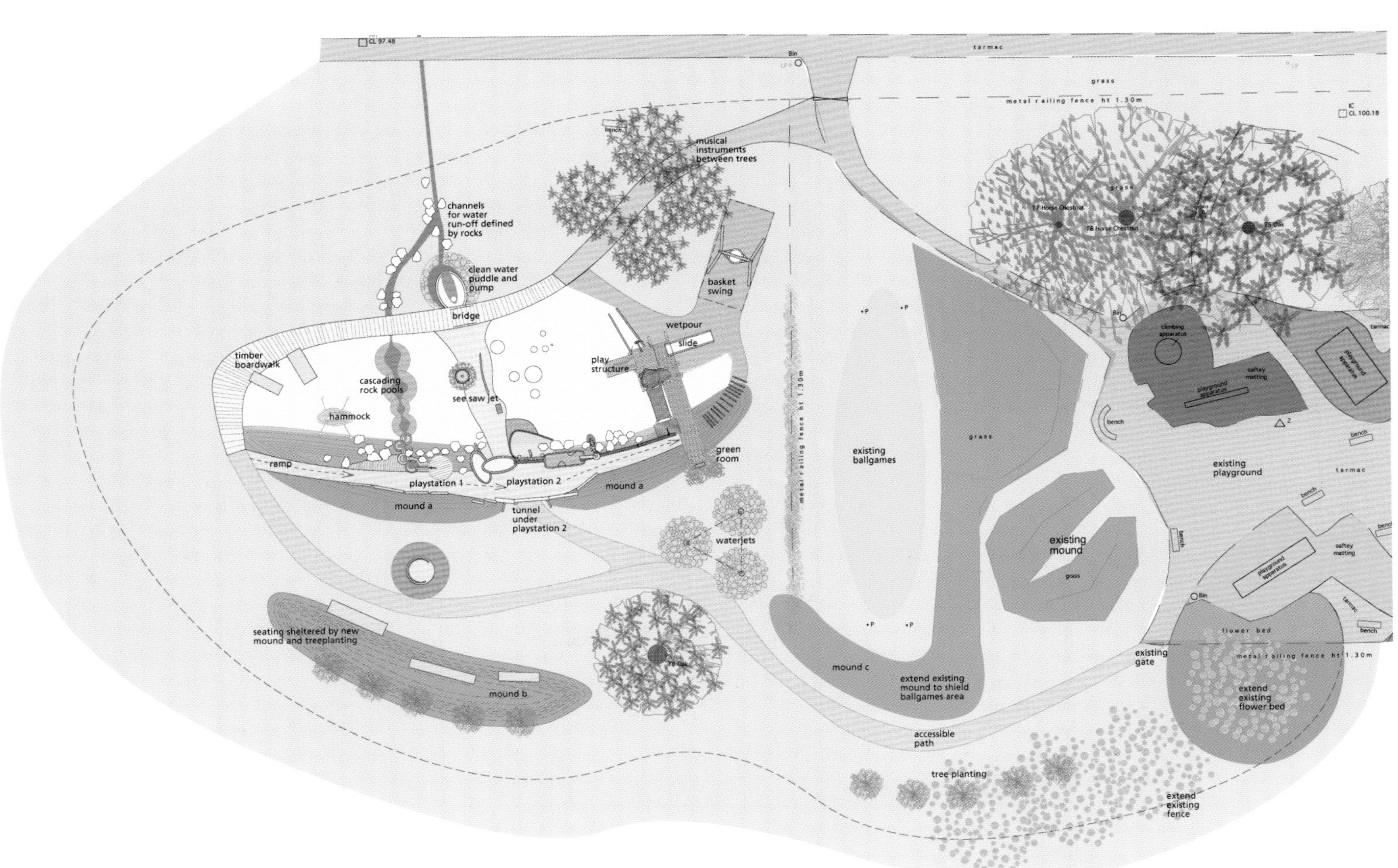

CL 97.48
tarmac
Bin
grass
metal railing fence ht 1.30m
IC
CL 100.18
bench
musical instruments between trees
channels for water run-off defined by rocks
clean water puddle and pump
basket swing
bridge
wetpour
slide
timber boardwalk
play structure
cascading rock pools
see saw jet
hammock
green room
ramp
playstation 1
playstation 2
mound a
mound a
tunnel under playstation 2
waterjets
seating sheltered by new mound and treeplanting
mound b
T7 Horse Chestnut
T6 Horse Chestnut
T5 Oak
climbing apparatus
saftey matting
playground apparatus
tarmac
bench
existing ballgames
grass
existing playground
tarmac
bench
existing mound
grass
bench
saftey matting
playground apparatus
Bin
tarmac
bench
flower bed
metal railing fence ht 1.30m
mound c
extend existing mound to shield ballgames area
existing gate
extend existing flower bed
accessible path
tree planting
extend existing fence

环保教育公园

景观设计：SAYA architects, Shlomo Goldberg and Ayelet Toeg
设计团队：Karen Lee Bar-Sinai, Yehuda Greenfield-Gilat, Shlomo Goldberg, Ayelet Toeg
地点：以色列
面积：planned 400 m^2, built 265 m^2
摄影：Julia Aloni, SAYA architects

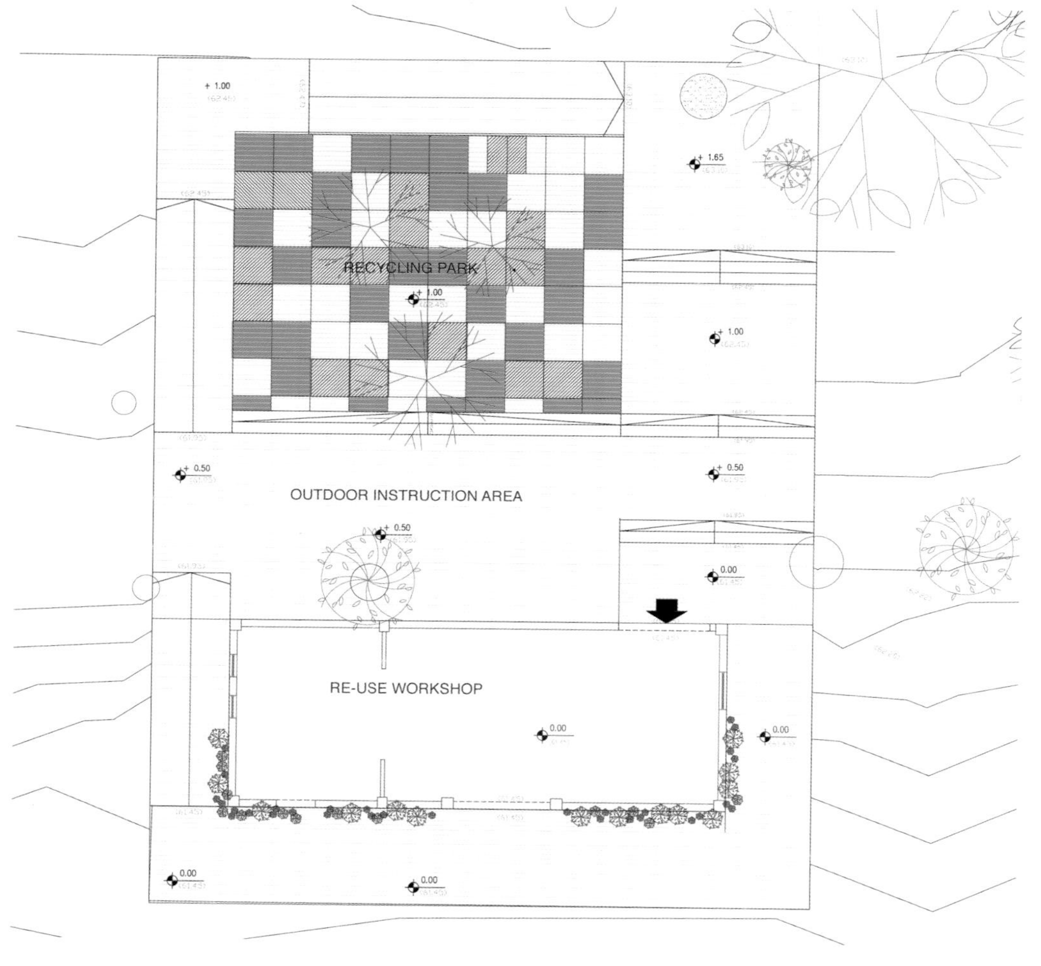

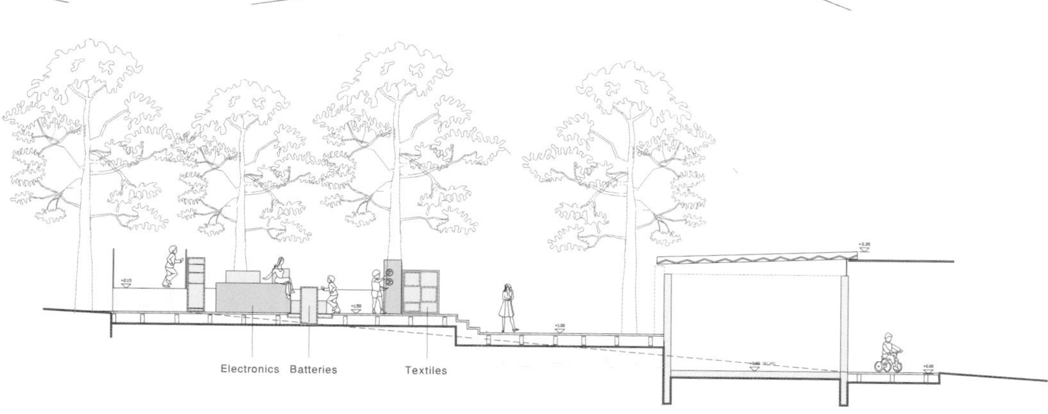

萨巴的城市农场是一处供学校里的孩子学习有关耕作、农业、大自然以及环境的教育基地。萨巴市政当局在整个城市开展了一项对废弃物进行回收再利用的项目，该城市农场被视作一处“绿色校园”，也是一处对公众开展教育的重要场所。因此，设计团队决定提升整个项目和设施的水准，将一座原有的建筑转变成一处工作室，在这里可以向学生、市民讲解有关材料循环应用的重要性以及具体实践、有关废物再利用的各种方式等。

由于该项目资金有限，因此设计师建议建设一处循环再利用中心，该中心中设有工作室，附近设有教育园地，该园地还可作为游客中心来使用。该建议得到采纳，循环中心不仅成为整个地块的焦点，而且是整个项目的第一建设阶段。

该设计的一个目标是营造一处可供人们嬉戏、玩闹的环境，它能激发人们的好奇心，并能改变人们对待和处理废弃物的方式。为了达到重新利用的目的，废弃物需要被展示出来，而不是被收纳起来。除此之外，该公园还被用作“户外教室”，可以举办各种各样的活动（教学、废弃物分拣等）。

בקבוקי פלסטיק
Plastic Bottles

בקבוקי פלסטיק

码头花园

景观设计：SOSSON PAYSAGES　**地点**：法国　**摄影**：Sosson

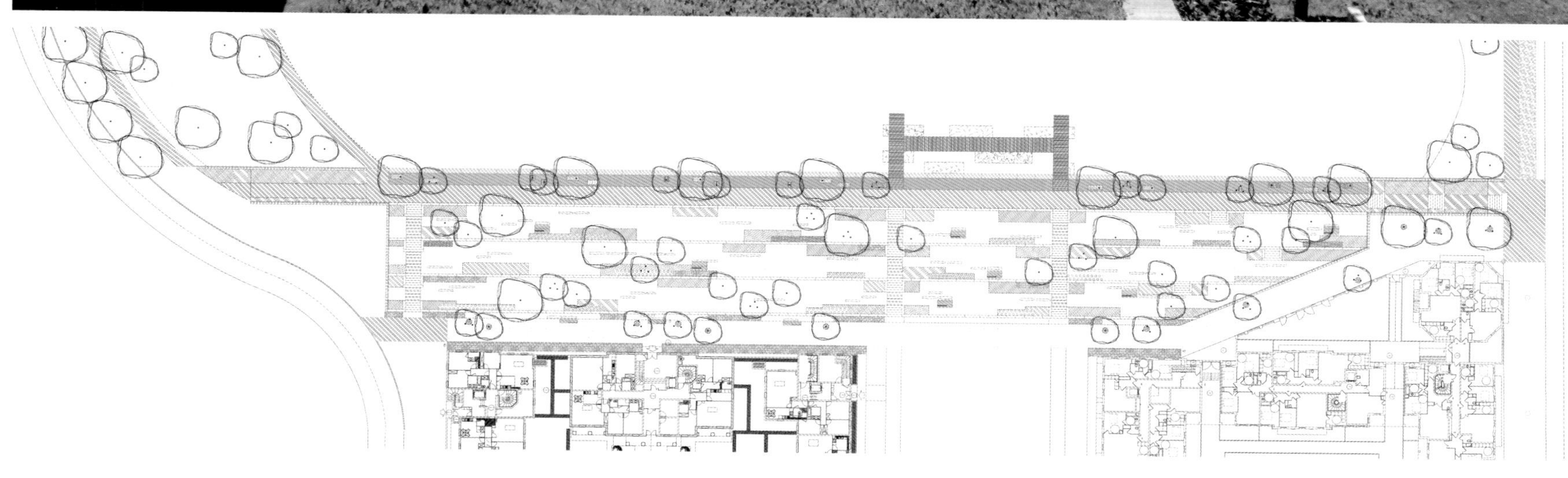

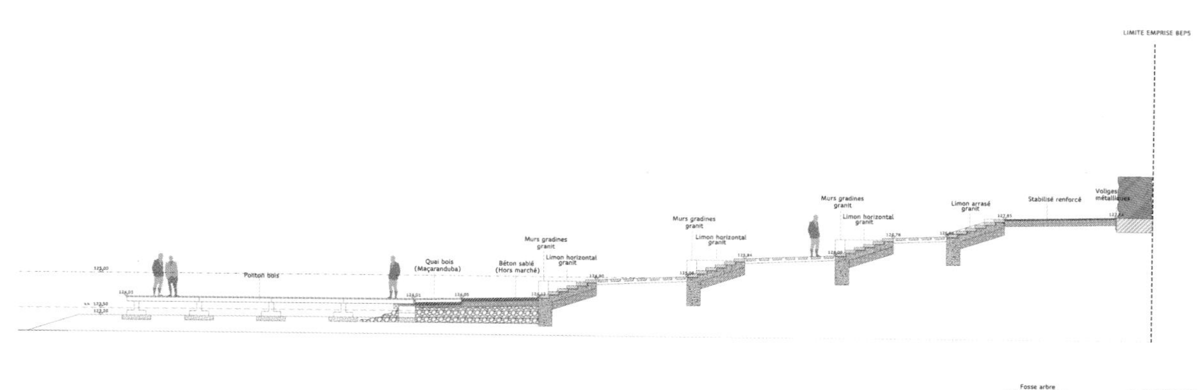

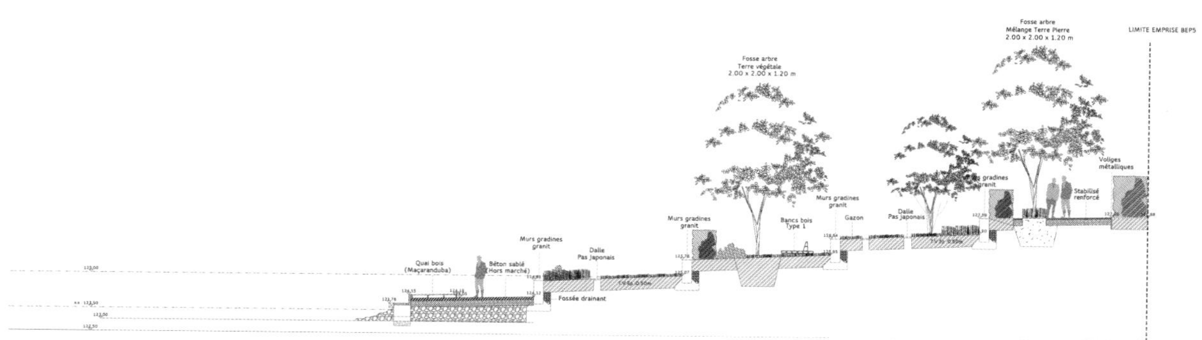

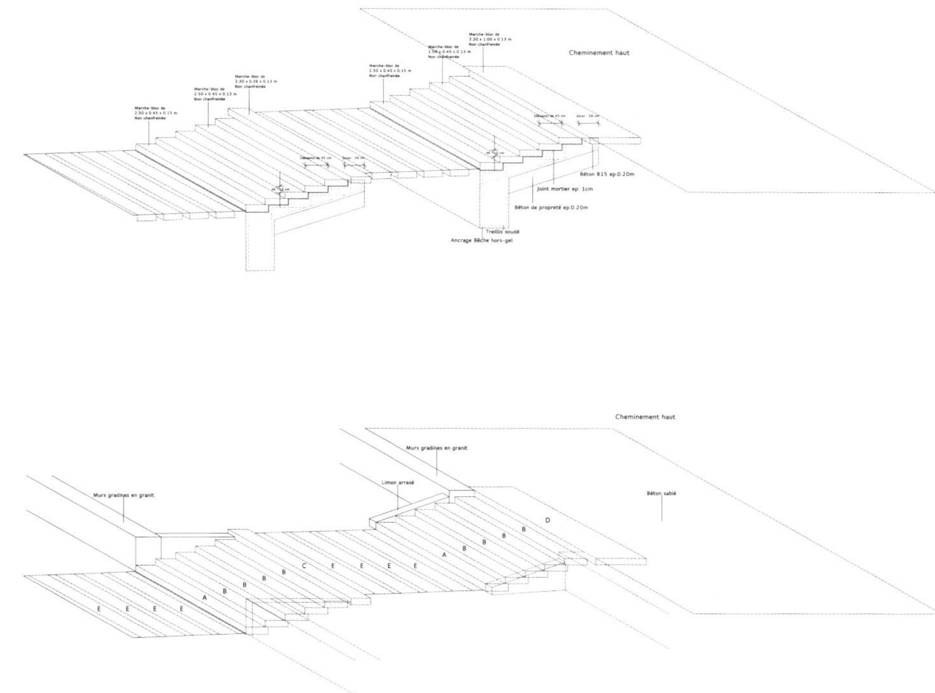

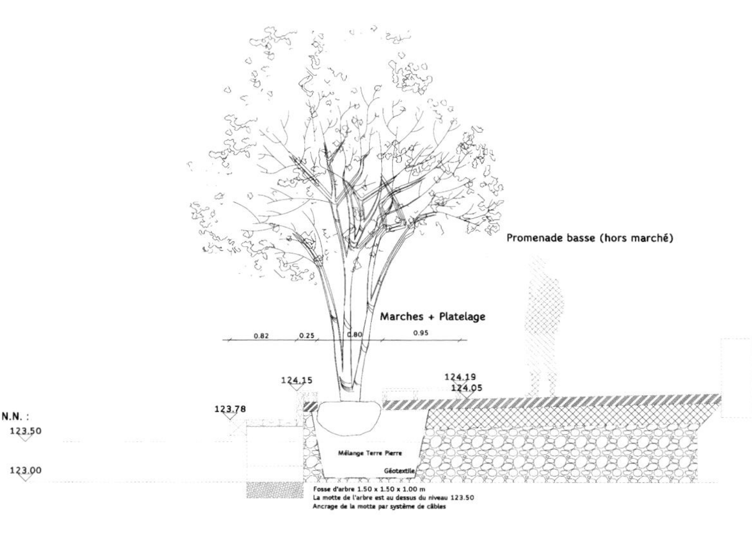

该“码头花园”可作为进入 Serris 城镇的通道。该景观是市中心的复杂环境与自然水域之间的过渡区。该景观设计的一个最显著的特点是它在材料选择和应用上的经济性和可持续性。该项目南部边缘即为市区。该边缘设计有三座“梯级园”。梯级园为倾斜式几何外观，朝向水域方向缓缓倾斜。园地尽头有两座观景平台，是该设计的点睛之笔，赋予人对城市无限的想象。“梯级园”是一处优秀的生活空间。花园周边是 4 座蓝色的花岗石墙体，花园中种植了草坪、多年生植物、绣球花等。厚重的墙体和柔和的植物形成对比。花园中的大型白木长椅使人们能够惬意地躺在上面休息。跟低矮的花园墙体一样，观景平台上也覆盖有花岗石石板。这些元素的色彩和饰面都与该项目的主题相符合。花岗石的饰面能够吸收光线，在一天中的不同时间内，花岗石表面会呈现不同的色泽。低矮墙体表面的花岗石上嵌有石子的灰泥，借以体现“水”的意象，整体看上去这就像是雨水冲刷后所创造出来的一样。

松树公园

景观设计：Studio Lasso Ltd
设计团队：Haruko Seki
地点：日本
面积：510 m²
摄影：Kiyotaka Okoshi

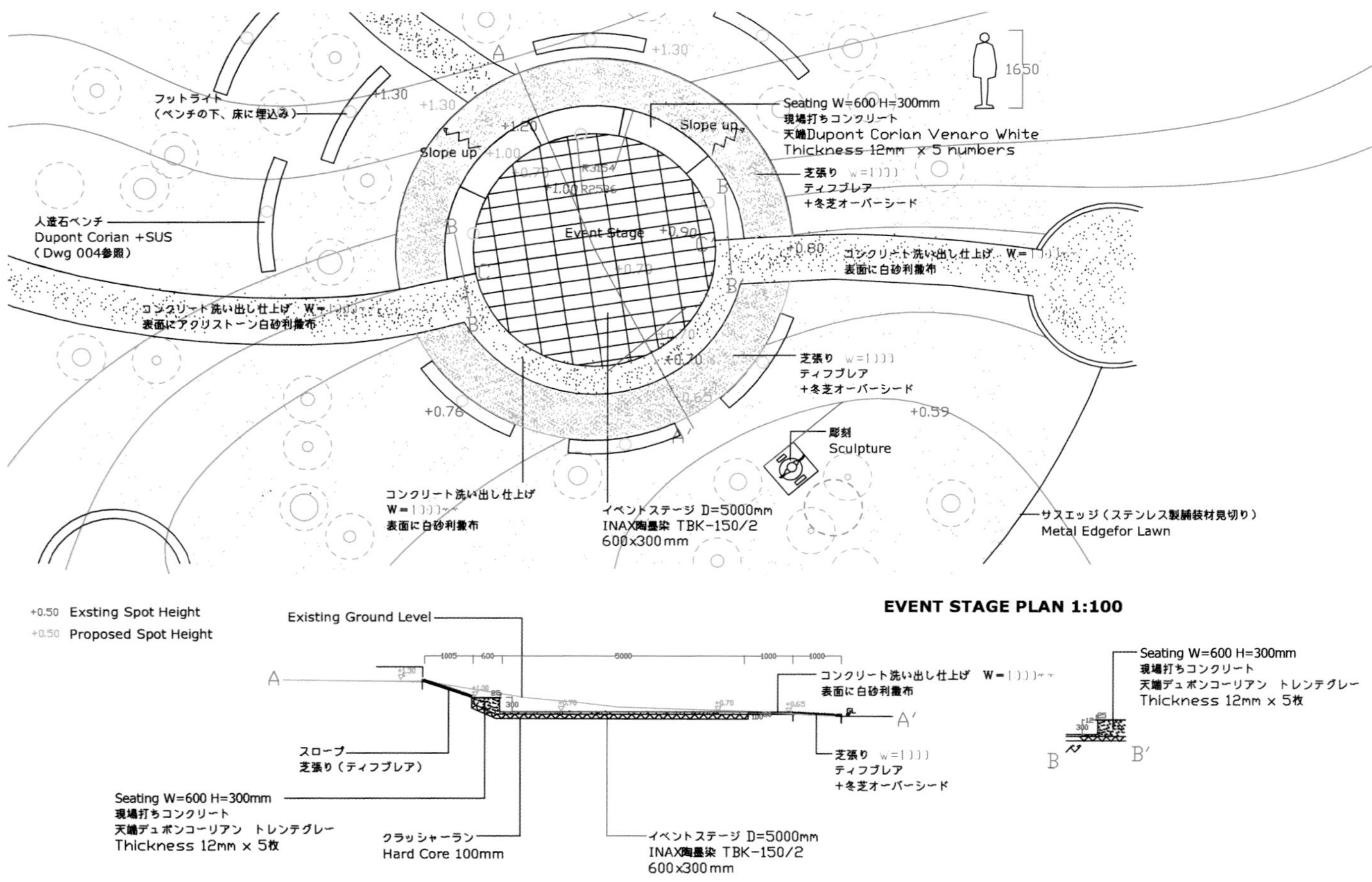

该大学坐落在日本海滨，校园周边的空地上栽满了松树，而小花园中也种植着松树。

该大学专门致力于女子教育的发展，该学校秉持独立、专业的教学理念。小花园周边的几座建筑彼此相连，小花园空间向所有人开放。

在这个独特的环境中，小花园也有着特别的设计，一条小路引导学生们进入花园中央的空间。

花园中央空间不仅可用作集会场地，也可以在这里举行形式多样的其他活动。

建筑的细节部分也都有着特别的设计，松树在建筑上形成的光影效果更烘托了建筑的气质。花园中央位置设置了一座少女雕塑，其表现着该学校所倡导的自由与独立的精神。

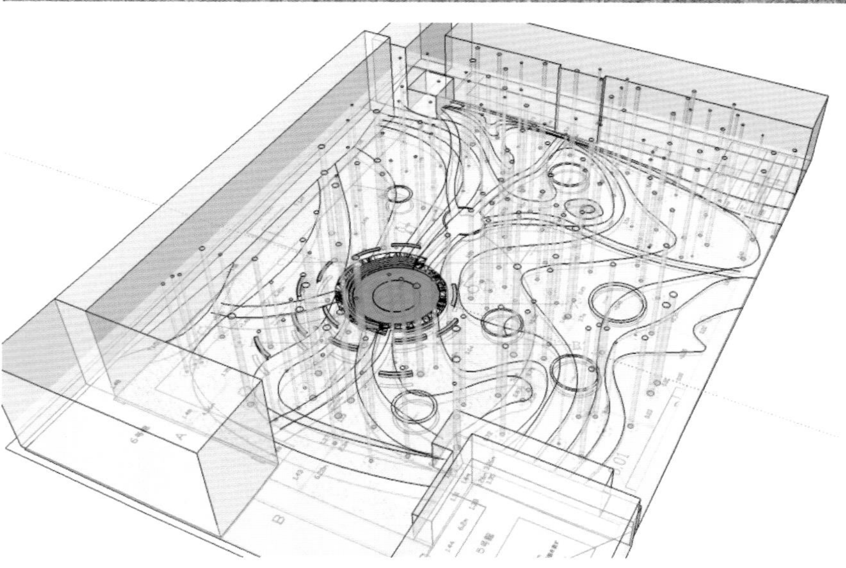

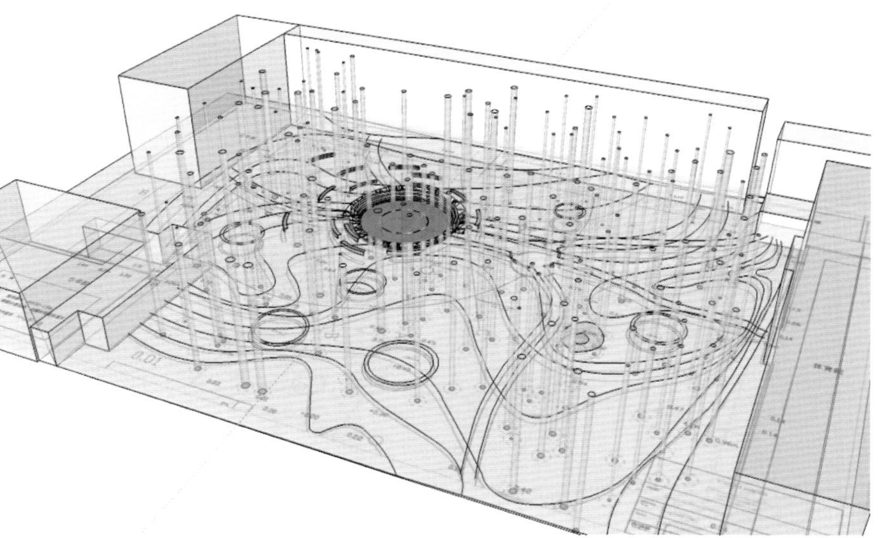

沃拉穆拉公园

景观设计：Terragram Pty Ltd　**地点**：澳大利亚　**摄影**：Paul Patterson, Vladimir Sitta

20世纪70年代，建设东郊铁路线时，拆除了很多联排房屋，后来在闲置下来的空间上建设了一座公园，也就是我们所说的沃拉穆拉公园。该地块靠近一处流浪汉旅社，因此很多无家可归的人都会到这座公园来——有些是长住的居民，而有些只是暂时的居住者。无处不在的流浪汉使这座公园变得声名狼藉——他们吸毒、酗酒、肆意破坏，整座公园变得肮脏不堪。

经过与社区的磋商，悉尼市政厅决定对该公园进行一番升级改造。最终选定Terragram建筑师事务所作为该公园改造设计的首席顾问和景观设计师。该设计团队给出的设计方案并不是将流浪汉驱赶出该公园，而是赋予该公园以多方面的用途，并确定地块的所有权归属。

公共空间的设计经常需要特别考虑公共安全、潜在的破坏行为和维护工作。对于该公园的改造，景观设计师们面临着诸多新的挑战和困难。

沃拉穆拉公园中将公园本身与街景融为一体的最关键的元素是颇具特色的铺路材料。清理掉的老旧的铺路材料经过与新的铺路材料的混合得到了重新应用，混凝土带状结构消减了铺路材料在铺砌方向上的变化——整个看上去就像是公园中设置的一块巨型图案地毯一般。

该公园的植被被尽量减少，这是基于视野和维护等方面的考虑。除了公园中原有的本土木麻黄属植物外，公园中移植来的主要植物是高大的棕榈树。

我们也意识到该公园的改造并没有消除流浪汉问题（而这正是人类社会的产物）。然而，我们相信精心设计的、维护良好的城市公共空间能够缓解人们的紧张情绪，使整个社会更好地接纳流浪汉群体。

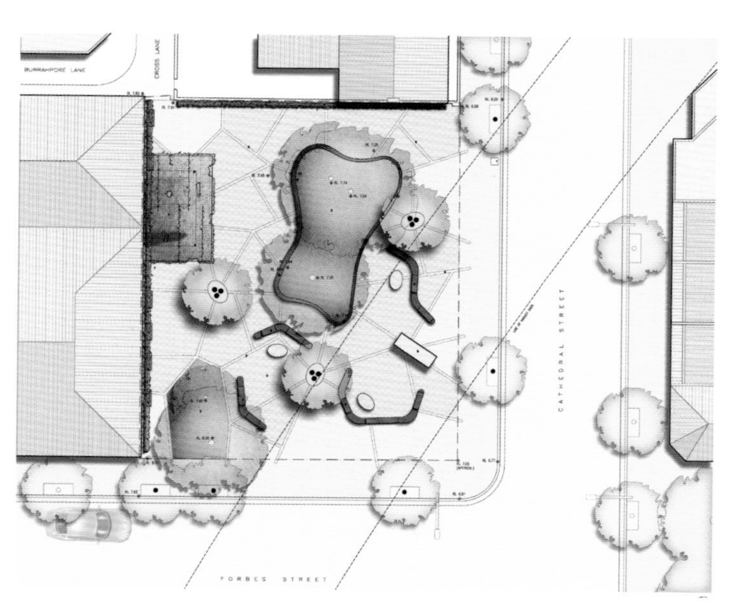
BURRAHPORE LANE
CROSS LANE
CATHEDRAL STREET
FORBES STREET

普林斯亨德里克公园

景观设计：City of ´s-Hertogenbosch,labdue
设计团队：William Jans, Ruben Blok, Angelica De Maria
地点：荷兰
面积：125 000 m^2 (park), 145 000 m^2 (lake)
摄影：labdue

普林斯亨德里克公园是荷兰斯海尔托亨博斯最古老的一座公园。公园的核心部分是一处人工湖，1924 年起即开始挖掘，挖掘出的泥土被用在了周边的设施建设上。这座在湖周围设置绿地的公园于 1934 年建造完成。公园最初的设计意图有些模糊。它最初被描绘成一处 18 世纪的富于浪漫主义色彩的欧式古典园林，虽然公园中也有诸多的现代景观，如广场、户外游泳池、老年人俱乐部、孩子们的农场等。经过精心的设计，从这里可以欣赏到旧城区的诸多景致。

20 世纪 60 年代，由于在公园两侧兴建了一系列新的基础设施，公园的整体面貌被破坏。而修建的体育、游泳设施以及学校等使该公园遭到了进一步的破坏。2000 年前后，公园翻开了新的一页，整体形象有所改观，周边的设施得以翻新，而学校、游泳池等设施也被拆除。

普林斯亨德里克公园于 2007-2009 年得到了全方位的修缮。公园最初的一些结构得以复建，环湖的人行道也被重新开辟出来。公园与周边的街区等又紧密联系在一起，孩子们的农场、阳光草地、观景台、圆形剧场等又重新融入了公园景观之中。通过增添木栈道、生态堤岸、芦苇等元素，湖泊与周边人行道之间产生了更为亲密的互动。公园中兴建了新的运动场。公园周边设置了长长的木制座椅，草地中的石砌结构也可供人就坐。公园西侧设置了一处新的主入口。2012 年，公园西侧还将建设三座 45m 高的公寓楼。

VERKLARING

- gras
- plantvak
- riet
- halfverharding
- voetpad
- water
- boom bestaand
- boom nieuw
- parkeergarage
- steiger
- zitbank
- stalen band
- cortenstaal 10 cm.
- hekwerk
- prieel

prins hendrikpark

帕尔马绿地改造项目

公园绿地　欧式现代园林风格

景观设计：Pere Joan Ravetllat Mira, Carme Ribas Seix, Manuel Ribas Piera, Carles Casamor Maldonado, Marta Gabàs Gonzalo, Anna Ribas Seix

地点：西班牙
面积：112 685 m²

摄影：Mandarina Creativos

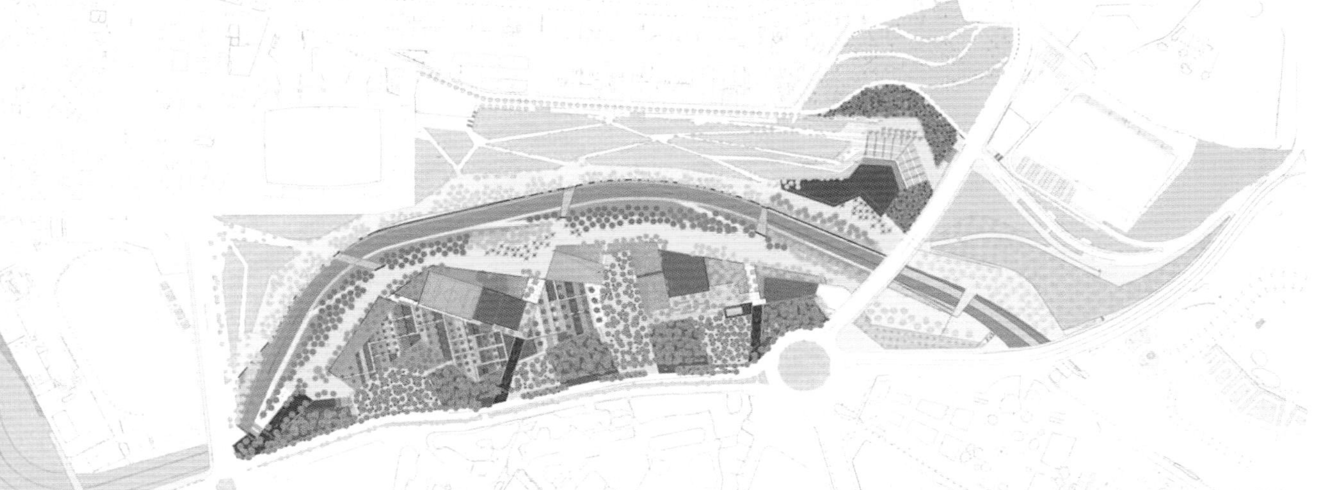

该项目是一处大型的绿色公共空间，是城市和公园地块之间的过渡区。该改造工程意味着马略卡岛帕尔马地区绿地面积有了大幅增加。今后，这处大型公园的面积可能会继续加大，并会设立许多新的功能区域。

这处大型绿地公园能够承办多种类型的城市公共活动，比如聚会、音乐会、展览等。该公园位于城市中央，该公园的规模和地形特点意味着该公园打破了整座城市组织构造的连贯性。为了提升绿地的整体特色，公园周边设计了公路，其中公园一侧的公路地下还设置了停车场。

设计师并没有将河床覆盖起来，该项目作为城市和公园之间的过渡区——从河道通到道路，并一直延伸至公园的最高点。

该公园在建设上采用了很多自然的元素。位于项目地块高处的几何形外观的地中海式森林是欣赏全园景色的一个绝好的地点。低处的空地设计有其他的功能区，比如操场、酒吧、纪念喷泉等。

莱顿内部花园

景观设计：HOSPER
设计团队：Ronald Bron, Marike Oudijk, Edwin Vonk
地点：荷兰
面积：0.5 hm^2
摄影：HOSPER, Niels Huneker

该项目坐落在莱顿的东部市中心区。房屋建设公司对所有房屋和内部区域都进行了整修。针对不同的街区，修缮方案会有所不同。按照项目规划，项目组工作人员不仅会修缮、整合一些小的房屋，还会拆除、兴建新的房屋。基于社区安全方面的考虑，内部区域不对外开放。

HOSPER景观设计公司承担了花园的重新设计工作。该设计强调了花园私人区和公共区之间的区别。在花园的公共区，以随意的栽种模式种植上小草和绿树，将这里打造成一处绿洲。而其中的小路使用小型的嵌草瓷砖来铺砌。花园的私人区域也进行了铺砌，可用作露台。在该项目的几处内部花园中，通过设置20cm的高差（通过硬木制台阶来实现）凸显了私人区和公共区之间的过渡。公寓楼上的人们通过楼梯可以直接来到公共花园中。

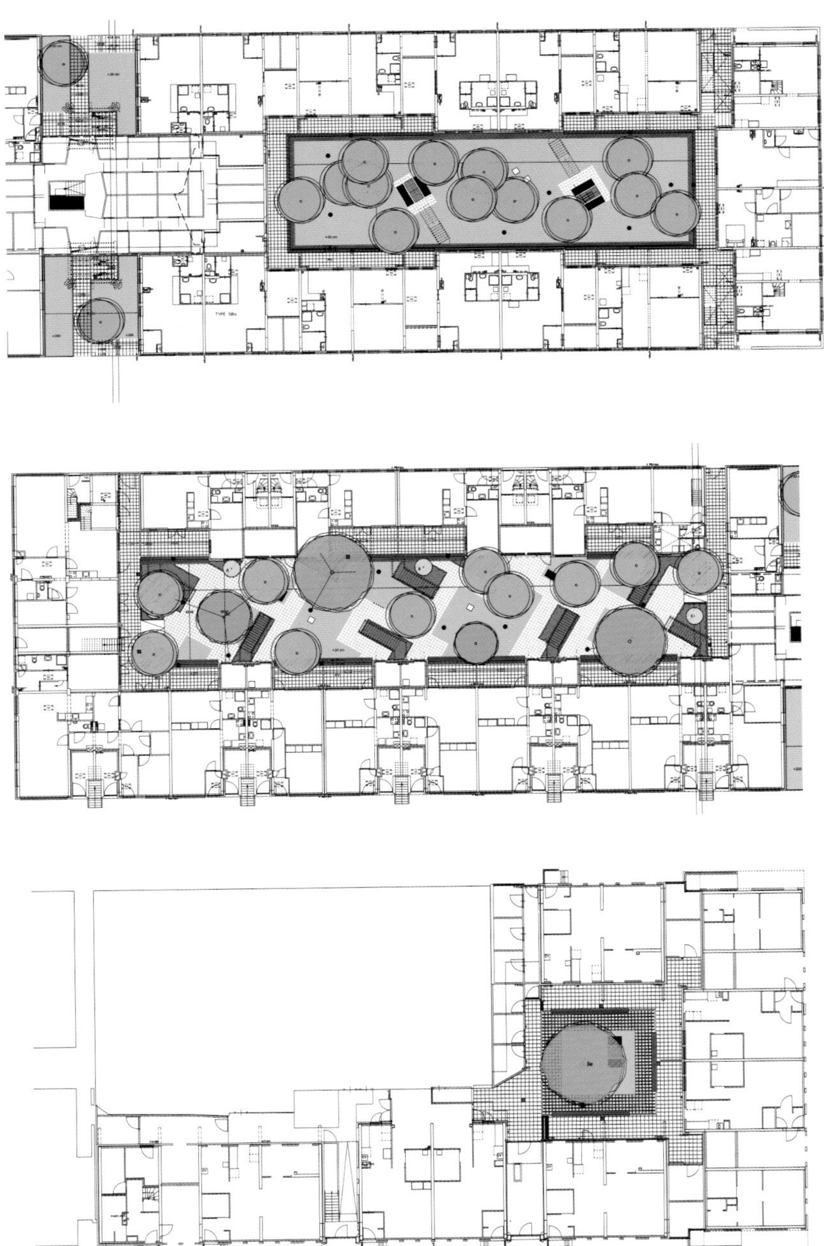

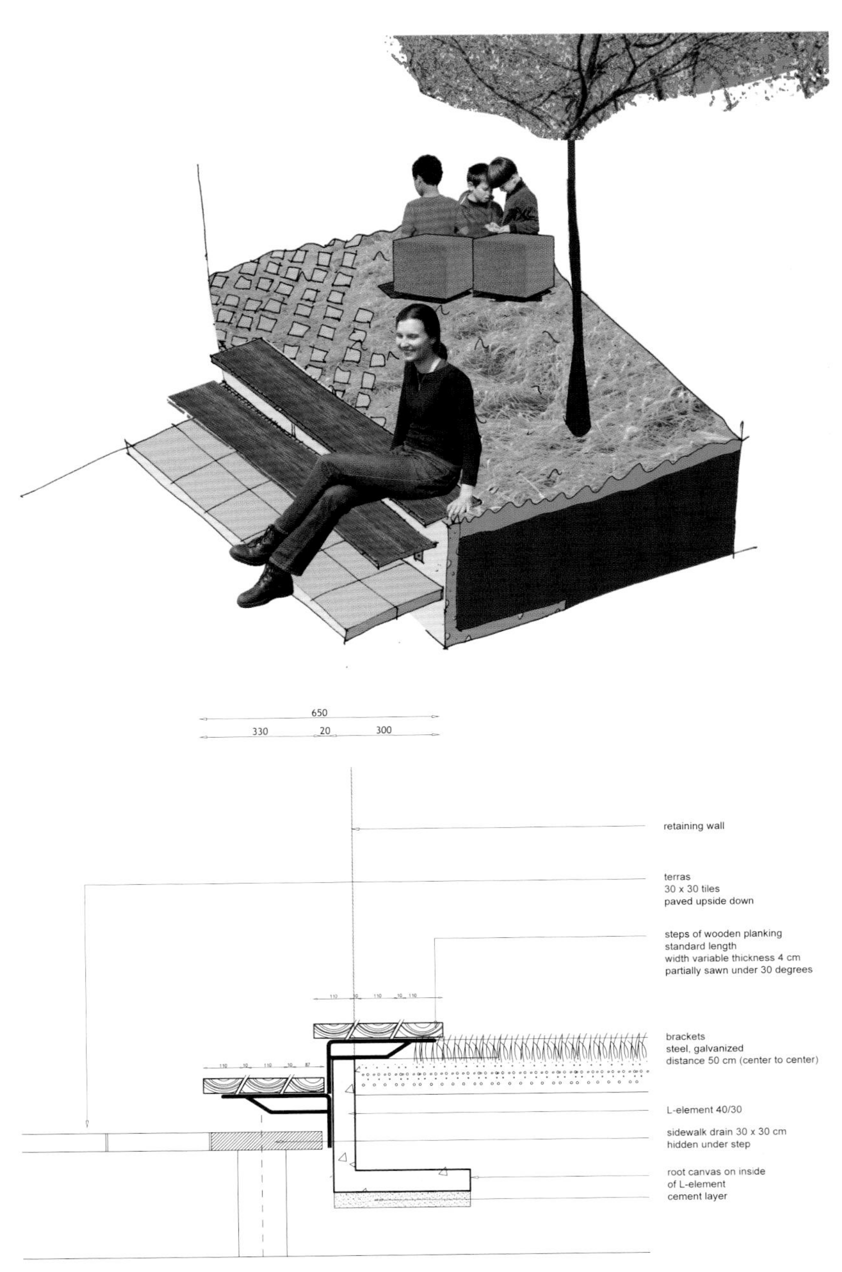

650
330
20
300
300
150
150
200
100
retaining wall
terras
30 x 30 tiles
paved upside down
steps of wooden planking
standard length
width variable thickness 4 cm
partially sawn under 30 degrees
brackets
steel, galvanized
distance 50 cm (center to center)
L-element 40/30
sidewalk drain 30 x 30 cm
hidden under step
root canvas on inside
of L-element
cement layer

阿尔伯尔公墓

景观设计：EMF Arquitectura del Paisatge
设计团队：EMF Arquitectura del Paisatge
地点：法国
面积：7312 m²
摄影：Martí Franch

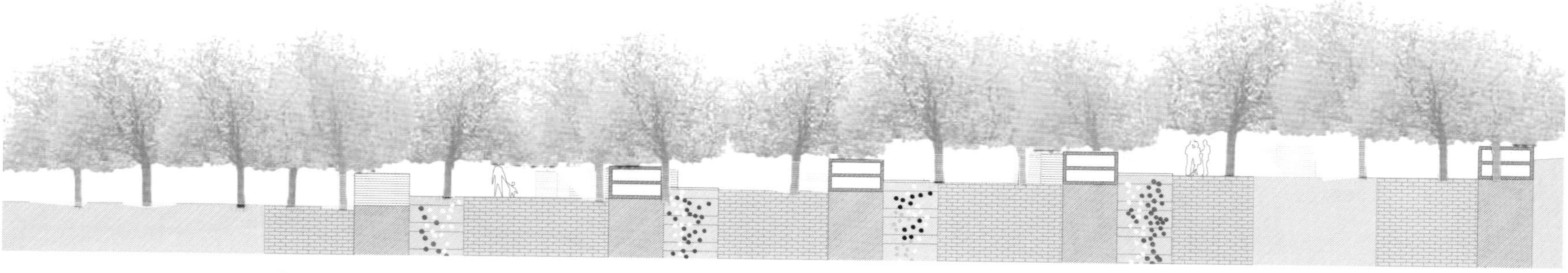

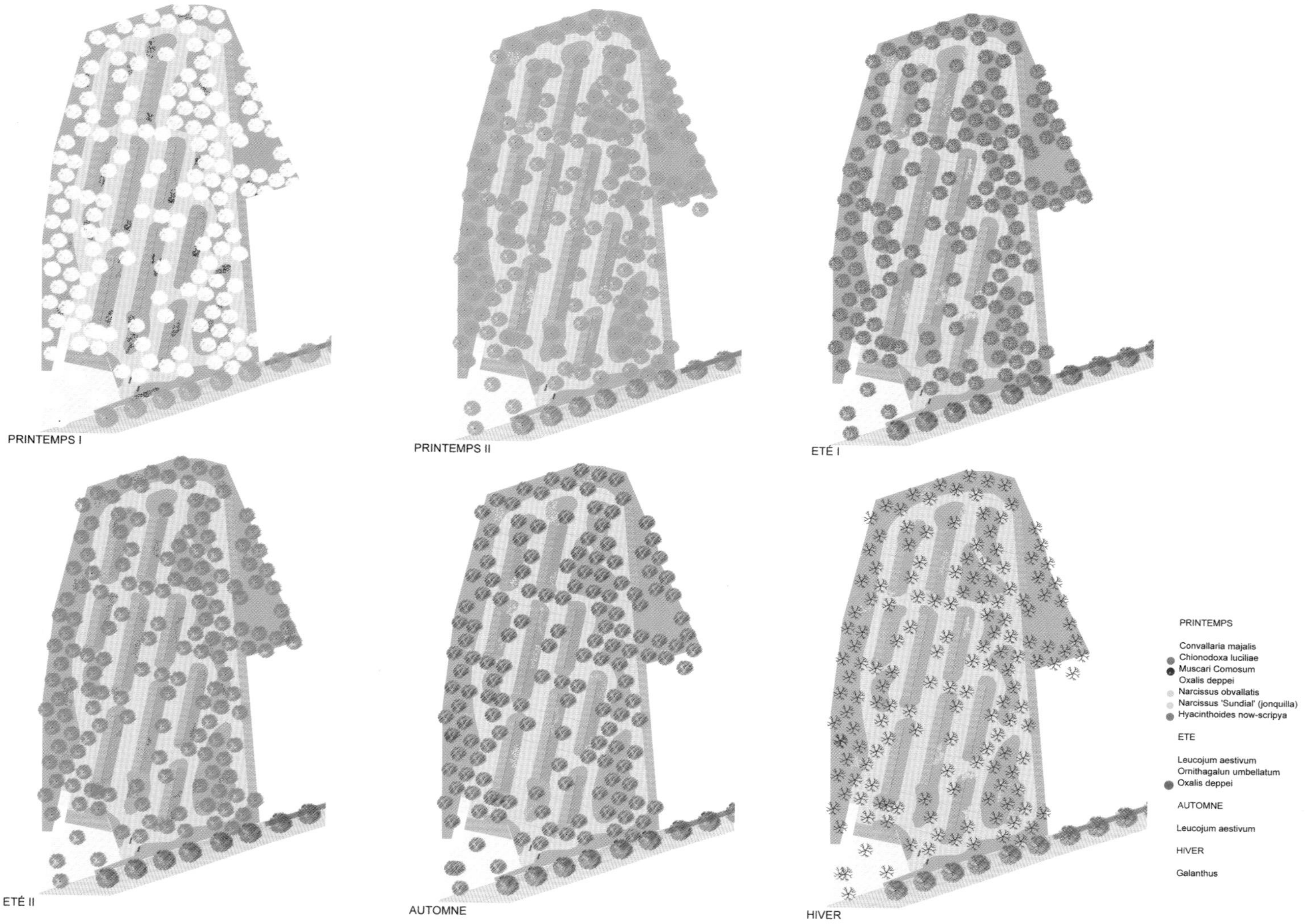

PRINTEMPS I

PRINTEMPS II

ETÉ I

ETÉ II

AUTOMNE

HIVER

PRINTEMPS

Convallaria majalis
Chionodoxa luciliae
Muscari Comosum
Oxalis deppei
Narcissus obvallatis
Narcissus 'Sundial' (jonquilla)
Hyacinthoides now-scripya

ETE

Leucojum aestivum
Ornithagalun umbellatum
Oxalis deppei

AUTOMNE

Leucojum aestivum

HIVER

Galanthus

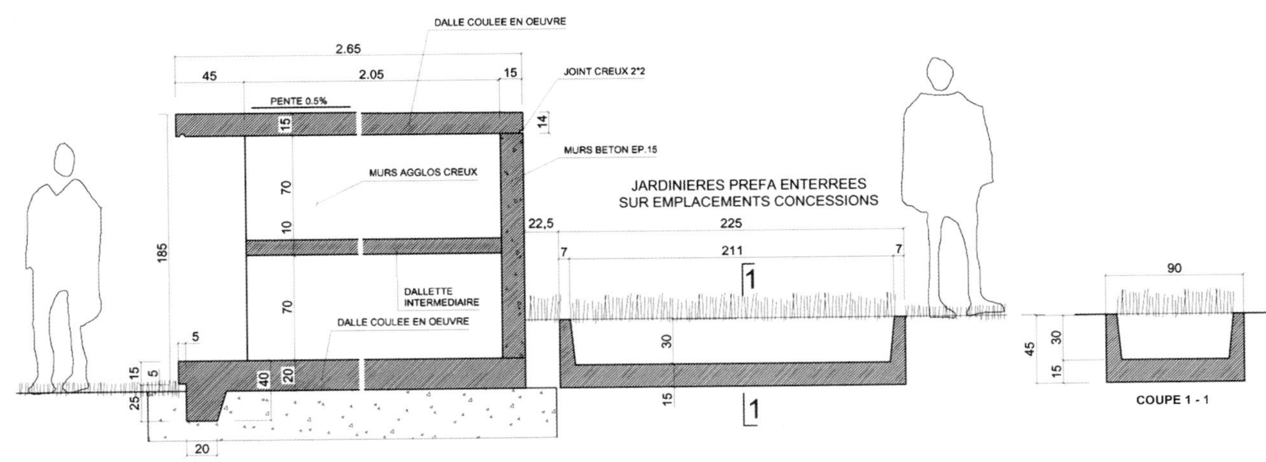

该墓地的地块上种植了很多成熟的樱桃树，该墓地融合了北欧传统的木制墓地设计方式以及地中海风格的墓地设计方式。

该项目在设计上采用了两种具有鲜明对比性的几何图形（成排的樱桃树和拥有抽象图案的坟墓），这种对比更加凸显了该项目的独特之处。

从地面上看，墓地间的围护设计非常精细。而从上空看，墓地就像隐藏在树叶形成的“大毯子”之下。这种设计确保了视觉的连续性和空间的整体性。

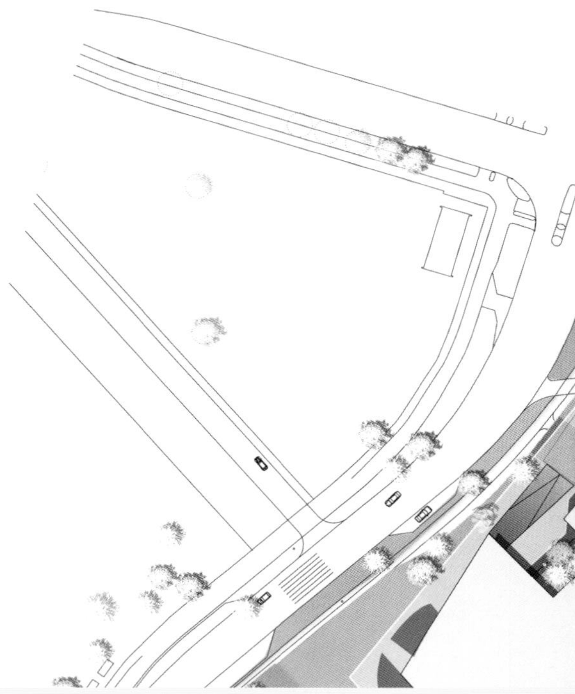

文化教育 Culture and Education

莱斯大学

景观设计：The Office of James Burnett
设计团队：The Office of James Burnetti
地点：美国
面积：0.149 hm^2
摄影：Office Of James Burnett, Paul Hester

大学校园中央的方形格局对设计团队来说是个很大的挑战。建于 1940 年的方德伦图书馆打破了原有的方形格局。设计师们需要在校园中建立一处地标性场所，它要拥有灵动的、非程式化的空间，这里将成为整个校园中学生们汇集的中心。

设计师设计了一座占地 558m² 的通透建筑，由玻璃、钢和铝合金建成，设计精细而不张扬，它与周边的建筑形成鲜明的对比。为了突出整座建筑的稳重感，景观设计师在建筑周边设计了一处 929m² 的混凝土广场，其简洁的几何外观参考了建筑的平面图设计。户外用餐区边缘栽种着观赏草，这些植物也将其与附近的人行道分隔开来。

图书馆和新建建筑之间的空间需要一些特别的装扮。为与建筑外观相呼应，风化花岗岩地面上栽种了 48 棵榆树，整体框架结构使空间格局极具人性化。一条宽敞的混凝土通道将图书馆和新建建筑联系起来，该通道将小树林分为两个部分，路侧栽种着非洲鸢尾。黑色长条状混凝土砌成的喷泉中铺满了从海滩搜集来的小石头，这种喷泉均位于每个空间的中心位置，花园中因此有了潺潺流水的身影。浓密的植被和流水营造了一个惬意的休息场所，加之可移动装置和别致的照明设备，来客们可在此享受美妙的聚会时光。

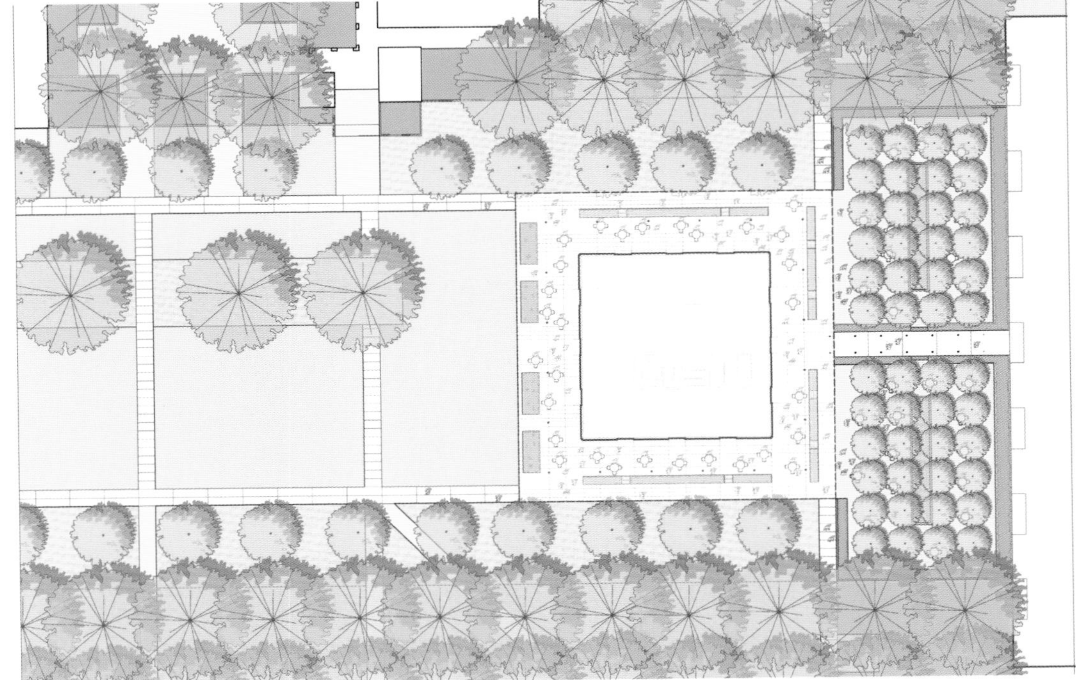

莱斯大学布洛克曼物理教学大楼

景观设计：The Office of James Burnett
设计团队：The Office of James Burnett
地点：美国
面积：1.35 hm²
摄影：Hester+Hardaway Photography

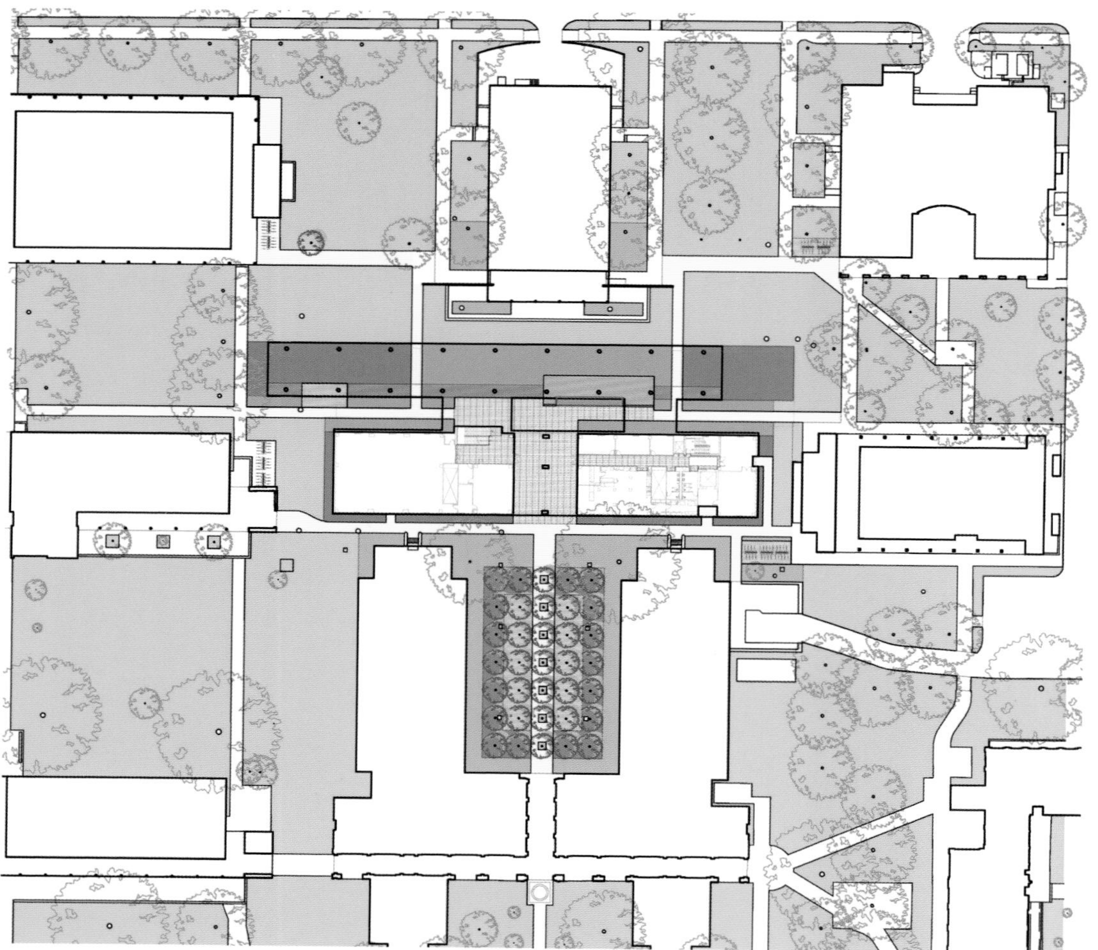

布洛克曼物理教学大楼是莱斯大学的一项占地10100m²的新建设施。该物理教学大楼是莱斯大学物理研究人员的新家，它将原来分散在校园不同建筑中的教职员工和研究人员汇集到一座建筑中。该建筑不仅设置了实验室、教室、办公室等地，还为人们提供了一些探讨、辩论、交流思想等的绝佳的场地。

该地块位于校园中的一条主轴上。该主轴一直延伸到建于1958年的哈曼大楼所在地。位于哈曼大楼前面的广场所占的地块被用来建设布洛克曼物理教学大楼。哈曼大楼的立面为布洛克曼景观提供了一个大背景和一个外围。哈曼大楼的底座为花岗岩阶梯结构，东西两侧的阶梯一直延伸到草地中。

植被的种植形式体现了高层建筑的特色。景观的设计特点与现有校园建筑的特点相呼应，并将建筑特点融入景观设计之中，以使新旧建筑景观完美地融合在一起。

坎贝尔、萨利切康利学生宿舍楼

景观设计：Sasaki　**地点**：美国　**面积**：1.58 hm^2　**摄影**：Robert Benson

福特汉姆大学新建的学生宿舍区坐落在校园的主行人入口边上，靠近该城市最大的一条林荫大道和通勤铁路线的十字路口处。该宿舍区共提供460个床位，附近有一座图书馆，这里是从布朗克斯通向校园的非常便捷的通道。

这两座宿舍楼就像两座高塔一样比邻而立，两者共用一个大厅。这种设计策略保证了每个楼层都可以构建一个小型的学生“社区”，这进一步凸显了大学对社区理念的重视。每栋楼的中间部分均有双层高的休息室，其为学生们营造了适宜的社交环境。新建的宿舍楼借鉴校园中原有建筑使用了相同的建造材料和哥特式的建筑形式，展现了现代化的、面向未来的建筑姿态。

新建的宿舍楼靠近校园原先的宿舍区，这种设置方式极为有效地使校园西部的社区融为一个整体，并使该区域成为学生们的中心生活区。入口处的人行通道两侧种植了橡树，更强化了其厚重的历史感。新建建筑均建设在高于地面的平台之上，给人一种实实在在的存在之感。建筑一楼设有咖啡馆、多功能室和教室——所有这些均对全校师生开放，空间设计得也较为醒目。因靠近校园人口通道，从一楼的咖啡馆可以俯瞰前方的院子。随着时间的推移，这处公共空间中出现了更加多样的铺路模式，种上了更多的树木，还有一处使人备感亲切的绿地（其中有一座静谧的院子）。

吕伐登北方大学

景观设计：OKRA landscape Architects

地点：荷兰

面积：3.7 hm^2

摄影：Ben ter Mull, OKRA

OKRA 与 Hertzberger 建筑师事务所共同确定了吕伐登北方大学外部空间的设计方案。设计师设计出的绿地与宏伟的建筑物极为相称。绿地和树木将内外空间联系在一起。

一座大型建筑坐落在公园中一处相对较小的地块上。公园草地上种植着很多樱桃树和桦树，建筑下的绿色草地与整座公园完美地连接在一起。公园中的树木、绿草使人们无论身处透明建筑中的哪个位置都仿佛置身于大自然中。建筑一角有池塘，它是公园与河流之间的过渡空间。

吉德姆中学

景观设计： Østengen & Bergo AS landscape architects MNLA

地点： 挪威
面积： 33.59 hm^2

摄影： Rolf Estensen, Jiri Havran, Dagrun Agnethe Ødegaard, Østengen & Bergo AS landscape architects MNLA

Brådalsgutua
gangvei
busstopp
p-plasser
varelevering
amfi
sandvolleyball
SKOLETORGET
scene
hovedinngang
HCP
HCP
uthus
sykkel-p
RAVINEHAGEN
vendehammer
tribune
amfi
skolehager
tribune
basketball
ARBORETET
bordtennis
hoppegrop
benk
volleyball
amfi
løpebaner
SKOLEPLASSEN
UTEKLASSEROM
flaggstang
balanselek
frukthage
IDRETTSANLEGG
kunstgressbane

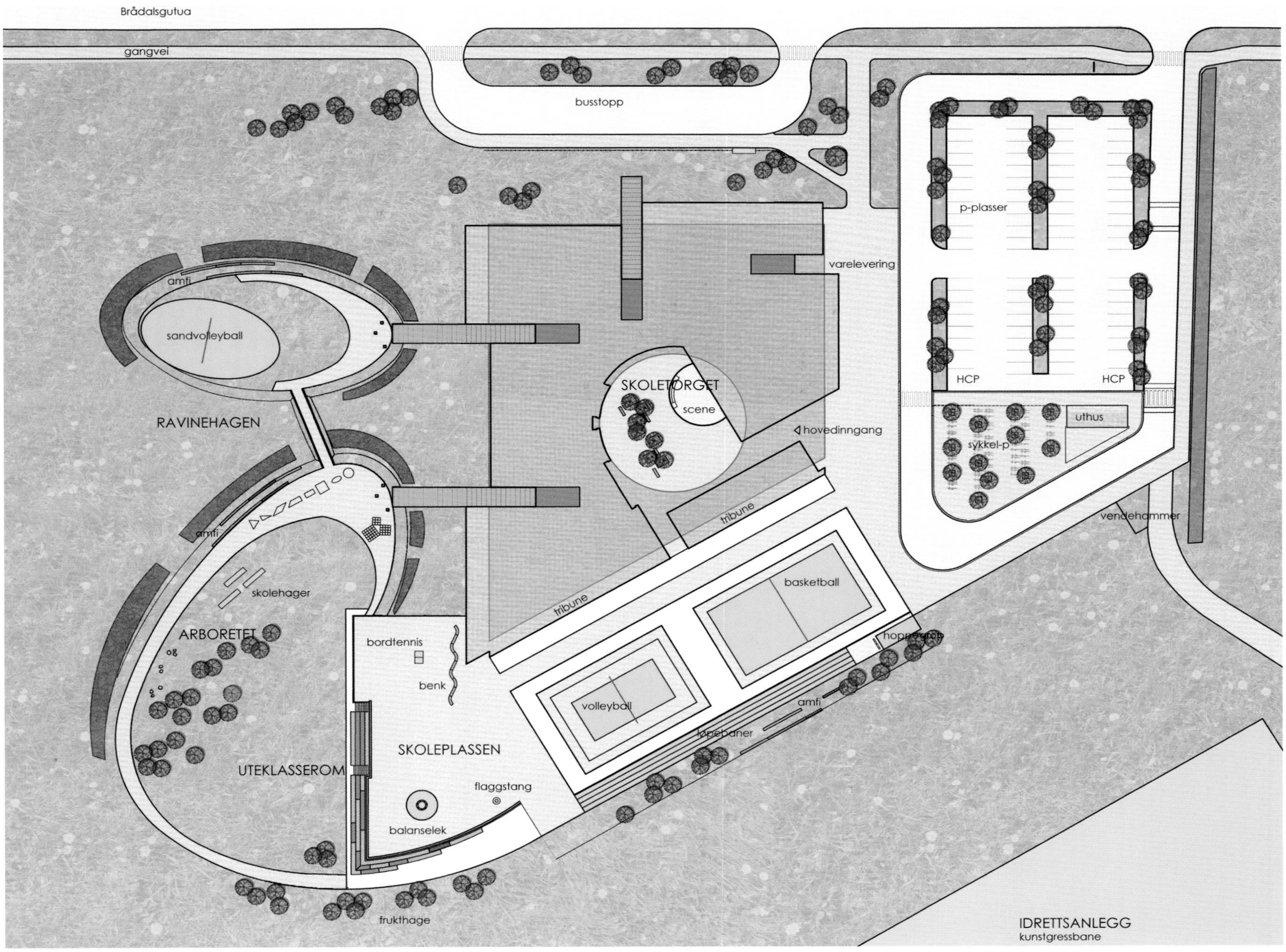

该学校坐落在一处朝向西南方稍有倾斜的地块上，在这里可以看见原有地形上的沟壑。该建筑坐北朝南，南边呈开放状态。建筑南边的运动场围绕着校园中央区域展开设计。建筑西边是一座花园，外观具有风格独特的沟壑，其与建筑之间通过木质结构连接，花园中有各式各样的活动区。

建筑南墙一侧为活动区，这里有篮球场、排球场、跑道、跳远用的沙坑以及乒乓球台等。该区域也可以成为学校的一处大型集会场所。该区域的谷地中还设置了一个排球场。

该项目设置有几个户外教室，内部庭院非常安静，学校西南侧的廊台也可以容纳很多学生。建筑南墙边的座位区可供人们休憩，也可以成为一处户外的教室。除此之外，这里还有许多小型的集会场所，这些集会场所设有几级台阶，还设置了诸多教学用的设施。

南边谷地上有一处阳光草坪，一条小径通向一个栽种着各色挪威树种的植物园。每一棵树均挂有标志牌，记录其挪威语名称、拉丁语名称、高度以及预期寿命。

罗曼学校和文化中心

景观设计：Østengen & Bergo AS landscape architects MNLA

地点：挪威

面积：36.18 hm^2

摄影：Rolf Estensen, Espen Grønli, Rune N. Larsen, Østengen & Bergo AS landscape architects MNLA

该学校坐落在一处平坦地块的山谷中，该地块被小山围拢，地块北边稍微隆起。地块东边为沟壑，斜坡上被青草和植物覆盖。两条电力线路横跨整个区域。因为地块西边的电力线路所占空间更大一些，因此设计师更为关注地块东边的景观设计。东边植被带的设计得以强化，并一直延续到校园之中。

设计师保留了通往学校的原有通道，并修缮了南侧和西南侧的入口。南侧的一条通道成为整个设计的主轴。轴线东侧是住宅区和活动区，西侧为交通区和停车场地。原有的人行道很陡，这与人性化的设计目标相去甚远，设计团队新设计了一条通道，这条通道从低处谷地的运动场开始一直通到学校中。对于低年级的学生来说，他们如果不想在通往教室的路上路过高年级学生区，就可以使用这条通道。原有的学校建筑规模太小，设计师决定原地建设一座新的建筑。新建筑中含大型的多功能运动场、演出大厅和开放式图书馆。社区文化学校的办公室和市政委员会的部分办公室都在这里。该学校可容纳 770 名学生。室内外的设施可供整个社区使用。

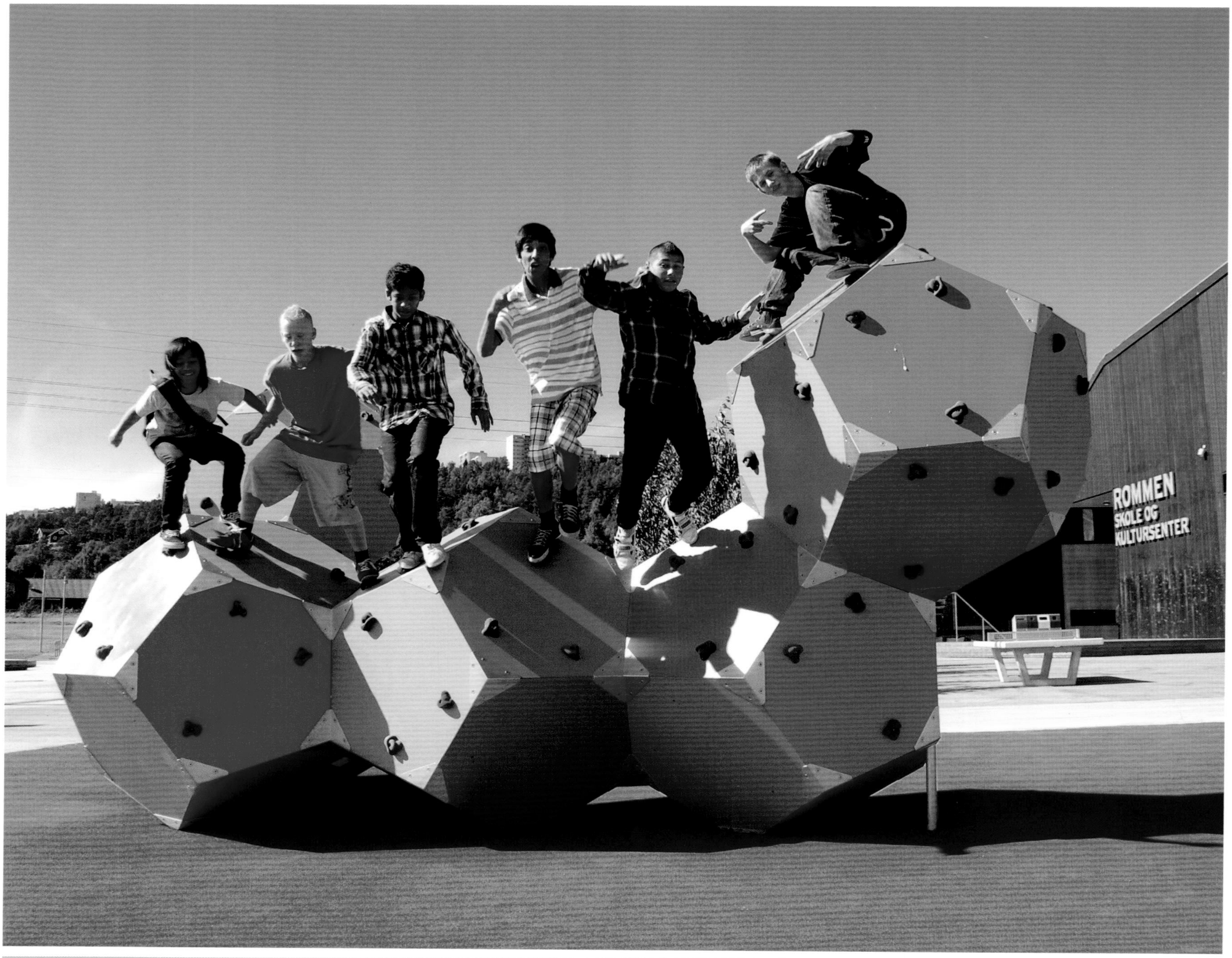
ROMMEN
SKOLE OG
KULTURSENTER

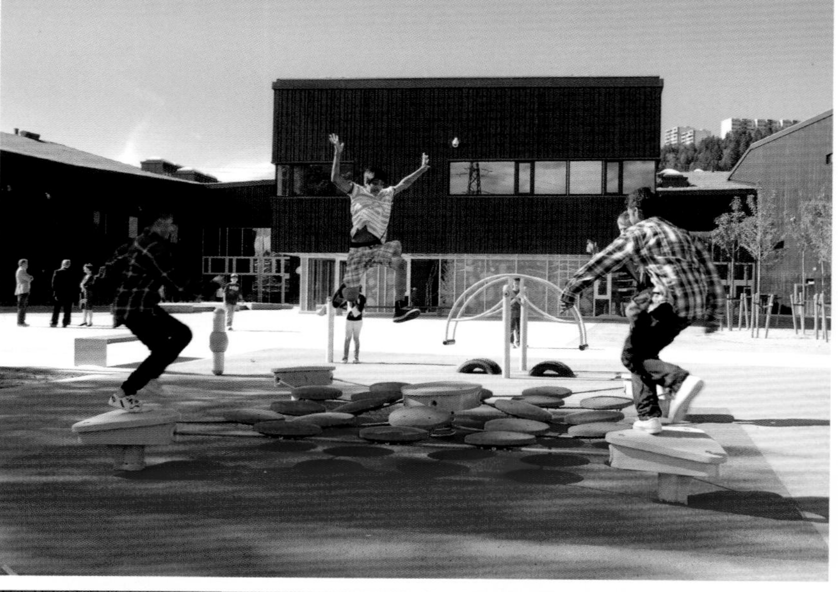

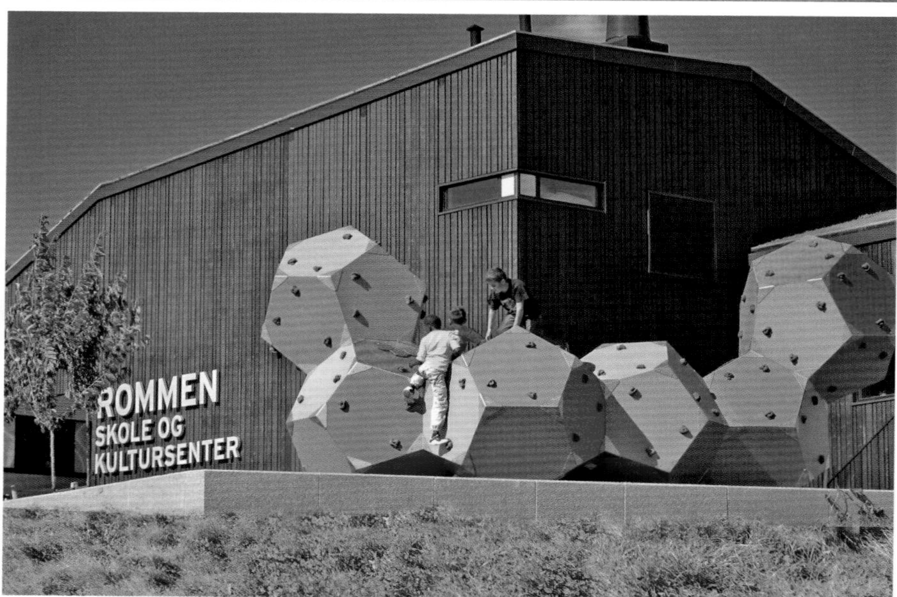

ROMMEN
SKOLE OG
KULTURSENTER

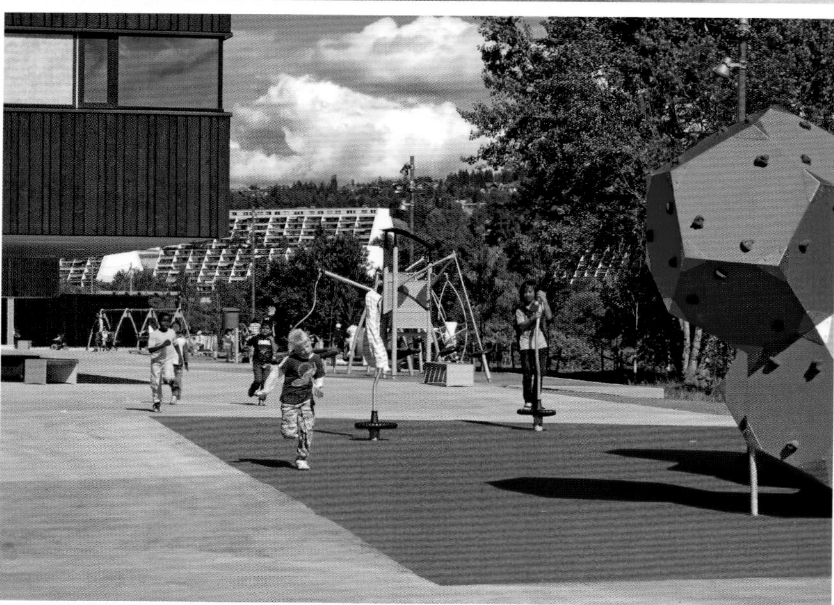

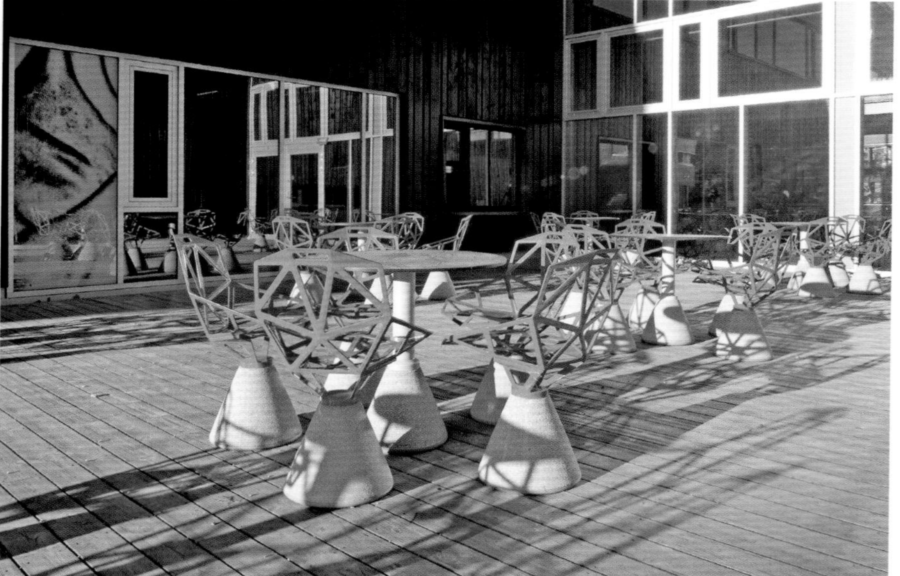

监狱博物馆

景观设计：Buro Lubbers　**地点**：荷兰　**面积**：15500 m^2　**摄影**：Buro Lubbers

荷兰芬赫伊曾的富有特色的、直角式结构在监狱博物馆的主庭院（约100m×100m）中得到了充分展现。庭院主轴将庭院一分为二，并直接通向入口，主轴两侧有各种不同类型的地块。这些不同地块周边均设置了直线形混凝土小道和瓷砖踏步。混凝土材料都来自于囚犯们被安排劳作的混凝土厂。不同地块原有的高度差被保留，这是为了保证高大树木的树干不受到损害。这就营造出了各不相同的坡面，混凝土结构的边缘部分还具有座椅的功能。

特定的空间划分和轴线系统营造出了不同的环境氛围。有些地块几乎就像是一座博物馆：环境极为静谧，能满足未来的建设需要，这里还能举办监狱博物馆的户外展览活动。为了确保能有简单新颖的设计，地块表面都铺满了碎石块。其余的地块上覆盖有草坪，拥有简单明晰的整体设计。这里有一处设有永久性舞台的剧院空间，设有座椅以及遮阴的大树。这里有一处操场，可以从咖啡馆看到其身影，从博物馆中却不能看到。周边的草地可供人们举办各种休闲娱乐活动。这里还有一座花园。排列整齐的番红花不仅展现了芬赫伊曾富有特色的直线设计，且在春天里为整个环境增添了更多色彩。

庭院所使用的材料和结构具有连贯性。咖啡馆和宿舍的露台都使用陶瓷锦砖进行铺贴，周边也设置树篱。

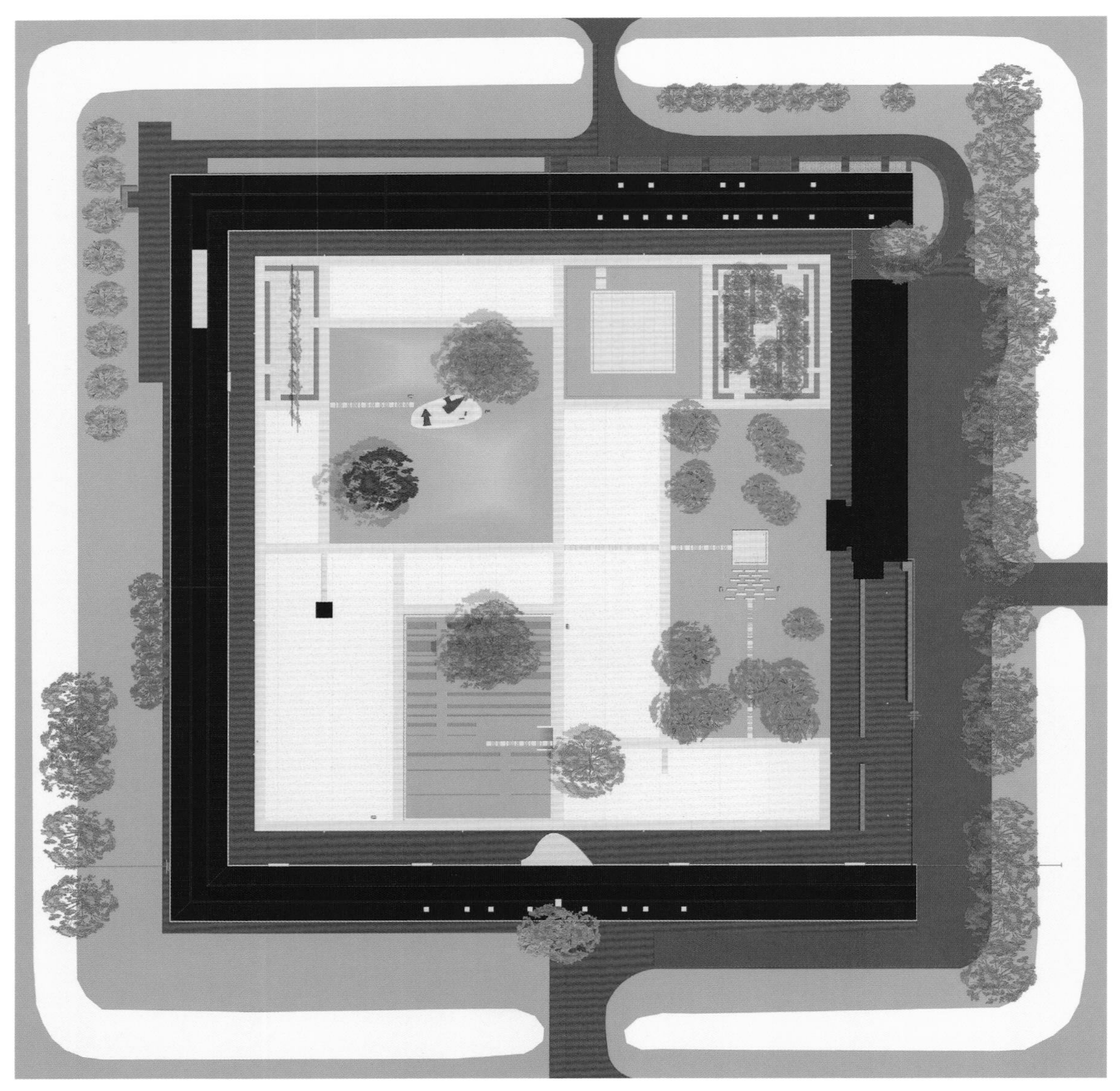

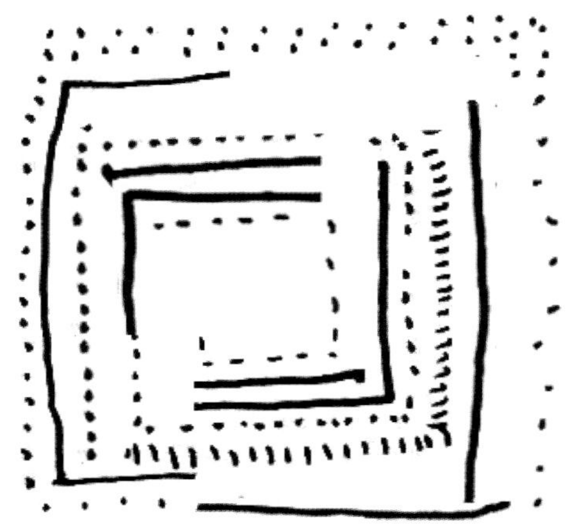

安克雷奇博物馆

景观设计： Charles Anderson | Atelier ps
景观设计师： Charles Anderson

地点： 美国
面积： 0.8 hm^2

摄影： Charles Anderson | Atelier ps, Ken Graham, Fuji Tariuji, David Chipperfield Architects, Kevin Hogan

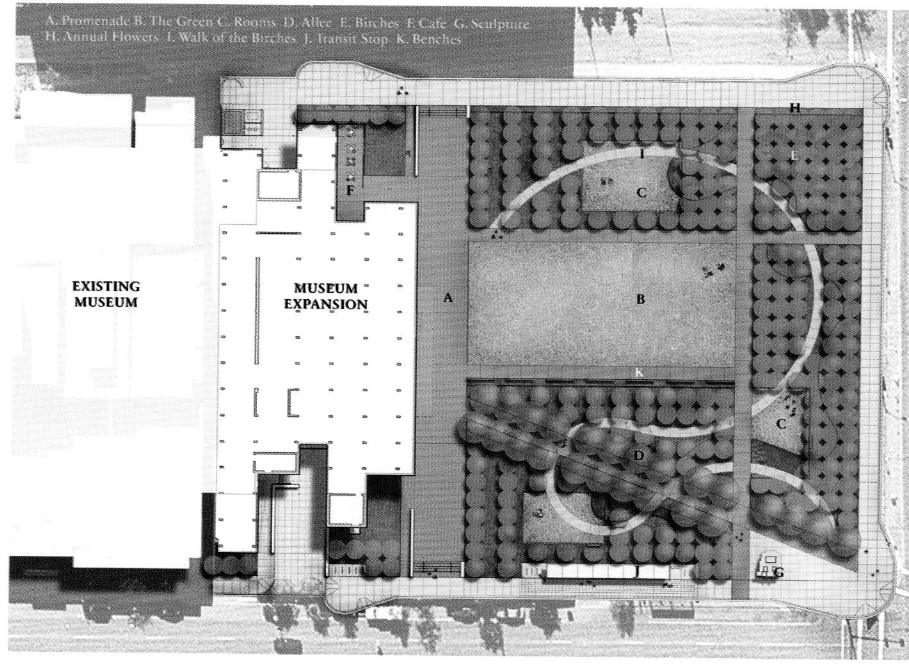

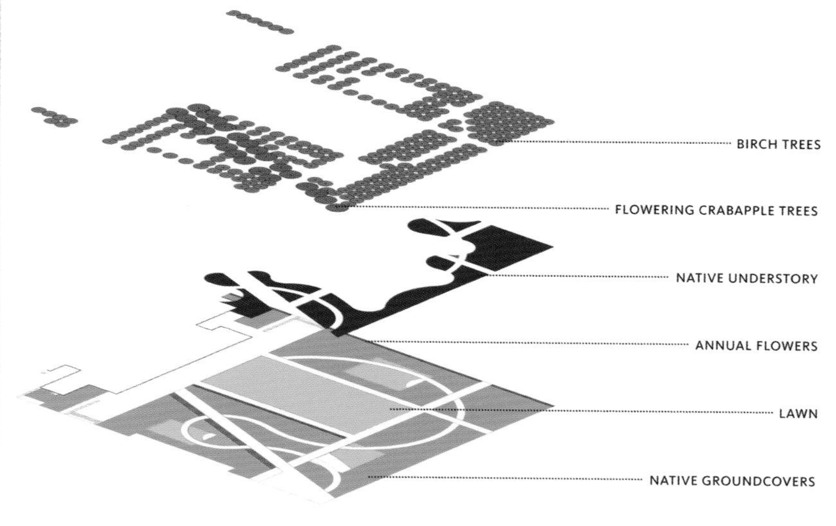

安克雷奇博物馆公共景观区域是一个面积为 0.8hm^2 的公园，设计师将景观、历史、文化等各种元素融入其中，特别是那一片白桦林，成为这个城市中极具象征性的公共场所。

作为美国最北端的主要城市，安克雷奇位于库克水道前端，并延伸到整个山麓地带。受到周边启发，设计师想要凸显周边自然环境在新景观中的地位，让人们充分感受到美丽的自然环境，博物馆仿佛置身于一片森林中。

树林里种植的是白桦，它是一种在当地很重要的，具有很高生态价值的桦树，此外还种植了其他稍矮的植被，这片绿地因此显得更加开阔和显眼。本设计塑造出一个动态的、富有表现力的生态系统，并且与城市环境和谐相融。一年当中博物馆举办各种庆典活动，装饰成森林一样的房间、草皮、雕塑、绿色成为主题，极富表现力和生态意义。

ANCHORAGE MUSEUM

大洋城公共图书馆

景观设计：Mikyoung Kim Design　　**地点**：美国　　**摄影**：Marc La Rosa

在其 90 年的历史中，这处全国闻名的图书馆不仅仅是一处砖块和砂浆打造的建筑物，还是一处流动图书馆，其满足了大洋城不同类型的居民对知识的需求。图书馆正前方的主广场坐落在主干道华盛顿大街边的汤姆斯河社区的中心位置，该广场也是一栋新建建筑的一部分。新加建的建筑部分是为了展现一些新的技术，以将某些信息传达给社区的居民。这处富有活力的新广场的设计在过去与现在之间搭建起了一座桥梁，对这里的多条通道进行了重新组织，同时也展现了数字时代该图书馆的信息传播模式。

该项目营造了一处开放式的庭院空间，社会公众可以自由出入，同时为大洋城公共图书馆营造了一个正式的入口。该项目的范围包含庭院设计以及公共艺术展示区的设计，而后者与图书馆在社区中的角色直接相关。设计师非常重视动线和道路的设计，纵横交错的道路上的铺路材料都按照特定的方向来铺设，这更加凸显了该公共机构与社区居民之间的关联性。一种定制的照明式雕塑融入了广场的整体设计之中，在夜晚，这些雕塑会发出亮光照亮道路，以指引着来访者步入图书馆。这些照明式雕塑外部包裹着有孔不锈钢和双色亚克力结构，其条形码似的铺装形式的设计代表着数据与数字信息网络的传递与交换。

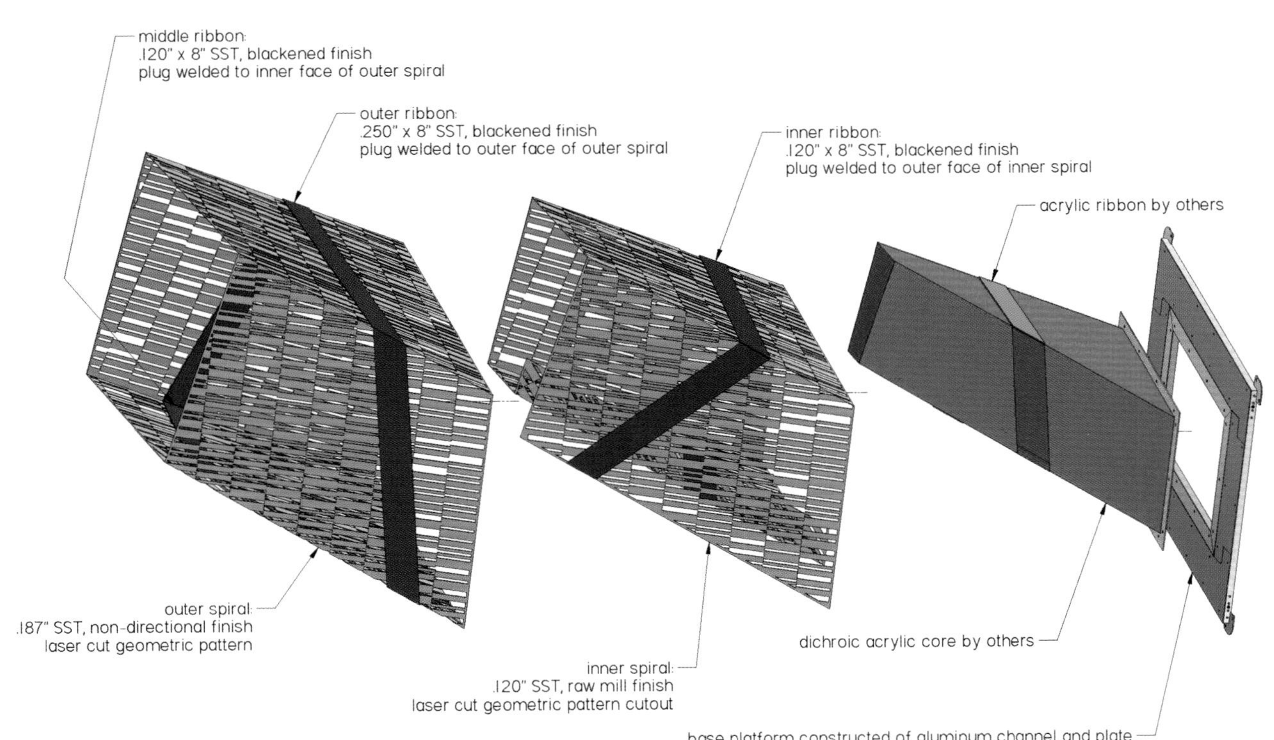
middle ribbon:
.120" x 8" SST, blackened finish
plug welded to inner face of outer spiral
outer ribbon:
.250" x 8" SST, blackened finish
plug welded to outer face of outer spiral
inner ribbon:
.120" x 8" SST, blackened finish
plug welded to outer face of inner spiral
acrylic ribbon by others
outer spiral:
.187" SST, non-directional finish
laser cut geometric pattern
inner spiral:
.120" SST, raw mill finish
laser cut geometric pattern cutout
dichroic acrylic core by others
base platform constructed of aluminum channel and plate

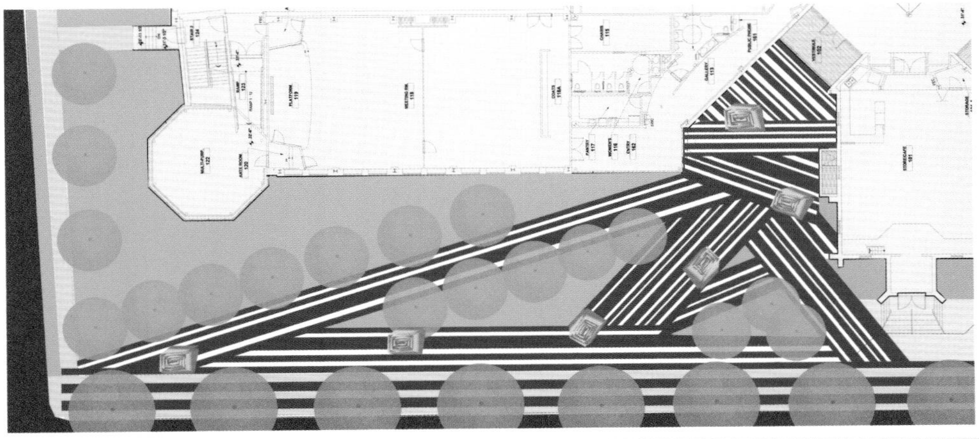

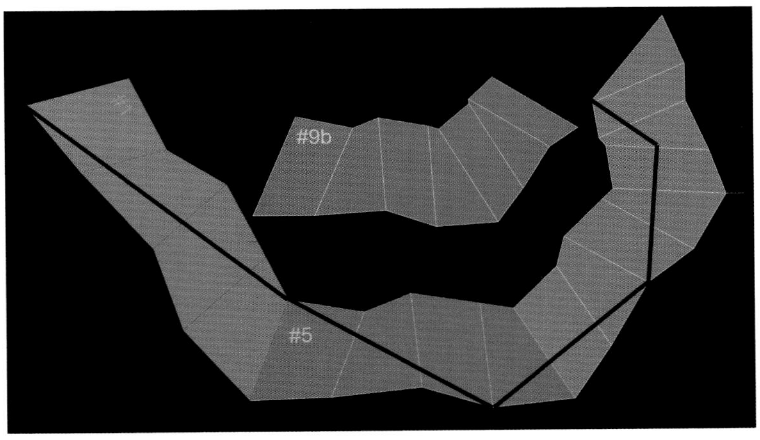

#9b

#5

10
10.5
11

商业办公 Commercial and Office Space

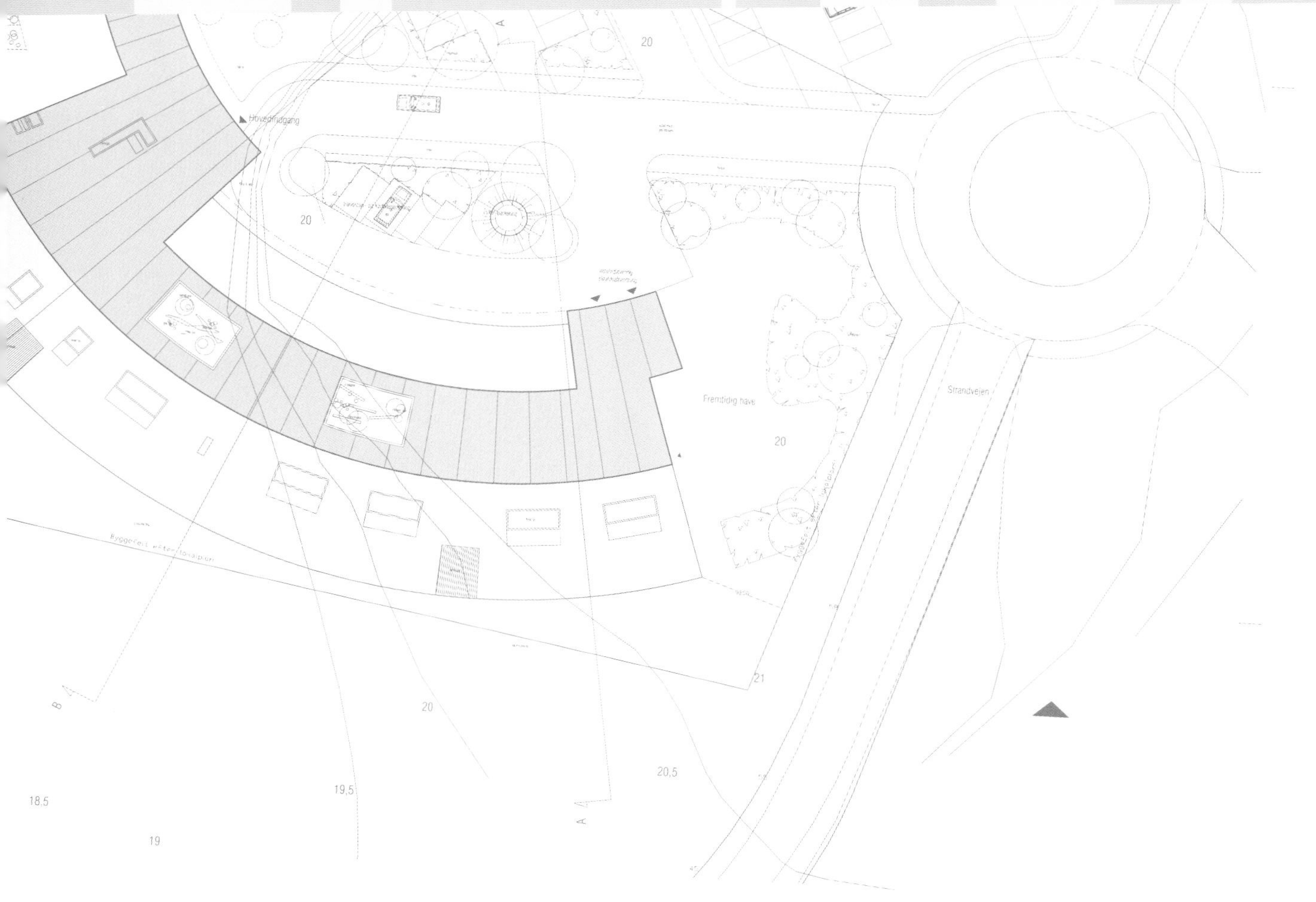

东部湖滨公园

景观设计：The Office of James Burnett
设计团队：The Office of James Burnett
地点：美国
面积：2.43 hm^2
摄影：The Office of James Burnett, James Steinkamp, David B. Seide

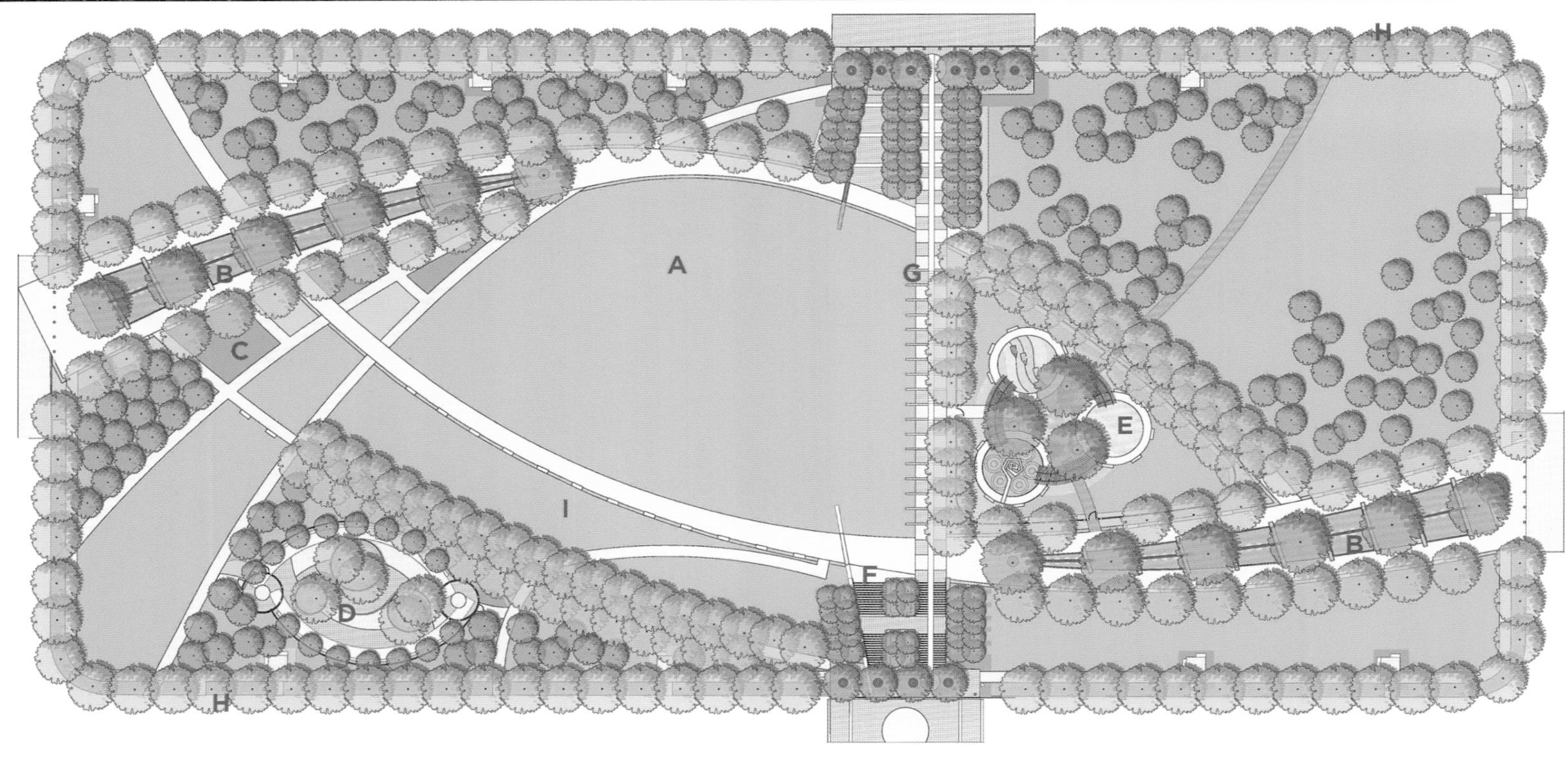

东部湖滨公园是一处占地 2.43hm^2 的城市公园，它位于占地 113000m^2 的芝加哥内环东部湖滨开发项目的中心位置。这里可俯瞰芝加哥河和密歇根湖的汇集之处，东部湖滨项目作为一个重建项目，总耗资 40 亿美元，这里将容纳 4950 个住宅单元、1500 个宾馆房间、204 300m^2 的商用空间、71 500m^2 的零售空间以及一所小学。

这里最初是位于伊利诺伊州中央位置的一处铁路调车场，该地块于 20 世纪 90 年代被用作 9 球高尔夫球场场地，于 2001 年被开发商收购。设计师最初仔细研究了总体规划方案，并制定了开放式空间设计原则。该原则指导着整个项目的设计和开发建设。设计围绕整个项目的三层式街道系统展开，将低层的交通和上层的本地交通分隔开来，但这也为规划人行交通系统带来了极大的挑战。设计师设计了一处可供人们远眺的空间，在此可以欣赏整个公园的美景，该设计方案强化了交通系统与整个公园之间的联系。极简式铺路材料的应用凸显了整个地块的轴线，轴线穿过北部街道、楼梯、公园一直通向地块北部的广场。

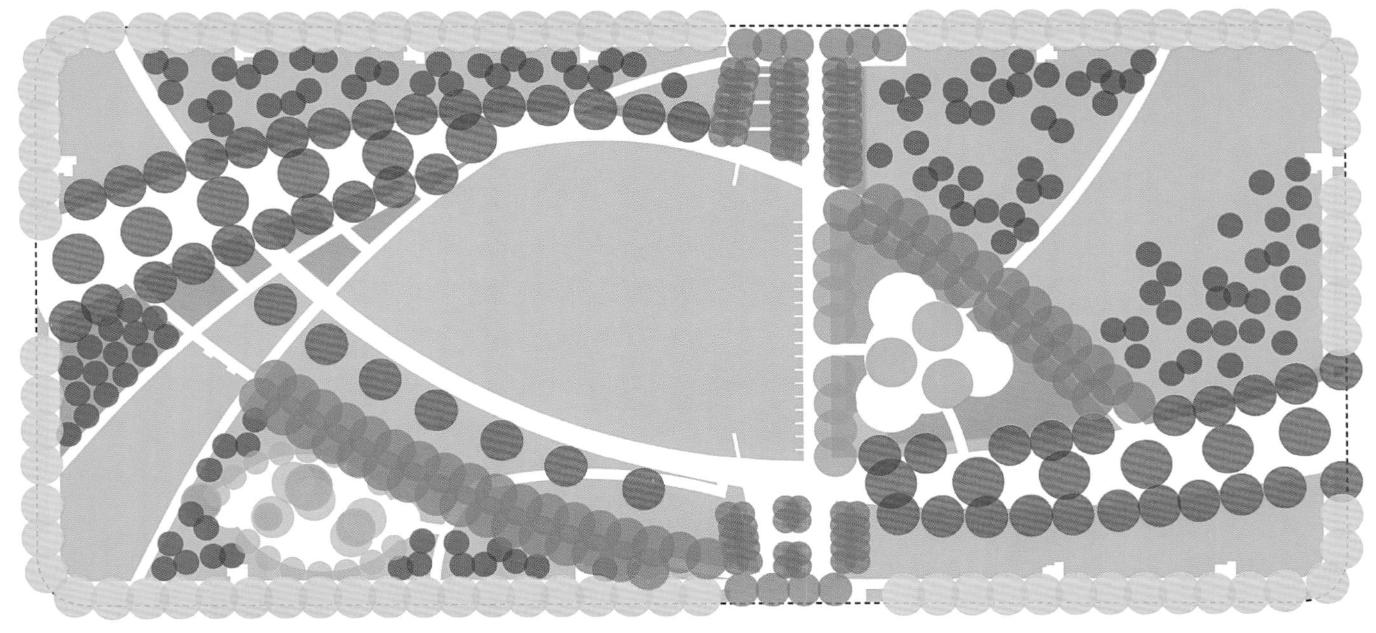

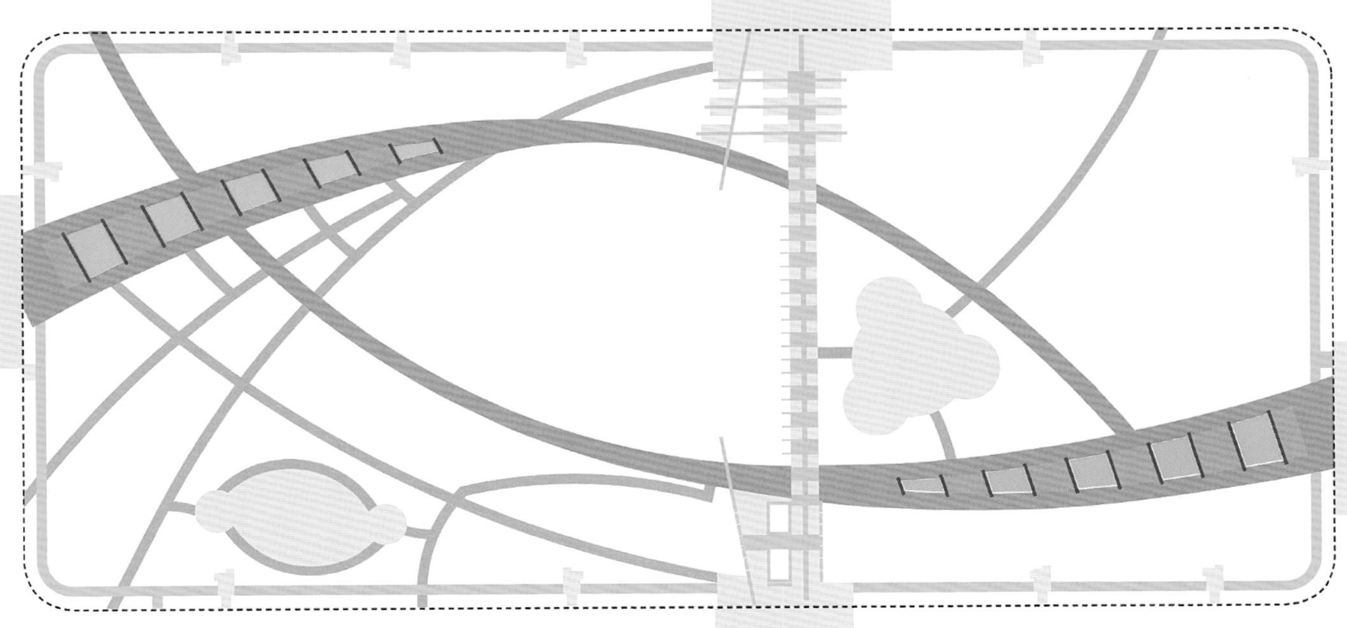

康菲石油公司木溪园区扩建项目

景观设计：The Office of James Burnett
设计团队：The Office of James Burnetti
地点：美国
面积：25.09 hm^2
摄影：The Office of James Burnett, Alan Karchmer, Paul Hester

新园区开发项目的关键在于重建其循环系统的层级。游客们通过专用的门进入园区内，沿着一条通道走入园区内部，通道两侧种植了许多橡树。汽车庭院围绕接待区展开设计，石砌铺地、常绿灌木以及地被植物凸显了该建筑的几何形外观。入口两侧的水景给庭院增添了趣味和活力。东边也设置了一处水景，为这里的私密的用餐庭院及其附属花园增添了活力。

项目东侧靠近接待区的地方有一个循环通道，该通道界定了中央庭院的南部边界，该庭院被称作“公共区”。公共区的西部栽种有橡树，橡树为高于地面的木制平台提供了阴凉，木制平台上设有可移动的桌椅。

就餐平台的中心位置有一个圆形的钢结构水景，它倒映着顶棚。整个空间都能听到潺潺的水声。庭院的南北两端设有两个完全相同的庭院，这些可移动的座椅、水池、绿色植物一起打造了一个舒适、静谧的庭院空间。

停车场和健身中心之间是一块狭长的地段，景观设计师在这个狭窄的空间里种植了非洲鸢尾、矮盟草、紫金牛等植物，创造了一个绿洲。在健身中心北部，有一个三分之二足球场大小的空间。一个 3200m 的花岗岩跑道可供游人慢跑。

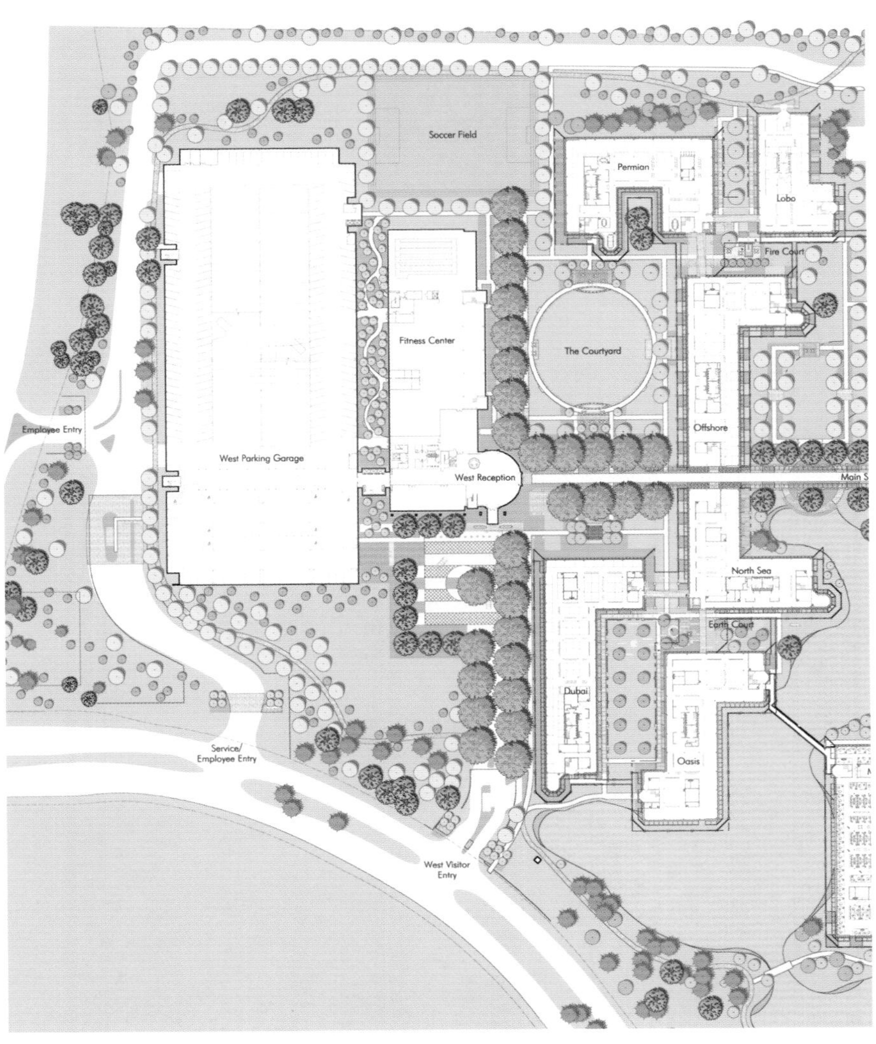

千禧广场重建项目

景观设计：EXP ARCHITECTES / Antoine Chassagnol, Nicolas Moskwa, Maxime Vicens (Concept); EXP ARCHITECTES and DAD ARQUITECTURA / Sara Delgado Vazquez, Juan Carlos Delgado (Development)

地点：西班牙

面积：2.5 hm^2

摄影：EXP architectes, TAFYR

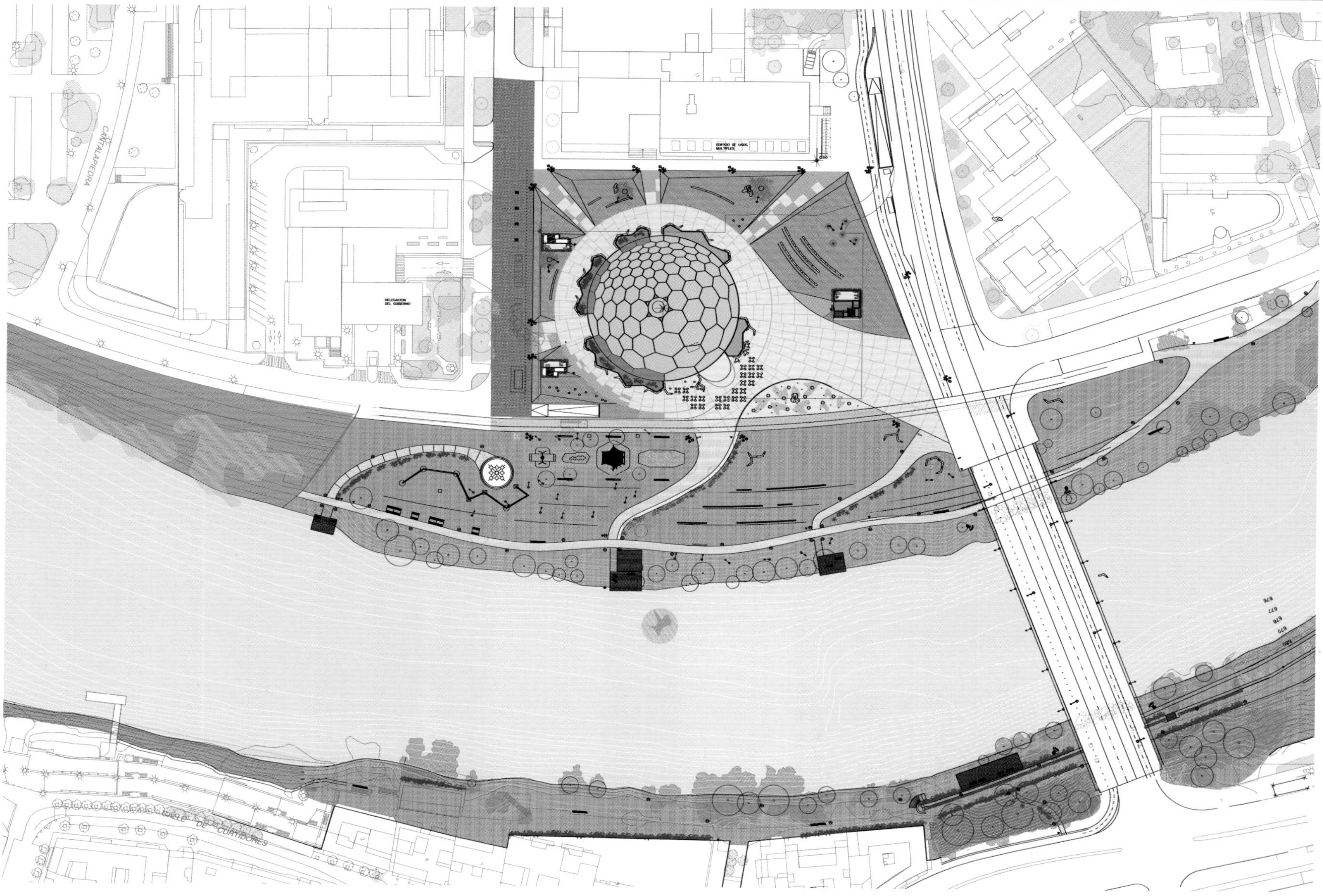

该团队在设计过程中充分考虑了环境特点，将可持续发展作为设计的目标。

该项目的建设是基于将河流生态系统有序地扩展到城市公共空间中。

广场的地面是有坡度的，设计师创造了覆有人造草皮的斜坡，其坡度与河岸相协调，这种设计使河流的环境氛围与城市空间融为一体。广场上设有主题公园、水上花园，并且栽种有很多大树，这里的所有景致都显得如此和谐。

河岸变成了城市公园，为人们提供了更多的乐趣：河边的观景平台、街道上的公共设施、儿童游乐场、喷泉、雕塑以及凸显河岸的照明设备等。

展示馆周边设置有混凝土长凳，长凳的建造材料中融入了玻璃材料，这种长凳装饰了花园和池塘，并使整个景观环境的入口显得与众不同。河岸边和广场上还设置了很多舒适的座椅。

设计师设计了多条道路，这为行人们提供了很大的方便，使得人们可以轻松快捷地前往周边的建筑、河岸以及市中心等地点。

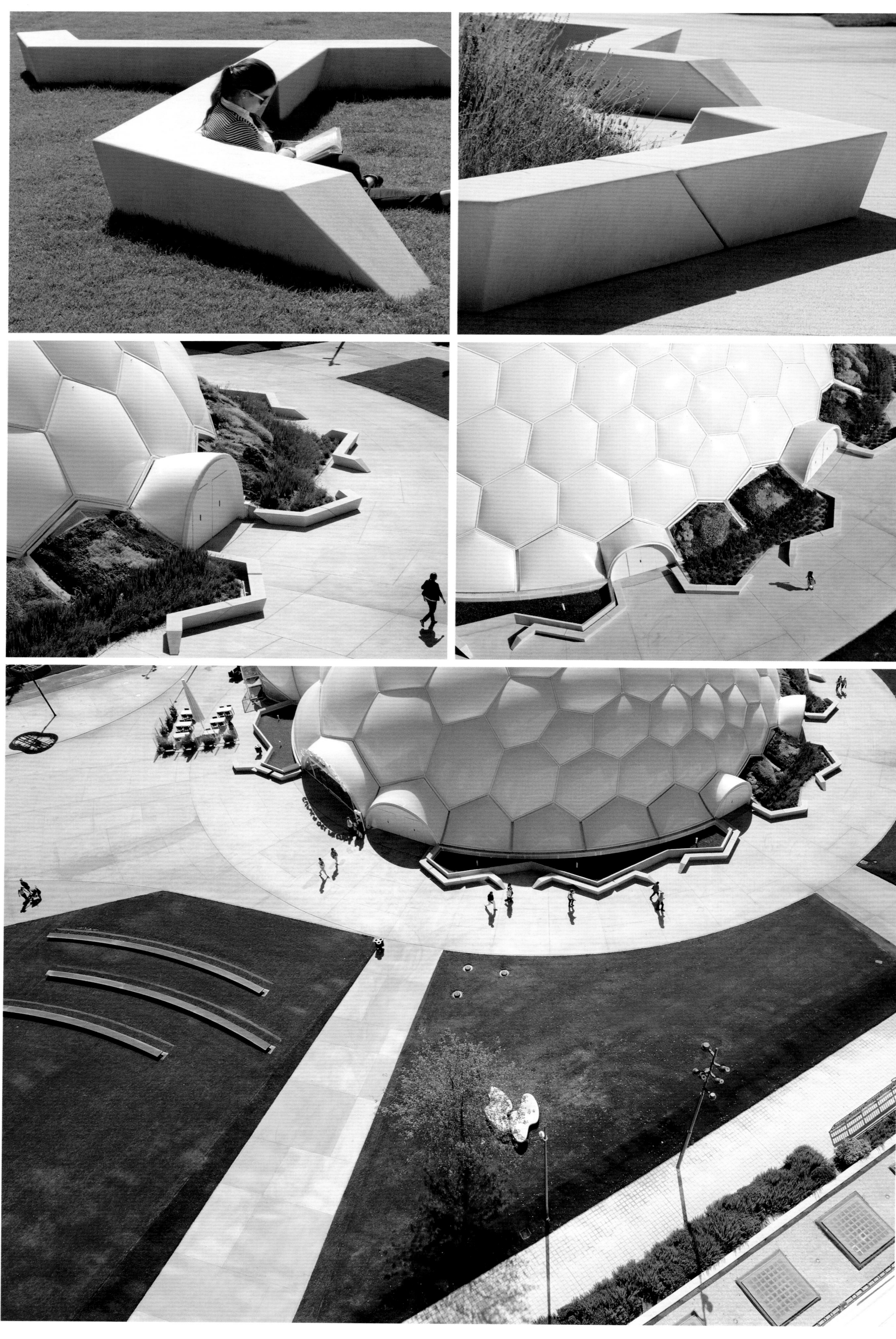

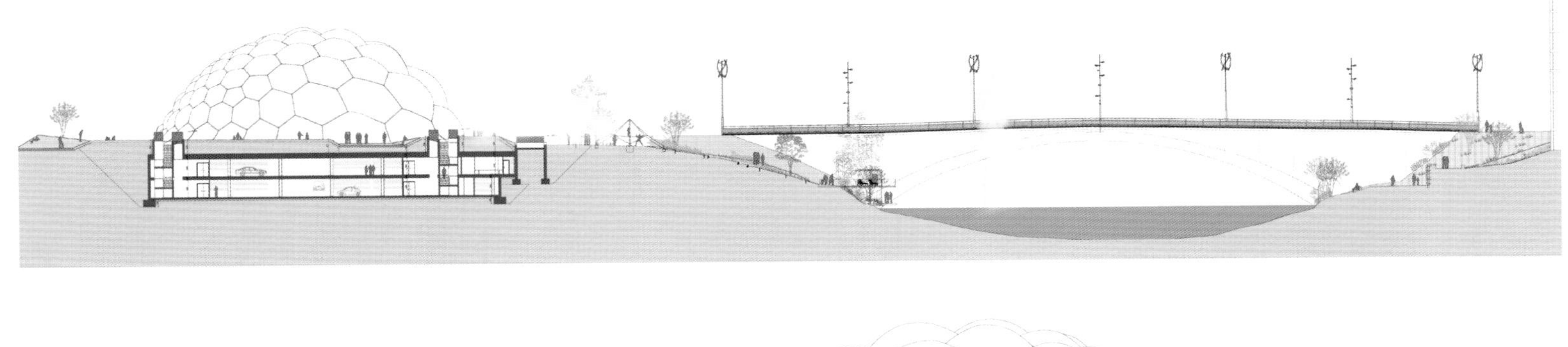

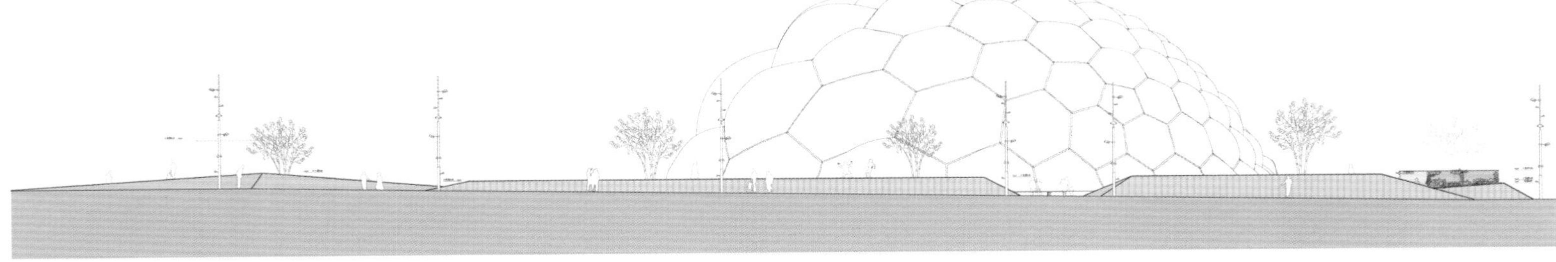

瑞士谷歌中心

景观设计：Camenzind Evolution

地点：瑞士

面积：12 000 m²

摄影：Peter Wurmli

谷歌不是一个传统的公司，其也从未想过成为这样的公司。谷歌在瑞士苏黎世新建的EMEA工程中心办公楼就充分展现了这一特点。该设计营造了一个富有活力的、激发员工灵感的工作环境，其氛围使人备感放松，这里有丰富多彩的活动空间。

新建的EMEA工程中心所处位置从苏黎世市中心可以轻松抵达。该地块原先是本地的一家啤酒厂，后被改造成了一处富有活力的多功能空间，这里有公寓楼、商店、办公楼和一家温泉酒店。谷歌新建的办公楼是一栋七层高的现代化建筑，其核心办公楼区建筑面积有12000m²，可供800名员工共同使用。

承接该项目的建筑师首先进行了快速的研究和分析，总结出了该项目建筑所赋予的机遇和挑战，并获取了有关在苏黎世工作的谷歌员工的情感和行为需求的信息。

尽管调查研究的细节属于保密信息，然而该调查程序却显示出在苏黎世工作的谷歌员工需要的最佳工作环境应该是多样化的、和谐的，同时，工作在其中的人也应备感愉悦。个人工作空间要满足功能方面的要求，而公共空间也要赋予人们美好的视觉体验，令人愉悦的空间设计能够激发员工的创造力、创新力和合作效力。

Toilets

DANGER

61
TAX
NYC SEWER

A

水平摩天大楼

景观设计：Steven Holl Architects
景观设计师：Steven Holl Architects

地点：中国
面积：building 120 445 m^2 / landscape 52 000 m^2

摄影：Iwan Baan, Shu He, Steven Holl, Steven Holl Architects

该“水平摩天大楼”位于一处热带花园之上，其长度与纽约帝国大厦的高度一样，这是一座综合性建筑，其中有公寓、宾馆以及中国万科集团的总部办公楼。大型的热带景观绿地下设置了会议中心、温泉浴场和停车场，隆起的绿地内部设有饭店和一个拥有 500 个座位的大礼堂。

整座建筑看上去就像是曾经漂浮在海洋上一般，而如今海水已退去，只留下八根支柱支撑着这座建筑。这处 35m 高的建筑结构下没有小型的支撑柱体，取而代之的是一些大型的支撑结构，这种奇思妙想营造了一处位于地上的对公众开放的大型绿色空间。八根支柱相互间的距离有 50m，整座建筑框架融合了斜拉桥技术，并应用了高强度的混凝土框架。设计师第一次尝试在建筑上应用这种技术，建筑结构能承受 3280t 的负荷重量。

该建筑以及周围的景观加入了几处新型的可持续发展的元素。建筑的绿色屋顶使用了当地产的竹子等材料建造，绿色屋顶上安装了太阳能电池板。建筑玻璃立面上安装的多孔百叶窗可以遮挡阳光、抵御风吹。

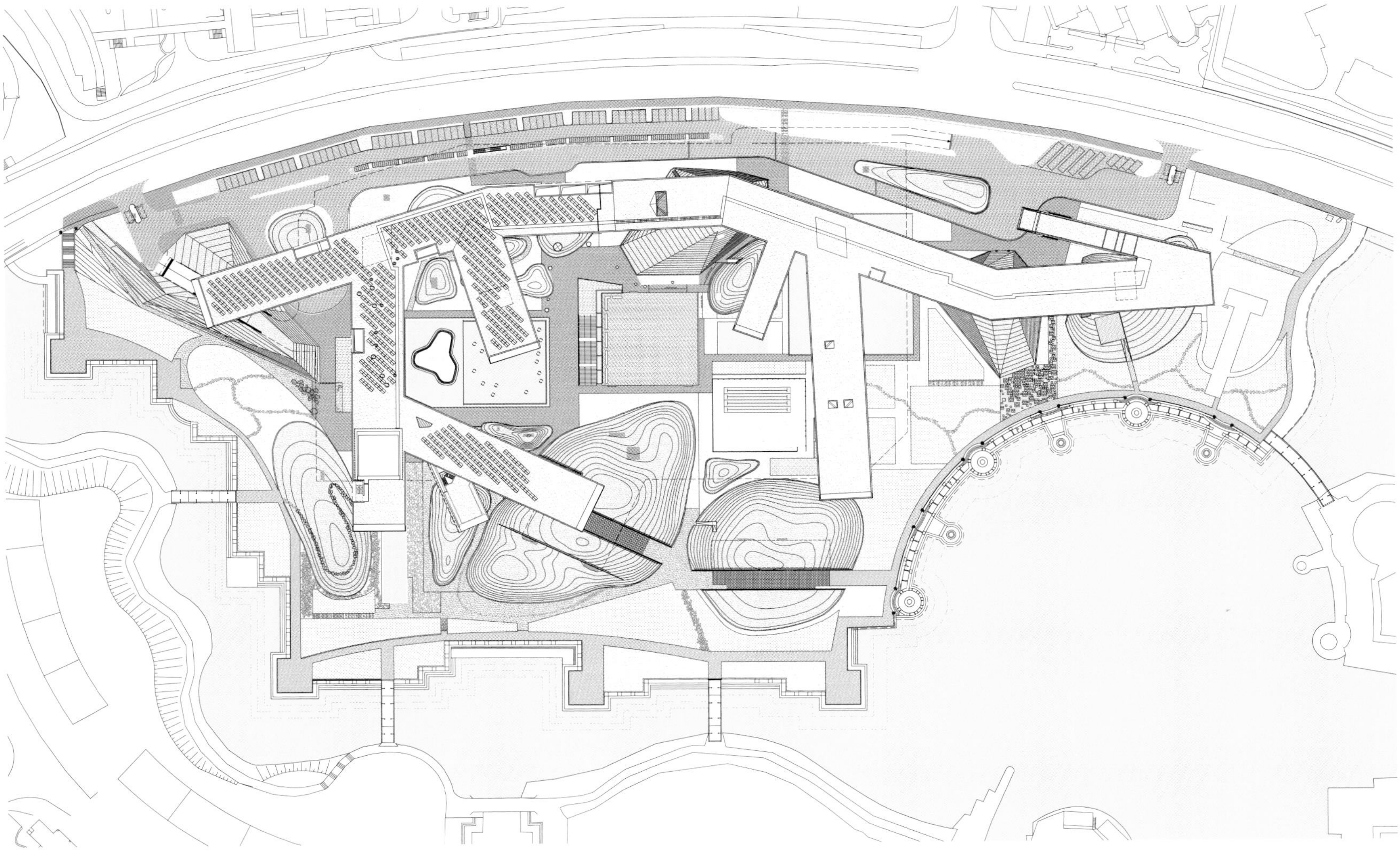

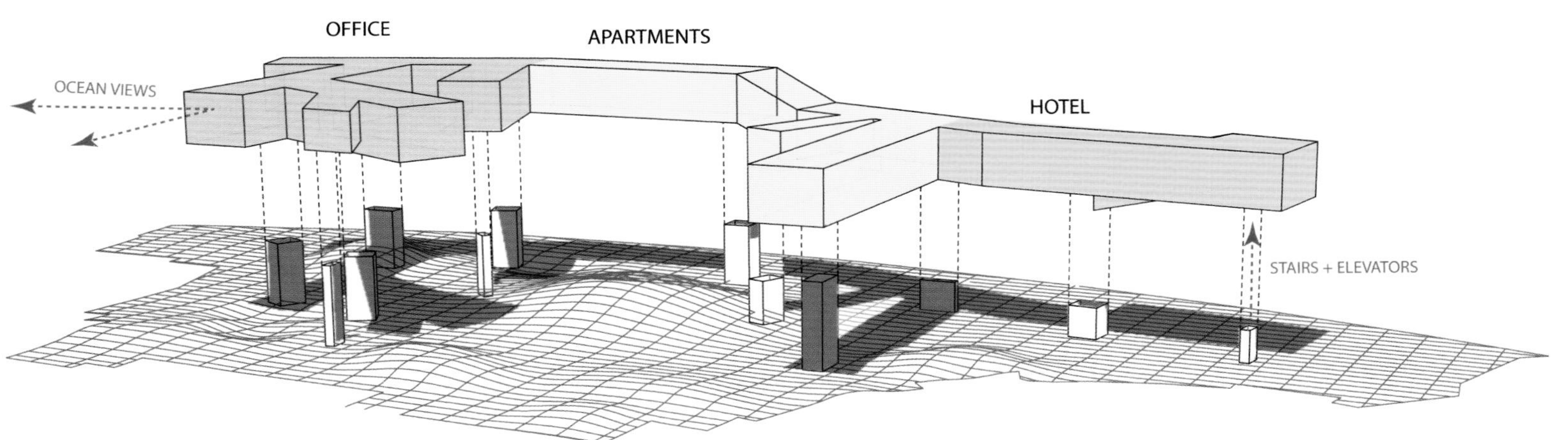
OFFICE
APARTMENTS
OCEAN VIEWS
HOTEL
STAIRS + ELEVATORS

LANDSCAPE

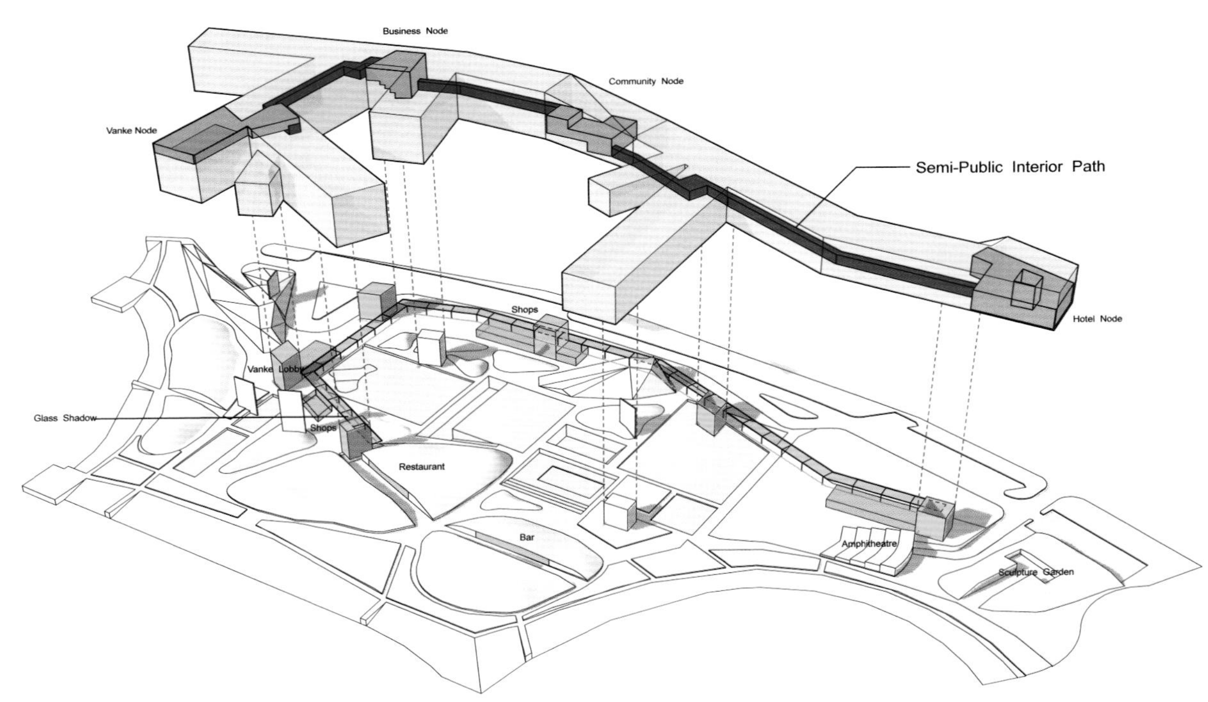
Business Node
Community Node
Vanke Node
Semi-Public Interior Path
Shops
Hotel Node
Vanke Lobby
Glass Shadow
Shops
Restaurant
Bar
Amphitheatre
Sculpture Garden

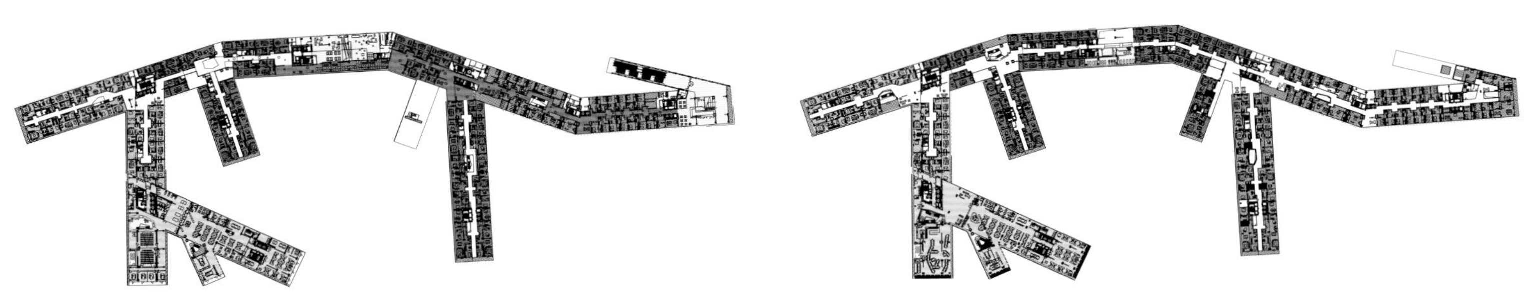

移动的花园

景观设计： Symbios Design (consortium of Terragram & Oculus)

地点： 新加坡

面积： 10 000 m^2

摄影： Symbios Design

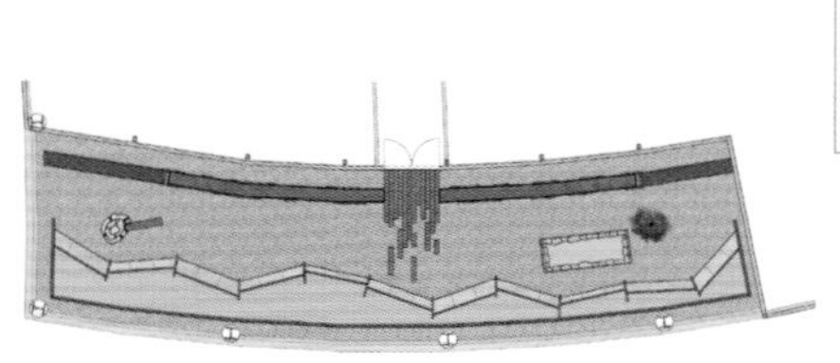

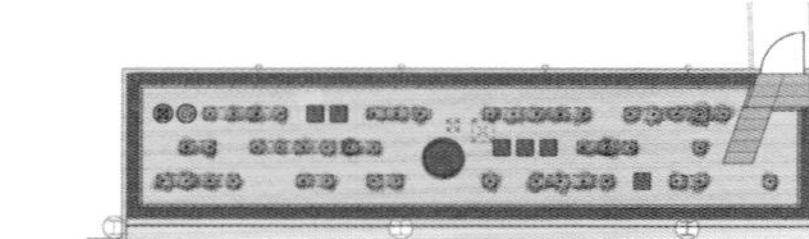

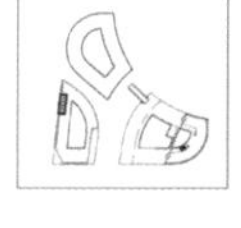

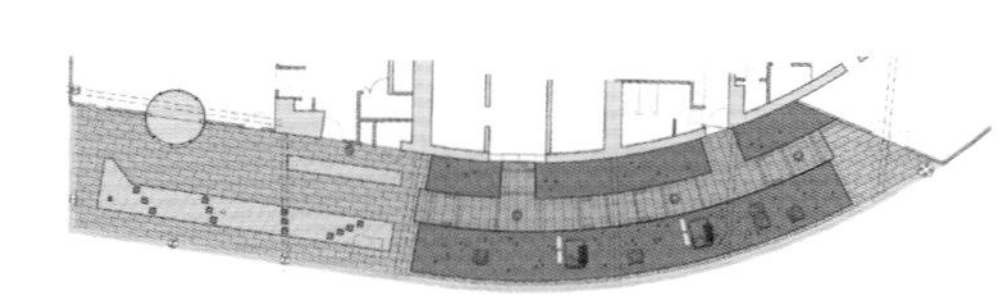

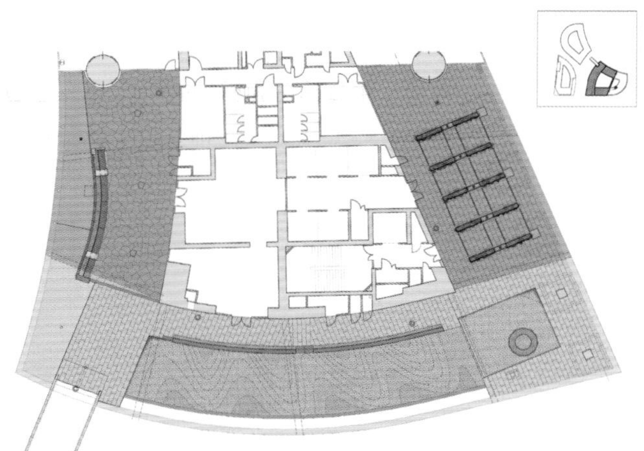

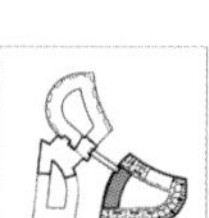

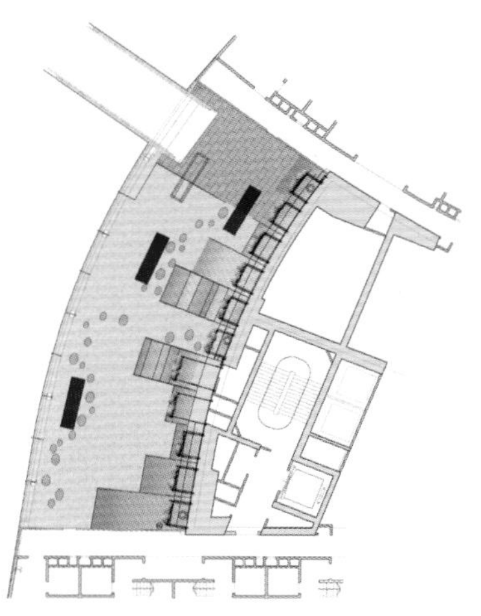

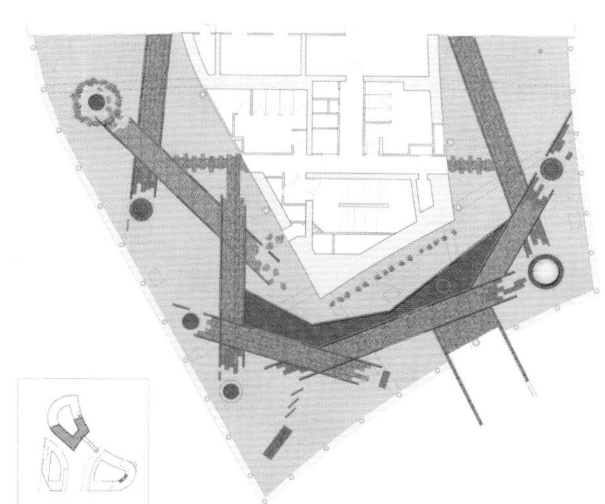

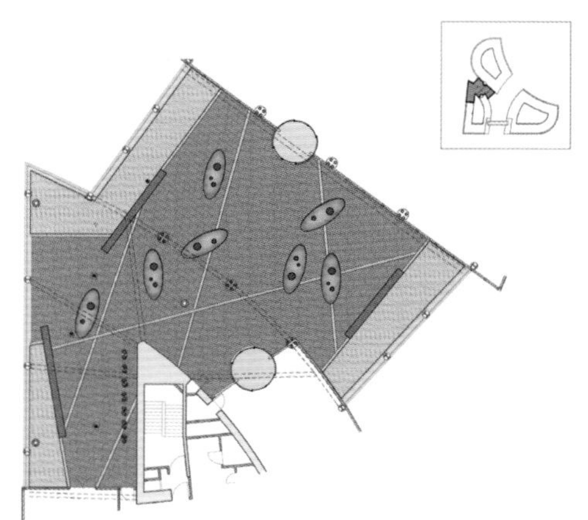

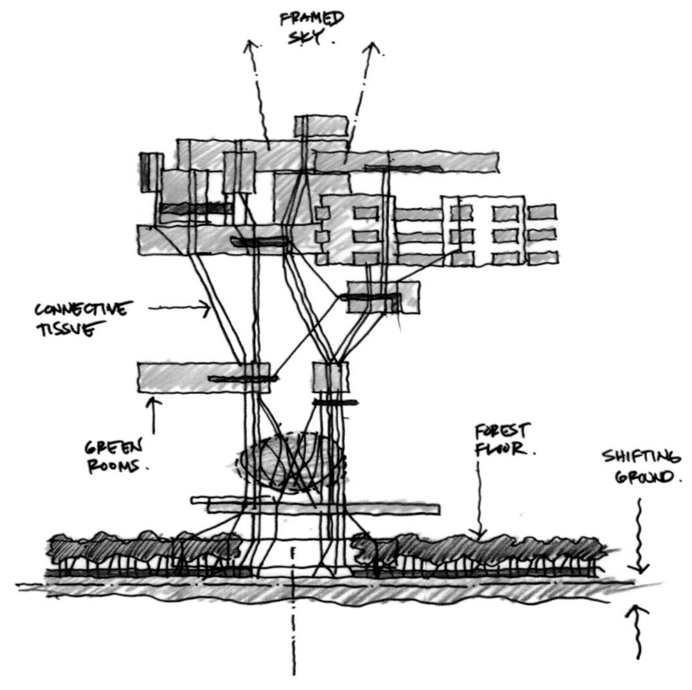

该项目是一个包含三座楼体的综合性建筑，由日本建筑师黑川纪章主持设计。该项目是新加坡的一项新的城市开发项目的第一期，被称作 One-North。该项目的设计目标是营造一座完备的垂直城市，无论从哪个层面来讲都是一种“融合”——生活、工作和休闲娱乐的融合，创新的商业、科学和技术的融合，建筑与大自然的融合。

该项目中公园总面积约有 1 万 m^2，它包含位于地面层级的一处大型的公共绿地。整个公园被分成了很多不同的层次，美轮美奂的绿色的“丝线”将地面与天空编织在一起。

公共绿地——地面层

地面层的景观设计是将整个项目统一成一个整体的最有效的因素，它将内外空间整合在一起，同时也便于在未来将该项目融入更为宽广的城市环境中去。

移动花园——一层

基于在这一层很难建造固定花园的事实，设计师设计了模块化的移动式花园。这里有带轮子的种植槽，外形如大型的光滑的鹅卵石一般，可供人们就坐休憩。

悬浮花园——五层

该层空间为其上剧院的“地下部分”，看上去这里不怎么适宜人类居住。曲线式“桥”的两边都是水，该元素被利用起来，它可以捕捉并反射光线，让该空间看上去比其现实中要大得多。

久斯兰疗养院

景观设计：C. F. Møller Architects

地点：丹麦

面积：1990 m²

摄影：Adam Moerk

久斯兰疗养院是一处采用舒减疗法的疗养院，可容纳 15 位病人。该疗养院坐落在一个风景秀丽的环境中，在这里，人们可以俯瞰奥胡斯海湾。建筑师用极为细腻的设计手法营造出了温馨的环境氛围，为病人们提供了最好的疗养条件，提升了病人的生活品质。

久斯兰疗养院首先是一栋美景环抱中的建筑。不管你置身于建筑中的什么位置——接待区、中庭、员工室、休息区或是病房——都能看到近在咫尺的美丽风景。设计师的设计目标是营造一处人性化的建筑环境。所谓的"人性化"是指这不是一处机构，而是一个家园，它能为那些在这里度过最后时光的病人、病人家属以及疗养院员工提供充足的物质空间和精神空间。

半圆形的布局设计是为了确保所有的病房都能享有欣赏海湾美景的最佳视野。病房位于建筑中较为私密的空间内。每间病房都拥有一处私人露台，可以俯瞰周边景观，而卧室区和浴室上方的屋顶处则设有天窗，这样可以使阳光照射到房屋内。顶棚是柔和的曲线式设计。

Beboelsesrum
Badeværelse
Gårdrum
Køkken

Fremtidig have
Fremtidig have
Fremtidig have
Fremtidig have
Strandvejen
Strandvejen

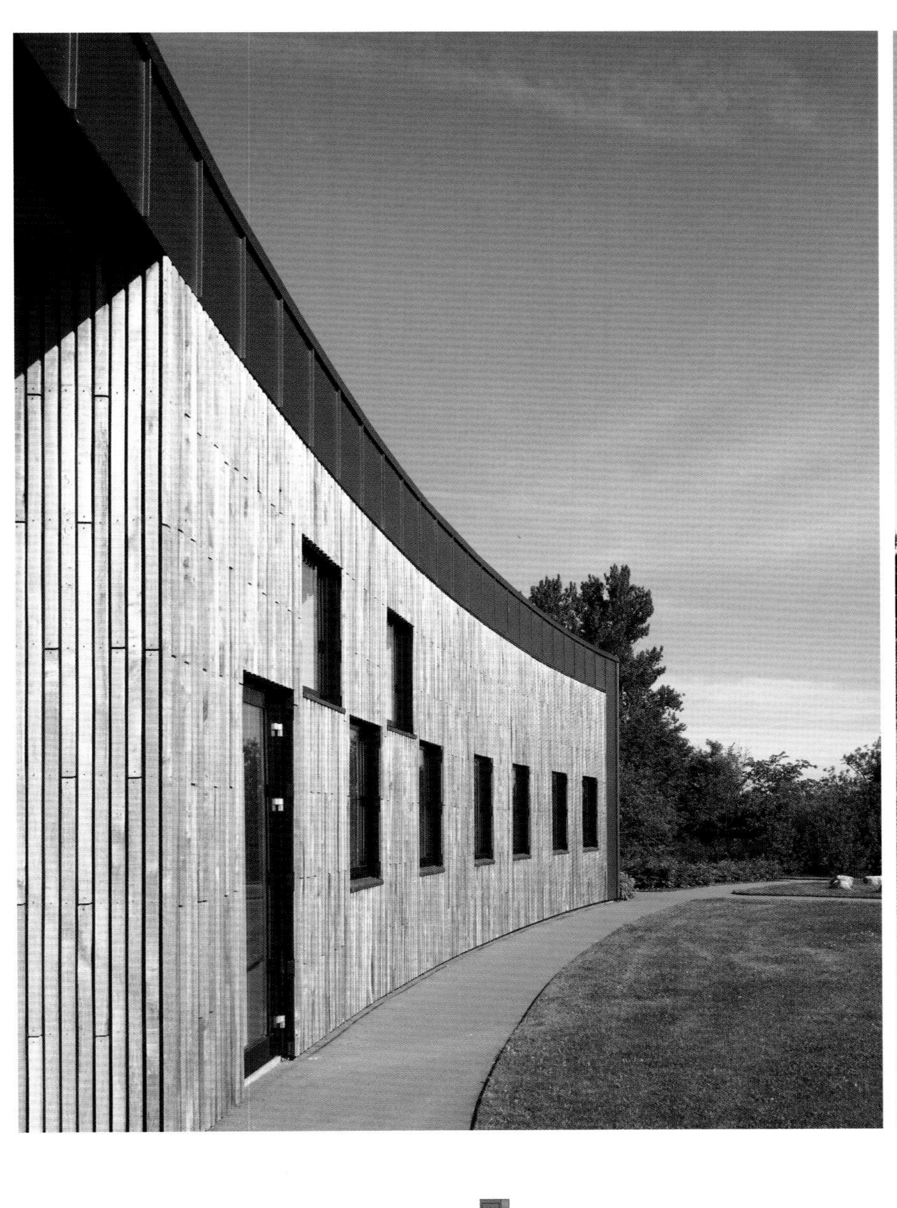

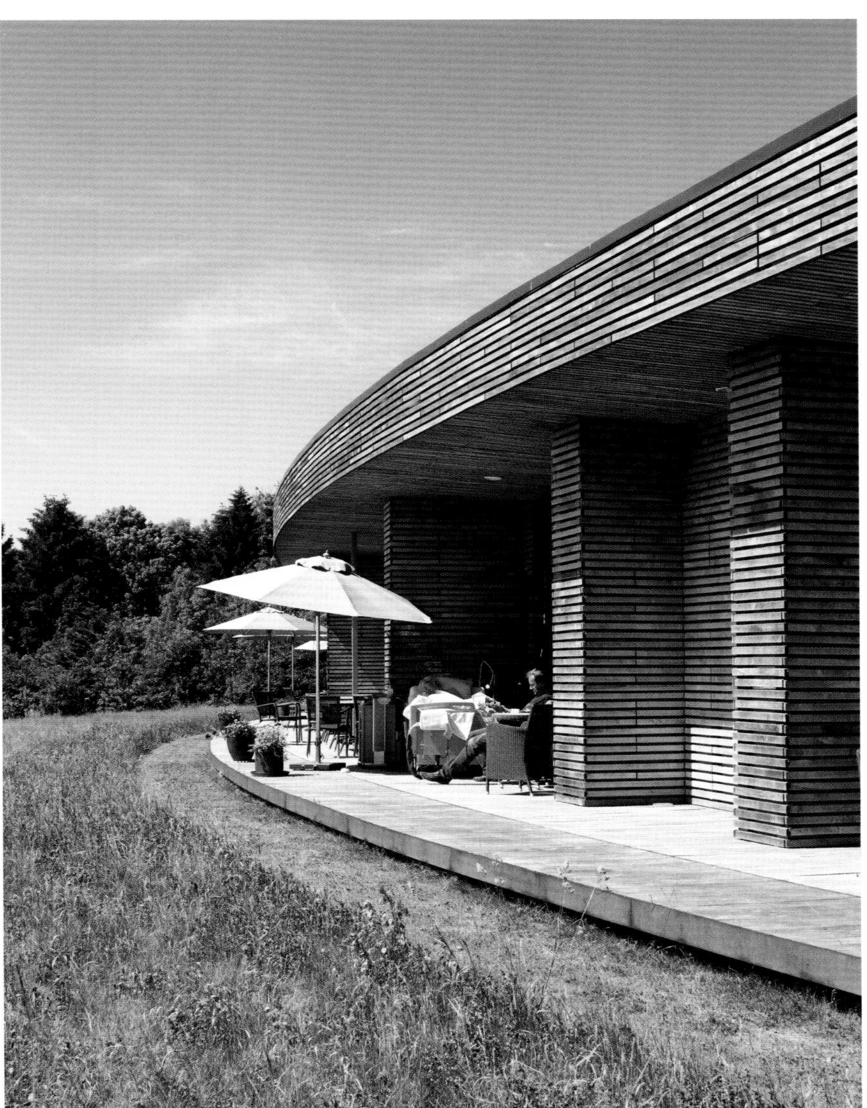

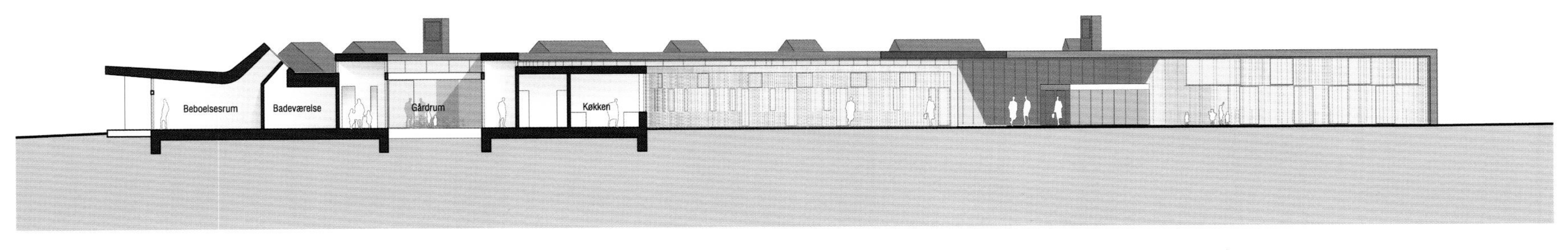

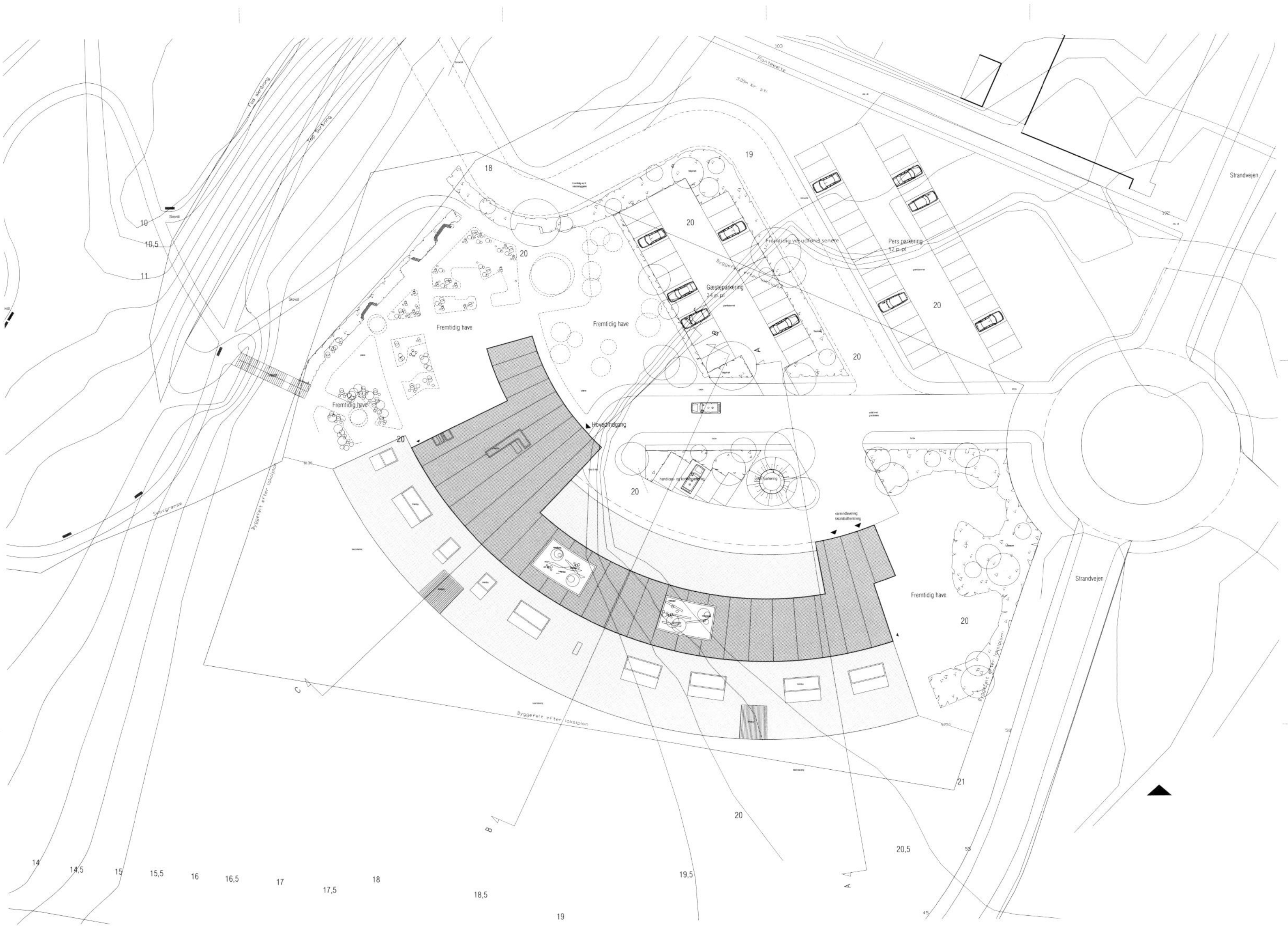

林荫大道

商业办公　　美式现代园林风格

景观设计：Sasaki
设计团队：Alan Ward, Neil Dean, Mark Delaney, Matt Langan, Steve Engler, Dou Zhang, Steve Benz
地点：美国
面积：$1.42 hm^2$
摄影：Eric Taylor

景观设计师佐佐木的主要工作是通过营造宜人的街景、露台和庭院，并以创新性的方式设置雨水处理系统，来提升林荫大道的整体魅力。这里的公共空间将在一年四季给游客、公司员工和当地居民愉悦的户外体验。四座建筑的布局使得公众可以自由使用开放式空间内的综合设施，同时，这种布局使得主行人通道可以从庭院一直贯通到办公楼的大厅处。周边还有较为开阔的人行大道，道路边上栽种有成排的能遮阴的大树，大型的种植槽中满是各色多年生植物和低矮的灌木，建筑式种植槽中满满栽种着丰富多彩的季节性植物。该项目地块地下设置了一处很壮观的停车场，共有五层。

停车场上方的中央庭院中有一处水景，而这里恰好是华盛顿历史性城区和宾夕法尼亚大道轴线的交汇之处。而这处水景也是景观中雨水处理系统的一部分，该系统能够将降落在整个地块上的雨水都收集起来。收集起来的雨水通过雨水过滤装置被排到容量为 $28m^3$ 的水箱之中，该水箱设置在庭院下面的停车场之中。

该项目的屋顶部分含一处 $0.074hm^2$ 的广阔的绿色空间、一处私人小型健身游泳池、含遮蔽装置的木制平台、烤肉区和露台空间（在该露台上，人们可以欣赏到异常壮观的风景）。

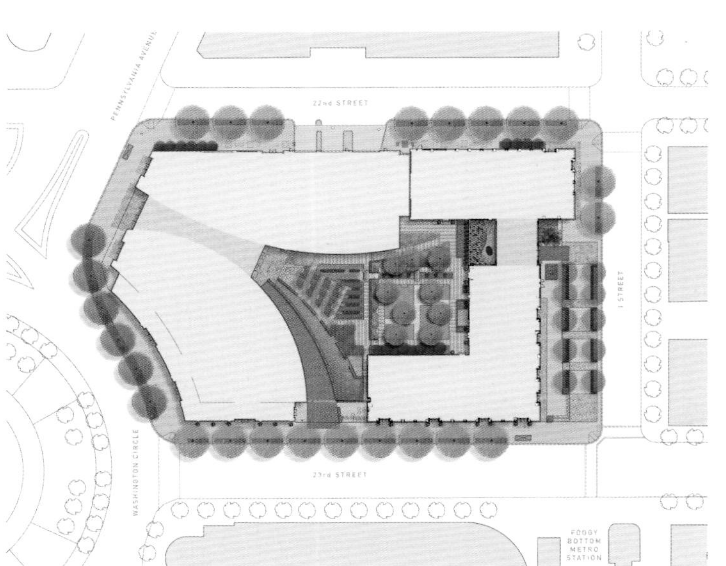
PENNSYLVANIA AVENUE
22nd STREET
I STREET
WASHINGTON CIRCLE
23rd STREET
FOGGY BOTTOM METRO STATION

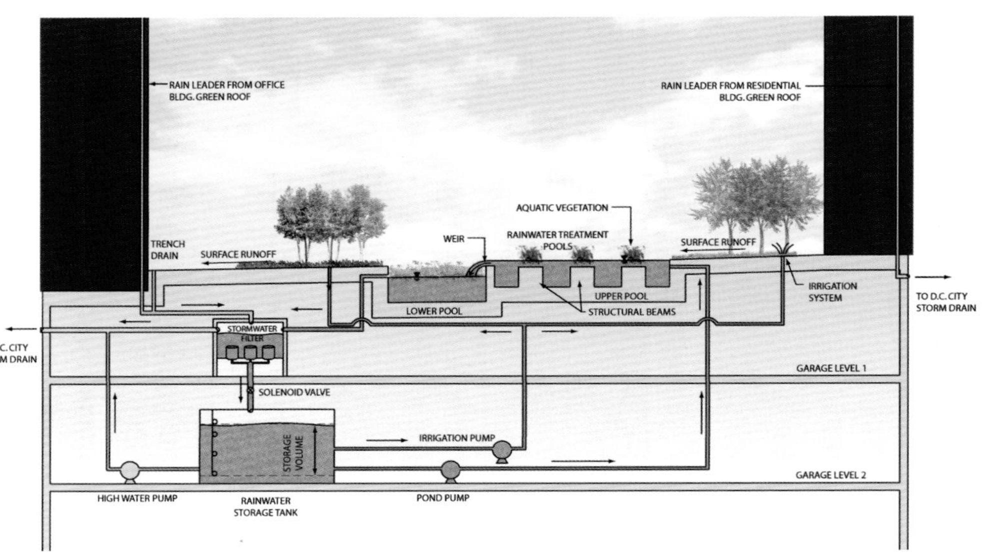
RAIN LEADER FROM OFFICE BLDG. GREEN ROOF
RAIN LEADER FROM RESIDENTIAL BLDG. GREEN ROOF
AQUATIC VEGETATION
RAINWATER TREATMENT POOLS
WEIR
TRENCH DRAIN
SURFACE RUNOFF
SURFACE RUNOFF
IRRIGATION SYSTEM
UPPER POOL
LOWER POOL
STRUCTURAL BEAMS
TO D.C. CITY STORM DRAIN
STORMWATER FILTER
TO D.C. CITY STORM DRAIN
GARAGE LEVEL 1
SOLENOID VALVE
STORAGE VOLUME
IRRIGATION PUMP
GARAGE LEVEL 2
HIGH WATER PUMP
RAINWATER STORAGE TANK
POND PUMP

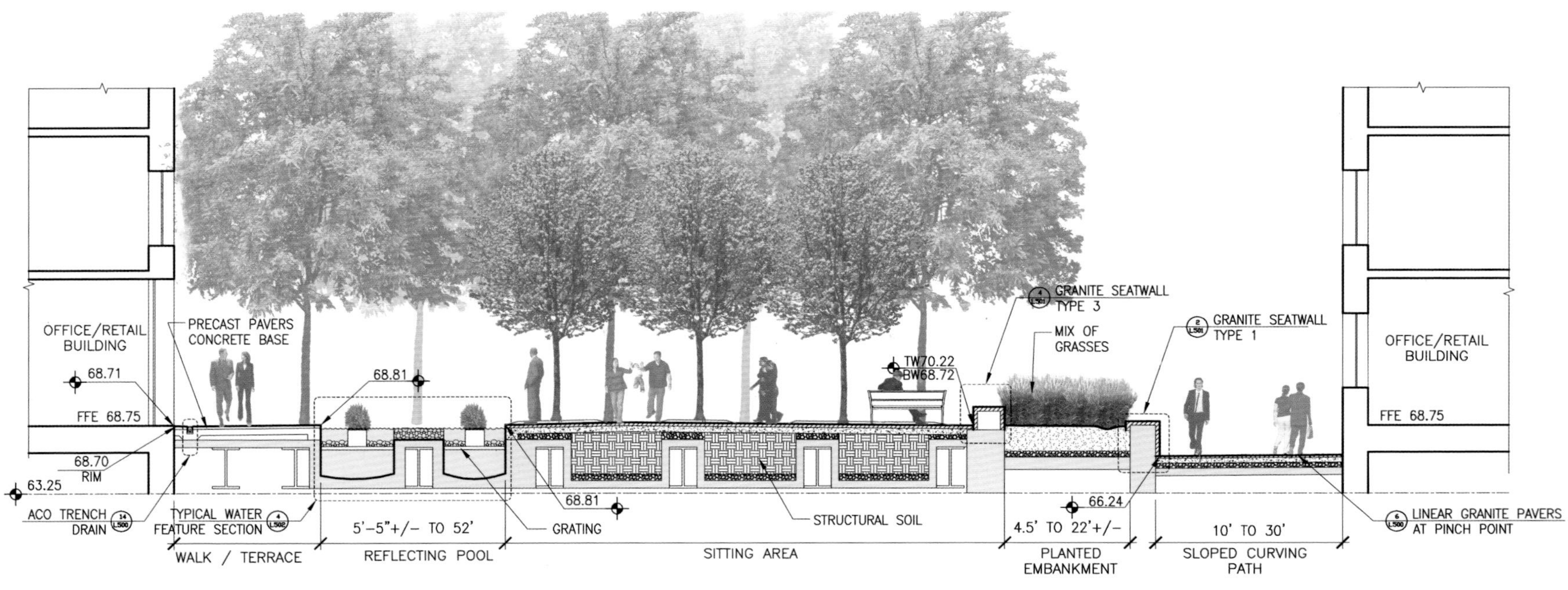
OFFICE/RETAIL BUILDING
PRECAST PAVERS CONCRETE BASE
68.71
68.81
FFE 68.75
68.70 RIM
63.25
ACO TRENCH DRAIN
TYPICAL WATER FEATURE SECTION
5'-5"+/- TO 52'
GRATING
68.81
GRANITE SEATWALL TYPE 3
MIX OF GRASSES
TW70.22
BW68.72
GRANITE SEATWALL TYPE 1
STRUCTURAL SOIL
66.24
4.5' TO 22'+/-
10' TO 30'
OFFICE/RETAIL BUILDING
FFE 68.75
LINEAR GRANITE PAVERS AT PINCH POINT
WALK / TERRACE
REFLECTING POOL
SITTING AREA
PLANTED EMBANKMENT
SLOPED CURVING PATH

小石城法院

景观设计：Mikyoung Kim Design　**地点**：美国　**面积**：0.195 hm^2　**摄影**：Charles Mayer Photography

在小石城，设计团队设计了一处城市公共绿地，其附近有一座建于 1881 年的邮局（它被收录进了国家历史遗迹名录）和一处建于 2009 年的法院。通过与社区市民、法院的法官和总务管理局的密切合作，我们推出了一项改造方案，其不仅融入了新型的环流模式，而且也解决了安全问题，而后者是通过在公园面向街道一侧设置外观优雅的种植槽实现的。

城市绿地也是一处从街道延伸开来的公共广场，它也装扮着这座具有很大历史价值的建筑和联邦法庭。城市中心主干道边上繁忙的城市生活使人们身心俱疲，而这处公共绿地上有很多小一点的休闲区域，它们拥有很别致的铺路材料、便利的设施和不锈钢喷水池，为疲惫的人们提供了休憩的场所。

唐恩都乐中心

景观设计：Mikyoung Kim Design

地点：美国

面积：0.056 hm^2

该雕塑花园营造了一种艺术化的氛围，铺路材料、地形、定制座椅和不锈钢雕塑元素展现出了精美的设计层次，形成了优美的光影变化，赋予人流畅的视觉体验。该项目艺术理念中的光线灵感来自于地平线的光线。白天，这个荫蔽的空间中闪耀着金色的光线——“日光”就这样融入空间之中。一天之中，色调会缓慢地发生变化，从金色到橘黄色，直到夜晚的蓝色。同种光的色彩会逐步展现出不同的色调。不锈钢雕塑元素装扮着这座艺术花园中的各个不同空间。雕塑表面为褶曲式、有层次的带孔的不锈钢，这样光和色彩就能够穿过其网纹表面。在白天，金色调（从嫩黄色到橘黄色）透过半透明的雕塑表面，使整个空间更显明亮，其营造出了一种柔和的视觉焦点，即“地平线上的太阳”。夜幕降临，雕塑的色彩转变成了蓝色，蓝色调就这样流淌在整个广场上。雕塑的外形促使着人们四处走动，以欣赏由铺路材料、地形和植物打造出的其他公园空间。

拥有蜿蜒外观的雕塑横亘在整个花园中，行人们可以顺着雕塑走动。该雕塑营造出了诸多惬意的空间，人们可以与三两个朋友在此闲坐，也可以举办规模更大一点的聚会活动。

景观设计：ONG&ONG Pte Ltd **地点**：新加坡 **面积**：approximately 0.45 hm^2 **摄影**：See Chee Keong

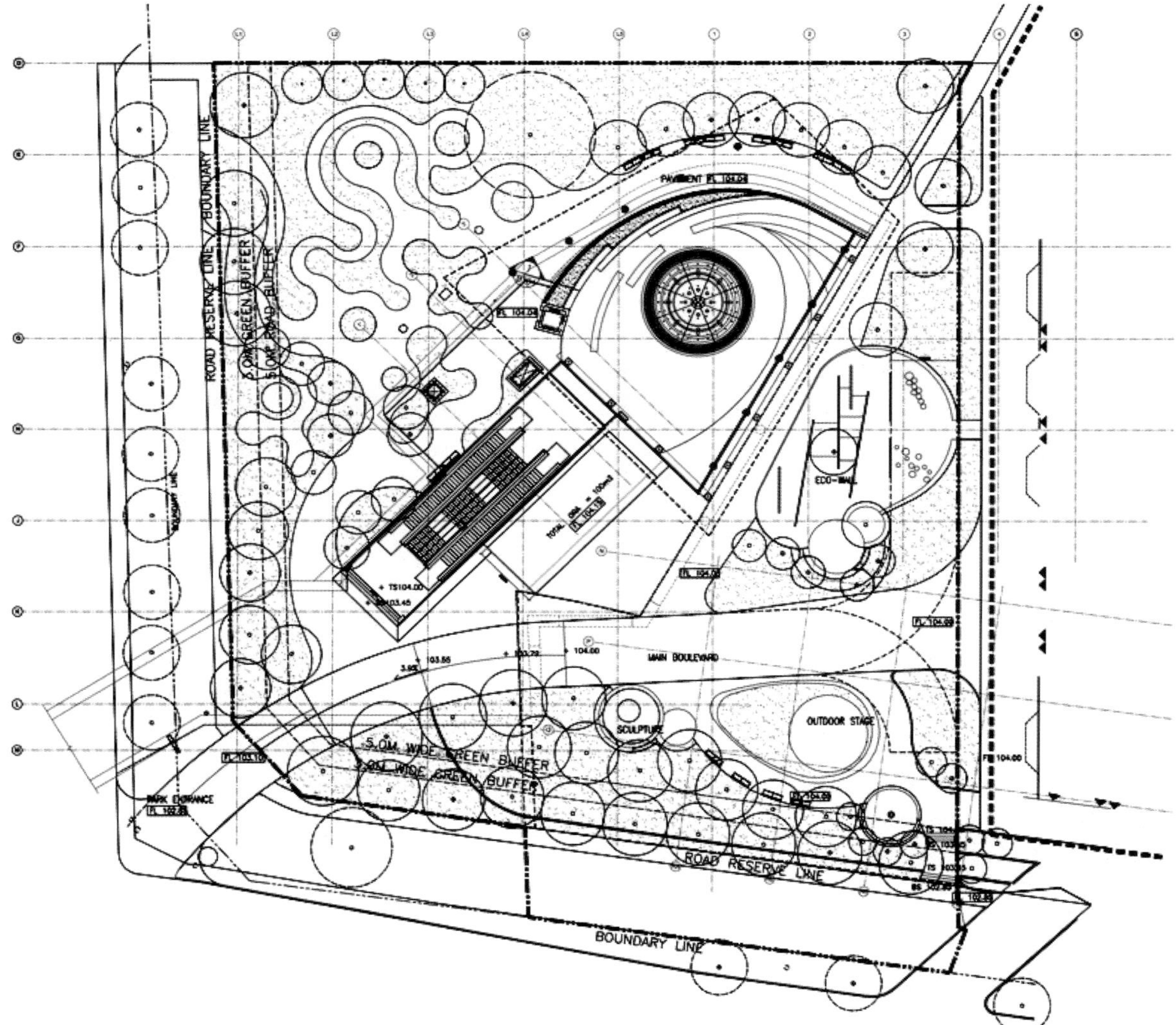

城市广场公园正对着购物中心的入口处，该公园为附近的居民和游客提供了一个休闲娱乐的场所。同时，周边的自然空间时时刻刻提醒着人们要保护环境。

下沉式广场是整座公园的焦点，它不仅是一处多功能空间，还是一处将地铁站和购物中心联系起来的通道。由太阳能板、低辐射玻璃板和绿色屋顶构成的生态屋顶能够收集自然能源，从而提供照明，调节温度，并控制气流。

生态型建筑材料（比如生态型瓷砖、可循环使用的木材等）被用来建造公园的各种结构，比如操场等。

景观设计：Green Studios
设计团队：Moatti-Riviere (FRANCE)
地点：黎巴嫩
面积：110 m^2
摄影：Nicolas Buisson，Green Studios

贝鲁特城重新夺回了其作为阿拉伯世界文化与艺术中心的地位，开发商 Solidere s.a.l 也致力于在城市中心的设计中采用最新的绿色技术。早在 2009 年，法国知名的建筑公司 Moatti-Riviere 就曾经在几个项目中实践了其垂直景观的设想。最近刚刚为其最新的绿色墙体申请专利的绿色工作室获得委托在贝鲁特市中心开展项目设计和一系列的安装工程。茶馆即是这些项目中的一项，它就应用了绿色墙体的设计元素。该餐馆的设计理念是将开放式平台上的四面墙壁均设计成绿色的。该理念的一个有趣之处在于其“反转式”的人行通道设计，即：通常情况下人们是由户外花园进入室内空间中，而在这里，人们却在实践着相反的步骤，人们逃离城市环境进入茶馆中时发现四周的墙壁是绿色的，天空开阔，人们很自然地沉入一种放松的心境之中。茶馆里的潺潺水声更增添了空间的禅意，而在夜晚，朦胧的灯光弥漫在整个环境中，使人们暂时忘却了周围尘世的喧嚣。

绿色工作室团队汇集了众多出色的设计师和工程师。该团队的这一特性为其营造出富于艺术感和影响力的景观项目发挥着至关重要的作用。

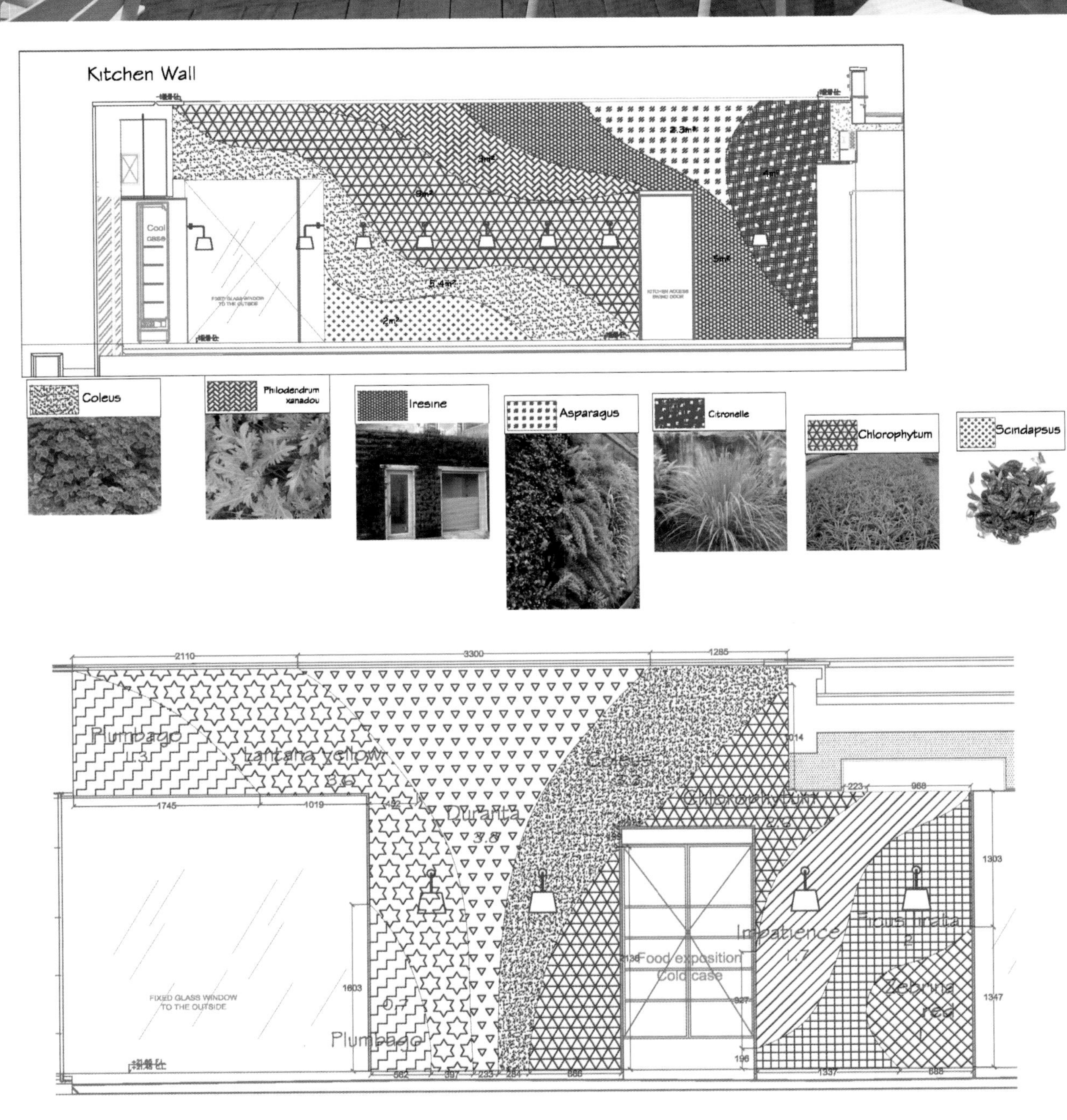
Kitchen Wall
Cool case
FIXED GLASS WINDOW TO THE OUTSIDE
KITCHEN ACCESS SWING DOOR
2.3m²
3m²
9m²
4m²
5m²
5.4m²
2m²
Coleus
Philodendrum xanadou
Iresine
Asparagus
Citronelle
Chlorophytum
Scindapsus
2110
3300
1285
1745
1019
Plumbago
1.3
Lantana yellow
3.6
Duranta
3.8
Coleus
Chlorophytum
2.6
Impatience
1.7
Ficus
2
Zebrina
red
1
Food exposition
Cold case
FIXED GLASS WINDOW
TO THE OUTSIDE
0.7
Plumbago
1603
1303
1347
196
582
397
233
284
1337

春武里购物中心

景观设计：TROP
景观设计师：Wasin Muneepeerakul
地点：Thailand
面积：151 000 m²
摄影：Wasin Muneepeerakul

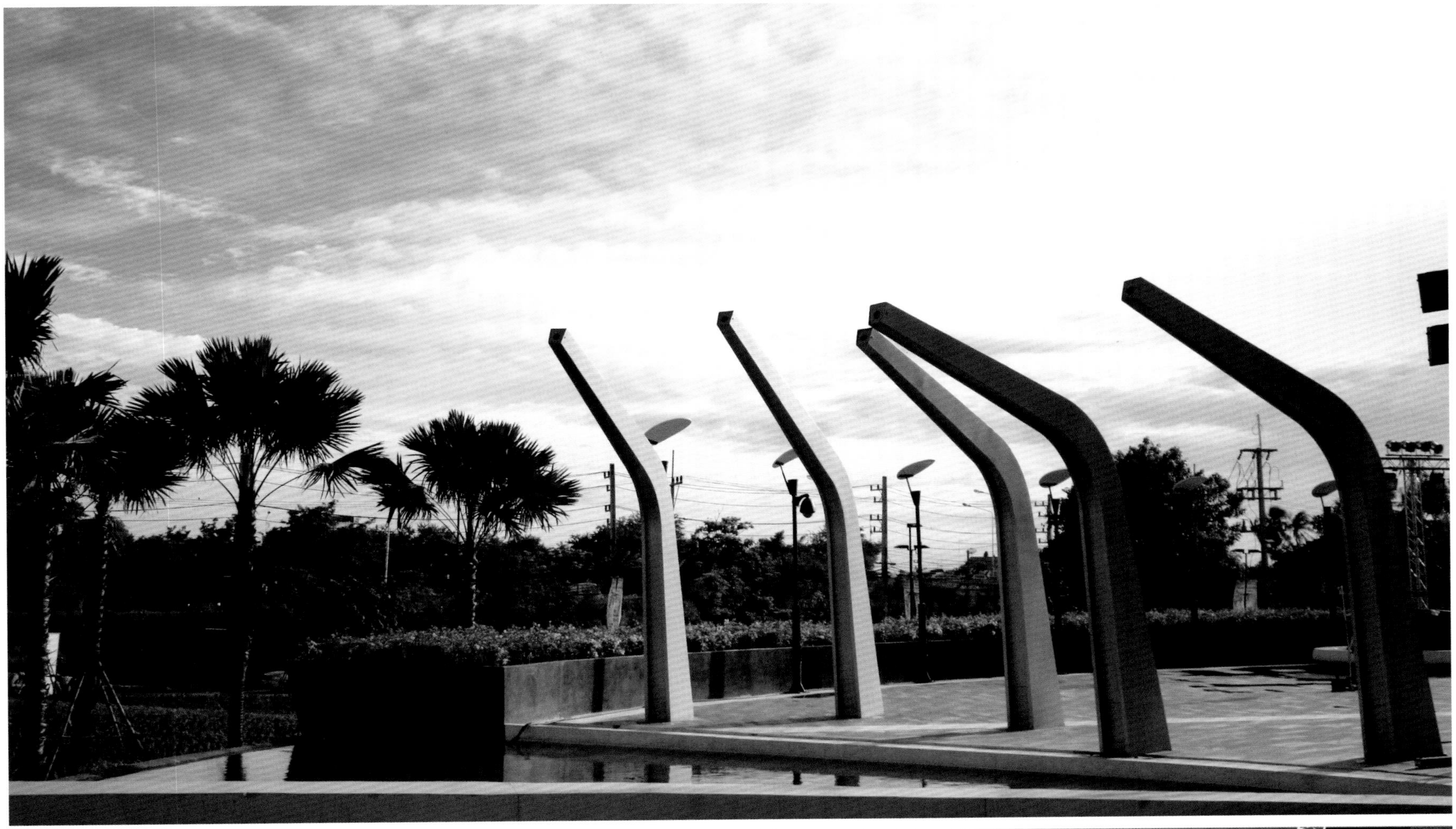

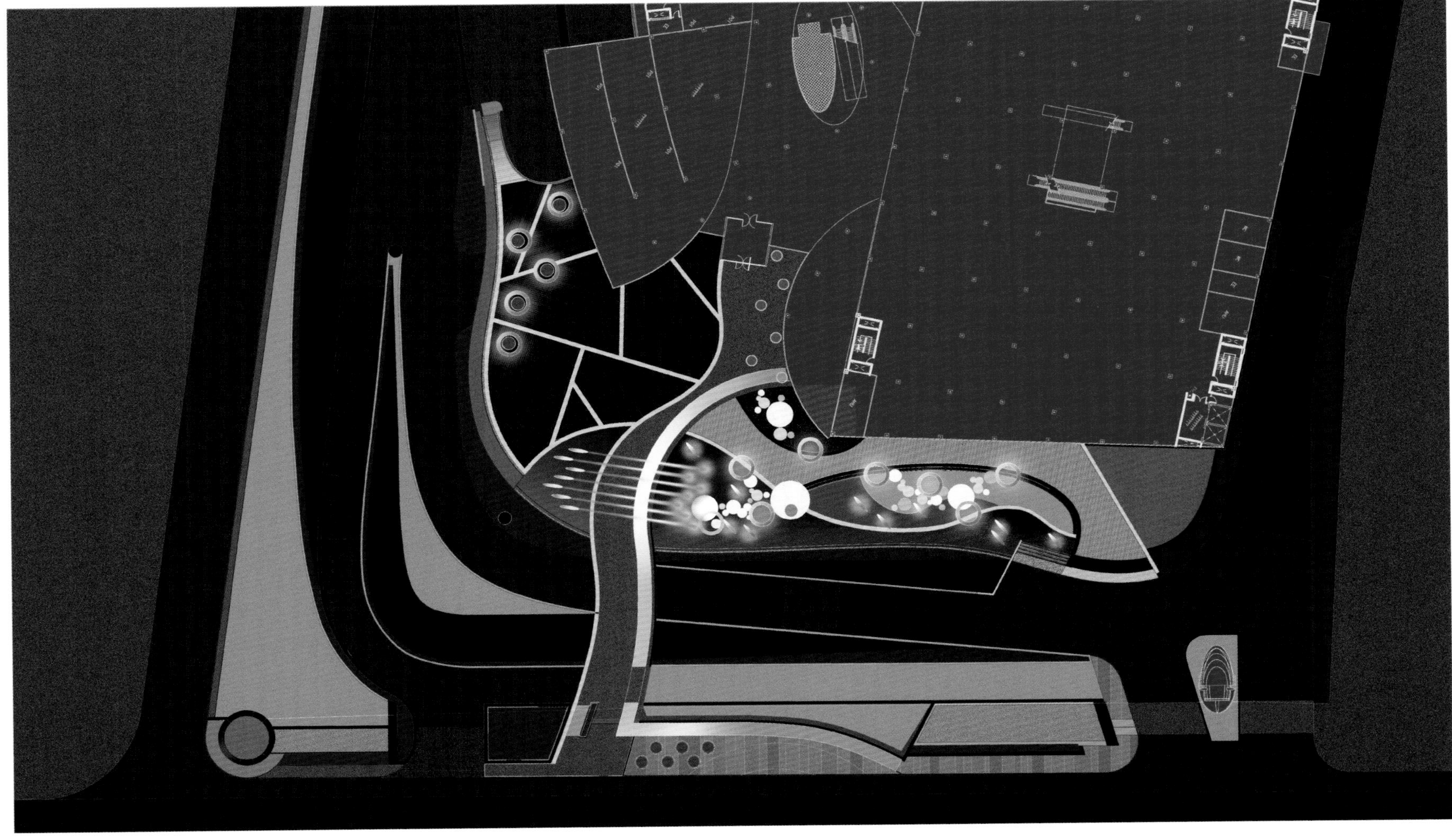

我们受中央帕坦纳集团的委托承建该项目，该集团为泰国最大的商场及零售建筑开发商。

该地块位于春武里（意为"水之城"），所以毋庸置疑的是，水将是我们的设计主题。

春武里中央购物中心将是该城市最大的购物中心。我们的设计范围包含购物中心设计以及周边的街道景观设计。我们的第一项设计目标是为购物中心建筑塑造出没有边角的外观，其灵感源于水滴的外形。我们还将街道拉低，在人行天桥下面形成一个斜坡，以保证人流和车流的畅通无阻。

最终呈现出来的是异趣横生的空间设计，汽车沿着倾斜的街道向下驶去，而步行着的人们通过天桥进入购物中心。在购物中心一侧，我们特别设计了一处水景。整体设计使该购物中心看上去极为轻盈，就如飘浮在空中一般。基于这是一处购物中心，我们需要为其设计一些出彩之处作为整个项目的标志。我们通过在水中游弋的大鱼来吸引孩子们。通过该项目高品质的设计，周边城市的许多高端消费者也被吸引到了这里。

centralplaza
Tops
market
ทางเข้า
←1

米申海湾费布罗根总部

景观设计：Meyer + Silberberg Land Architects

设计团队：David Meyer, Ramsey Silberberg

地点：美国

面积：total 1.52 hm² / landscape 0.65 hm²

摄影：Drew Kelly

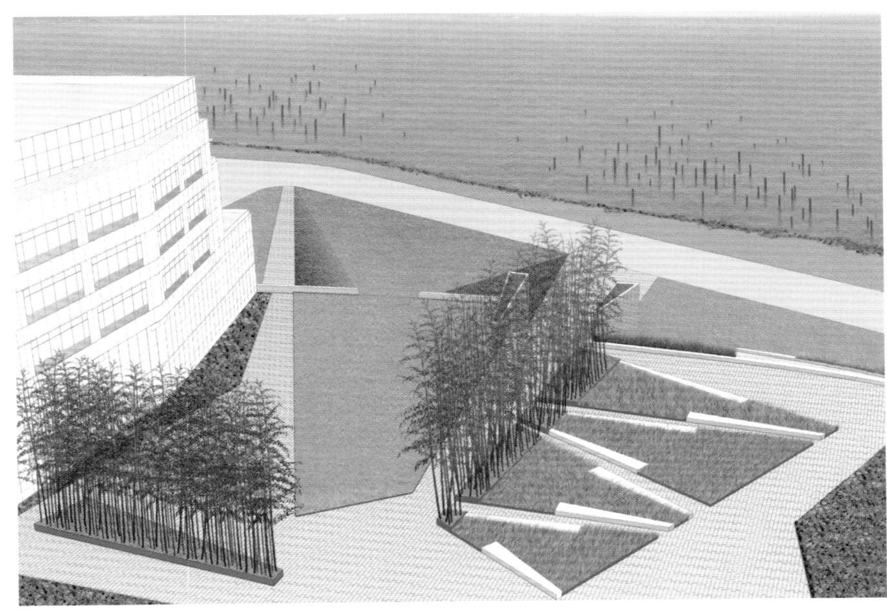

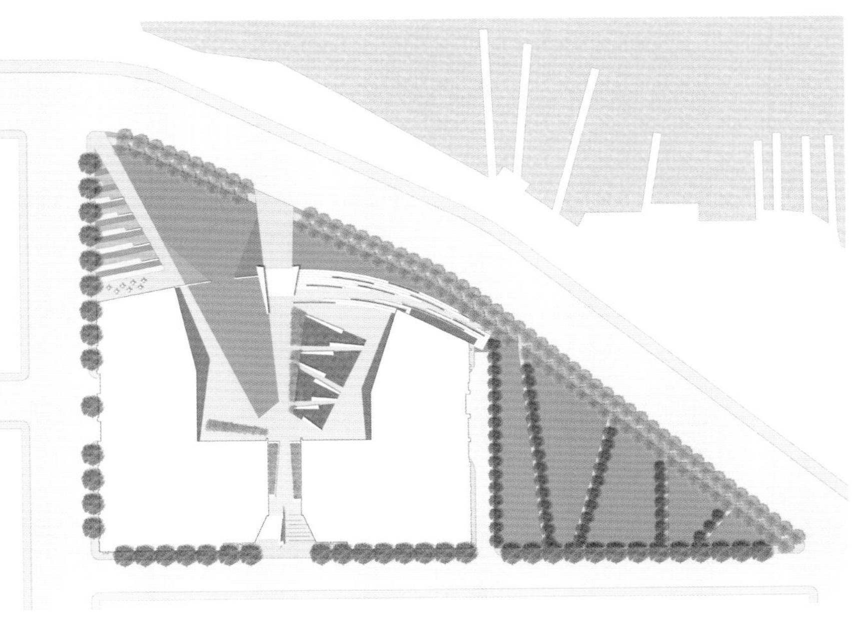

米申海湾地区位于旧金山的南部，其东部为旧金山湾，西部为 280 高速公路。这个超过 1 210 000 m^2 地块的中心位置曾是南太平洋铁路的一部分，它曾经是旧金山旧城的生产制造行业的仓库所在地。在海岸线上，人们还能发现很多工业时代遗留下来的痕迹，从费布罗根广场上就能清楚地看到这一切。

1998 年，旧金山城开始重建这一地区，之后的很多年里，这里涌现了诸多的住宅楼和生物科技公司。第三条街道线路于 2007 年完工，南部城区和主城区正式贯通起来。该项目北部的 AT&T 园区（巨人队体育场）赋予该地块以文化性和社会性，然而该地块对普通大众来说仍旧没什么吸引力。

重建管理局致力于提升该区域的社会功能和文化功能，使其更加便民，同时为项目增添雕塑景观。位于水边的费布罗根提升了地块的空间感，而此处的广场还对大众开放。

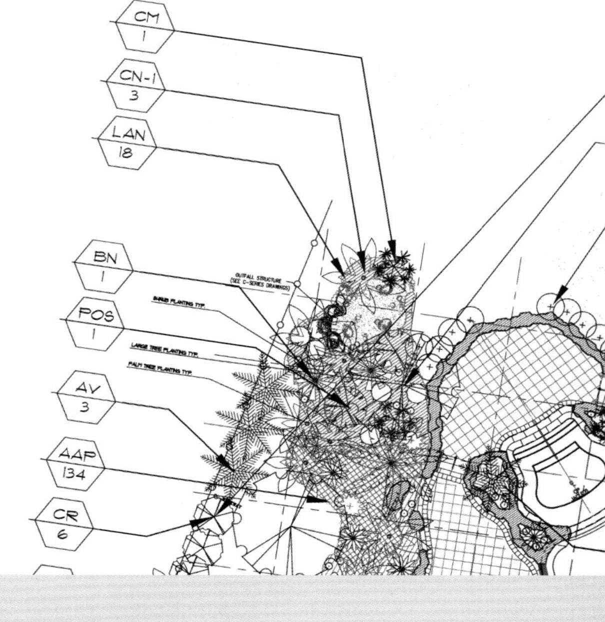
CM
1
CN-1
3
LAN
18
BN
1
POS
1
AV
3
AAP
134
CR
6

娱乐休闲 Entertainment and Leisure

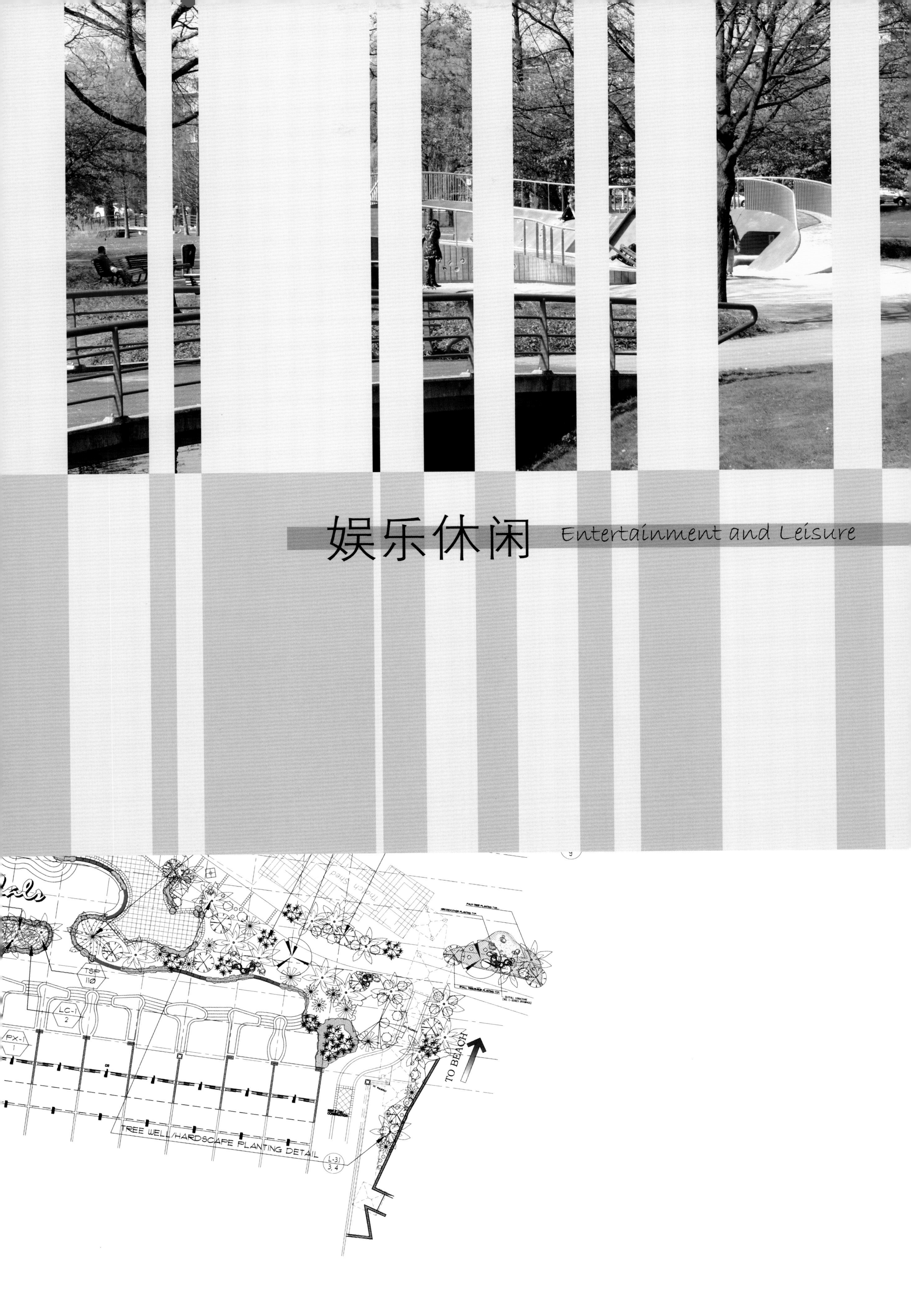

水上运动场

景观设计：RS+ Robert Skitek
设计团队：Robert Skitek, Jakub Zygmunt, Szymon Borczyk
地点：波兰
面积：354 m^2
摄影：Tomasz Zakrzewski

该项目的一个主要设计意图是将水上运动场融入景观之中。水池的地点和轮廓均与周边树木相协调，并且是基于 "Aquater" 所开发的功能应用程序而设计出来的。

水池前方地面和水池周边的长椅均使用从外地运来的木材。水池周边的栅栏会对区域景观产生一定的影响，而设计师面临的主要挑战是确保水池中不会出现不请自来的人和动物。栅栏由木材制成，木材的参数结构的设计灵感是源于转变的正弦波。就这样打造出了诸多精妙的设计元素，这些元素将水池与周边景观分隔开来。技术室均覆以小草屏障，以尽可能减小其对景观环境的影响。

水上游玩器械均设计成不同的色彩，以使彼此区分开来。此外，供小一点的孩子玩耍的区域设置的是更小一点的喷水玩具。无水区的地面外观进行了特别设计，以使其与水池中的圆环状的设计图案相吻合。夜幕降临，该水上运动场成为了一处可控制的彩色喷泉，多彩的 LED 灯使整个场景美轮美奂。

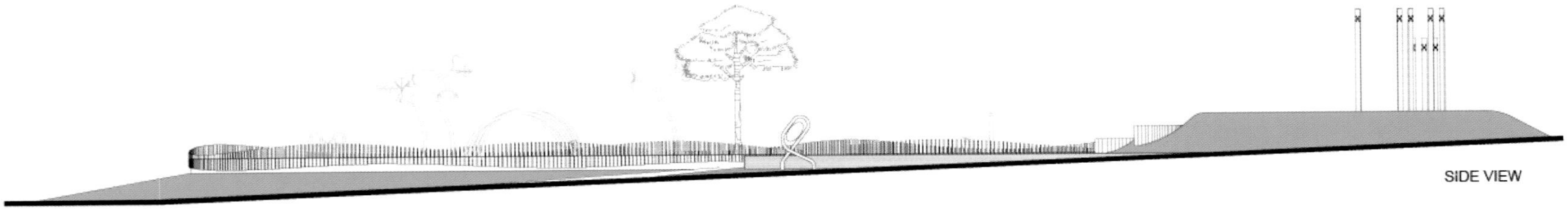

SIDE VIEW

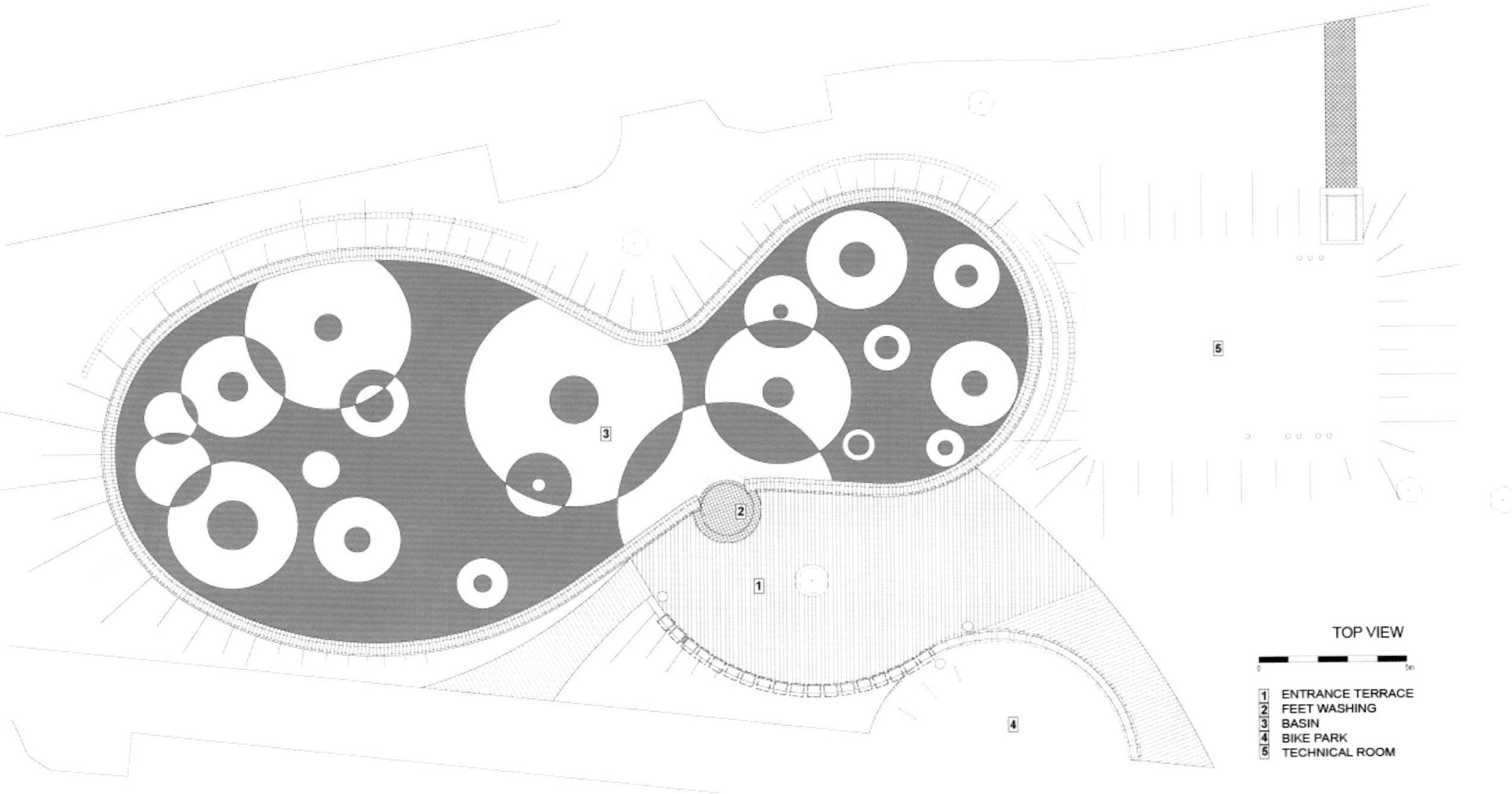

3

1

2

4

5

TOP VIEW

1 ENTRANCE TERRACE
2 FEET WASHING
3 BASIN
4 BIKE PARK
5 TECHNICAL ROOM

盖洛德度假胜地

景观设计：Marton Smith Landscape Architects
景观设计师：Marton Smith Landscape Architects
地点：美国
面积：3 984 m²
摄影：Michele Z. Smith, MSLA

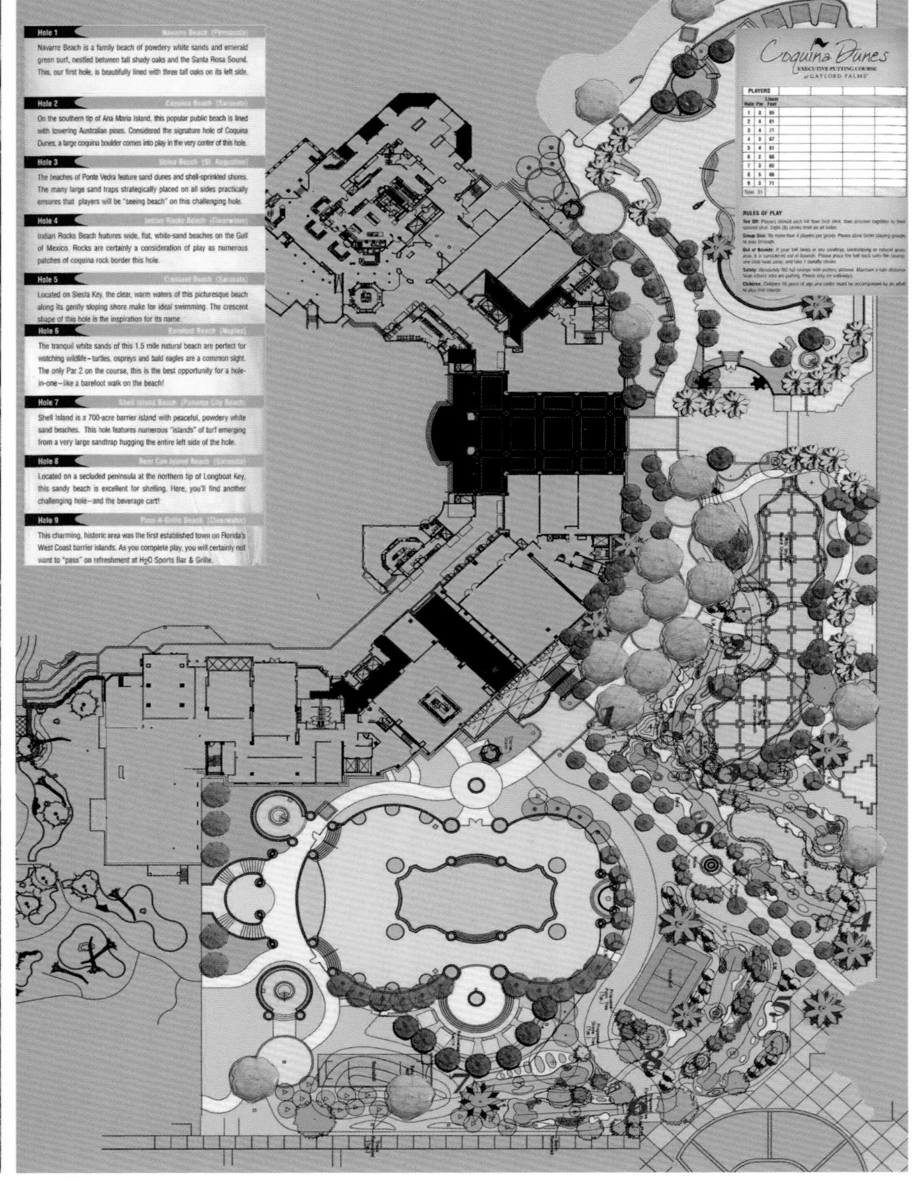
Coquina Dunes
EXECUTIVE PUTTING COURSE at GAYLORD PALMS
RULES OF PLAY
Hole 1 Navarre Beach (Pensacola)
Navarre Beach is a family beach of powdery white sands and emerald green surf, nestled between tall shady oaks and the Santa Rosa Sound. This, our first hole, is beautifully lined with three tall oaks on its left side.
Hole 2 Coquina Beach (Sarasota)
On the southern tip of Ana Maria Island, this popular public beach is lined with towering Australian pines. Considered the signature hole of Coquina Dunes, a large coquina boulder comes into play in the very center of this hole.
Hole 3 Usina Beach (St. Augustine)
The beaches of Ponte Vedra feature sand dunes and shell-sprinkled shores. The many large sand traps strategically placed on all sides practically ensures that players will be "seeing beach" on this challenging hole.
Hole 4 Indian Rocks Beach (Clearwater)
Indian Rocks Beach features wide, flat, white-sand beaches on the Gulf of Mexico. Rocks are certainly a consideration of play as numerous patches of coquina rock border this hole.
Hole 5 Crescent Beach (Sarasota)
Located on Siesta Key, the clear, warm waters of this picturesque beach along its gently sloping shore make for ideal swimming. The crescent shape of this hole is the inspiration for its name.
Hole 6 Barefoot Beach (Naples)
The tranquil white sands of this 1.5 mile natural beach are perfect for watching wildlife–turtles, ospreys and bald eagles are a common sight. The only Par 2 on the course, this is the best opportunity for a hole-in-one–like a barefoot walk on the beach!
Hole 7 Shell Island Beach (Panama City Beach)
Shell Island is a 700-acre barrier island with peaceful, powdery white sand beaches. This hole features numerous "islands" of turf emerging from a very large sandtrap hugging the entire left side of the hole.
Hole 8 Beer Can Island Beach (Sarasota)
Located on a secluded peninsula at the northern tip of Longboat Key, this sandy beach is excellent for shelling. Here, you'll find another challenging hole--and the beverage cart!
Hole 9 Pass-A-Grille Beach (Clearwater)
This charming, historic area was the first established town on Florida's West Coast barrier islands. As you complete play, you will certainly not want to "pass" on refreshment at H2O Sports Bar & Grille.

这座集度假、温泉浴场、会议中心等于一体的度假胜地共有 1400 间房，其设计理念和灵感都是源于佛罗里达美丽的风景。该度假中心于 2007 年年底进行了第一次重修工作，2008 年年初进行第二次修缮工作。该项目拥有占地 16200m^2 的宏伟的中庭，附近加建了一个 9 球高尔夫锦标赛比赛场地以及一处水上乐园，该比赛场地被称作“灰岩沙丘”。

“灰岩沙丘”是一个小型高尔夫球场，它拥有非常专业的起伏的球穴区，其长度为 15.3m~25.9m。球场周边植被茂密，就像是一座植物园。该球场是供孩子们玩耍的小型高尔夫球场，或者是高尔夫球手的短杆技能训练场地。这里也是清晨健身的场地，该度假胜地的游客可以来这里散步。

水上乐园的设施的外形设计都来自于佛罗里达水域所特有的一些海洋生物。该水上乐园中有珊瑚礁、洞穴般的岩石结构、瀑布、间歇喷泉、喷水装置等，比目鱼、海龟、海马、章鱼等在水中嬉戏。

维堡儿童乐园

景观设计：Møller & Grønborg A/S

地点：丹麦

面积：11 000 m²

摄影：Møller & Grønborg A/S

儿童乐园是一处绿色的城市空间，坐落在原维堡的兵营区。现在，这个地方已经转变成了一处富有活力的城市街区，设有教育设施、文化设施、体育设施、行政管理机构等。

该城市绿色空间周边设置了可满足不同年龄段孩子需求的多个机构，有幼儿园、学校、剧院、青年教育中心、管理委员会等，既有旧时的历史性建筑，也有新型的现代化建筑。儿童乐园为孩子们和所有年龄段的年轻人营造了富有魅力的休闲娱乐中心，有一系列的休闲空间，供他们玩耍、碰头、逗留……

该设计理念以绿色草坪为基础，设立了一处共享休闲空间，以蓝色的沥青马路为界限，将外部交通隔开。

该项目的设计目标是充分挖掘景观本身的潜力，供各个年龄段的孩子们以富有创意的方式在这里游玩、学习，并开展教学活动。当然，这里也可以供年轻人约会。

所以，儿童乐园并没有设置什么设备或其他的设施，而恰恰就是这里的地形、水、植被、小空间为孩子们营造出了游玩胜地，上述元素构建起了这里的运动场和休闲场所。

沿地块北边还设置了几处几何形外观的小山和堡垒，而这是源于该地块原有的军事用途的背景。这些堡垒营造出了一些小的空间、看台等，人们可以爬到高处，俯瞰整个地块。

哥伦布公共广场

娱乐休闲 | 欧式自然园林风格

景观设计：Carve

地点：荷兰

面积：9400 m²

摄影：Carve

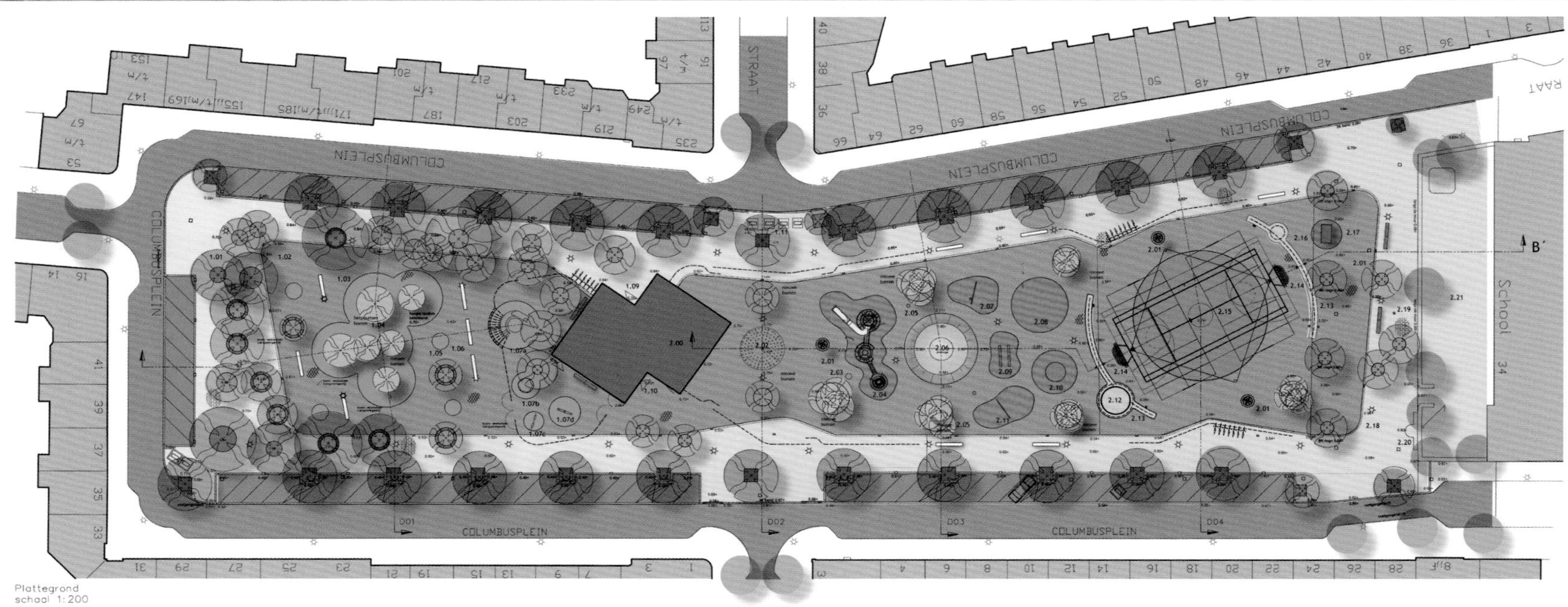

卡韦受邀来制定原有运动场（公共广场）的改造方案。我们需要观察一下整个场地，才能针对一些实际问题提出解决方案。公共空间是人们的汇集之地，我们尽可能避免因功能的不同而将整个运动场割裂为诸多分散的区域。

因为之前该运动场并没有什么别的设施来吸引人们，所以我们想要拓展它的功能范围，以方便活动的开展。我们不可避免地要针对某些年龄段的人和某些特别功能而进行一些特别的设计，但是我们最主要的努力方向是激发使用者的积极性，并带给人们一些意外的惊喜。运动场可以成为整个社区居民（所有年龄段）的共享空间，供人们流连、碰面、玩耍、运动等。我们所面临的挑战是将这两者联合起来，并融入公共空间的设计中，给社区生活注入新的活力。同时，该项目在设计上也要妥善处理好该广场的历史和建筑背景方面的问题。其设计也要满足人们对其娱乐性和丰富多彩性方面的一些要求。

沥青材料是将广场两边联结在一起的主要元素。其上栽种着乔木和矮树丛，并设置了游乐设施和体育运动设施。沥青结构边上有一条5m宽的人行道，这给人们提供了更多的休闲空间，同时可以避免孩子们跑到周围的街道上去，消除不必要的安全隐患。

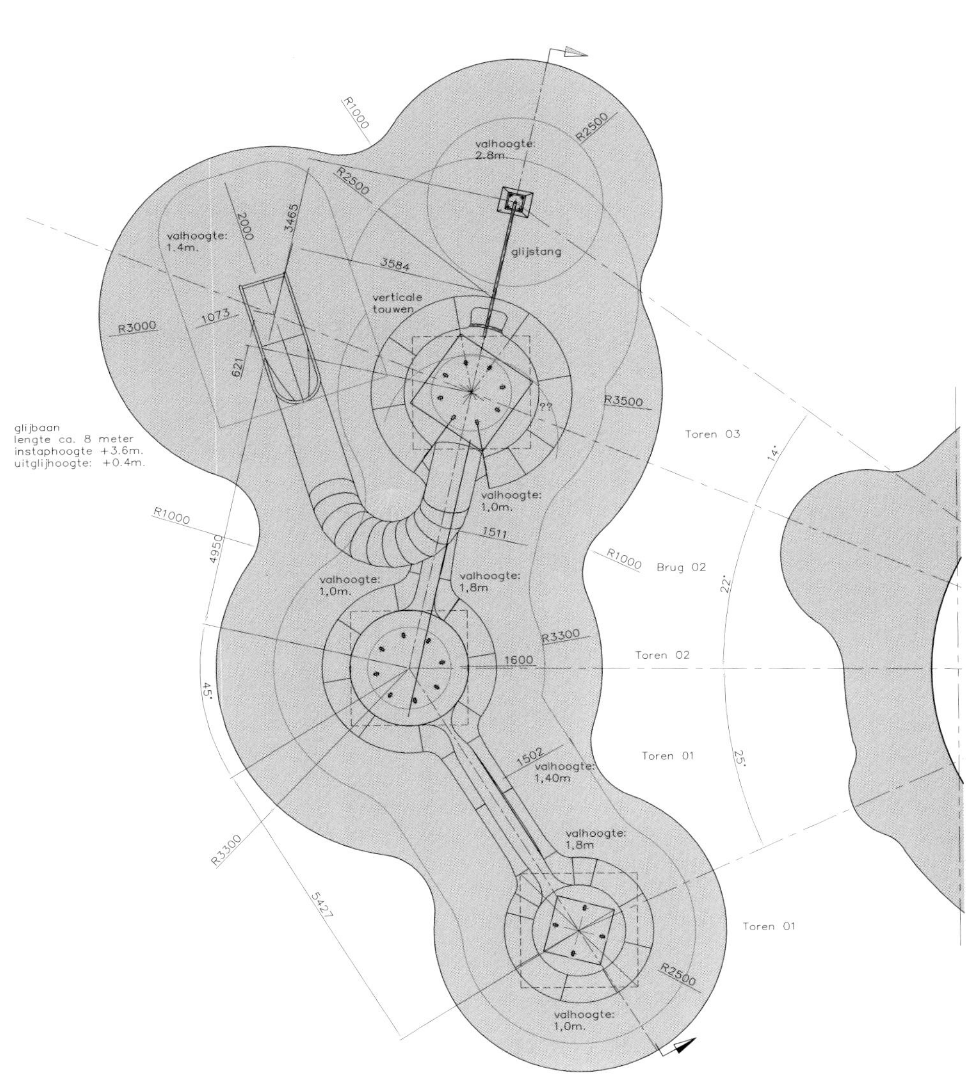

R1000
valhoogte:
2.8m.
R2500
R2500
valhoogte:
1.4m.
2000
3465
glijstang
3584
verticale
touwen
R3000
1073
621
R3500
glijbaan
lengte ca. 8 meter
instaphoogte +3.6m.
uitglijhoogte: +0.4m.
Toren 03
14°
valhoogte:
1,0m.
R1000
4950
1511
R1000
Brug 02
22°
valhoogte:
1,0m.
valhoogte:
1,8m
R3300
1600
Toren 02
45°
Toren 01
25°
1502
valhoogte:
1,40m
valhoogte:
1,8m
R3300
5427
Toren 01
R2500
valhoogte:
1,0m.

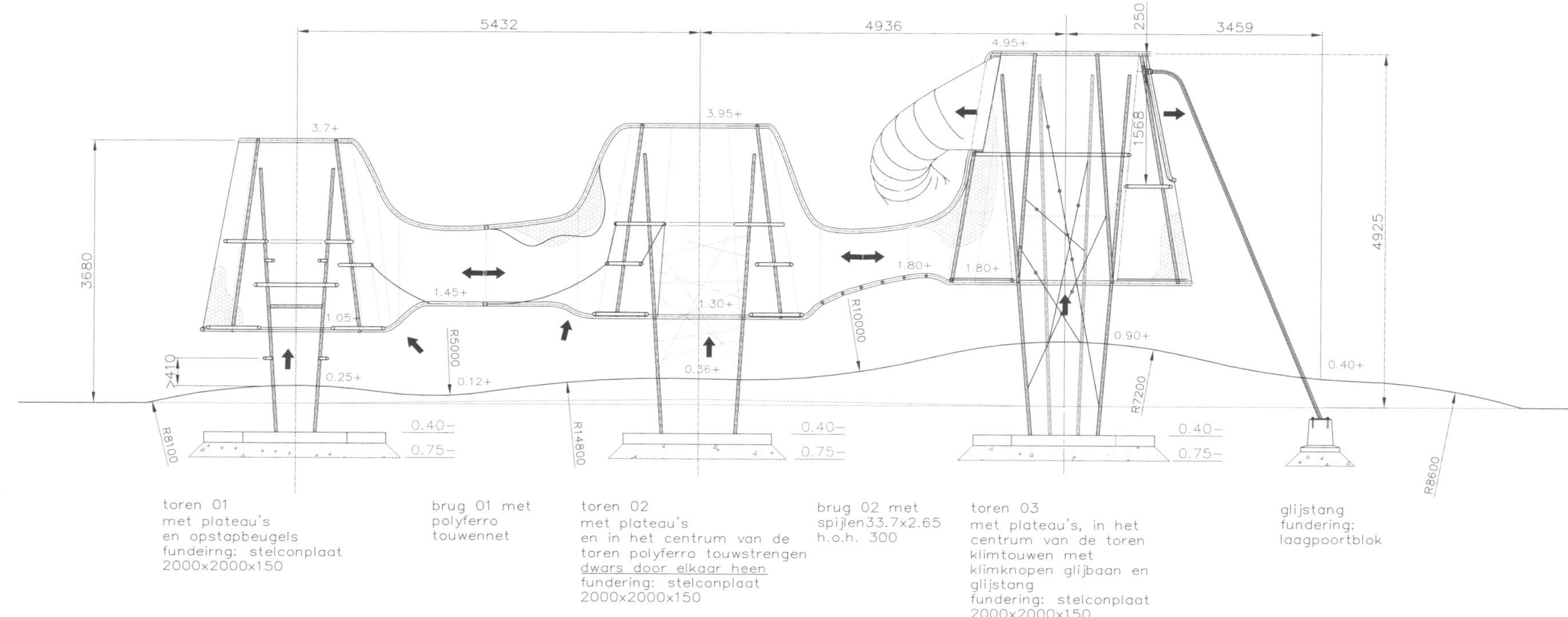
5432
4936
250
3459
4.95+
3.7+
3.95+
1568
3680
4925
1.45+
1.80+
1.80+
1.30+
1.05+
0.90+
0.40+
0.25+
0.12+
0.36+
R5000
R10000
R7200
R8100
R14800
R8600
0.40–
0.75–
toren 01
met plateau's
en opstapbeugels
fundeirng: stelconplaat
2000x2000x150
brug 01 met
polyferro
touwennet
toren 02
met plateau's
en in het centrum van de
toren polyferro touwstrengen
dwars door elkaar heen
fundering: stelconplaat
2000x2000x150
brug 02 met
spijlen33.7x2.65
h.o.h. 300
toren 03
met plateau's, in het
centrum van de toren
klimtouwen met
klimknopen glijbaan en
glijstang
fundering: stelconplaat
2000x2000x150
glijstang
fundering:
laagpoortblok

Kleur
buitenzijde: gris 900 sable
binnenzijde: ral
Kleur
buitenzijde: gris 900 sable
binnenzijde: ral
Kleur
buitenzijde: gris 900 sable
binnenzijde: ral

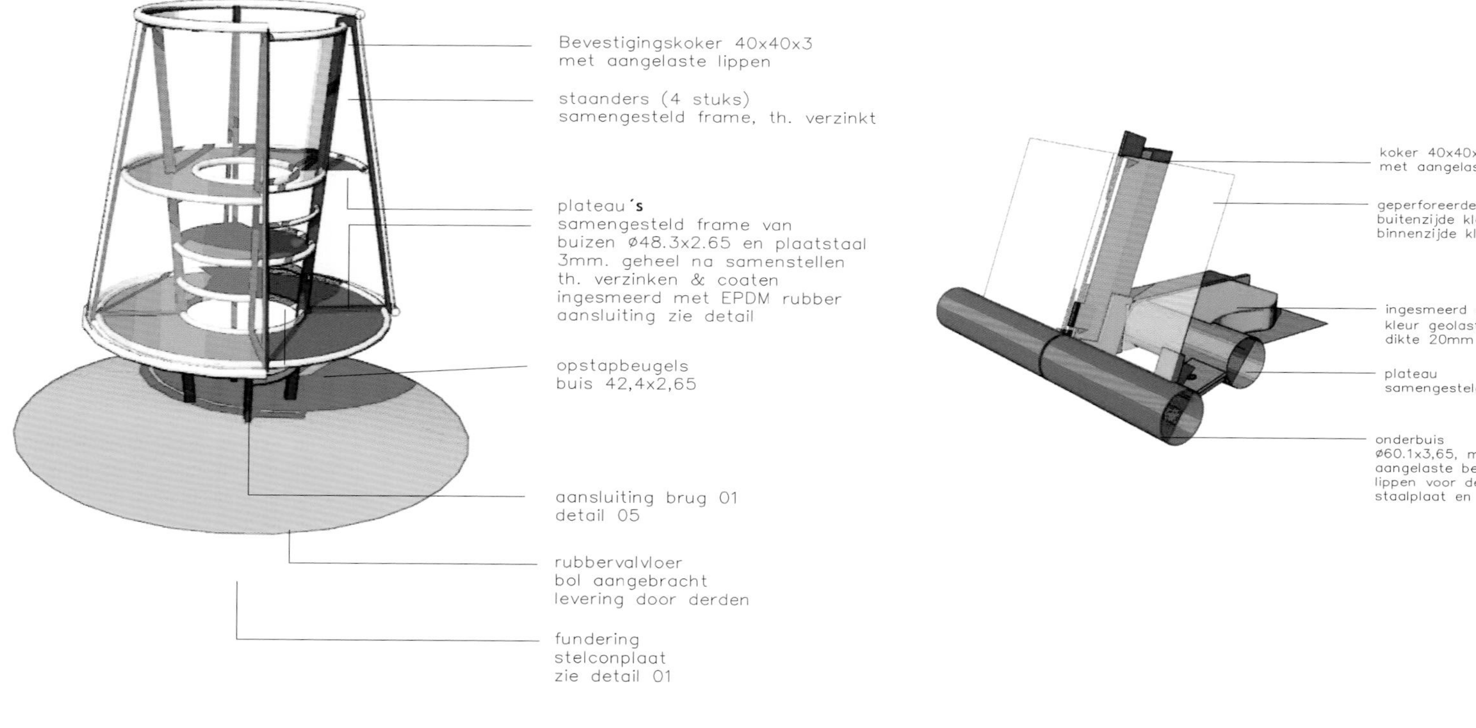
Bevestigingskoker 40x40x3
met aangelaste lippen
staanders (4 stuks)
samengesteld frame, th. verzinkt
plateau's
samengesteld frame van
buizen ø48.3x2.65 en plaatstaal
3mm. geheel na samenstellen
th. verzinken & coaten
ingesmeerd met EPDM rubber
aansluiting zie detail
opstapbeugels
buis 42,4x2,65
aansluiting brug 01
detail 05
rubbervalvloer
bol aangebracht
levering door derden
fundering
stelconplaat
zie detail 01
koker 40x40x3
met aangelaste bevestigingslippen
geperforeerde plaat
buitenzijde kleur interpon gris 900 sablé
binnenzijde kleur ral
ingesmeerd epdm
kleur geolastic 083 (oranje)
dikte 20mm
plateau
samengesteld frame
onderbuis
ø60.1x3,65, met
aangelaste bevestigings
lippen voor de geperforeerde
staalplaat en het onderste plateau

海牙梅里斯运动场

景观设计：Carve

地点：荷兰
面积：810 m^2

摄影：Carve

海牙市政厅邀请卡韦设计两处“综合性运动设施”，有残疾的以及健全的孩子都可以在该运动场上自如嬉戏。身体有残疾的以及健全的孩子在玩耍的时候应该是有区别的，那么，这样一座消除了这些差别的运动场是如何设计出来的呢？在卡韦看来，“一起玩耍”并不意味着“肩并肩地玩耍”。

两座运动场在设计中还考虑到了一些孩子的惧怕心理，他们可能并不存在身体上的残疾。每个孩子都想在这里尽情地玩耍，而不受到什么限制。非常重要的一点是，该运动场并没有直接展现出其在设计过程中将一些限制性因素（视觉上、听觉上、身体上和心理上）考虑在内。运动场给孩子们带来了诸多挑战，而这可以帮助他们玩得更加尽兴。运动场在设施外形和色彩的选择上都花费了很多心思，这极大激发了孩子们的好奇心，促使孩子们发掘出更多的运动形式。

运动场中有一处上升式的弯曲环形通道，可以通到滑梯处。垂直的外墙由条状木板建成，其上设有孔状结构和圆形的攀缘支撑点。环形通道内为蓝色的波状嬉戏斜坡和沙坑。几条通往该内部区域的通道上设有座位，还设计有诸多很别致的游玩设施。有些孩子不太适合在开阔的空间中玩耍，这处富有私密性的内部区域为孩子们提供了一处比较隐蔽的游玩地点。

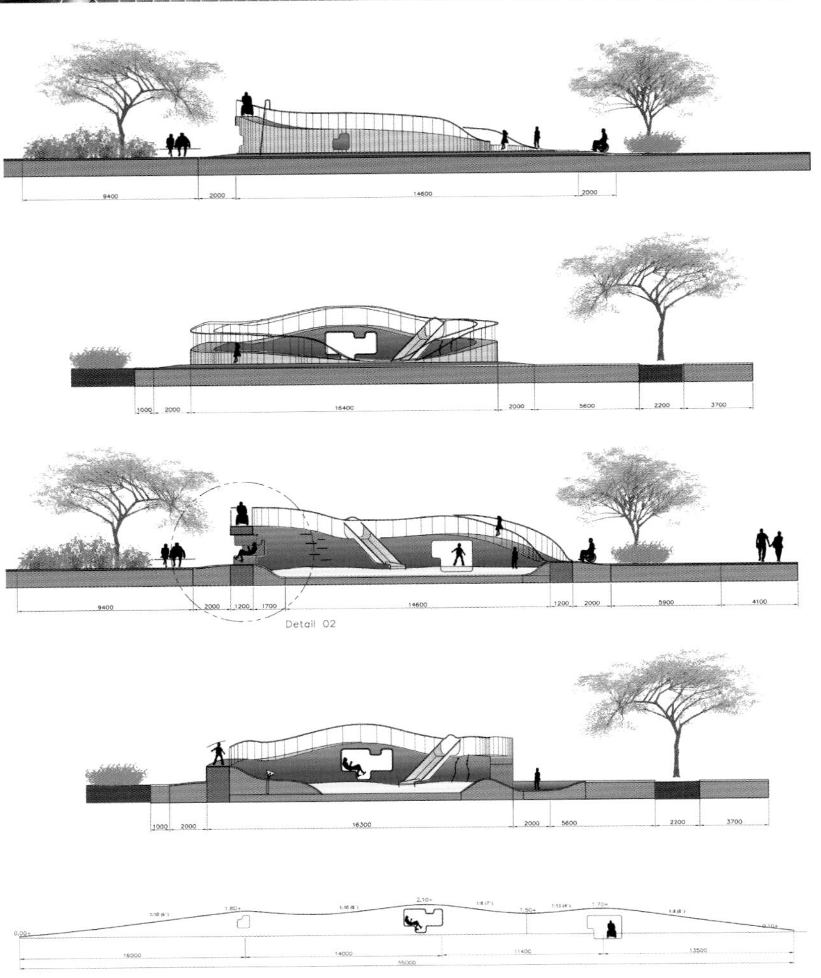
Detail 02

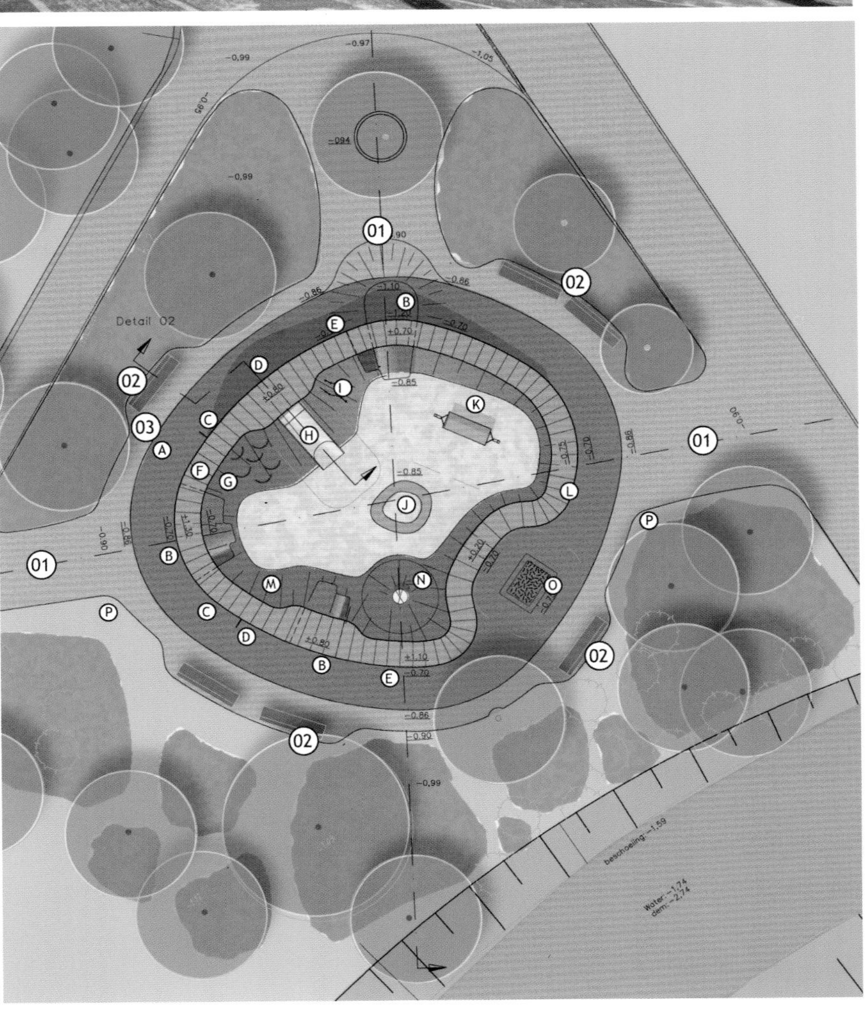
Detail 02
01
02
03

儿童游乐场

景观设计：Carve, Dijk&co landscape architects, Concrete associated architects　**地点：**荷兰　**面积：**9 500 m^2　**摄影：**Carve

之前，该公共空间上停满了车辆，既有碍观瞻，也带来了诸多不便。因此，阿姆斯特丹市政厅决定在原有的广场地下新建一座地下停车场。地下停车场上原有的游玩区和运动区重新恢复原貌。

在原先的情况下，停泊的车辆、围墙和维护不得当的绿地遮挡了人们的视线，人们无法欣赏到儿童游乐场的美景。现在，汽车都停到了地下的停车场，而其他的障碍物也被拆除，周边房子的外立面与广场紧密联系在了一起，广场重新成为整个街区不可分割的一部分。

场地中的一些关键位置都为居民预留下了一定的空间，设置上休闲长椅或建一座花园。公共空间和私人空间之间的界限划分变得不是那么严格。设计师设计出了一处多彩的、富有活力的底座。广场中央空间的周边栽种了多年生植物，这些植物在充当中央空间边界的同时，并没有将该空间与周边环境割裂开来。

该中央部分是专为人们运动和游玩设计的。运动场上还专门设计有一片水域，冬天来临的时候，人们可以在这里滑冰。设计师在下沉式运动场地周边的设计上颇费了一番心思。游玩区拥有大型的波浪式表面，设有很多不同的游乐设施，不同年龄段的人都可以找到适合自己的运动项目。这里还设有一处水上运动场，夏天到来即可派上用场。

整个广场在提升社区融合性方面发挥了重要作用，因此，这不是一处一般意义上的运动场。

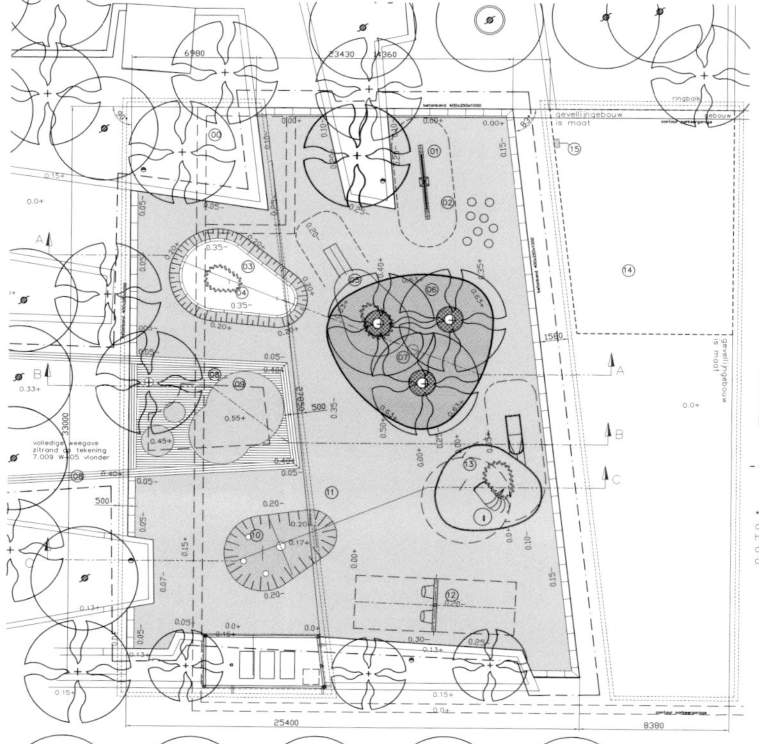

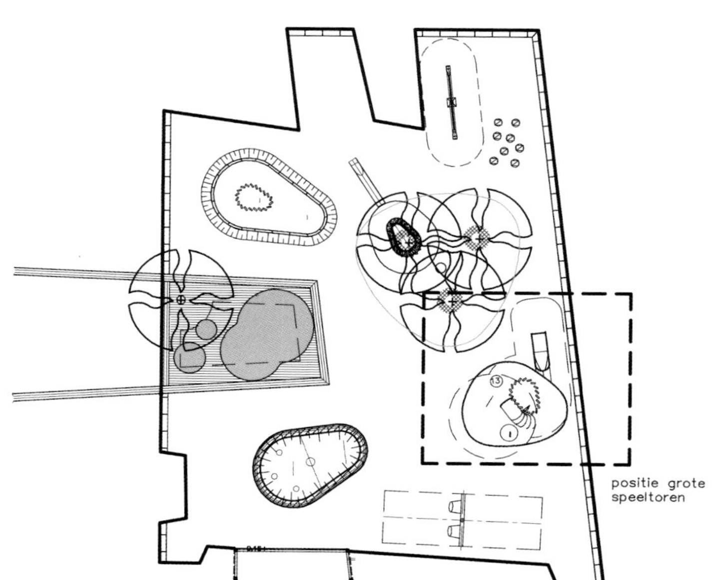

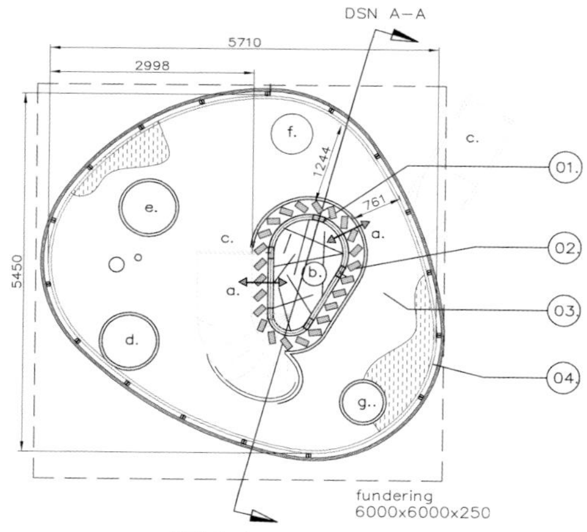

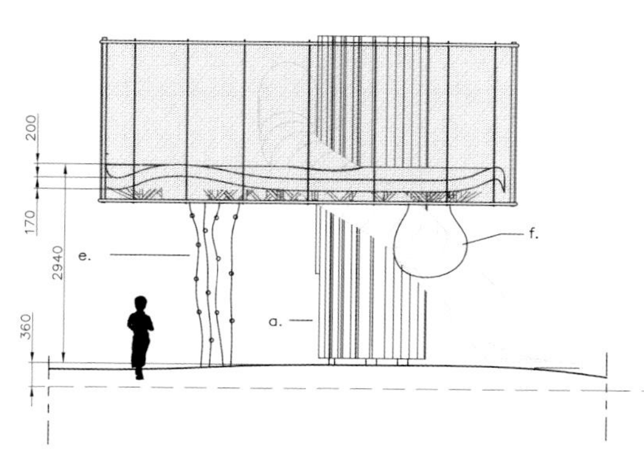

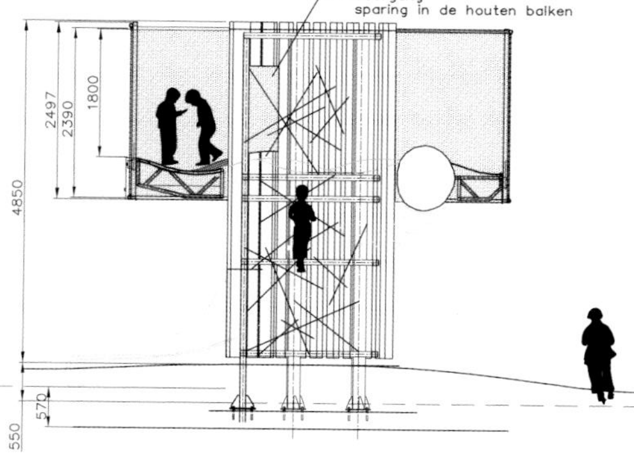

Renvooi

01 hoofdconstructie
stalen frame
thermisch verzinkt en
niet gecoat

02. houten bekleding
form. 180x90 L=ca. 4600, 24st
FSC gekeurd hout,
klasse 1, geschikt voor
straatmeubilair & splintervrij

03. golvend plateau
vakwerk constructie met ingelast
strekmetaal, type: LT12x30Z4,5x2,5
(RMIG A/S)
thermisch verzinkt en
gepoedercoat in interpon bleu 500 sablé

04. balustrade hekwerk
staanders van 2x koker 30x60x3
boven en onderbuis ø42.4x2.65mm,
th. verz. niet gecoat
RVS-webnet; staaldraad ø3mm.
maas 140-80mm.
bevestiging incl. spanners e.d.

05. speelelementen

a. entree / uitgang
sparing in houtkolom / hoofdframe
b. interne klimstructuren
polyferro kabels. ø16mm.
kleur zwart
c. glijbaan
RVS, 2,5mm
glijlengte ca. 7300 mm.
uitloop minimaal 1500 mm.
d. glijstangen
RVS, ø42,4
e. klim-touwen
polyferro kabels. ø16mm.
kleur zwart
incl. klimknopen
f. doorkijk
g. klimkoker

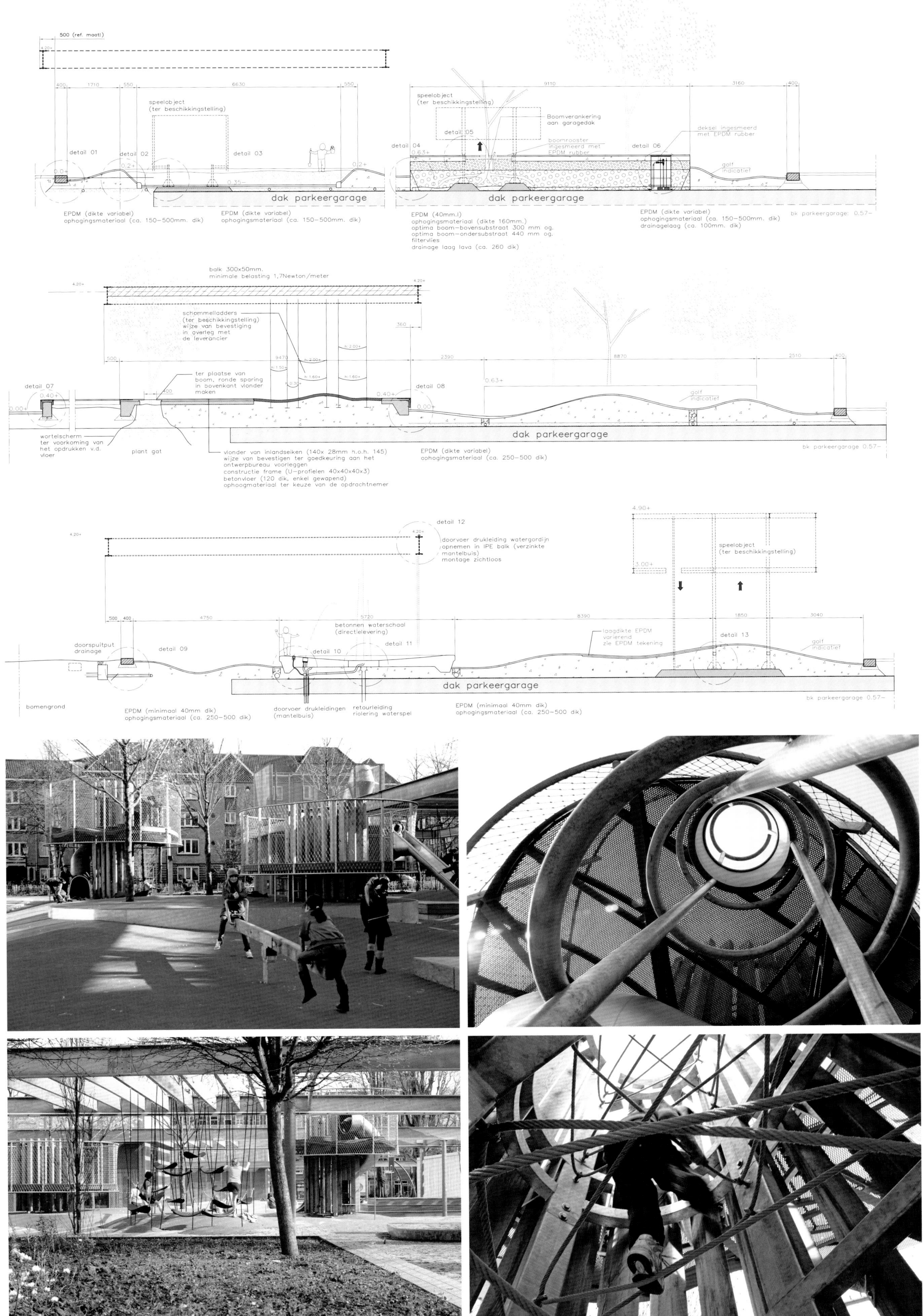
500 (ref. maatl)
speelobject
(ter beschikkingstelling)
detail 01
detail 02
detail 03
dak parkeergarage
EPDM (dikte variabel)
ophogingsmateriaal (ca. 150–500mm. dik)
EPDM (dikte variabel)
ophogingsmateriaal (ca. 150–500mm. dik)
speelobject
(ter beschikkingstelling)
Boomverankering
aan garagedak
detail 05
boomrooster
ingesmeerd met
EPDM rubber
deksel ingesmeerd
met EPDM rubber
detail 04
detail 06
golf
indicatief
dak parkeergarage
EPDM (40mm.)
ophogingsmateriaal (dikte 160mm.)
optima boom–bovensubstraat 300 mm og.
optima boom–ondersubstraat 440 mm og.
filtervlies
drainage laag lava (ca. 260 dik)
EPDM (dikte variabel)
ophogingsmateriaal (ca. 150–500mm. dik)
drainagelaag (ca. 100mm. dik)
bk parkeergarage: 0.57–
balk 300x50mm.
minimale belasting 1,7Newton/meter
schommelladders
(ter beschikkingstelling)
wijze van bevestiging
in overleg met
de leverancier
ter plaatse van
boom, ronde sparing
in bovenkant vlonder
maken
detail 07
detail 08
golf
indicatief
dak parkeergarage
wortelscherm
ter voorkoming van
het opdrukken v.d.
vloer
plant gat
vlonder van inlandseiken (140x 28mm h.o.h. 145)
wijze van bevestigen ter goedkeuring aan het
ontwerpbureau voorleggen
constructie frame (U-profielen 40x40x40x3)
betonvloer (120 dik, enkel gewapend)
ophoogmateriaal ter keuze van de opdrachtnemer
EPDM (dikte variabel)
ophogingsmateriaal (ca. 250–500 dik)
bk parkeergarage 0.57–
detail 12
doorvoer drukleiding watergordijn
opnemen in IPE balk (verzinkte
mantelbuis)
montage zichtloos
speelobject
(ter beschikkingstelling)
betonnen waterschaal
(directlelevering)
doorspuitput
drainage
detail 09
detail 10
detail 11
laagdikte EPDM
varierend
zie EPDM tekening
detail 13
golf
indicatief
dak parkeergarage
bomengrond
EPDM (minimaal 40mm dik)
ophogingsmateriaal (ca. 250–500 dik)
doorvoer drukleidingen
(mantelbuis)
retourleiding
riolering waterspel
EPDM (minimaal 40mm dik)
ophogingsmateriaal (ca. 250–500 dik)
bk parkeergarage 0.57–

安可洛他度假胜地

景观设计： Richard J. Ferrero, RLA
设计团队： Richard J. Ferrero, Bing Hu (Architect), Design Lines, Inc. (Interiors)
地点： 美国
面积： 0.56 hm^2
摄影： Richard J. Ferrero, W. Scott Mitchell Photography, LLC

该项目位于亚利桑那州，其所处地块全年有 330 多个晴天，从某种意义上说室外空间就是室内空间的延续。项目中庭院、两处举办各种活动的草坪、圆形剧场、运动场等占地面积超过 929m^2。整个景观设计（含所有设施和整个社区）运用了苍翠、明艳的色彩，使人们领略到沙漠和多山环境的风景。

要创造一个伟大的建筑景观作品，需要具有恰到好处的布局或框架设计，对于任何优秀的设计来说都是如此。对于该项目来说，理查德 J. 费列罗与 RLA 设计师事务所通过精心研究，完成了设计方案。景观设计赋予该社区浓郁的绿色氛围，最终呈现出来的景观延续了室内设计的风格，成功地将新旧元素结合在一起，营造了一个闲适惬意的环境……

设计师们在提升景观元素的表现力方面花费了很大心思，并将很多深层次的想法付诸实践。设计师通过组合应用材料的质地、色彩、规模，使每个元素都极具视觉冲击力。

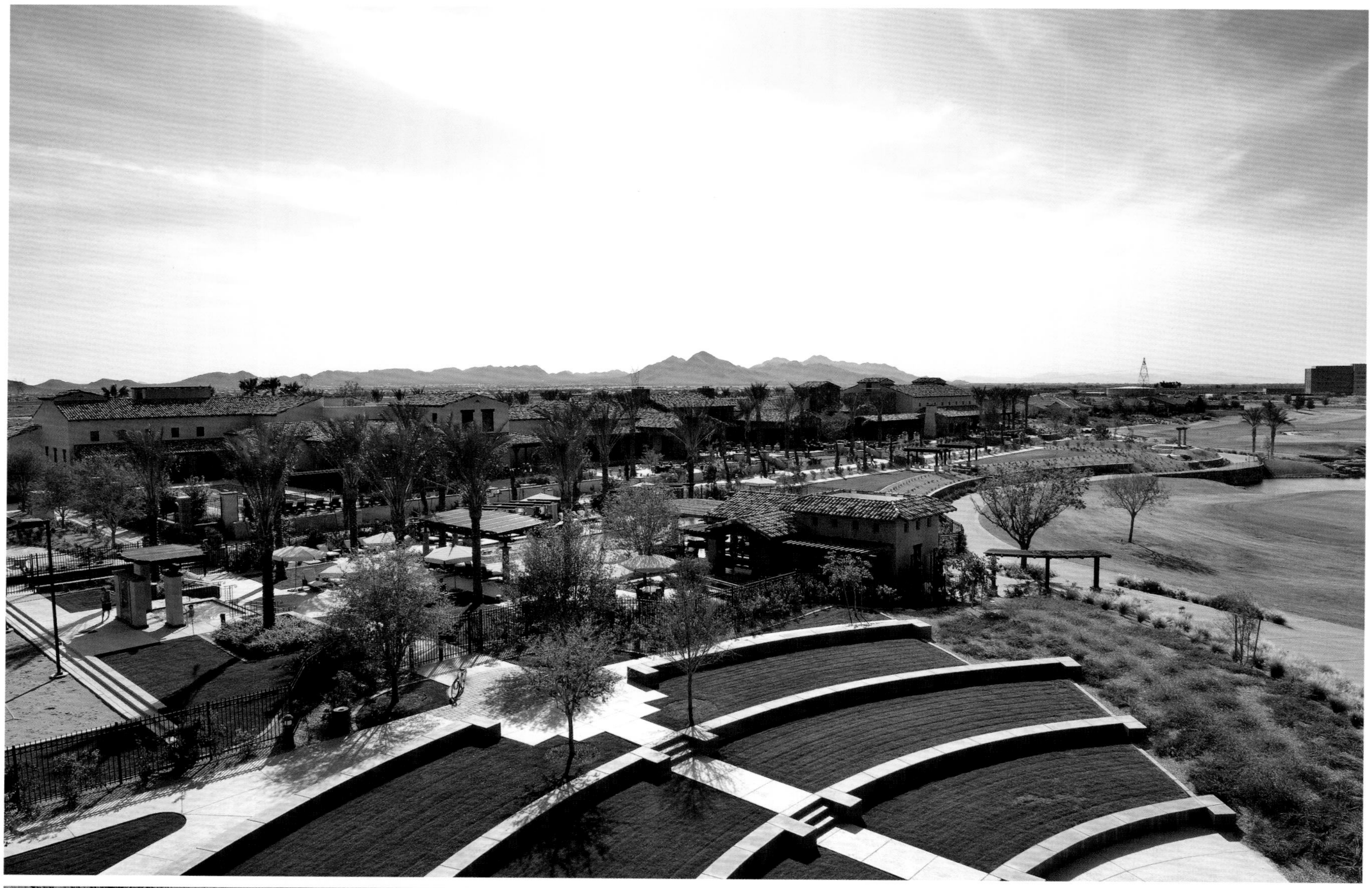

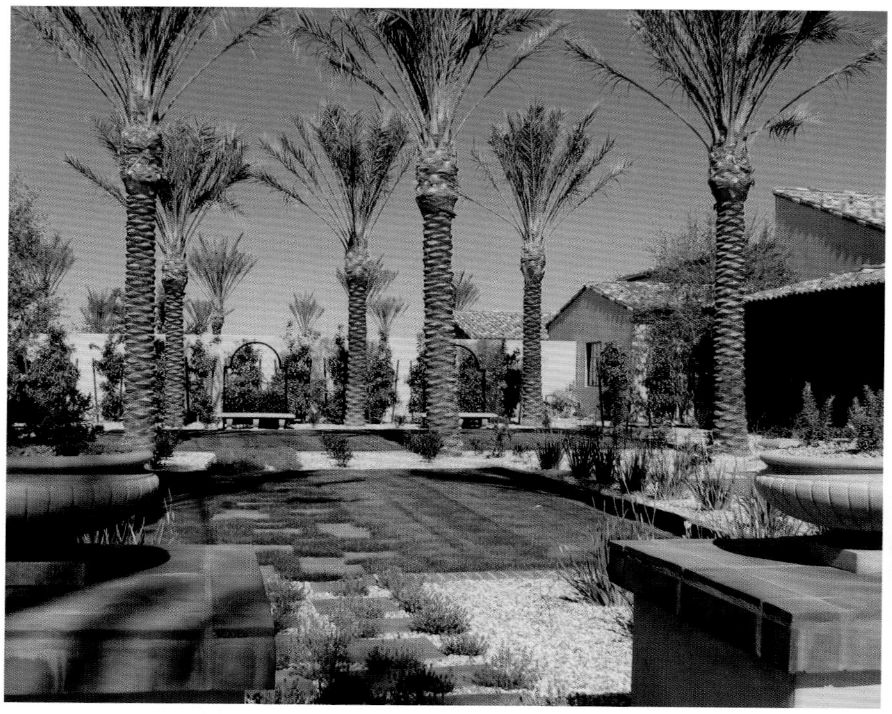

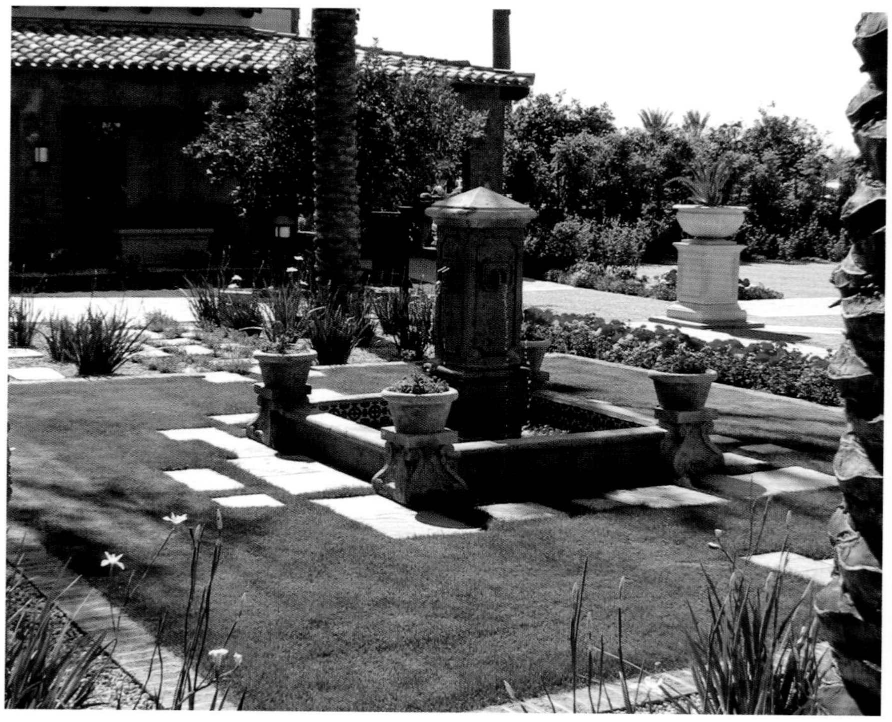

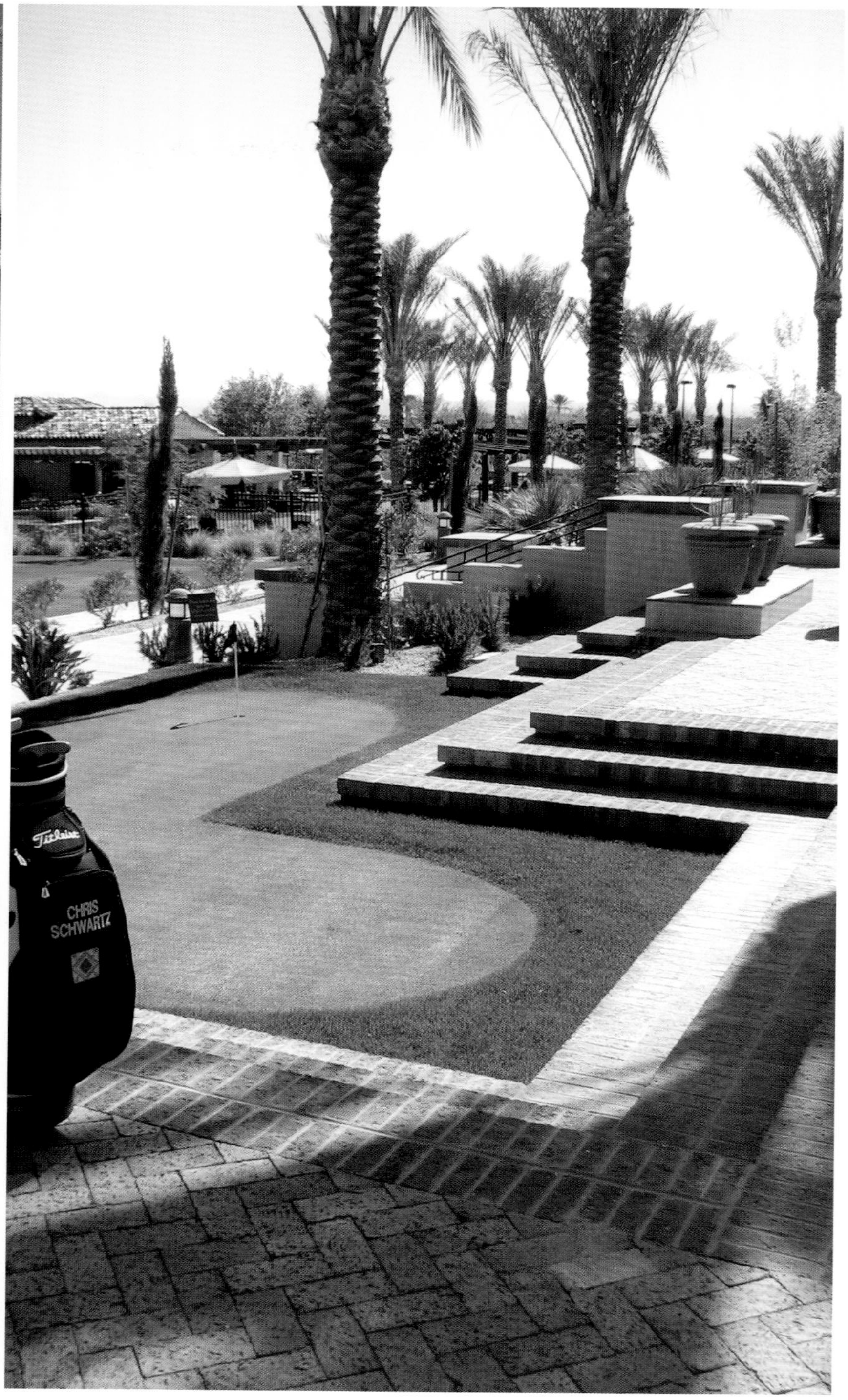
Titleist
CHRIS SCHWARTZ

度假别墅

景观设计：TROP

景观设计师：Theerapong Sanguansripisut

地点：泰国

面积：8 750 m^2

摄影：Pok Kobkongsanti

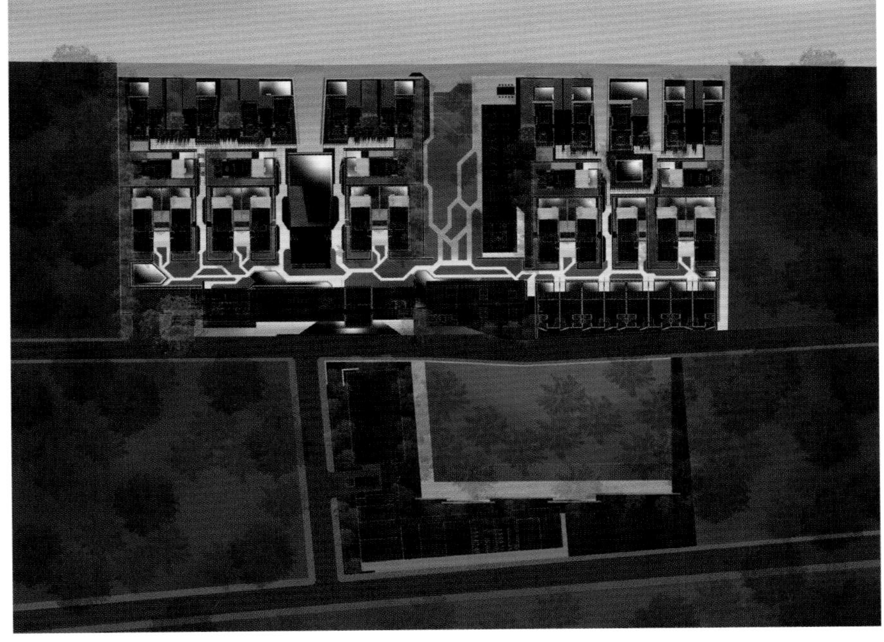

该项目周边有风景秀丽的海滩，环境极为静谧，它为在嘈杂的城市中疲于奔命的人们提供了一个绝好的休憩之所。建筑地基周边保存完好的热带植被和苍翠的花花草草赋予人们以内心的宁静。这座酒店拥有独特的设计，它也非常注重细节的设计。这独具美感的现代设计代表了建筑景观设计的前沿风潮。

其时髦的建筑设计体现着极具现代色彩的生活方式以及新潮的度假风范，同时在设计理念的表达上也不失温暖惬意、怡然自得和优雅精致。

整个建筑景观设计以不落窠臼的方式将私密感、宁静、美、自然、舒适和整体设计风格融为一体。

桑德斯度假胜地

景观设计：Marton Smith Landscape Architects
景观设计师：Marton Smith Landscape Architects, Graham Sant Architects
地点：牙买加
面积：15397 m²
摄影：Grant E. Smith, MSLA / Sandals Resorts International

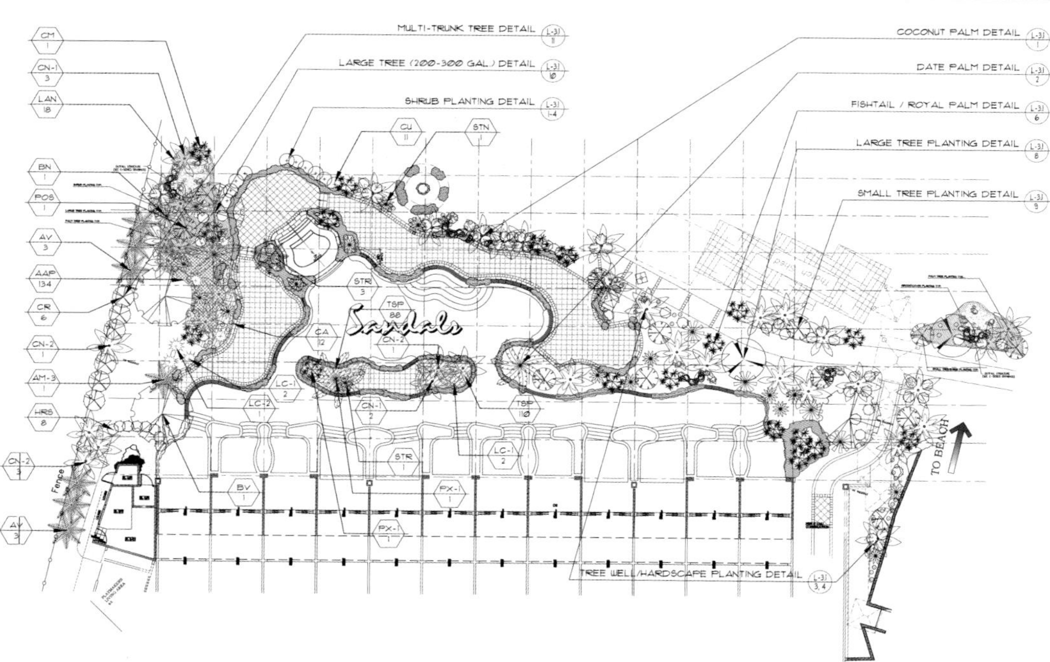

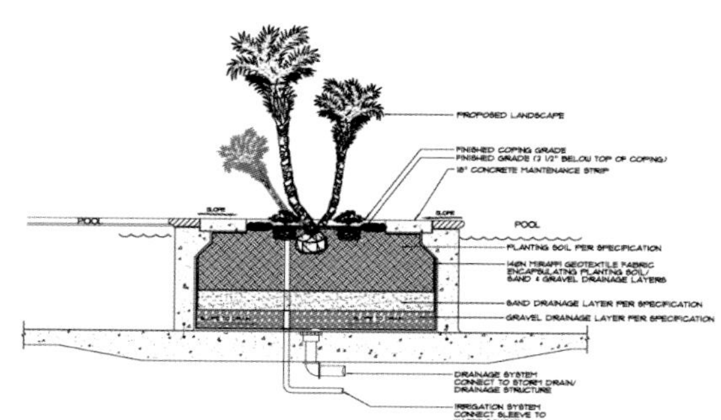

该度假胜地就坐落在牙买加西南海岸的海滩上。该度假胜地为游客们提供了形形色色的豪华设施，比如与水池、河流等相连的亲水住所。这里的游客可以通过住所门前的台阶或者露台欣赏到瀑布、水池等美景，这些人工水景就像是牙买加天然景观中那些自然形成的水景。

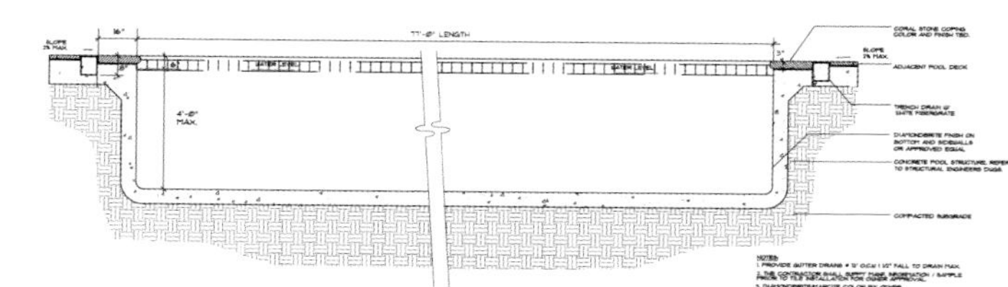

马里科尔度假花园

景观设计：wa-so design

地点：日本
面积：point A 590.1m^2 pointB 197.3 pointC 83.4m^2

摄影：Kazufumi Nakamura

这是一项婚庆花园设计以及内外空间的整修项目，其坐落在东京小仓的滨海区。按照客户要求，不仅要设计一处优美的空间，更要将其设计成一处可以举办婚礼派对的场所。基于此，我们要设计一处能给人留下深刻印象，并能使人们度过一段美好时光的空间。我们给出了两种理念——滨水度假胜地和高地度假胜地。原有的草地在整修过程中进行了扩建。这里有铺上了木质甲板的小桥和小岛状空间，可以作为新人举办结婚典礼的场所。游泳池的侧壁设计成倾斜状，以充分发挥水中照明设备的效能。由于设置了控制系统，人们可以自如控制喷水的高度。另外一侧还有一处设计较为别致的空间，此空间被植物所环绕，其木质甲板和铺砌了瓷砖的地面是专为参加婚礼的人而设置的。其他区域的木质甲板中还设置了树池，栽种上树木，这样那些参加婚礼的人会有一种置身于小森林中的感觉。我们还考虑栽种常绿树木，比如常青光蜡树，因为该场所是全年对外开放的。这里不仅有户外沙发，还设有投影仪、音响系统等设备。

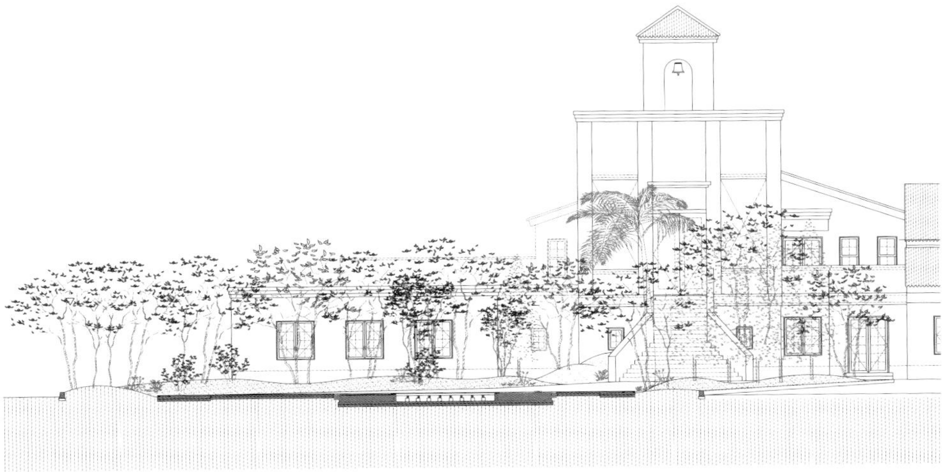

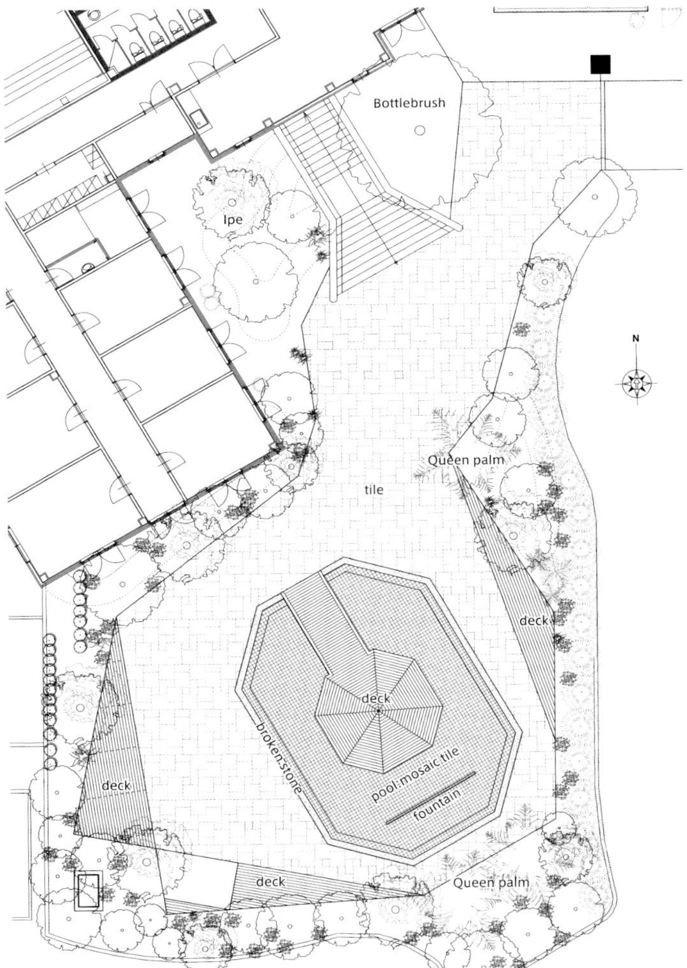

Bottlebrush
Ipe
tile
Queen palm
deck
deck
brokenStone
pool.mosaic tile
fountain
deck
deck
Queen palm
N

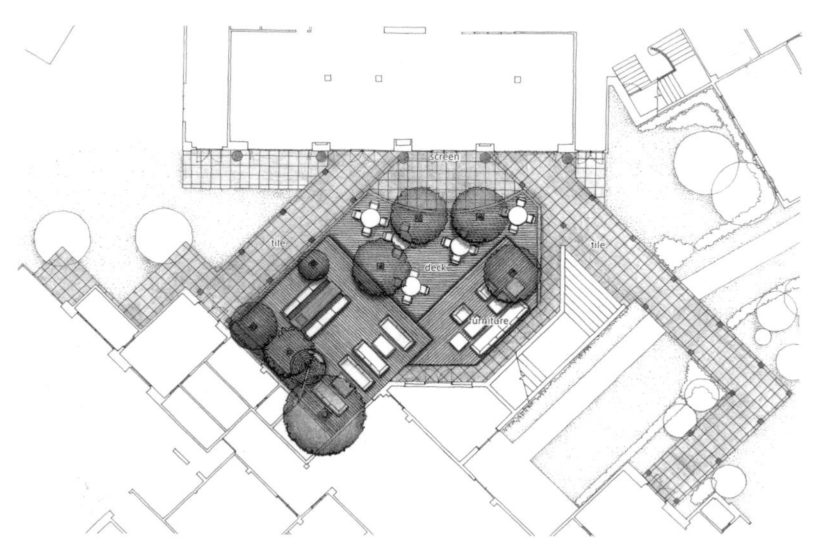
screen
tile
tile
deck
furniture

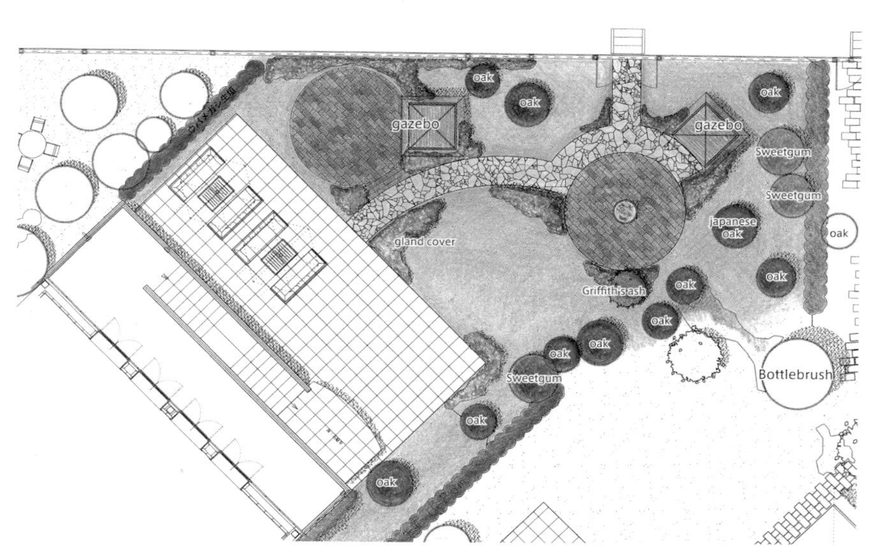
gazebo
gazebo
oak
oak
oak
Sweetgum
Sweetgum
japanese oak
oak
gland cover
Griffith's ash
oak
oak
oak
oak
oak
Sweetgum
Bottlebrush
oak
oak

德累斯顿动物园非洲区——长颈鹿园和斑马园

娱乐休闲 欧式自然园林风格

景观设计：Rehwaldt LA, Dresden
设计团队：Rehwaldt LA, Dresden
地点：德国
面积：0.35 hm^2
摄影：Rehwaldt LA, Dresden

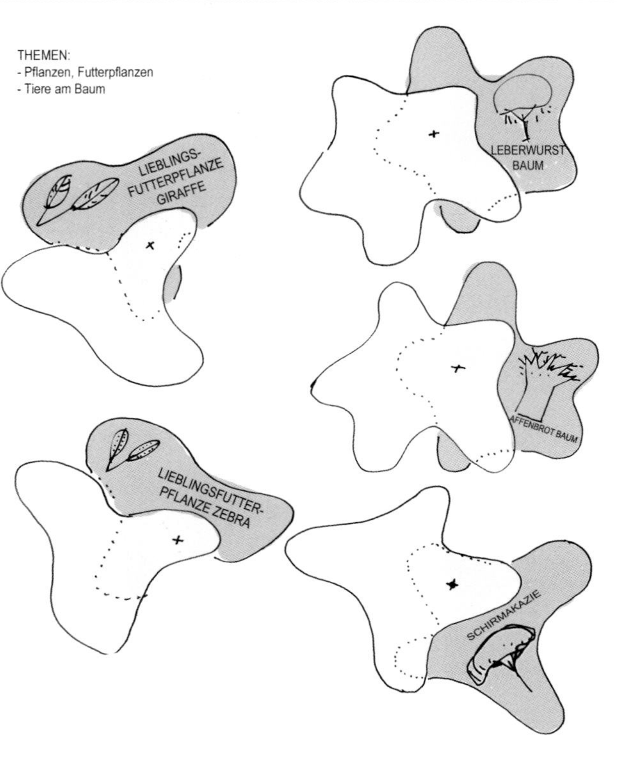

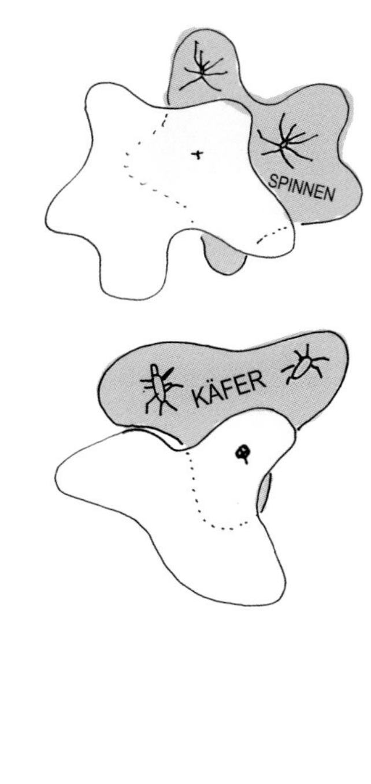

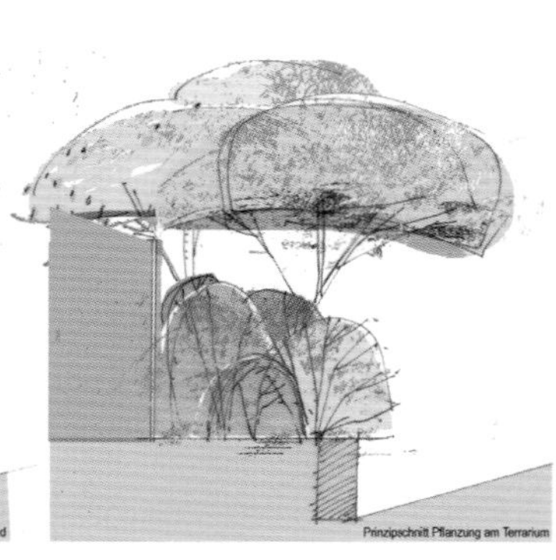

动物园中的大花园视野开阔，使长颈鹿园的空间也显得较为广阔。除了传统的游览方式，设计师在户外设计了很多瞭望台，通过这种方式使游客感觉动物就近在咫尺。园区内的几个区域均具有各自不同的主题，以展现长颈鹿不同的自然栖息地，例如大草原、水域、灌木丛。瞭望台提供了从人的视线高度观赏动物的机会。对于那些在景观大花园中散步的人来说，动物园的老入口现在已经成为展现动物园风采的新窗口。公园入口大门上有很多小孔，通过这些观察孔人们可以了解到动物园里面的情况，激发他们参观的欲望。

伍珀塔尔动物园——狮虎园

景观设计：Rehwaldt LA, Dresden
景观设计师：Rehwaldt LA, Dresden
地点：德国
面积：5.1 hm²
摄影：Rehwaldt LA, Dresden

伍珀塔尔动物园是德国最古老、最富有传统魅力的一座动物园。它于 1881 年由法兰克福公园建筑师海因里希设计，并建立在伍珀河谷中。随着时间的推进，该地块上还建起了娱乐设施、体育场等。

设计师对动物园的入口处重新进行了规划。入口设置在一座主要的历史性建筑旁边，并以独立的姿态屹立在那里。这座雕塑般的新建筑将不同的空间和功能区联合成一个整体。

动物园在扩建阶段更加注重与周边景观的融合。该动物园的景观特色得到了强化和提升。通过对原有植被外观的改造，先前的观光廊道的地位得以重新体现。水景也提升了景观的整体效果。

该地块上原有的铁路路基得到扩建，使其从沙姆巴桥底下穿过。轨道成为整个景观中不可缺少的一部分。栅栏等安全防护设施均以朴素、简单的方式设置，强化了肉食动物围场给人的深刻印象，即使是那些路过的人也能注意到这个奇特的动物园。

beach of

滨水生态 Waterfront and Ecology

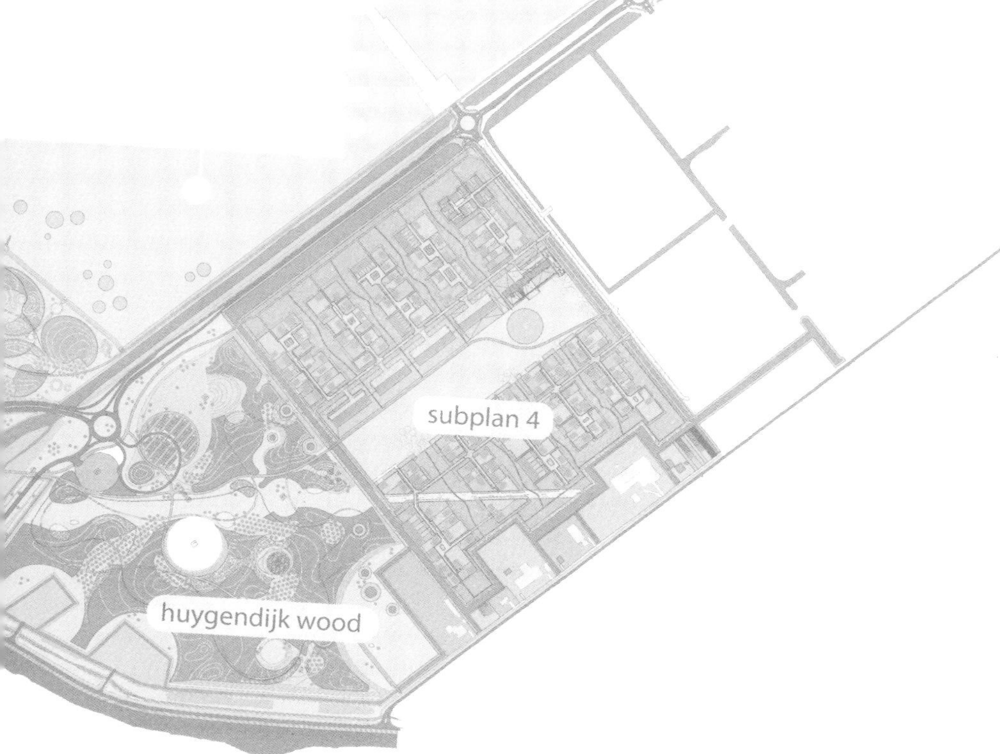

吕伐登亲水区

景观设计：HOSPER
设计团队：Alle Hosper, Peter de Ruyter, Remco Rolvink
地点：荷兰
面积：400 hm^2
摄影：Aerophoto Schiphol BV, HOSPER, Lucas van der Wee

该项目坐落在吕伐登的南侧，其将 VINEX 规划方案的内容变为现实。该住宅项目被细分成了三个街区，计划在此建造新的林区，并挖掘出几个大面积的水域。设计师对原有的两座小村庄进行了精心的规划设计，使其成为整个景观的中心。这两座村庄面朝着广阔的弗里斯兰绿地景观。

住宅区域按照原有道路和小巷的格局进行设计，人们可以以新的角度来观赏远处的农垦区和新辟出的水域。该城镇开发项目为建筑设计预留出了充足的空间。码头房屋是该住宅区的非常独特的元素，其与水域和原先就有的两座小村庄一起构建起了吕伐登的一道亮丽的风景线。项目第三期的“蓝心”部分是一处水元素得到充分应用的区域，水上设计了许多浮动房屋。而 1 000 000m^2 的林地中建造有诸多的现代化住宅。

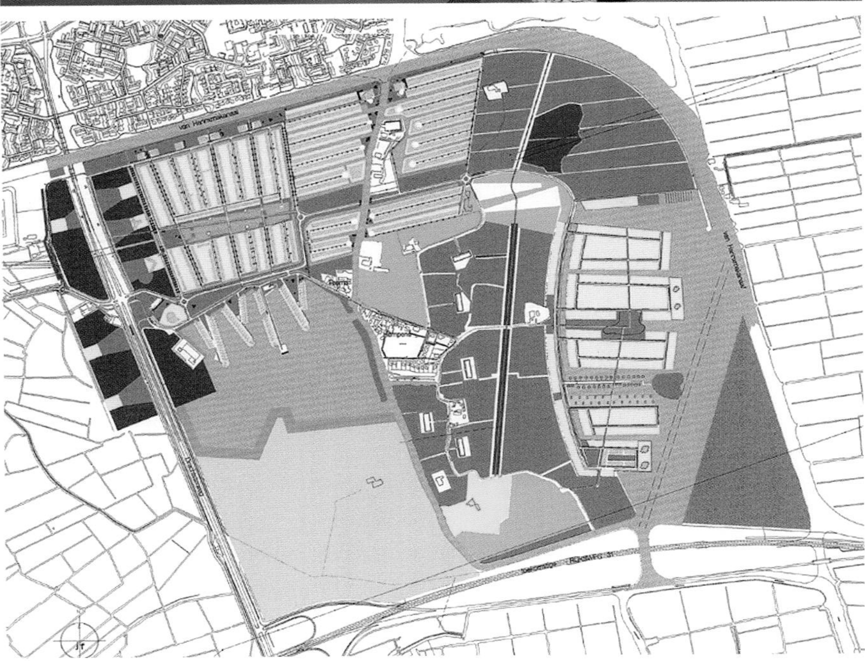

海尔许霍瓦德月亮公园

景观设计：DRFTWD Office associates and HOSPER
设计团队：Berrie van Elderen (V-eld), Mark van Rijnberk, Patrick Verhoeven, Marike Oudijk, Jonas Strous, René van der Velde

地点：荷兰
面积：170 hm^2

摄影：Pieter Kers, Amsterdam / Aerophoto Schiphol BV / Jan Tuijp

霍斯珀景观设计事务所在过去十年间一直忙于月亮公园这个项目，从制定总体规划方案阶段一直到项目实施阶段一直苦费心思。在与市政当局以及其他景观设计师的合作之下，最终打造了这样一处极富魅力的休闲娱乐区域。整个项目划分了几个各不相同的活动区域，而自然游泳池成为中心区域。

随着时间的推移，海尔许霍瓦德南部传统的农耕土地景观转变成了现代城市景观，这里住宅、休闲娱乐设施纵横交错。太阳城坐落在项目规划区的中央位置，附近有1600座住宅。太阳城为一片开阔的水域所环绕，水域面积约有700000m^2。开阔的水域将住宅区域与周边的休闲区域分隔开来，确保了项目规划区能有一大片开阔的空间。水域大部分都集中在休闲区域。休闲区域共有两侧：内侧朝向开阔的水域和太阳城，而外侧朝向周边的景观。水域的设计非常独特，其在夏天可以储存大量的水。人们非常关注水的质量、如何应用等方面。基于此，我们特别设计了多个设施，如循环水泵站、自然净化装置、去磷化处理水池、小桥、独木舟等。这些设施的设计使得人们可以最大限度地实现与水域的近距离接触。人们可以来到水泵站的屋顶上，以获得欣赏湖景的绝佳视野。

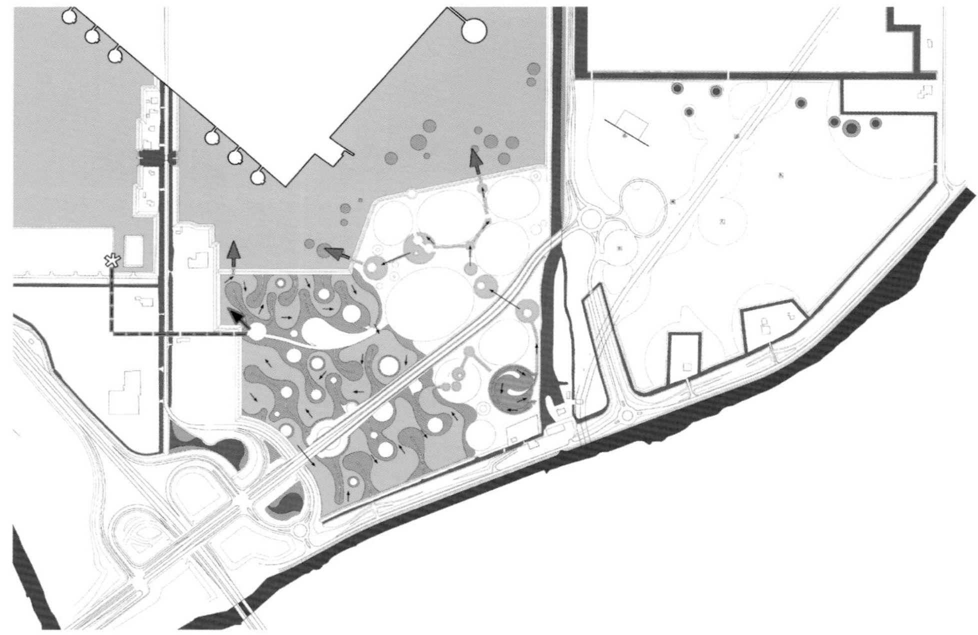

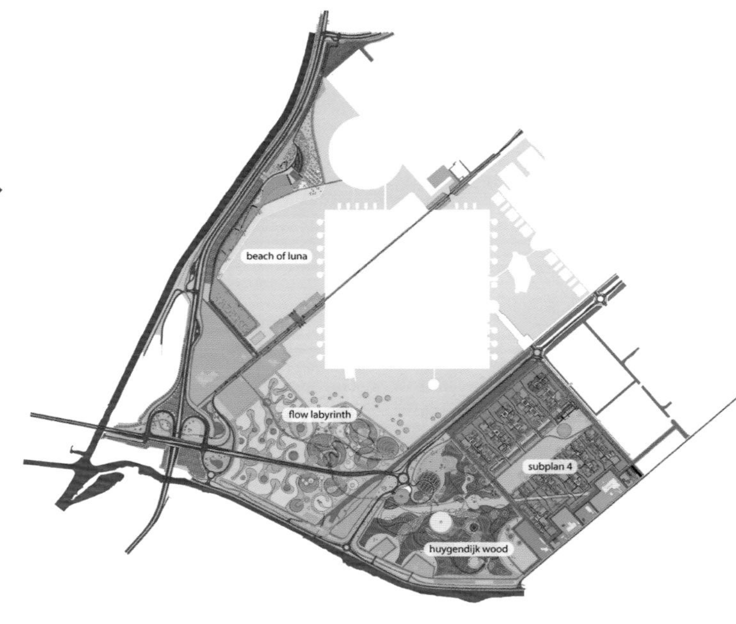
beach of luna
flow labyrinth
subplan 4
huygendijk wood

多佛海滨广场

景观设计：Tonkin Liu
设计团队：Mike Tonkin, Anna Liu
地点：英国
面积：6000 m²

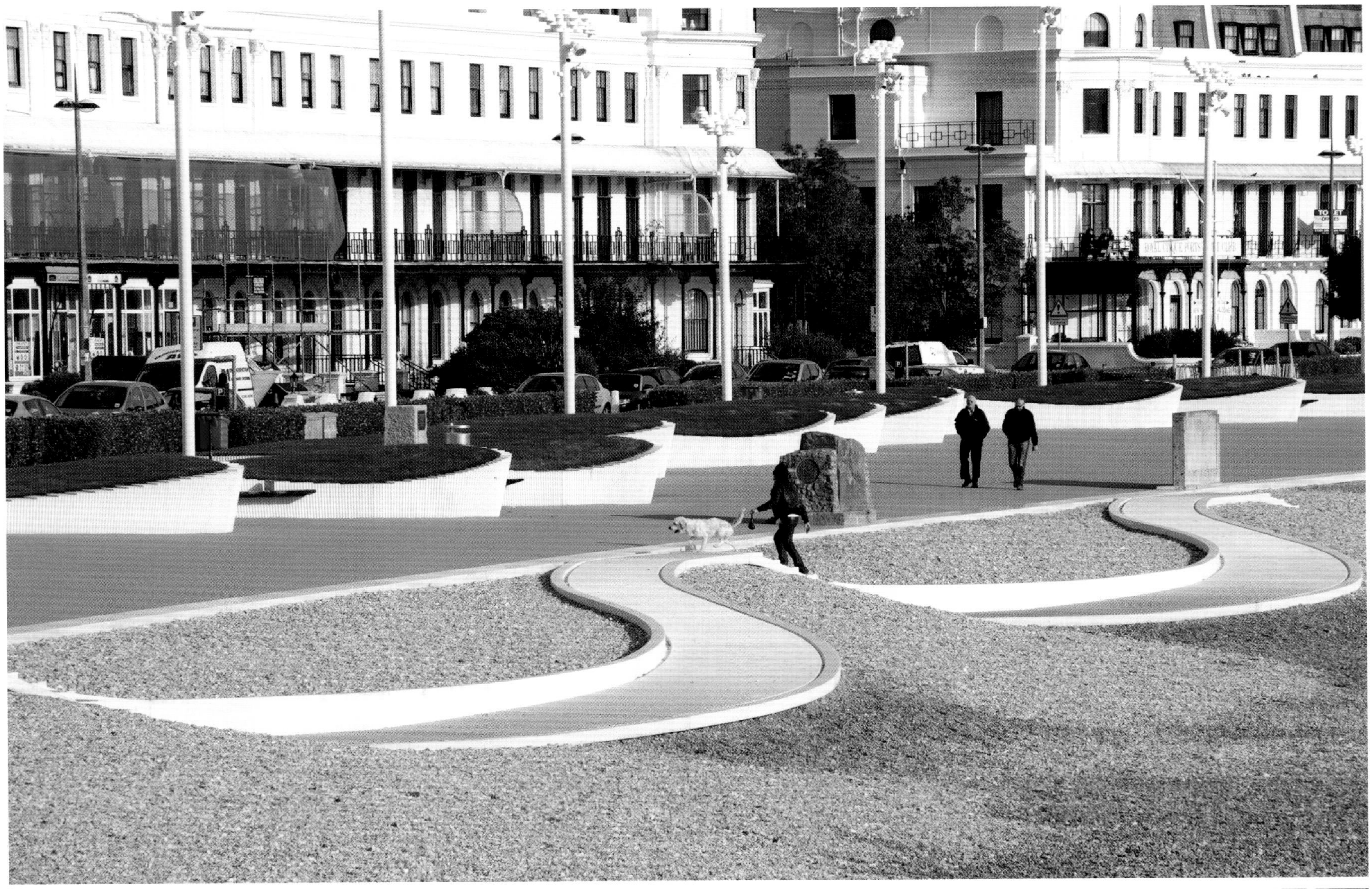

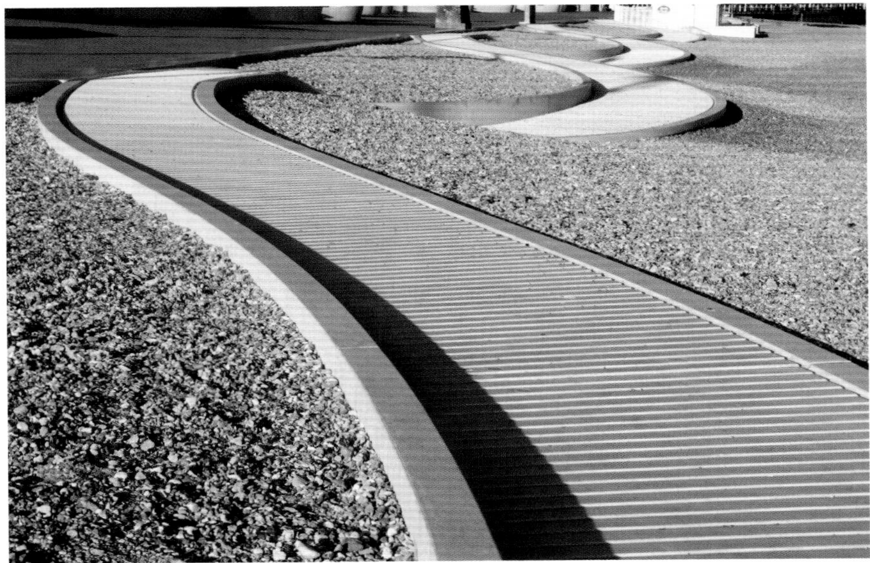

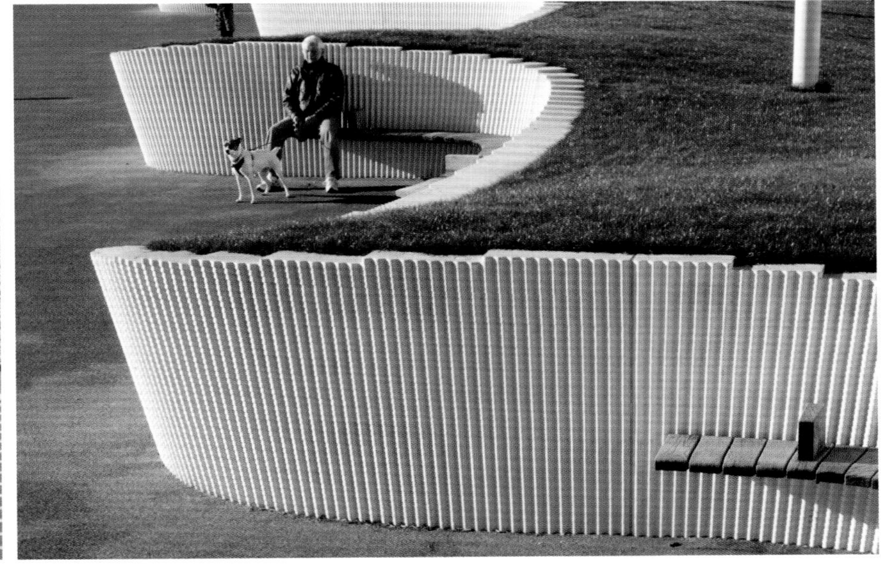

该项目是由景观设计事务所主持的，致力于为该海滨地块营造出一个富于创新性的设计，而该地块作为多佛海滨地区的一处公共空间具有非常重要的地理意义。

该项目的主要设计目标是营造一处现代气息十足、极具魅力的新型海滨广场，并且它要将东西两侧的码头连成一体。该广场本身是一处景点，是可以供人欣赏的美景。该广场应该是一处充分展示艺术和文化的地方，这里也可以举办丰富多彩的富有创意的活动。

广场西侧为新建的海洋运动中心，东侧为十字路口，其与地下通道相连，该通道将海滨地区与中央城市广场联系起来。广场后方为五层楼高的滑铁卢大厦，其建于 1834 年，被收录进了历史遗迹的名录。

设计师对多佛海滨广场进行了彻底检修。按照构思，可将该项目想象成由三件艺术品构成，这三件艺术品在设计上的灵感源自项目的社会特点和环境因素。该项目于 2010 年 8 月投入使用，于 2010 年 11 月 4 日正式对外开放。

设计师所寻求的设计方案是针对这个地点、这里的人和当前这个时代而制定。多佛海滨广场巧妙驾驭了这个地方的环境特点——海滨柔和的波涛、滨海平台富有韵律的地面设计以及多佛峭壁起伏的地形。

tonkin liu   resting wave - dover esplanade

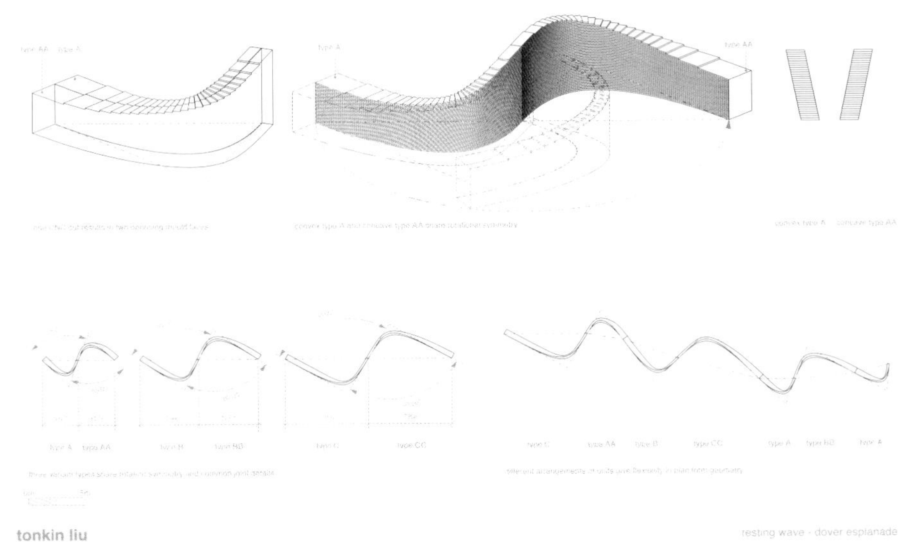

特拉维夫港口公共空间重建项目

景观设计： Mayslits Kassif Architects
设计团队： Ganit Mayslits Kassif, Udi Kassif, Oren Ben Avraham, Galila Yavin, Michal Ilan, Maor Roytman
地点： 以色列
面积： 55 000 m^2
摄影： Iwan Baan, Adi Brande, Galia Kronfeld, Daniela Orvin

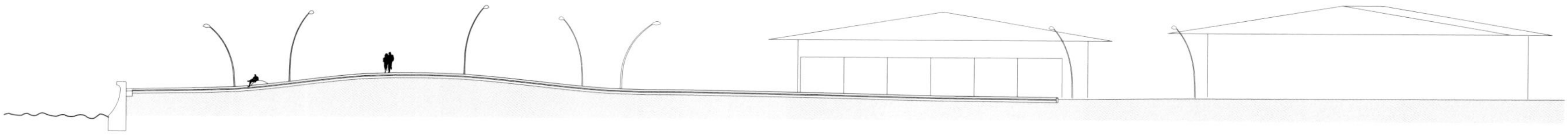

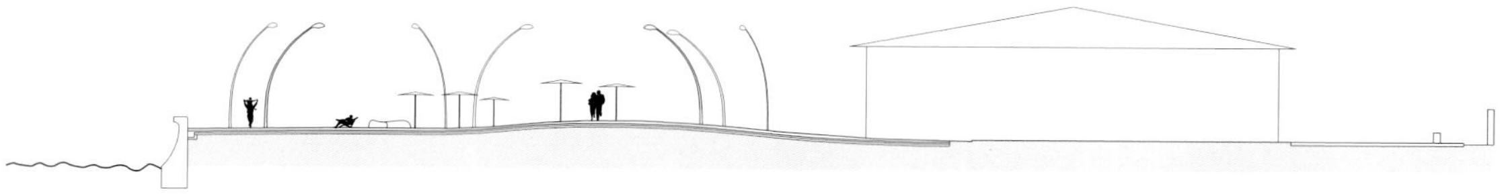

特拉维夫港口坐落在以色列一处风景优美的滨水区。1965 年之前，这里主要是入坞的港口，后来这里不再被用作港口，长期不用，也就几近荒废了。最近，一个设计团队致力于重塑城市中的这个独特空间，并将其转变成一个富有活力的城市空间。

该项目拥有开阔的起伏式、无层次的表面设计，设计体现了该地块所处的沙丘地带的神秘性，设计还赋予人以极大的想象空间，人们还可以在这里开展丰富多彩的活动。

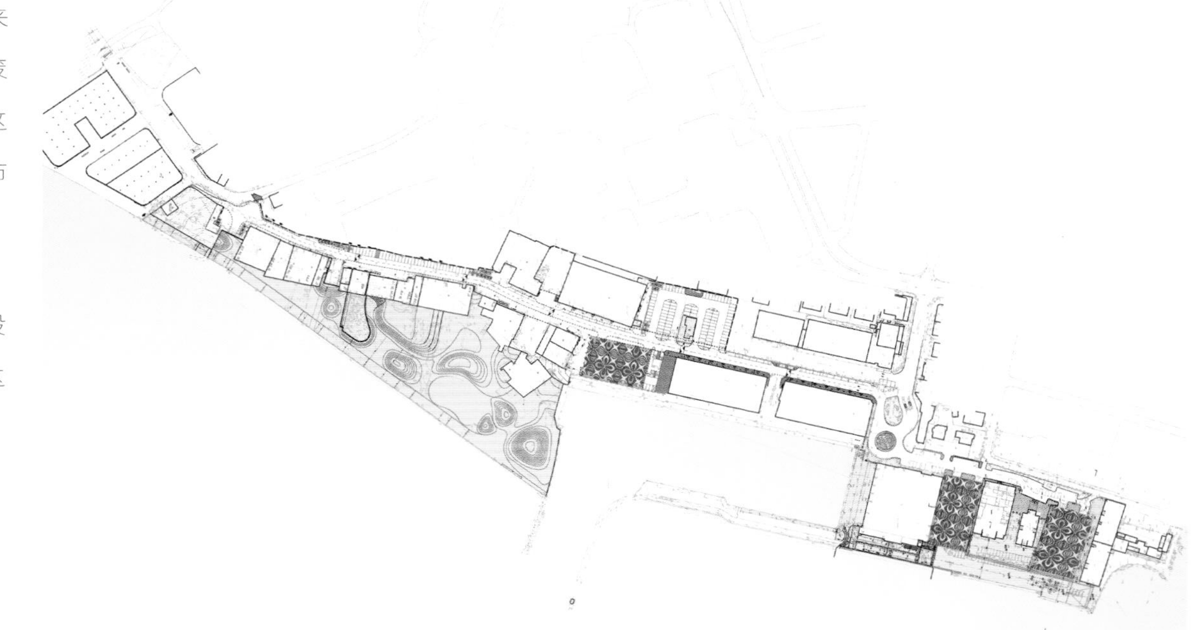

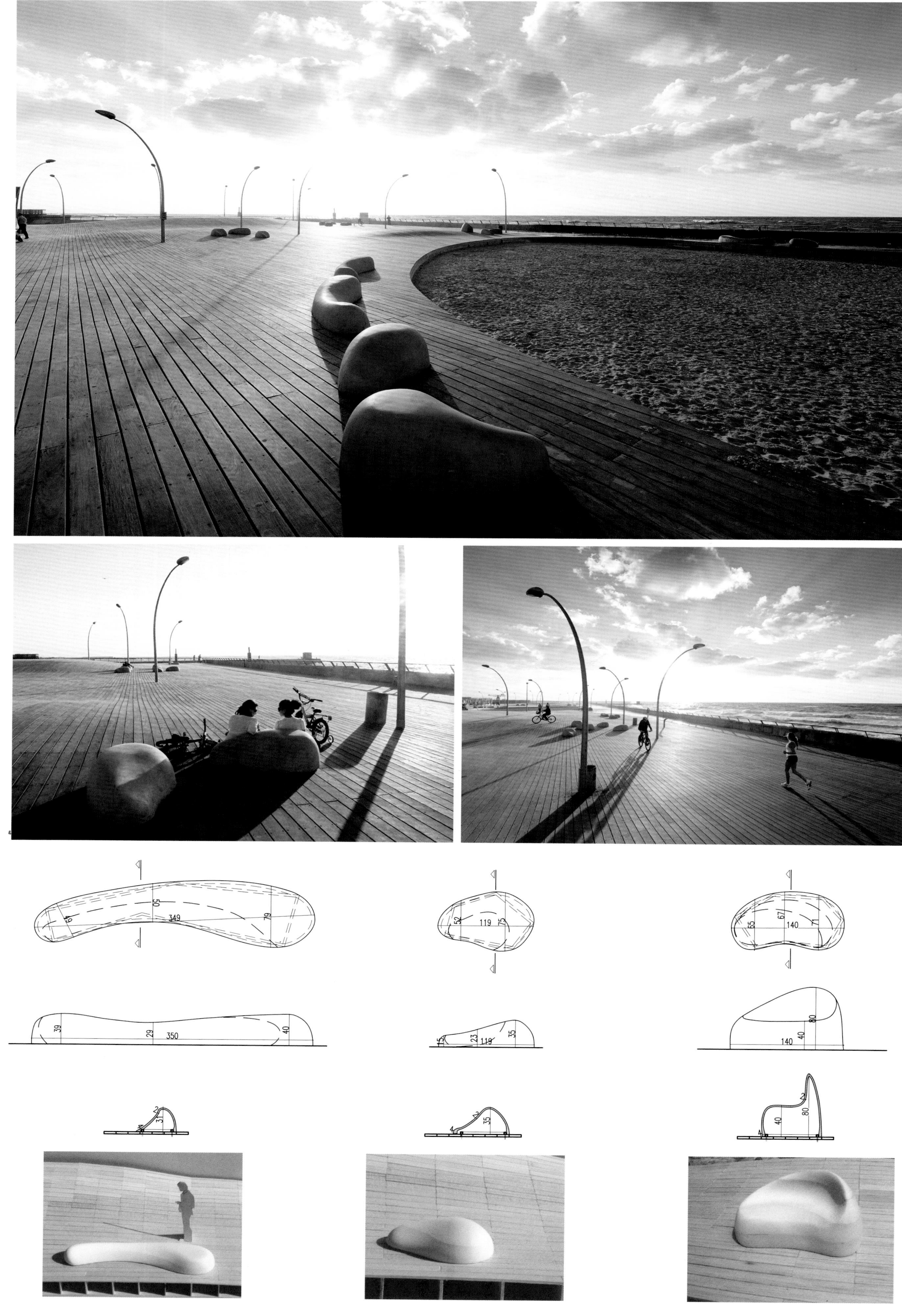

50
49
349
79
52
119
75
65
67
140
71
39
29
350
40
15
23
119
35
80
140
40

布拉德福德城市公园

景观设计：Gillespies　**地点**：英国　**面积**：24 000 m²　**摄影**：Giles Rocholl

布拉德福德城市公园由吉莱斯皮景观建筑工作室和代表布拉德福德市政厅的城市设计师设计完成，它还得到了来自多学科设计团队的鼎力支持，是一处地标性的城市空间。布拉德福德城市公园中有英国最大的城市水景，面积达 4 000m²，以及英国最高的城市喷泉，最高处达 30m。

该城市公园的设计基于 2003 年专为布拉德福德设立的市中心总体规划方案。按照该规划，市中心将会开放，并营造出新的城市空间。

最终完成的设计在一处占地 24 000m² 的公共空间上营造了一处富有动感的中心景区，含一处倒映湖、一处喷泉和公共艺术展览区。该公园的设计重点在于布拉德福德建于 19 世纪的市政厅，该公园将城市的主要景区与交通枢纽和城市中心其他部分联系在一起。该公园提升了布拉德福德的整体形象。

按照总体规划方案，该城市公园项目的起草和实施是基于以下三个基本设计理念。

腹地：布拉德福德是一座可以从城市中观赏到周边小山和郊野风景的城市。该城市公园的设计意图将城市与郊区汇合在一起。

水：城市公园设计的整合元素就是水。水将该公园与布拉德福德的工业渊源紧紧联系在一起。

倒映湖：城市公园空间是一处可以反射美丽景致的空间。其倒映湖可以体现布拉德福德城市中心、天空和气候的魅力。该湖泊赋予该公共空间以无限的活力，并展现了这里多姿多彩的活动、生活和文化。

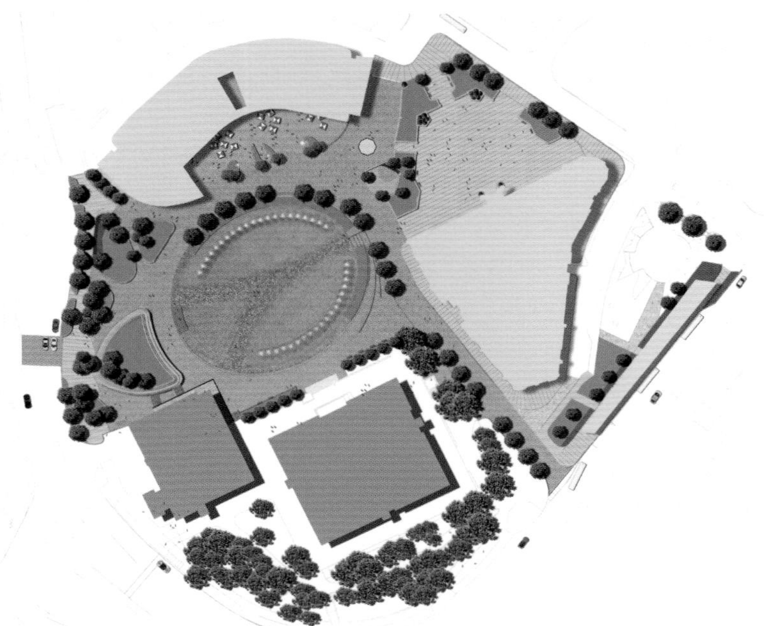

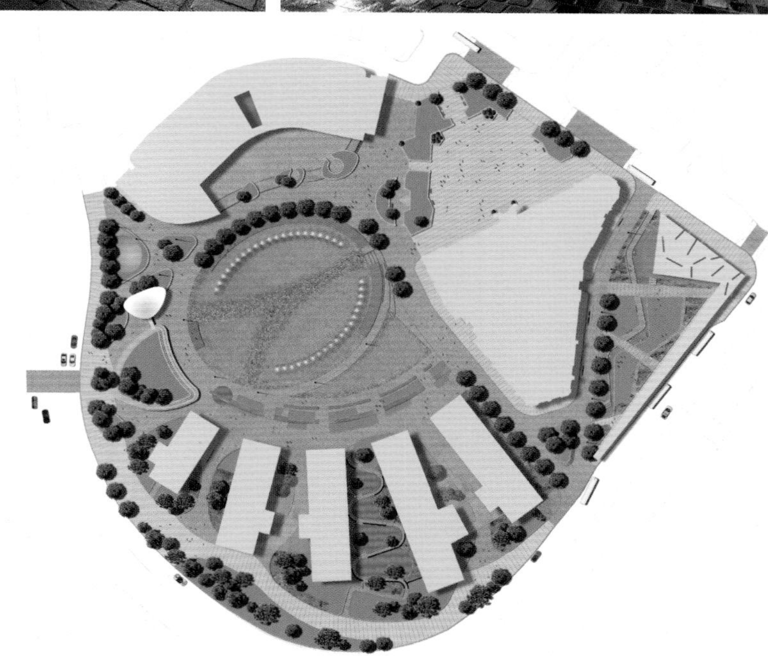

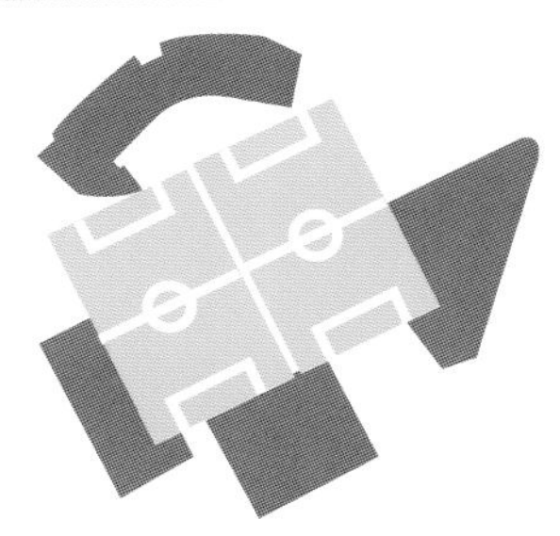

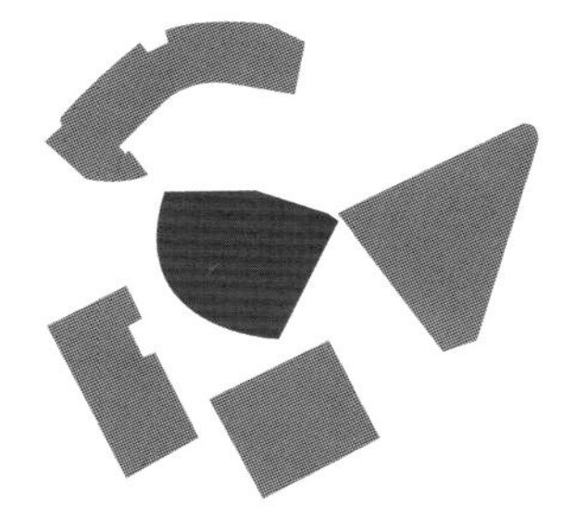

地拉那的绿色未来：北部的林荫大道和河畔改造项目

景观设计：Gustafson Porter with Buro Happold London, ASA Cino Zucchi Architetti, One Works,

地点：阿尔巴尼亚

面积：1 400 hm^2

地拉那市中心的一大特点是其清晰的城市布局。但是最近无序的城市开发却使市中心周边的很大区域变得毫无秩序可言，这里没有得体的建筑，没有充足的服务设施，也没有什么有价值的公共空间。

我们在提案中明确指出空地，而非建筑，是城市新生的催化剂，可以在一系列具有较高环境品质的绿色空间周边兴建公共和私人功能空间。林荫大道延伸至富有活力的绿色长廊处，而这种设计将地拉那河对面的山区的优美景致展现在人们眼前。

在新建的几座公共建筑的中心位置处营造了一处大型的休憩场地，这里是新建的轨道线路和一系列小型广场的接合点，这种设计使其与新建的林荫大道两侧原有的城市建筑联系起来。主轴的延长部分有一处绿色平台，从这里可以俯瞰河流的美景。新建的人工湖和休闲区一直延伸到新建的湖畔公园处。

主轴延伸部分的设计是将发展中的城市结构向外延伸，那么林荫大道新建部分将地拉那周边的美丽精致融入了城市的核心部分。该项目营造出的新的城市环境能够举办丰富多彩的活动，它也满足了快速发展的资本市场的需求，并为城市居民的日常生活提供了一个优越的、富有活力的大背景。

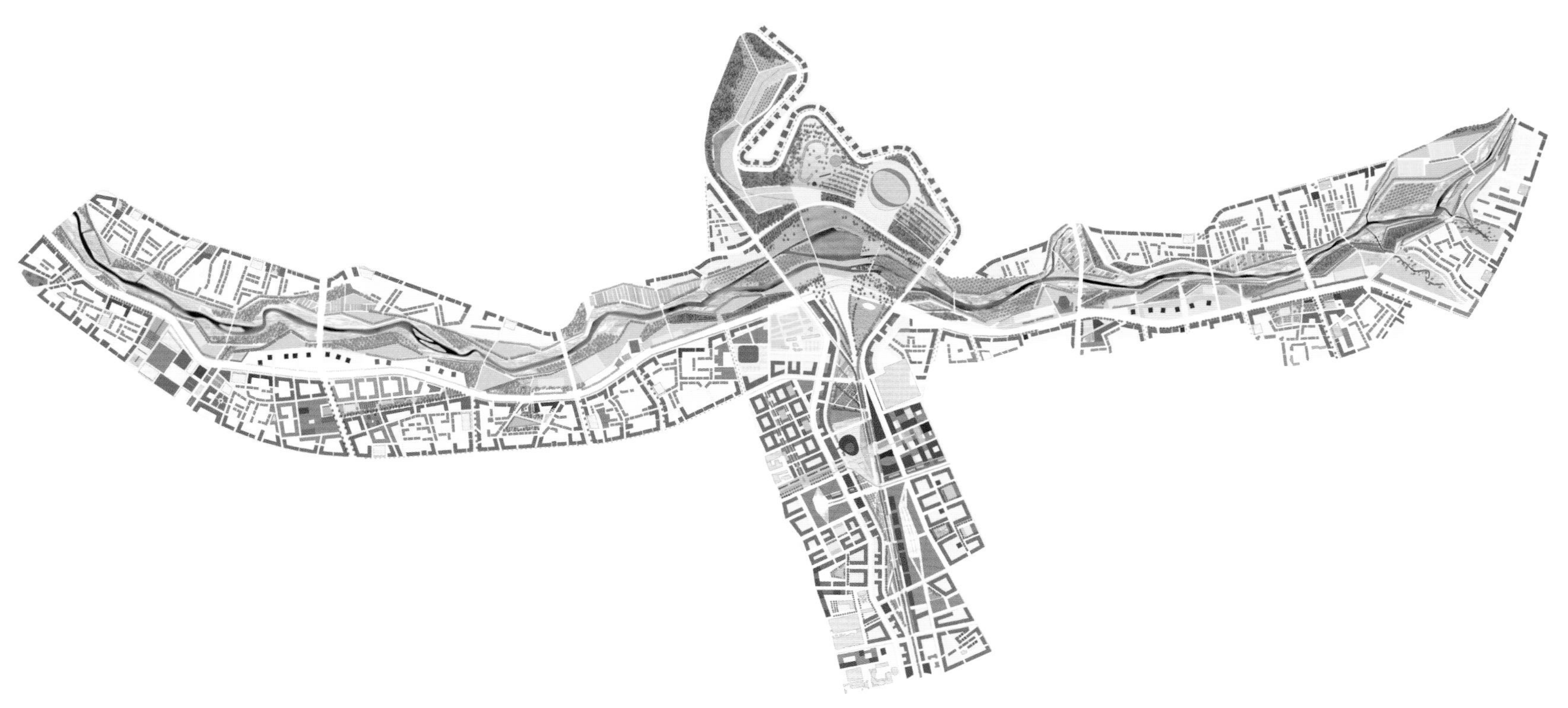

特拉福德码头人行广场

景观设计：FoRM Associates　**地点**：英国　**面积**：5400 m^2　**摄影**：Rhys Wynne, Web Aviation, FoRM Associates

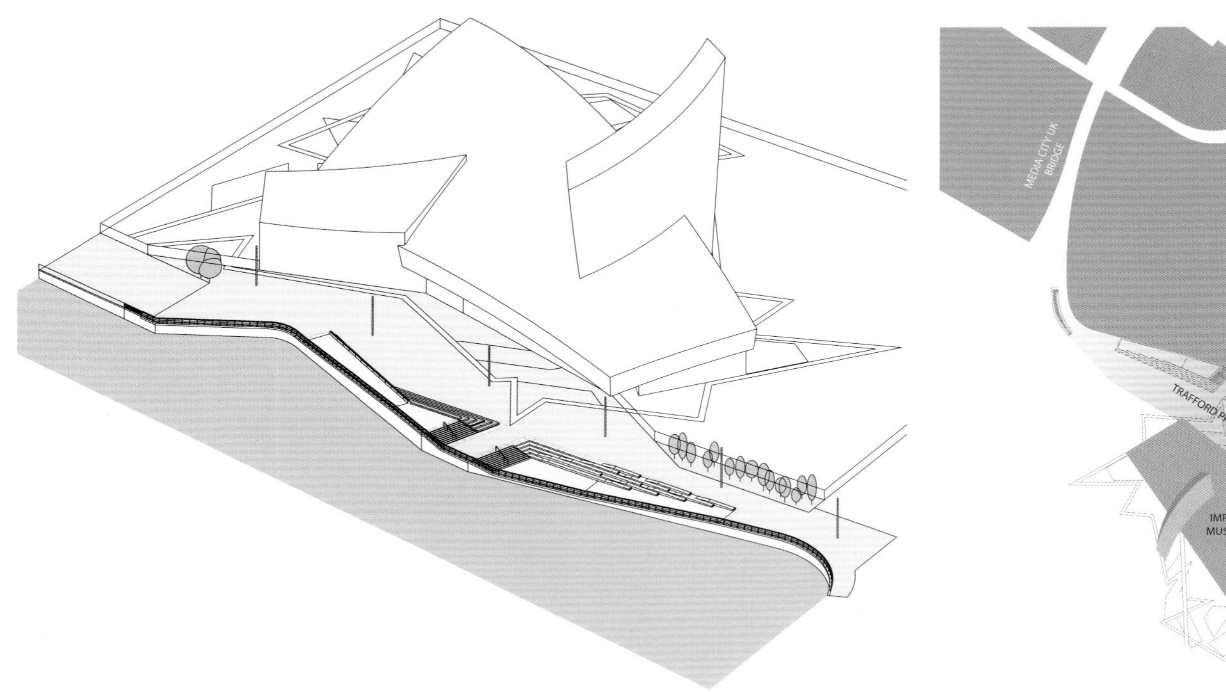

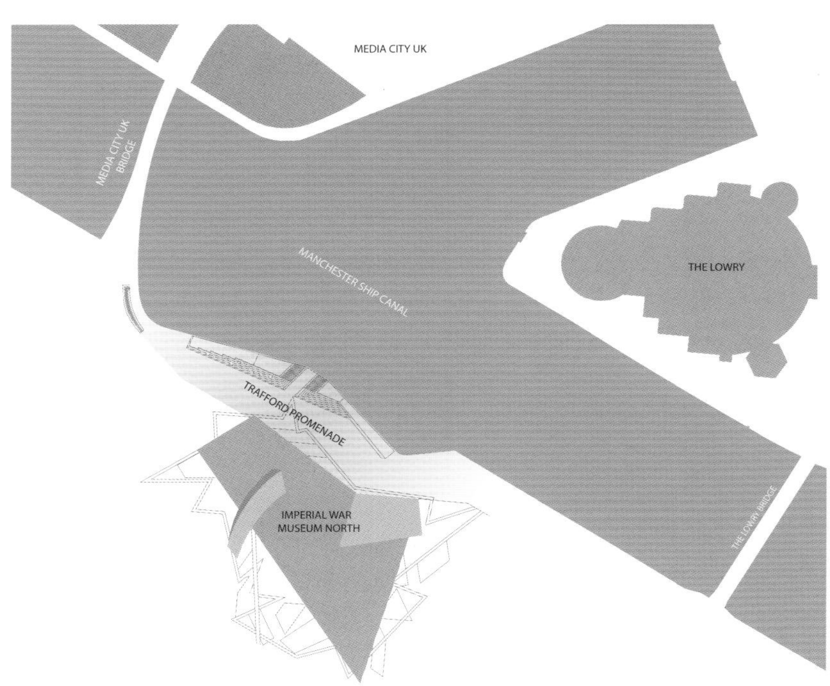

该码头周围地区由位于伦敦的FoRM联合公司承担设计工作，其后面即为由知名建筑师丹尼尔・利伯斯金设计的英国皇家战争博物馆北馆（IWMN），该码头周围地区现已向公众开放。该新建的码头周围地区是欧韦尔城市公园总体规划一期工程的最后一个建设项目，这处8km长的河滨公园将索尔福德、曼彻斯特和特拉福德联系起来，其由FoRM联合公司于2010年建设完成。与其相连接的有一座由威尔金森建筑师事务所设计完成的媒体城人行天桥，该码头周围地区成就了码头区一个重要的循环回路式空间，是大曼彻斯特区的一个至关重要的重建区域。通过将英国媒体城（英国广播公司新址所在地）与IWMN、曼联体育场、洛利艺术中心联系起来，该环形空间赋予在这里行走的人们以全新的体验。FoRM联合公司的设计应用了凹凸式几何图形，创造了一处富于想象力的公共空间，在空间设计上实现了对IWMN以及过街天桥的有益补充。IWMN新建了一处入口，码头周围地区的巧妙设计使IWMN和与之毗邻的水域建立了更加紧密的关联，有50%的访客通过该新建入口进入博物馆。

里瓦斯普利特滨水广场

景观设计：3LHD
景观设计师：Sasa Begovic, Marko Dabrovic, Tatjana Grozdanic Begovic, Silvije Novak, Irena Mazer
地点：克罗地亚
面积：24 707 m²
摄影：Mario Jelavic, Domagoj Blazevic, Damir Fabijanic

该项目非常关注细节，随着岁月的流逝，某些滨水空间的功能区更显清晰，而又丝毫看不出建筑设计的痕迹。以前，沿北区的豪华宅邸和几座建筑设有一排咖啡馆、餐厅和面包房等各色场所。该项目改造过程中，这些店铺都从原址清除掉了，这是为了保证行人可以畅行无阻。

户外咖啡馆被改造为空间设计的一个元素，而不仅仅是功能区，展现了该项目的独特之处。遮阳棚、照明设施和其他设备均拥有不同的外观、型号和色彩，它们已经成为城市形象的一部分。这些元素在设计上均考虑到了当地的气候，并在其上设计了桅杆、帆船、帆和船舶的图案。

在节假日或举办音乐会、城市庆典期间，可以撤掉户外咖啡馆所有的桌椅、遮阳棚等，以保证人们可以自由通行。人行大道的北侧设有户外咖啡馆，南侧设有照明设施，栽种有棕榈树，还有几处形态各异的花园。该项目一个最为突出的设计特色在于空间的绿色元素，其给人们带来了很多惊喜，那绽放的鲜花、恣意生长的树木以及馥郁的芬芳气味使整个空间中都弥漫着大自然的气息。

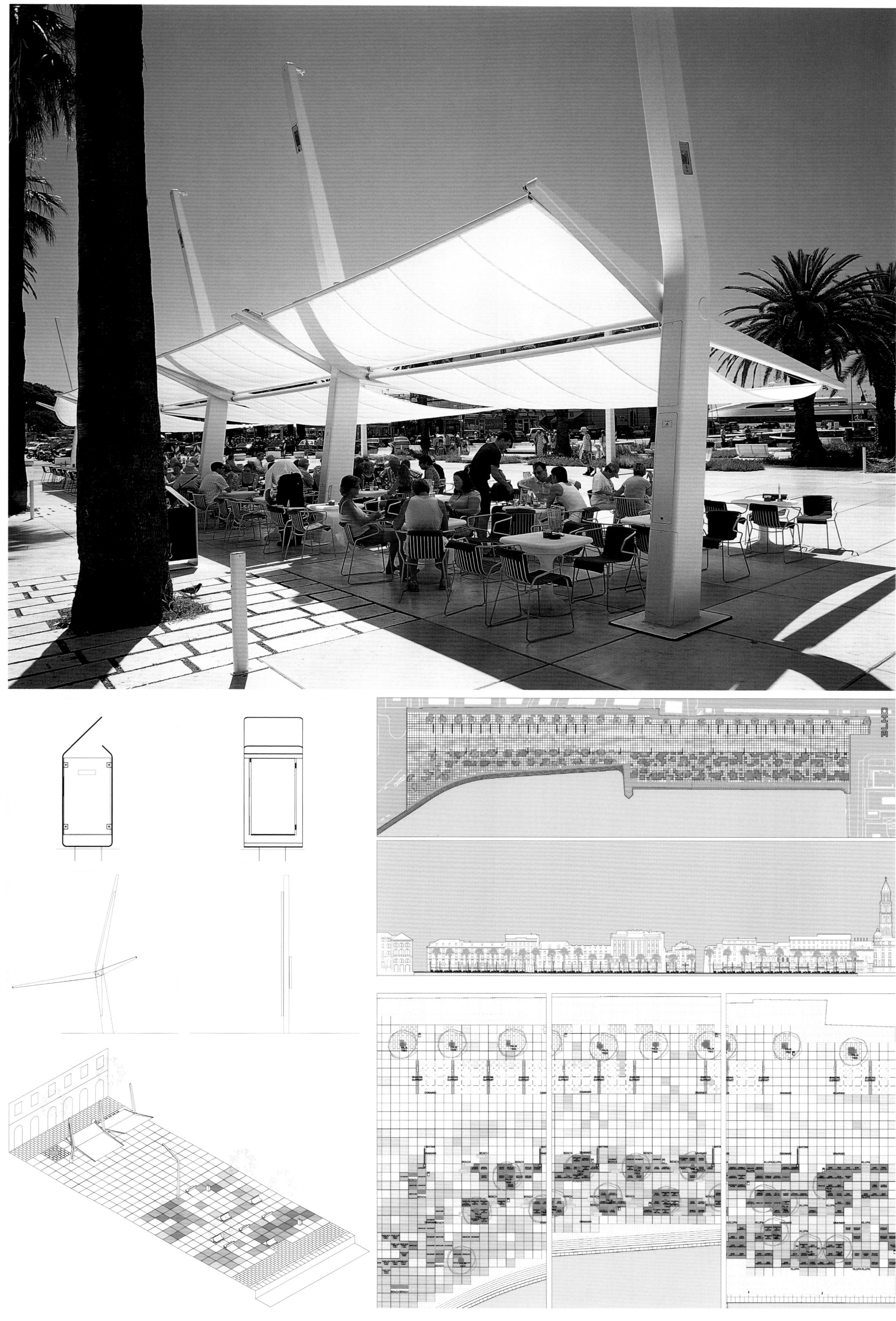

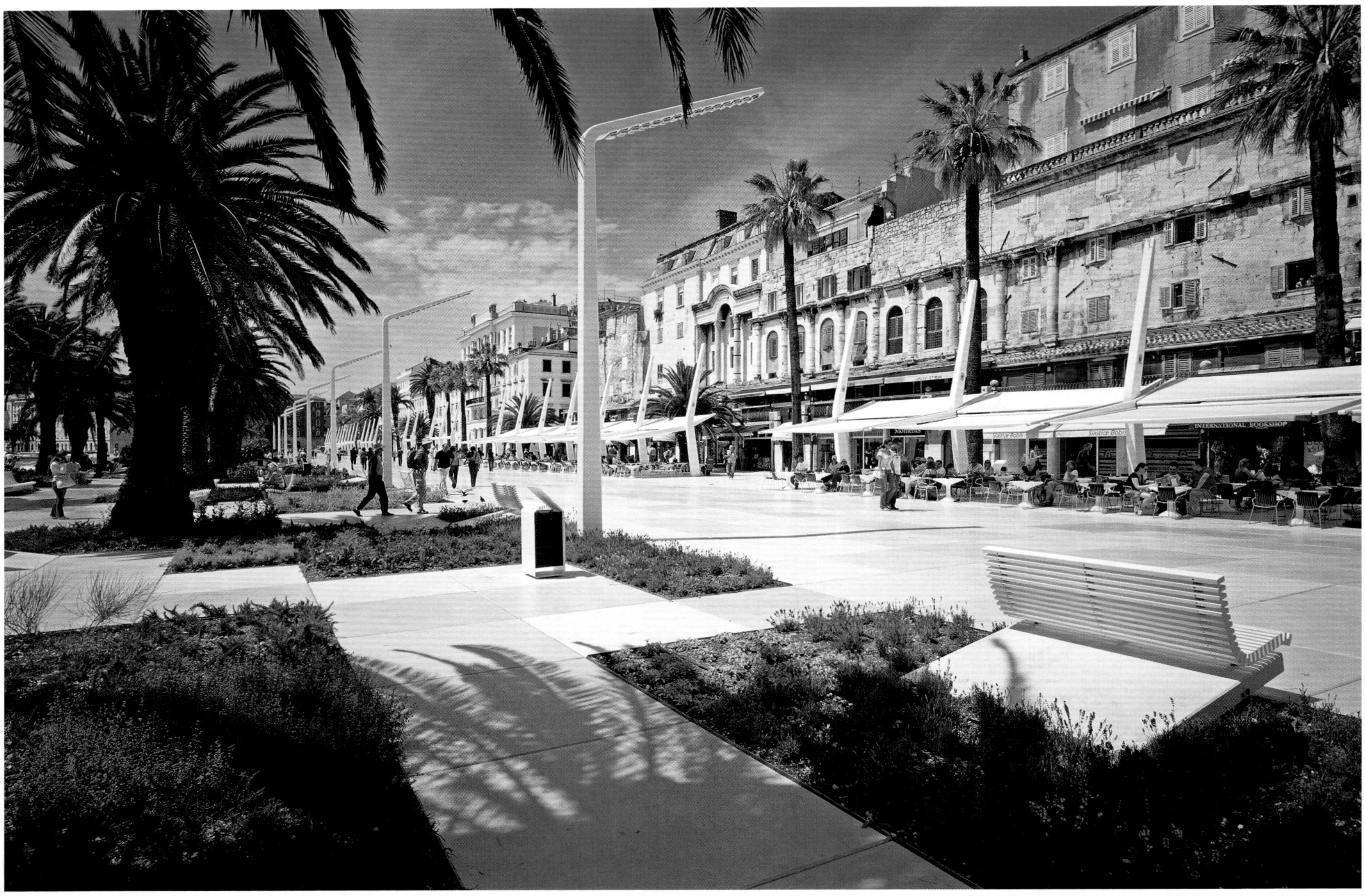

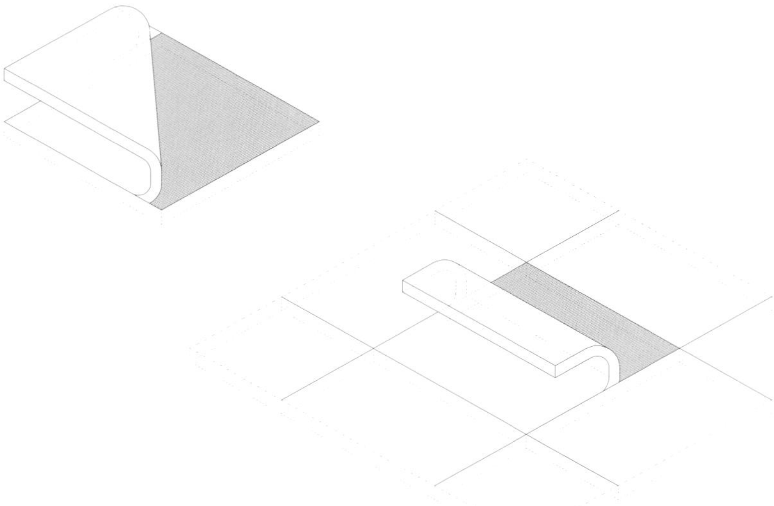

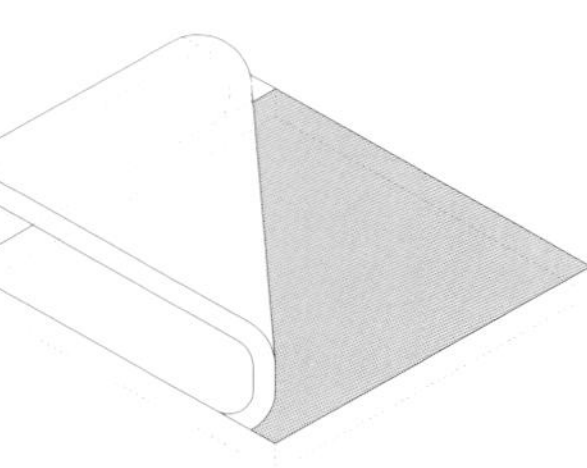

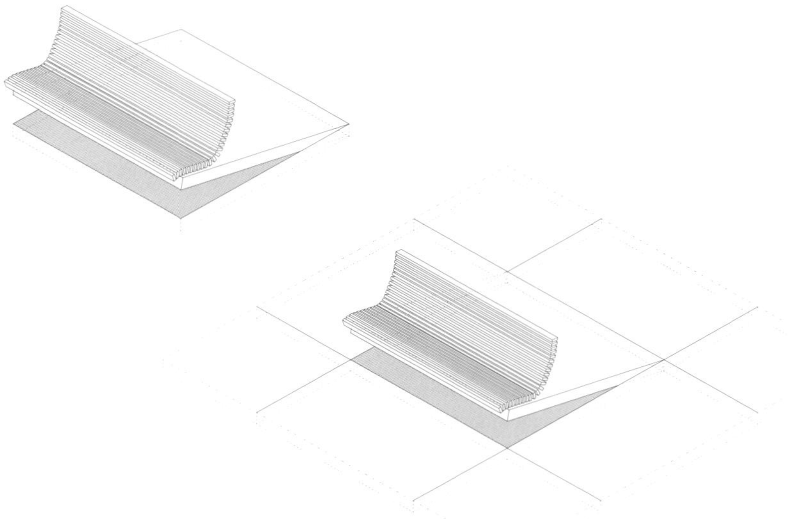

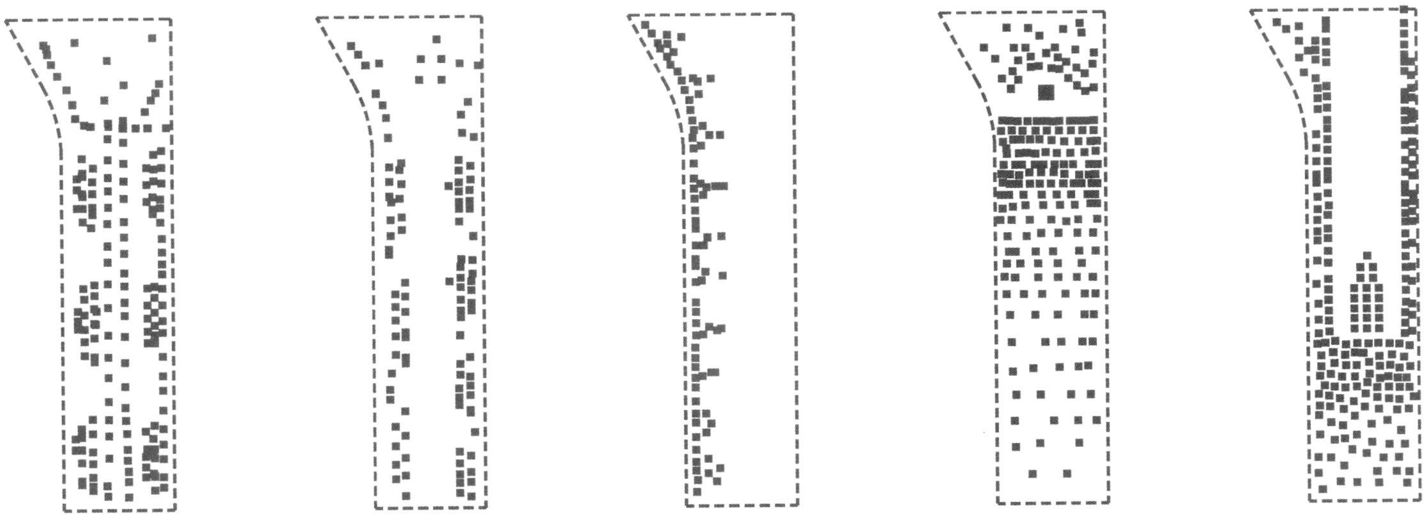

NIGHT RHYTHM

DAILY RHYTHM

BOAT SHOW

PUBLIC GATHERING

PROCESSION

霍尔斯特布罗河畔景观

景观设计：OKRA landscape Architects

地点：丹麦

面积：2.3 hm^2

摄影：OKRA

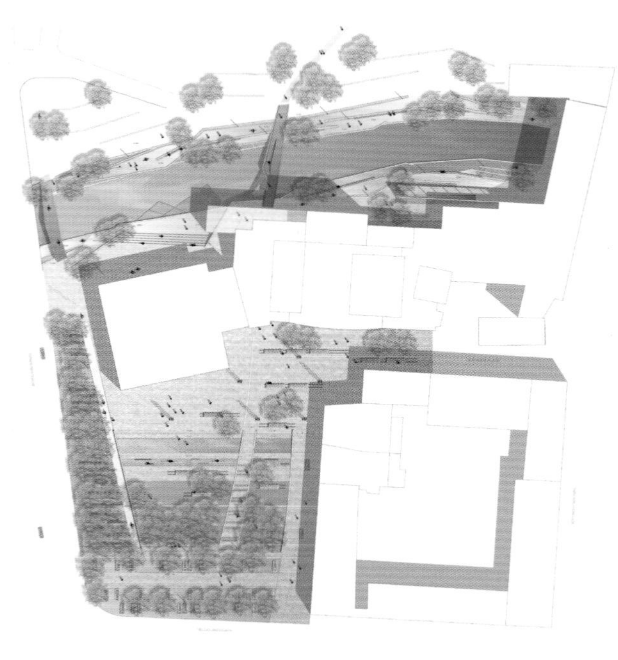

该项目的完工使整个城市的面貌大为改观，它将城市中心的两个部分联系起来。文化建筑周边的公共空间，如电影院、舞厅等都被设置在户外的空间中，这为整座城市增添了新的活力。

河畔空间通过改造后变成了一处公共剧场。这里有长长的通道、多个的景点以及供人们休憩的区域。这是一处极具人性化的空间。空间中央的一座桥将河两岸的空间联系在一起，人们可以从桥上穿过，亦可以在桥上驻足停留，欣赏美丽的风景。南边原来的停车空间被设计成了一座舞台，这里有大型的水景和长长的楼梯。旱喷在不喷水时便是供孩子们嬉戏的场所，喷水时便是供坐在不远处台阶上的人们观赏的风景。

比耶灵布罗滨水景观

景观设计： Møller & Grønborg A/S

地点： 丹麦

面积： 1 900 m^2

摄影： Møller & Grønborg

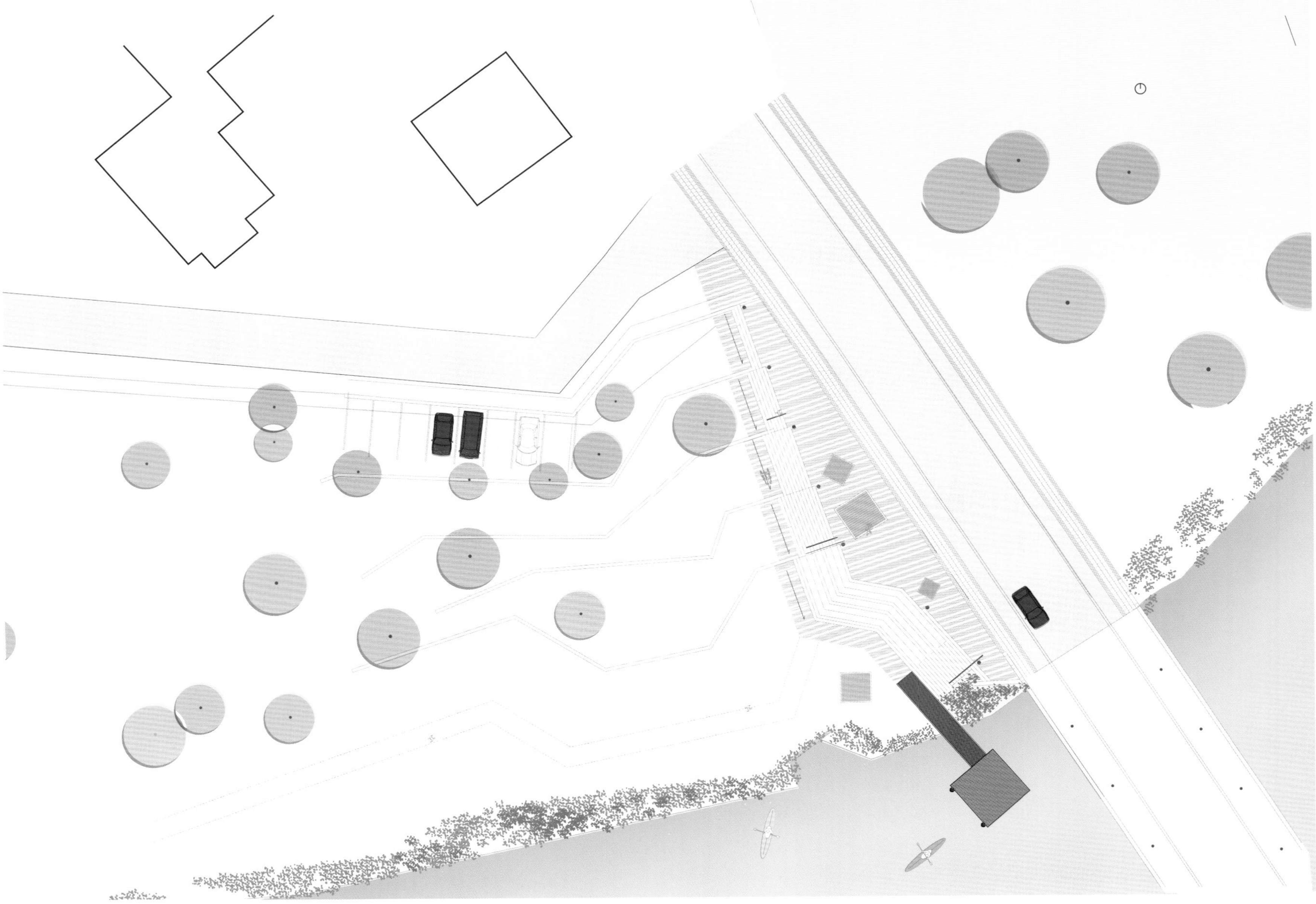

该滨水休闲项目是比耶灵布罗总体规划方案的一个部分。比耶灵布罗是丹麦的一座小城镇，一条河流从城中穿过，将该城分为南、北两个部分。这两部分通过一座桥梁联系在一起。桥畔滨水区光照充足的地方设计了一处阶梯状的城市广场，这也是当地人聚会的场所。这个地方是该城市中自然气息比较浓郁的地方。

该城市广场处在一个避风的位置上，光照充足，人们可以与朋友来此地碰头会面，或逗留休憩。人们不仅可以在这里享受城市生活，同时与大自然和美丽的水景有了近距离的接触。该项目的主要设计意图是凸显城市交通空间与景观、自然之间的转变——从桥上高速运行的交通转变到滨水景观区缓慢的生活。

该广场主要包含以下几个元素：阶梯、桥上平台、通往水域的斜坡和水上浮台。

台阶由大型的花岗岩砌成，被涂成浅灰色。该台阶使人们可以近距离感受水的魅力。同时，经过一定的设计，这些台阶可以供人们小坐休憩。最高一级台阶高出桥上平台 10cm ~ 15cm，这种设计可以避免发生意外时，失控的车辆顺着台阶驶下。

通往水域的斜坡在设计上可以方便所有的人（包括残疾人士）实现与水的亲密接触。水上浮台方便游人们在水畔逗留。

爱莫利维尔码头

景观设计：estudioOCA and OMG
设计团队：Bryan Cantwell, Matthew Gaber
地点：美国
面积：12 200 m²
摄影：Bryan Cantwell

该项目坐落在旧金山海湾地区，属于东边的海湾城市爱莫利维尔市，在该码头可以欣赏海湾大桥、旧金山天际线、恶魔岛、天使岛的美丽景色。

该码头最初是建在一片垃圾填埋场上，过了几年之后该地块变得更加坚固了，由此码头上建起了海湾小道和一座饭店。该设计团队与一个工程师团队合作设计了一个方案，将码头高度提升了 1.5m，这样的设计方法并没有给本土植物带来损害。

堆积出的乱石堆提升了海岸线的高度，这些石头是用驳船从海湾对岸的采石场运来的。特殊设计的填充物使得海岸线高于百年一遇的洪水线水位。新设计的多功能海湾小道确保了码头周边非机动车的交通安全。码头一角有一处开放式空间，人们在这里可以欣赏到美丽的风景。堆积的石头都露出地表，方便行人在此休息，这里也是当地垂钓者的心仪之处。

鹿特丹港口重建项目

景观设计：OKRA landscape Architects **地点：**荷兰 **面积：**5.3 hm^2 **摄影：**Ben ter Mull, OKRA

人们在看待鹿特丹时绝不会忘记这是一座位于马斯河畔的城市。码头是非常重要的过渡区和休闲区。休闲活动强化了城市和水域之间的关联。尤其特别的是，北边的码头植被多，环境氛围更为柔和。

北部海滨的两座码头 Westerkade 和 Parkkade 使其所在的鹿特丹海岸线浑然一体，这得益于设计的统一性，Parkkade 还是一处卸货码头，该地区这种类型的码头不多见，人们通过它能感受到鹿特丹这个海港的重要性。

Westerkade 是一处供人们休闲的处所。为了达成这个目标，这里不允许停车。这个绿意盎然的环境广受人们的欢迎。大部分的原有树木都得以保留。渡轮码头的前部设有一座新建的凉亭和一个露台，可在此俯瞰马斯河的优美风景。原来供水上的士停靠的码头则变成了马斯河畔的又一处迷人空间，在这里新建的木制平台可以供水上的士停靠。

原有的天然石材都实现了循环再利用。只有水边的步行区和项目场地两端在建造过程中使用了新材料。码头上其余的铺装都使用了原有的石材。

西克斯图斯排炮发射场的修缮工程

景观设计： C. F. Møller Architects　**地点：** 丹麦　**面积：** 6 500 m^2　**摄影：** Jens Lindhe

现在大多数的丹麦人都将历史遗迹西克斯图斯排炮发射场看作是在正式官方活动中发射礼炮的场所。这里也是丹麦王储弗雷德里克近距离了解那场发生于 1801 年 4 月 2 日的战役——哥本哈根战役——的地方。

西克斯图斯排炮发射场被收录了历史遗迹名录，它拥有防御工事的外观，位于霍尔曼海军基地的最高点，设置了防御土墙和排炮，凸出于哥本哈根港口中。防御土墙上长满了青草，这里还有树龄很长的菩提树和用方石堆砌成的墙壁，真可谓是一处风景如画的公共空间。然而，最近该地块的绝大部分都处于破败的状态之中，急需全面的修缮和整治。当获得新的资金支持之后，该改造项目变得更加具有可实施性。西克斯图斯排炮发射场的修缮工作将重点放在呈现建筑与景观的总体设计特色上，使其建筑和景观重新成为哥本哈根港口地区的亮点所在。该修缮工作充分尊重了这个地方的历史和独特性，以及该地的文化和建筑遗产。当然，在修缮过程中也参考了一些历史资料和图片。

该改造项目致力于提升该公共空间的便捷性，在防御土墙上新设计了一处残疾人通道，还在这里修建了一条小路和一处新的防波堤。使用耐久材料，通过始终如一的、富有现代色彩的建筑语言，设计师在空间设计中增添了一些新的元素。

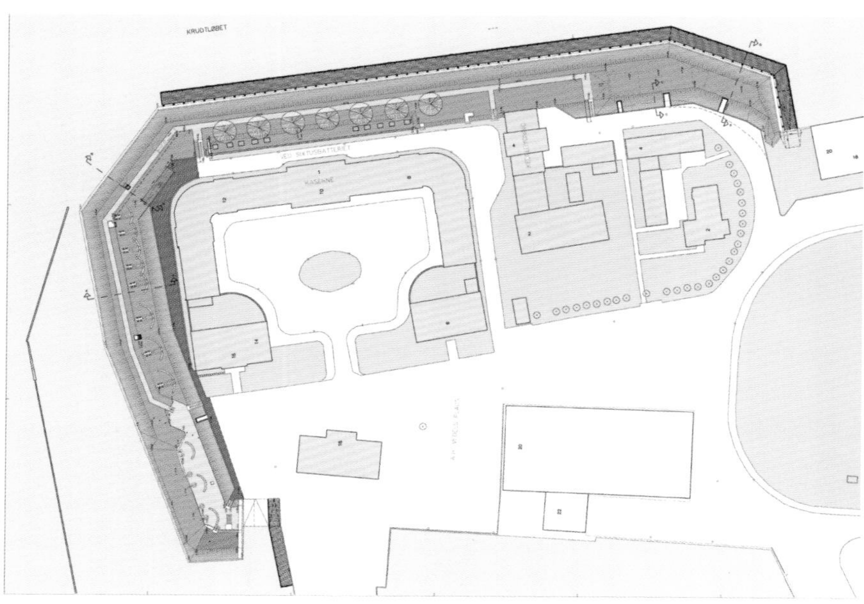

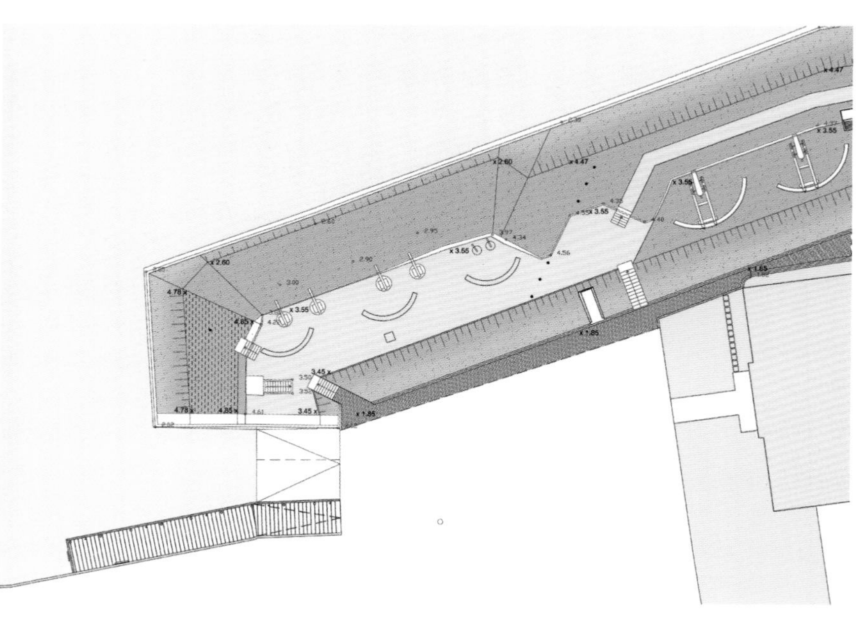

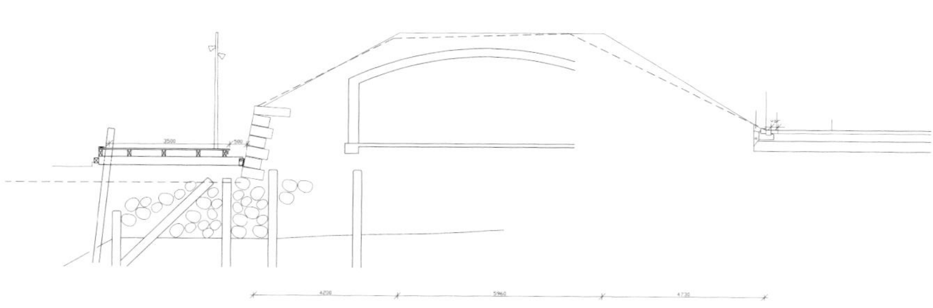

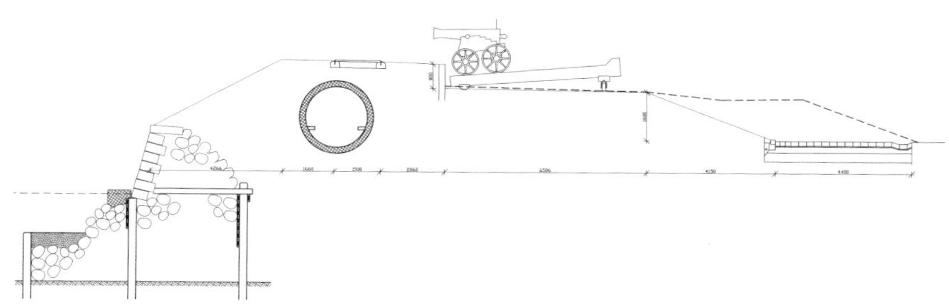

德拉瓦河河畔重建项目

景观设计：estudioOCA
设计团队：Ignacio Ortinez, Bryan Cantwell, Alberto Giorgiutti
地点：斯洛文尼亚
面积：23 hm²

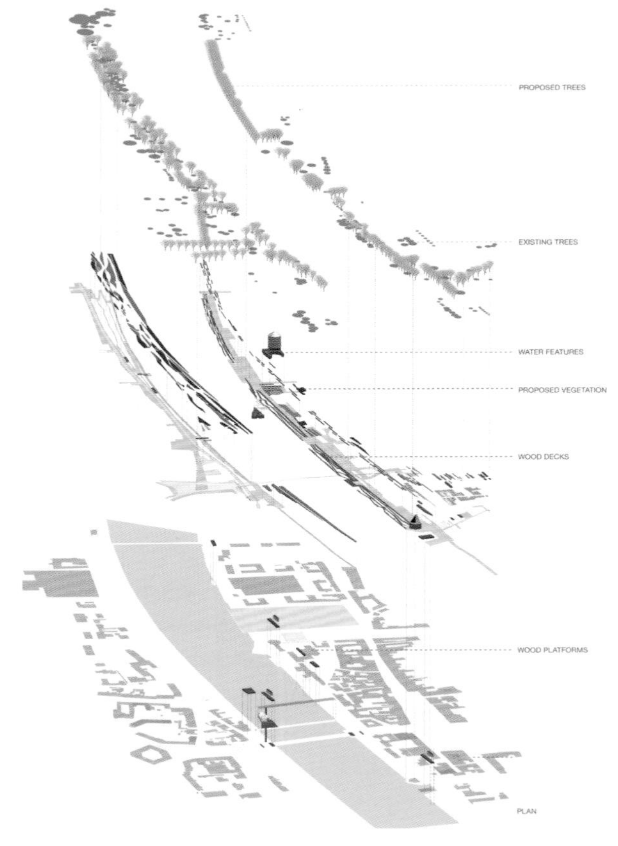

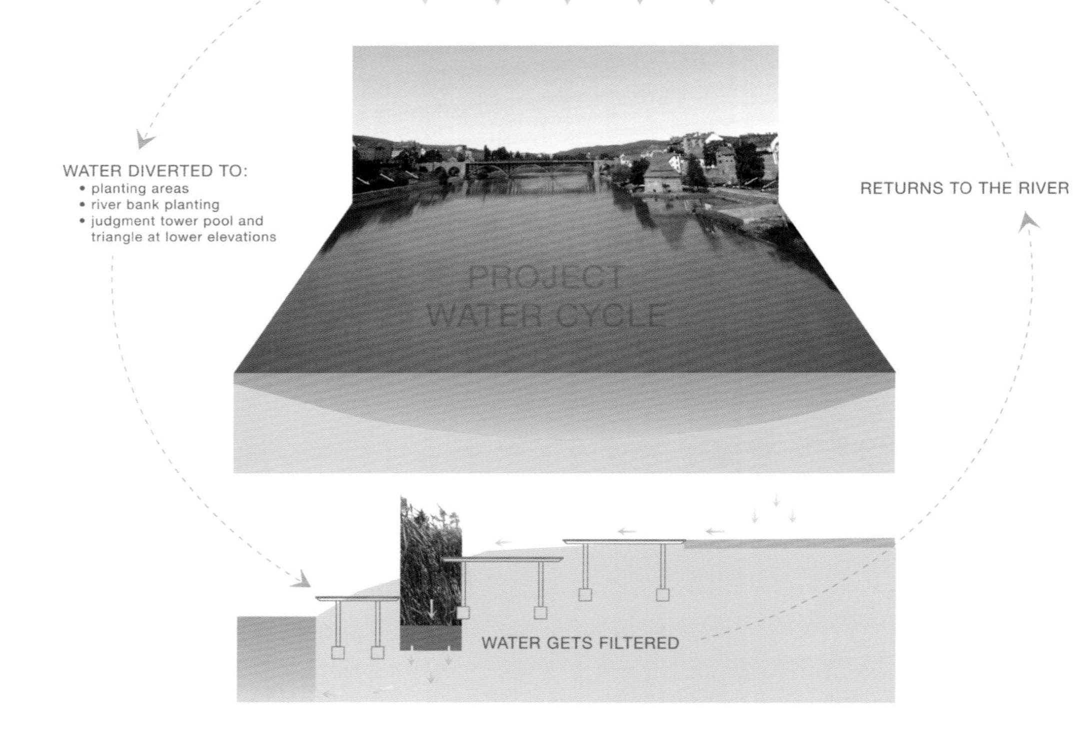

这个位于河畔的重建项目具有诸多可能性，但最终目的都是提升城市生活品质、改良空间配置。这里没有什么宏伟的建筑结构，整个地区仍为开放式的，空间非常开阔。居住在这里的人们可以带着孩子在河边漫步、垂钓，人们可以在大树下驻足停留，晚上观看一场演出（舞台以水塔为背景），人们可以沿河岸散步同时欣赏城市霓虹。人们还可以到大桥处乘坐渡轮，在船的木质甲板上休息，并欣赏河流的风光。

设计与原有的环境相协调，并没有进行不必要的改变，最终使景观与地形相融合。该项目的一个主要设计目标是赋予地块以清晰、明朗的外观，使空间拥有最多的功能配置。又长又宽的人行道指引着人们来到生机勃勃的河岸边，人们在这里可以享受美好的景致。

所有的空间都进行了特别的设计，残障人士也可以享受更便利的设施。该项目设有一个简单的雨水过滤系统，高效、经济的过滤过程可以通过该系统实现。

6
1
2
3
WATER TOWER
REFLECTING POOL
• Native wetland planting
• Collects & filters
surface rainwater
NEW FERRY
CONNECTION NODE
FORT POOL
• Native wetland planting
• Collects & filters
surface rainwater
TREE COURT
• Outdoor dining
• Quiet area, hidden
MOVABLE PLATFORMS
• Move to form large stage
in plaza
PLANTING STRIPS
• Native wetland planting
• Collects & filters
surface rainwater
UNDULATING
WOOD DECKS
MOVABLE PLATFORMS / BARGES
• Flexible stages for concerts,
sunbathing, etc.
HISTORIC URBAN CENTER
• Urban waterfront promenade
• Riverside Café seating
• Entertainment
• Small flexible stages
• Retain existing paving at key locations
ENTERTAINMENT ZONE
• Restaurant terraces
(shade in summer,
covered in winter)
• Performance Area
• Entertainment
PLANTING STRIPS
• Native wetland
planting
• Collects & filters
surface rainwater
SCENIC OVERLOOK
OLD TABOR
• More urbanized
• Vegetation
NEW FERRY
CONNECTION
NODE
256.00
263.00
256.00
256.00
256.50
257.00

屋顶花园
Roof Garden
KEYAKIZAKA DORI[DISTRICT 4]
RESIDENTIAL TOWERS

六本木新城

景观设计： The Jerde Partnership

地点： 日本

面积： 11.49 hm^2 / floor 724 600 m^2

摄影： Daici Ano

L01 L02 L05 L06

B02 B01 L03 L04

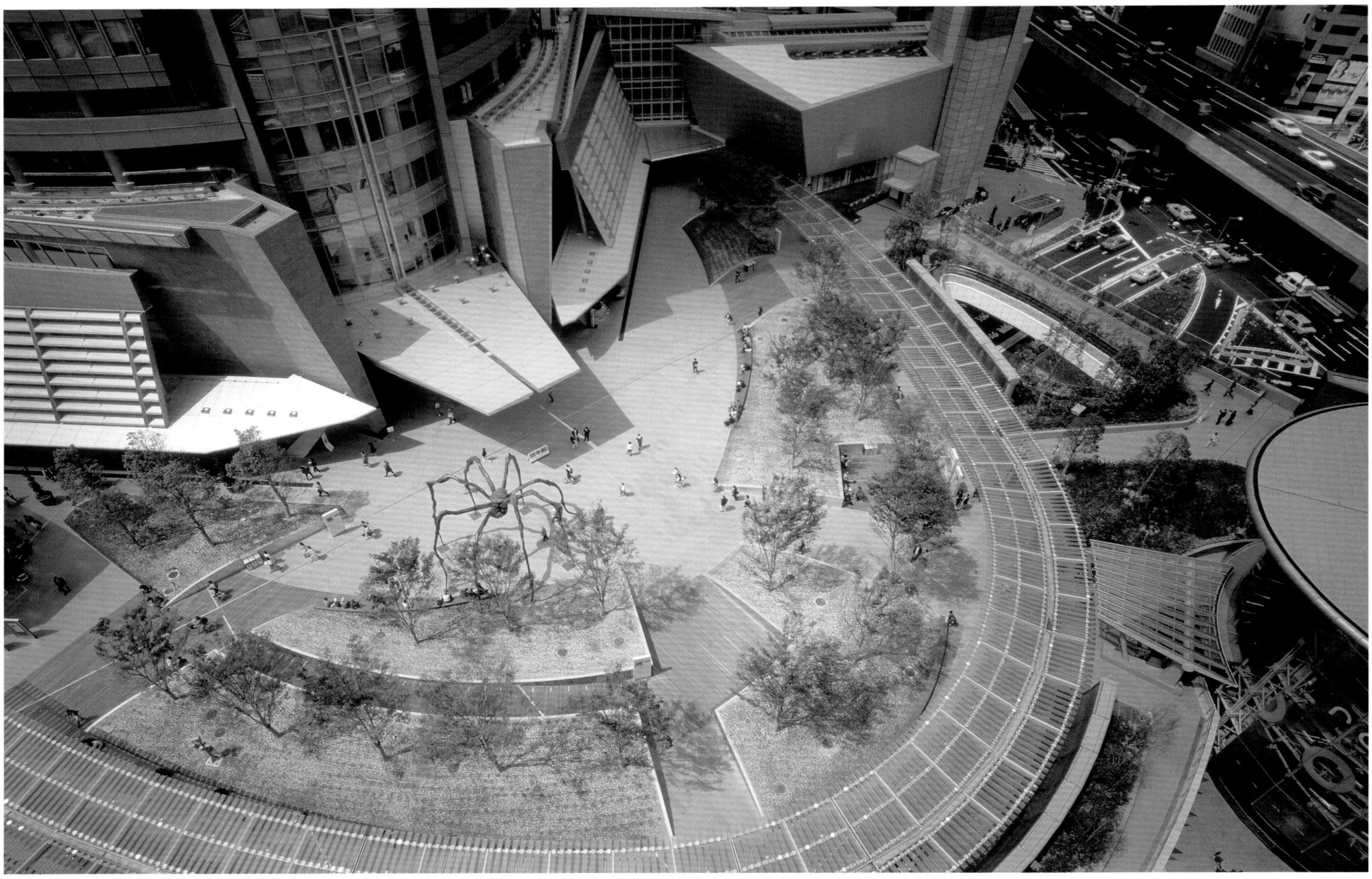

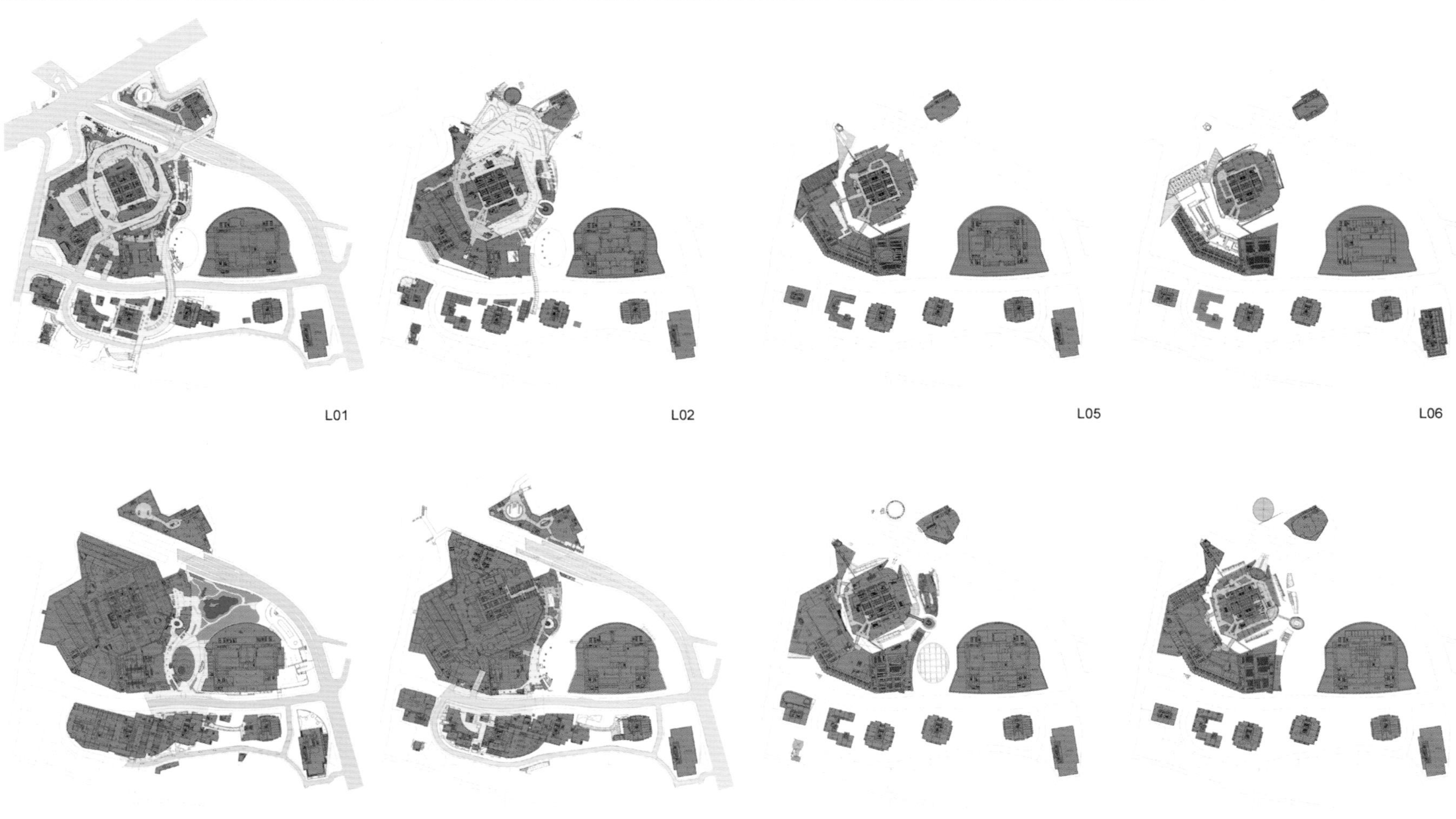

二战后，东京快速、无规划的开发和工业化严重影响了当地人的生活质量，就像许多其他城市一样，整座东京城的土地被分割得七零八碎。莫里建筑公司首席设计师将六本木新城项目看作是调整东京飞速发展中的城市建设的一个手段。为了做到这一点，他想建设一个全新的、富于文化气息的、以社区生活为主的“中心城区”，它将成为世界上顶级的城市生活区之一。富有经验的建筑事务所受委托承担该项目的建设，该事务所拥有较多的成功案例，包含广受好评的福冈运河城市博多的设计以及世界各地的其他城市重建项目。

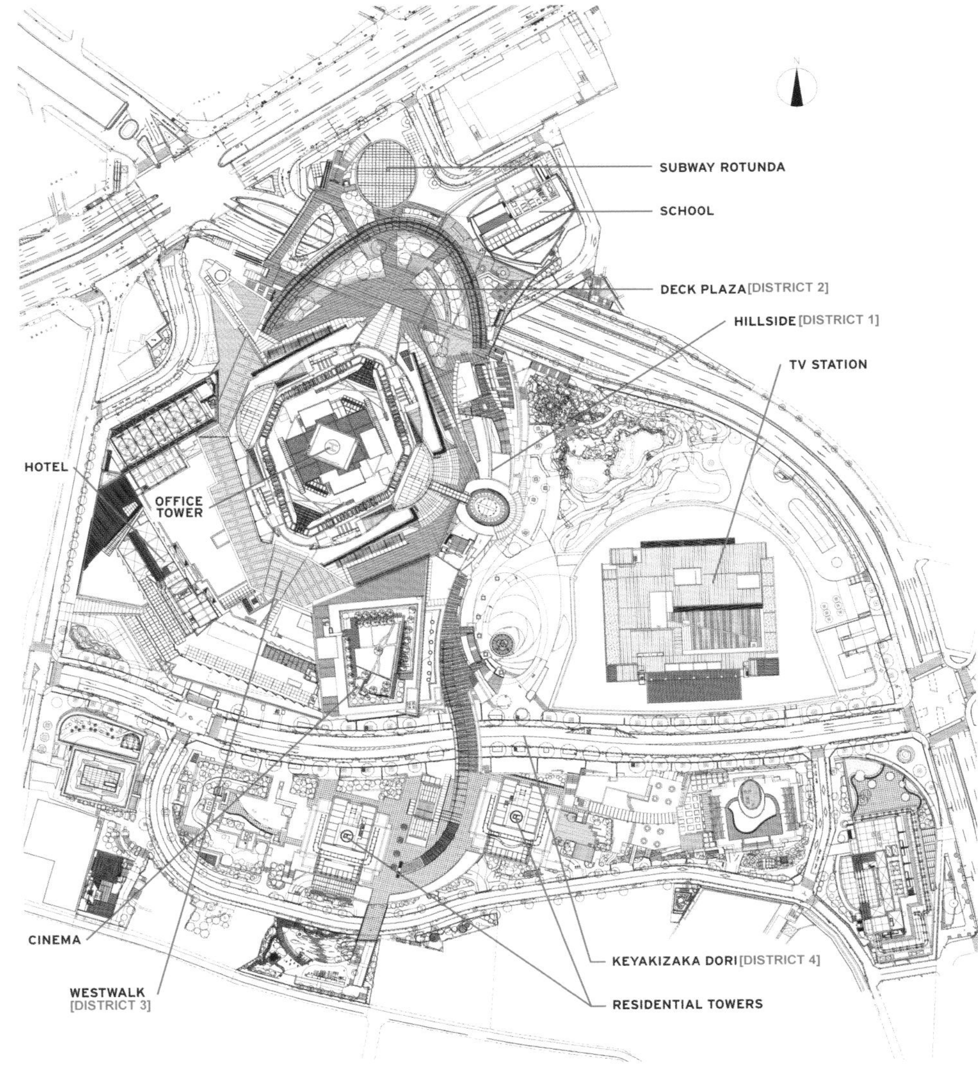
SUBWAY ROTUNDA
SCHOOL
DECK PLAZA [DISTRICT 2]
HILLSIDE [DISTRICT 1]
TV STATION
HOTEL
OFFICE TOWER
CINEMA
WESTWALK [DISTRICT 3]
KEYAKIZAKA DORI [DISTRICT 4]
RESIDENTIAL TOWERS

大阪难波公园项目

景观设计：The Jerde Partnership

地点：日本

面积：3.37 hm^2 / total floor 130,064 m^2

摄影：Hiroyuki Kawano

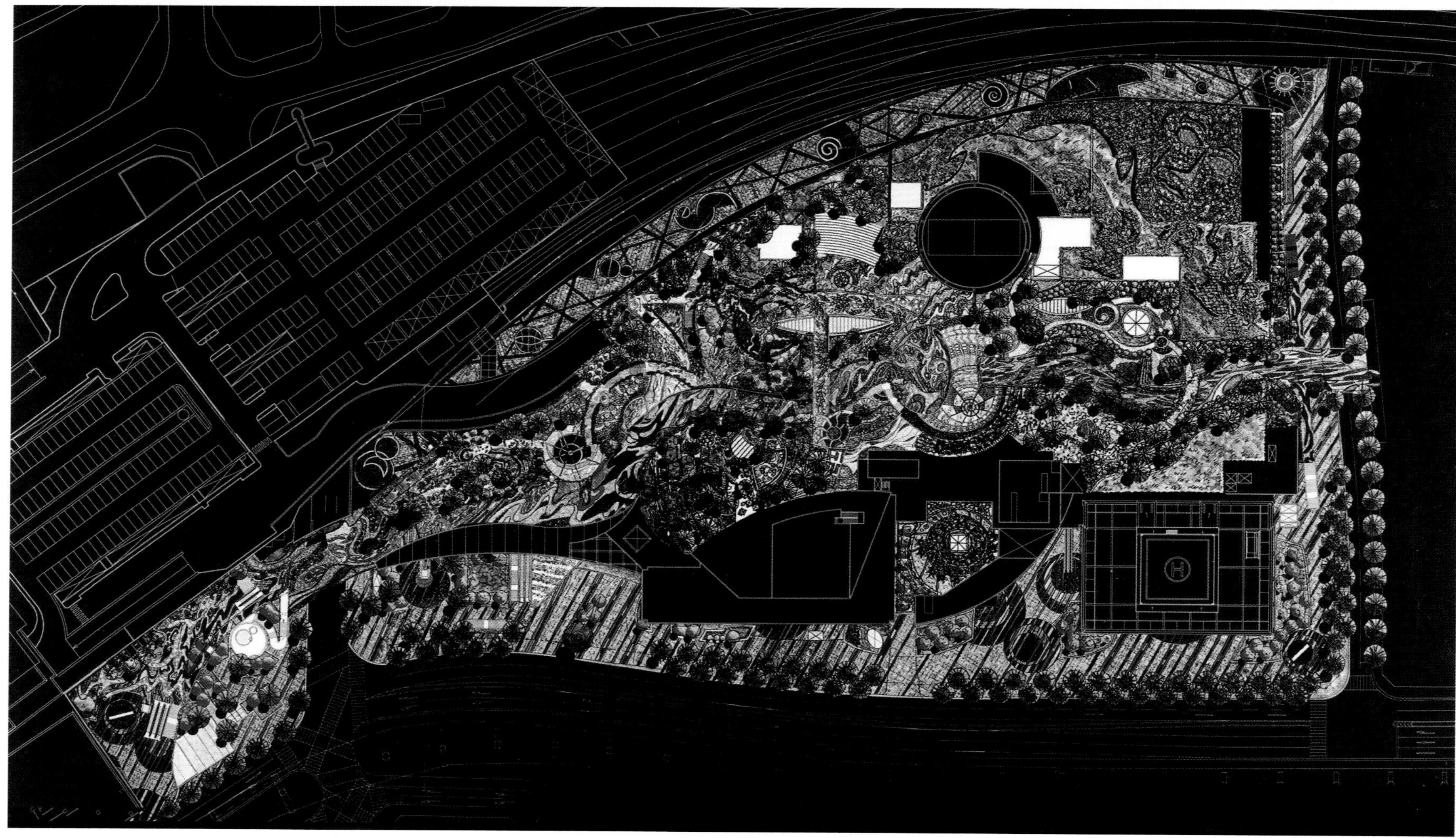

该项目的内部结构为一个人造的峡谷。最初，客户的想法是建造一个简单的混凝土通道，它能将项目地块的南北两部分联系起来。设计师提议建造一处人造峡谷。该峡谷由有色石块建造而成，使该项目与大自然之间联系更为紧密。峡谷的小路是经过精心设计才完成的，营造了神秘的氛围，并构建了形形色色的凹地、洞穴、山谷以及其他类型的空间。峡谷的两边通过玻璃桥梁联结起来，到了晚上，该桥梁就变成了电弧光管。所有的垂直空间均采用顶部照明形式。

难波公园使整座城市焕然一新。公园附近有一座30层高的办公楼和一座46层高的住宅楼。该项目的屋顶花园跨越多个街区，它体现了一种全新的生活方式。该城市的自然元素比较稀缺，这座倾斜的被绿色植物所覆盖的公园非常醒目，是城市中一道亮丽的风景线。公园的斜面与街道相接，人们很自然地就会进入这个拥有绿树、水景、平台的美景之中。人们可以在这里用餐、读书、交友，或是欣赏城市的美景。

美食广场

景观设计：TROP
景观设计师：Pok Kobkongsanti
地点：泰国
面积：total 2000 m²
摄影：Pok Kobkongsanti, Wison Tungthunya

该美食广场是由中央零售有限公司承建的四个颇具特色的项目中的一个。该项目的主要设计元素有大地、水、风和火。其设计灵感来自于“大地”这个主题。

该项目位于建筑的顶部，即第18层楼上。这里可以欣赏到曼谷中心城区风景。该项目始于2007年。该项目的内部设计由DEPARTMENT OF ARCHITECTURE（建筑部）承担，这是泰国的一个年轻的建筑设计工作室。该工作室委托T.R.O.P承接该项目的外部景观设计部分。该项目一个最显著的特点即拥有毫无阻碍的全景式视野。设计师的第一项设计任务是使视野进一步优化。外部空间面积约为900m²。客户要求在户外空间中放置尽可能多的座椅。该露台的外形不是矩形的，而是半椭圆形的。因此，设计师采用了颇具趣味的座椅安排方式。同时，设计师在主露台的一些区域做出高差，这样就可以把空间分成几个不同的区域：主就餐区、私人区以及高空酒吧等。

恰如一开始所达成的共识，该地块所使用的主要材料为木材，以体现“大地”这个主题。设计师希望所营造出的空间能够给任何一个到这里来的人都留下深刻而特别的印象。

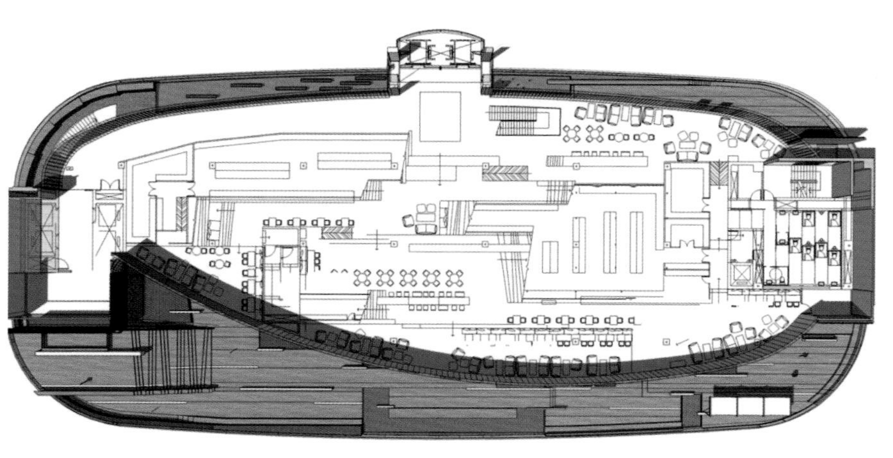
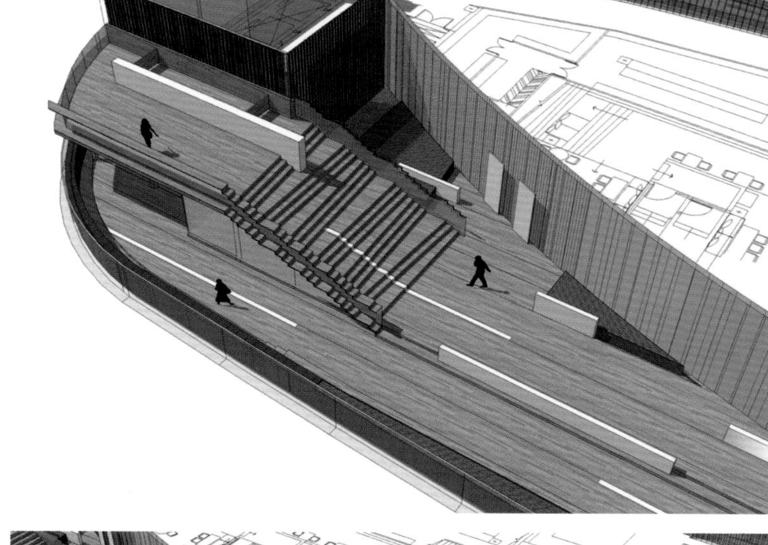
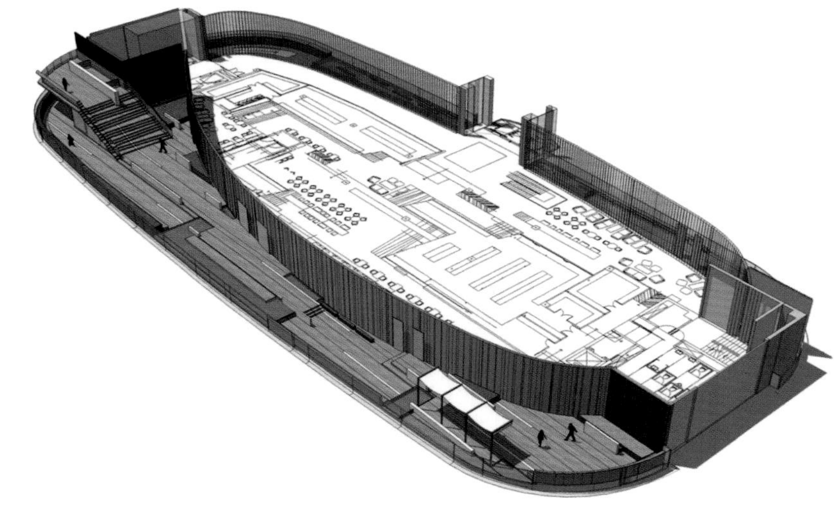
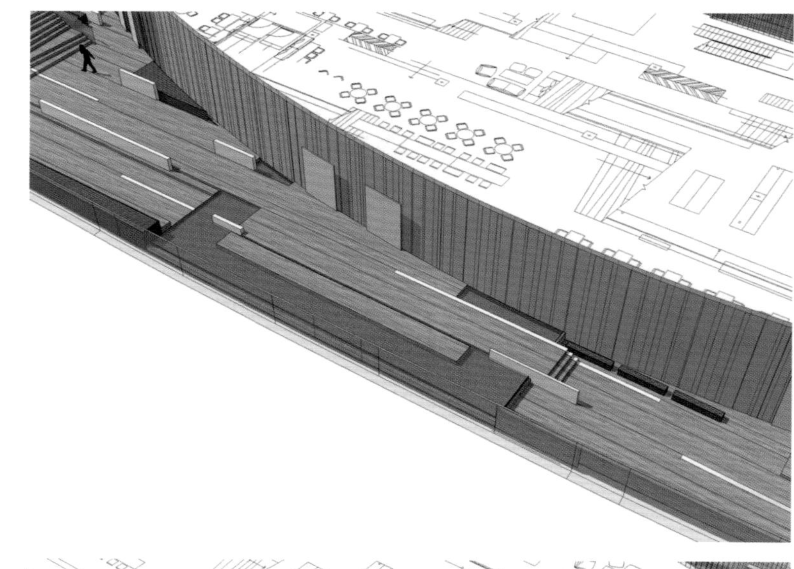
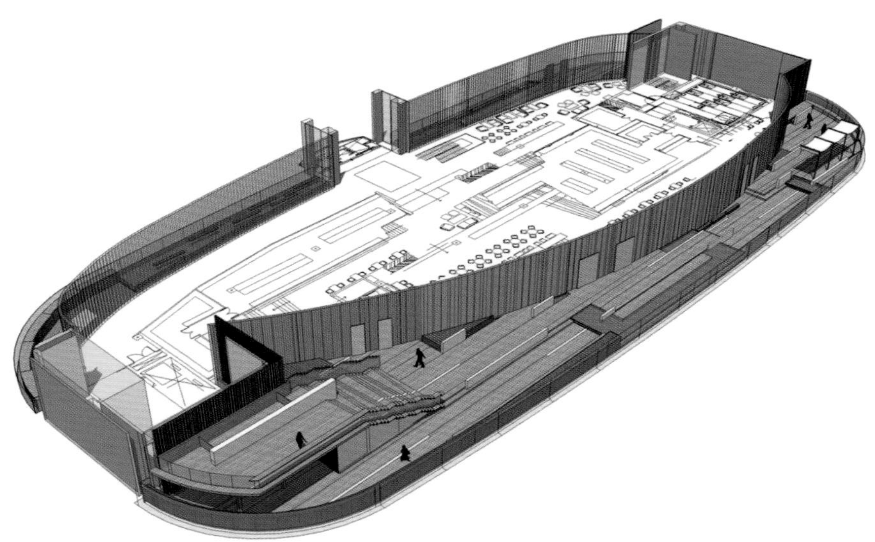
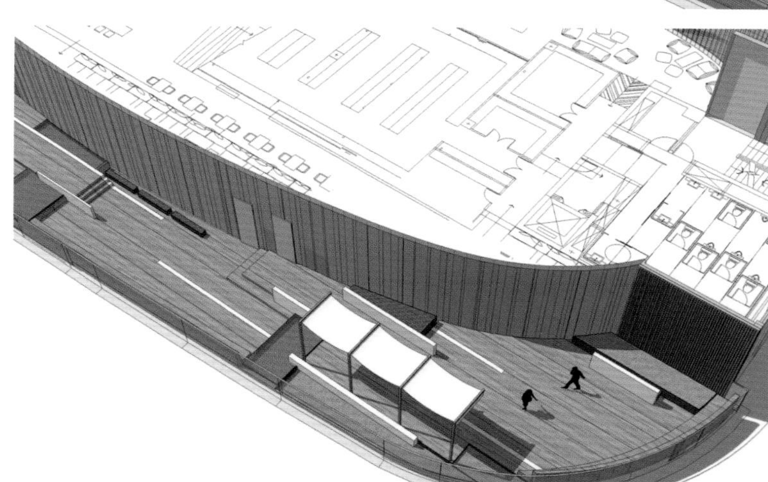

希尔顿中央芭堤雅酒店

景观设计：TROP
景观设计师：Pakawat Varaphakdi, Bun Asai
地点：泰国
面积：first floor 1 252 m^2
摄影：Adam Brozzone, Charkhrit Chartarsa, Pok Kobkongsanti

设计师所承担的希尔顿中央芭堤雅项目的设计范围包含一层的酒店住宿区和 17 层的酒店屋顶花园。

芭堤雅希尔顿公园位于一座大型购物中心的顶上。当设计师接受委托承接该项目时，购物中心业已建成。也就是说，对于这座花园，设计师必须根据已有的建筑结构和环境特点进行设计。

设计师发现该地块的三个显著的特点：

屋顶中央有一个巨大的天窗；天窗位于屋顶正中央，这样可供设计花园的区域就非常狭小；屋顶的不规则边缘。

设计师将屋顶部分划分成三个主要区域。

1. 入口大厅

该区域的大厅位于 18 层。当人们走出电梯时，该大厅将是他们看到的第一处空间。

2. 露天平台

就如设计师所指出的，天窗周边的空地不多。然而，仍需要在这个稍显局促的空间中设计健身房和洗手间。因此，设计师在空间上方加建了一层空间，使健身房和洗手间与酒店大楼连在一起。最后设计出的是一处空间开阔的露天平台，人们通过 19 层可以直接进入这个平台。

3. 水池

为了避免水池的外形显得过于复杂，设计师使用简单的曲线来设计水池。

LOBBY TERRACE
+38.90
UP
TO BALLROOM
DN
TO MEETING
SHOP
SHOP
LOBBY
+39.00
TOWER
CARPARK
+39.00

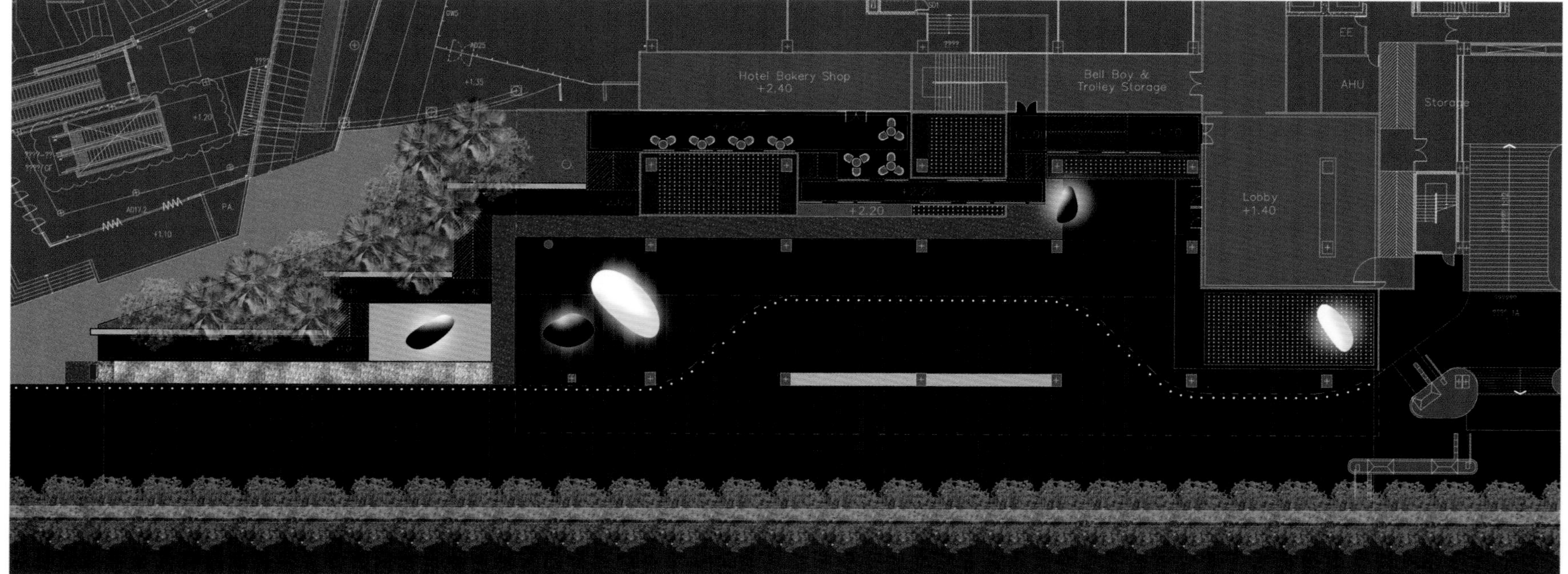
Hotel Bakery Shop
+2.40
Bell Boy &
Trolley Storage
AHU
Storage
Lobby
+1.40
+2.20

shore

温泉浴室、诊疗室及酒店

景观设计：Jensen & Skodvin Architects

地点：奥地利

面积：17 500 m²

摄影：Jensen & Skodvin Architects

该项目位于一处受保护的公园之中，该项目包含了一处拥有大约50间不同类型的诊疗室的疗养区、一座拥有几种不同类型的餐馆和咖啡馆的四星级酒店以及一处公共温泉浴室（供病人以及其他游客使用）。位于疗养区中央的病人等候区围绕庭院展开设计，这样可以满足病人等候区内的采光要求，同时使人们看到绿色的植被，这种设计使人们仿佛置身于公园中一般。一整套治疗可能会持续几天并包括几种不同的治疗过程，在这些治疗过程中，病人们需要在一个开放式的透明等候区等待。该建筑景观设计的一个主要目标是使多个功能空间融为一体，从而类似于一座医院。项目的内部空间由一个广告策划公司设计完成。

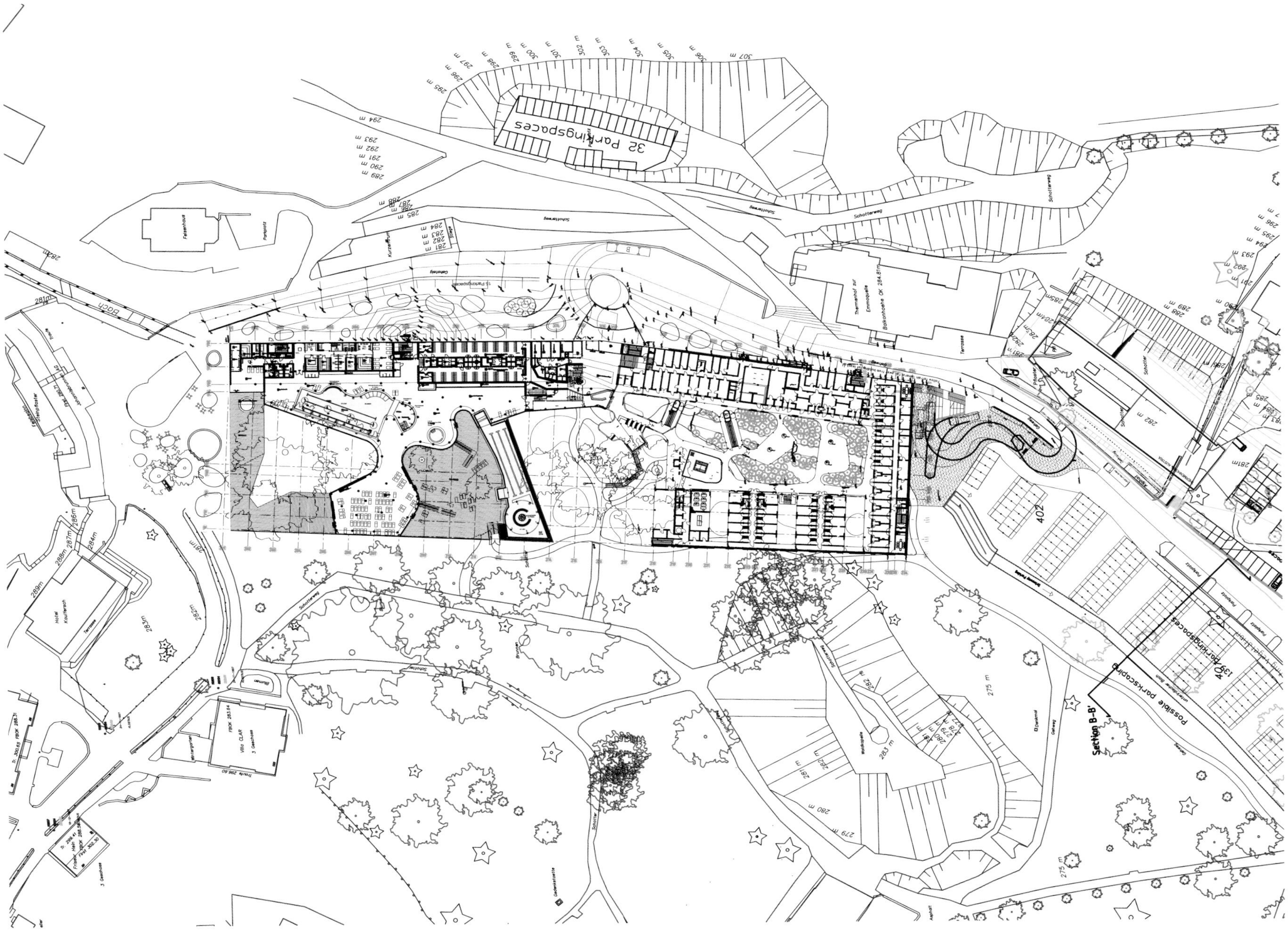

弥敦菲腊广场屋顶花园

景观设计：PLANT　**设计团队**：Chris Pommer, Lisa Rapoport, Mary Tremain, Elise Shelley, Vanessa Eickhoff, Lisa Moffitt, Jane Hutton, Heather Asquith, Lisa Dietrich, Suzanne Ernst, Jessica Craig, Jeremy McGregor, Matt Hartney　**地点**：加拿大　**摄影**：Steven Evans, Chris Pommer

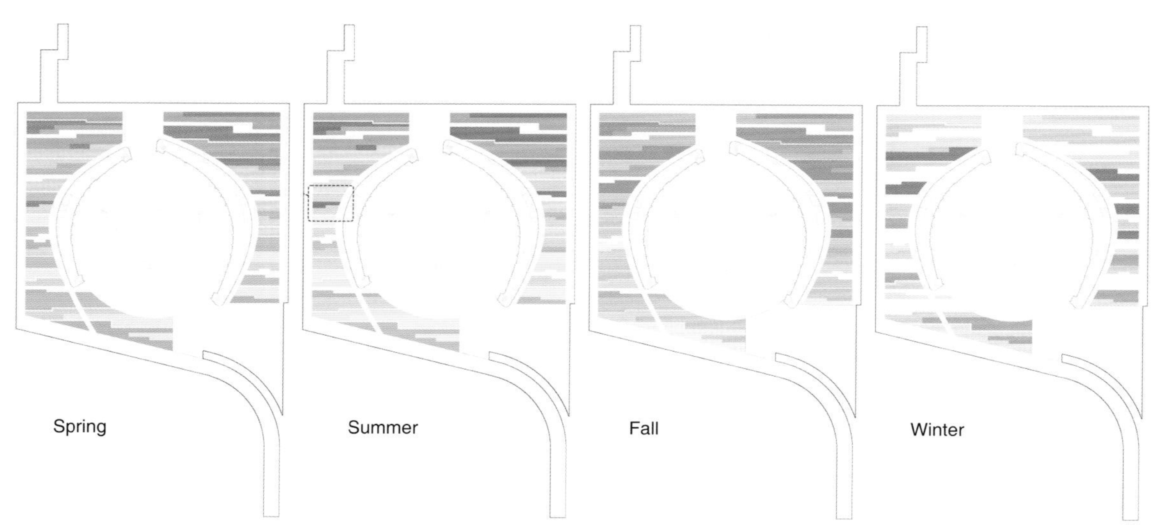

该屋顶花园是弥敦菲腊广场改造项目的一期工程。雷维尔市政厅和多层广场建于 1965 年，其顶部空间面积为 12 000m²，这里最初是一处可以举行各种仪式的公共空间。这个沉郁、空旷的混凝土空间从未引起过公众的注意，十多年来它一直不对公众开放。设计师对这处空间进行了重新设计，将其转变成一处开阔的公共绿地，并与周边的立体交通系统融为一体。该项目不仅充分尊重了该建筑所拥有的历史价值，同时被赋予迷人的 21 世纪空间设计的特点，并向公众开放。该屋顶空间通过环境景观设计变成了一个成功的公共空间，人们都喜欢上了这个地方。这是加拿大规模最大的对公众开放的绿色屋顶花园，也是多伦多最优秀的绿色屋顶项目。

在保护历史传统价值的前提下，该项目充分挖掘了该地点的空间潜力，它可以成为一处附属于主广场的公共空间，一个举办各种仪式的地点，一个可以近距离欣赏市政厅建筑的观景地点，等等。该屋顶花园还是一处绝佳的休憩场所，使人们可以暂时逃离布满钢筋混凝土的冰冷的城市空间。

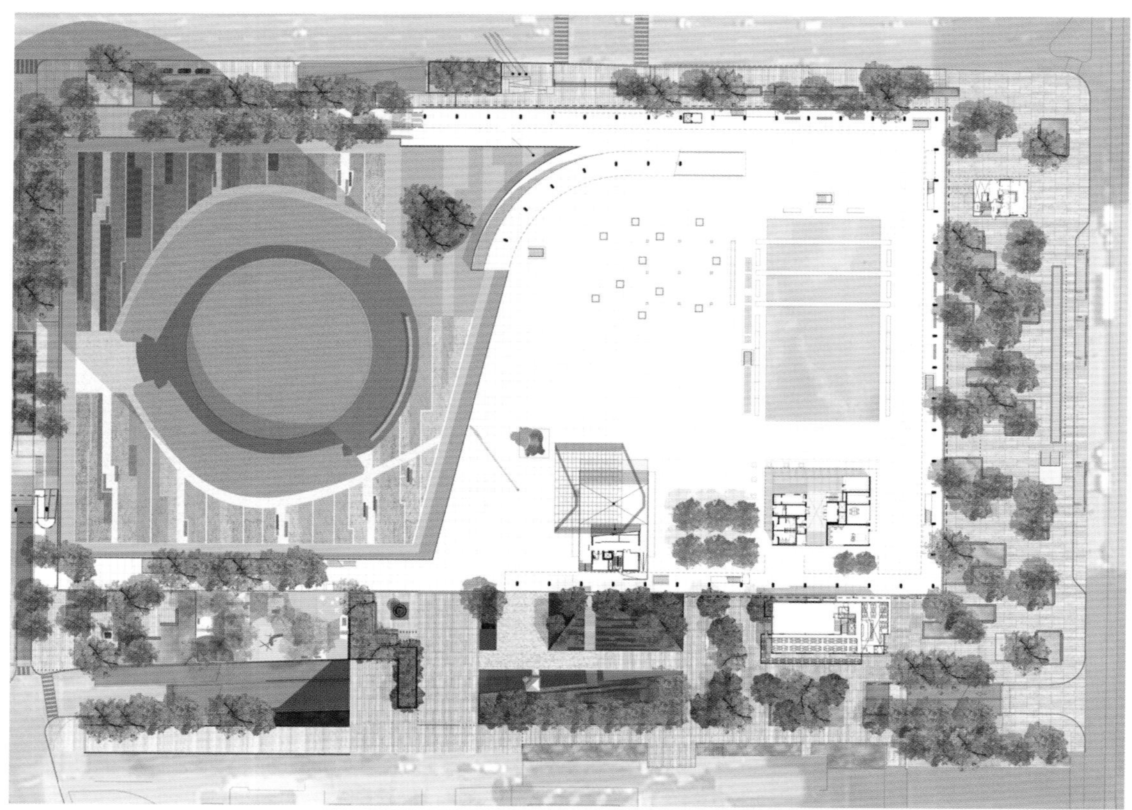

大奥蒙德街伦敦医院屋顶花园

景观设计：Andy Sturgeon Landscape and Garden Design
景观设计师：Andy Sturgeon
地点：英国
摄影：Spacelab

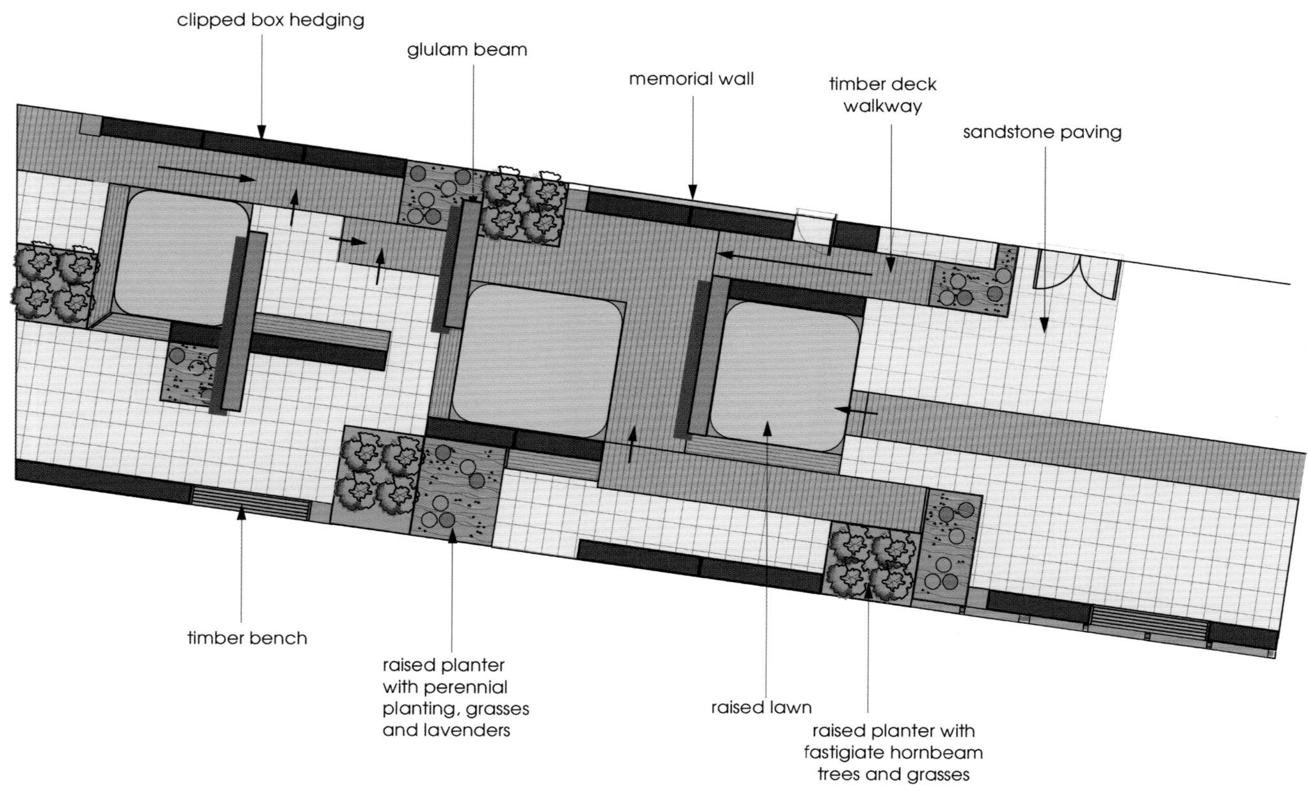

该屋顶花园的设计初衷是使得3000名员工一年365天每天24小时都可以享受这个空间。创造一个静谧、现代的花园空间对医院环境来说是个有益的尝试，提升了员工们的工作体验。该项目提供了一处多功能的空间，其半开放式的空间中设置了就坐区、休息区、社交区、用餐区等，该空间还具有接待的功能。该花园与室内空间和玻璃结构具有视觉和空间上的联系。优美的雕塑般的元素被设置在拥有清晰设计外观的区域中，这产生了强烈的视觉冲击力，并将人们吸引到花园中来。花园内的通风条件很不错，并有通道方便人们轻松到达各个区域。花园中的功能空间的平面形式各不相同，这可以将不同的区域区分开来。设计师设计出了富于层次感的拥有很强视觉冲击力的平面空间，树木、雕塑式框架结构、树篱、花盆、草坪、小路、座椅等均被设置在不同的空间高度。花园中拥有各不相同的不断变换的景致，每处空间的规模、外观和设计都不相同，同时又组合成了一个有机的整体。

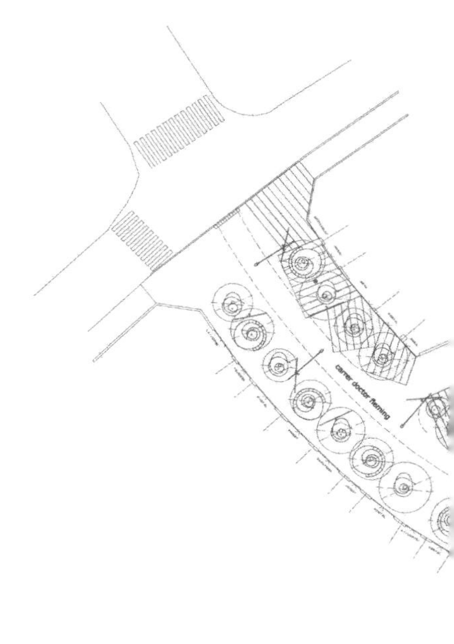

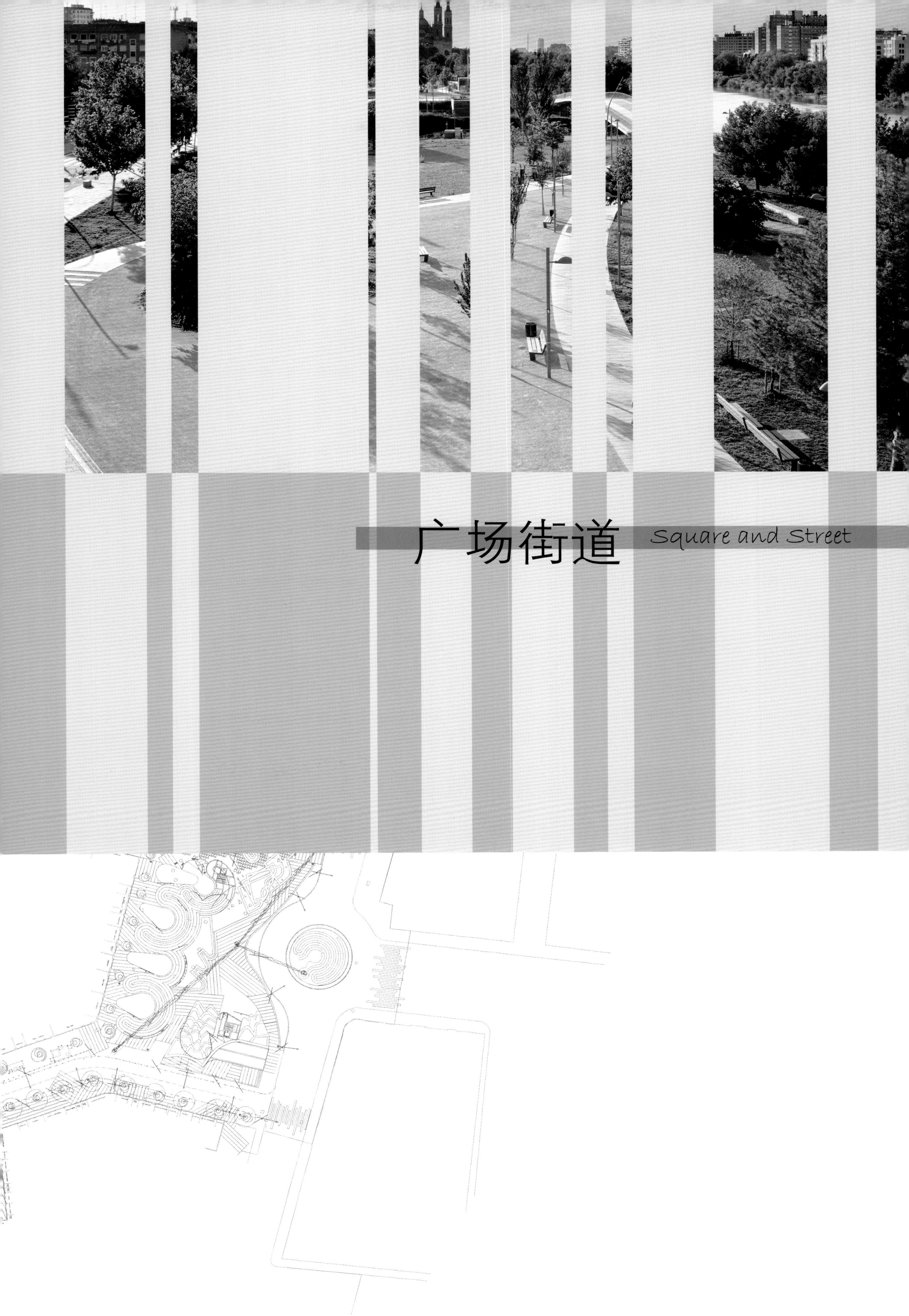

广场街道 Square and Street

马德里曼萨纳雷斯河广场

景观设计：Burgos & Garrido / Porras La Casta / Rubio & Álvarez-Sala + West8

地点：西班牙

面积：120 hm^2

摄影：Ana Muller, Jeroen Musch, the Municipality of Madrid

曼萨纳雷斯河发源于海拔 2 258m 的瓜达拉哈马山脉，汇入哈拉马河流中，该河高于海平面 527m。曼萨纳雷斯河汇聚了 30 多条溪流，河岸拥有很多形态各不相同的基础设施。有些是河流天然的衍生物，比如桥梁、水坝、湖泊等，还有一些人工设施，像道路、铁路轨道、管道等。

曼萨纳雷斯河多变的景观和丰富多彩的生物栖息环境使该河道环境呈现出极大的反差和对比：从河流发源地白雪皑皑的山巅到流域最南端开阔的平原。该景观项目最初的设计原则是充分尊重该河道原有的地理特征。该地域的环境特色和构建起该地景观的丰富多彩的自然元素是该项目成功的关键所在。

在城市景观设计层面，该项目将河流的形象融入城市景观设计中，并设计了一系列绿色空间。同时，该项目提升了城市与环境之间的融合性，并提升了邻近城市街区的环境特色。该景观项目还保护了该地域的城市历史遗存，并进一步提升了其内在价值。

除了重点景观建设之外，该项目还推出了 150 余项不同特色的改造，其中最为突出的就是桥梁改造。今后，马德里这座城市将会以不可逆转的方式展现出焕然一新的面貌。

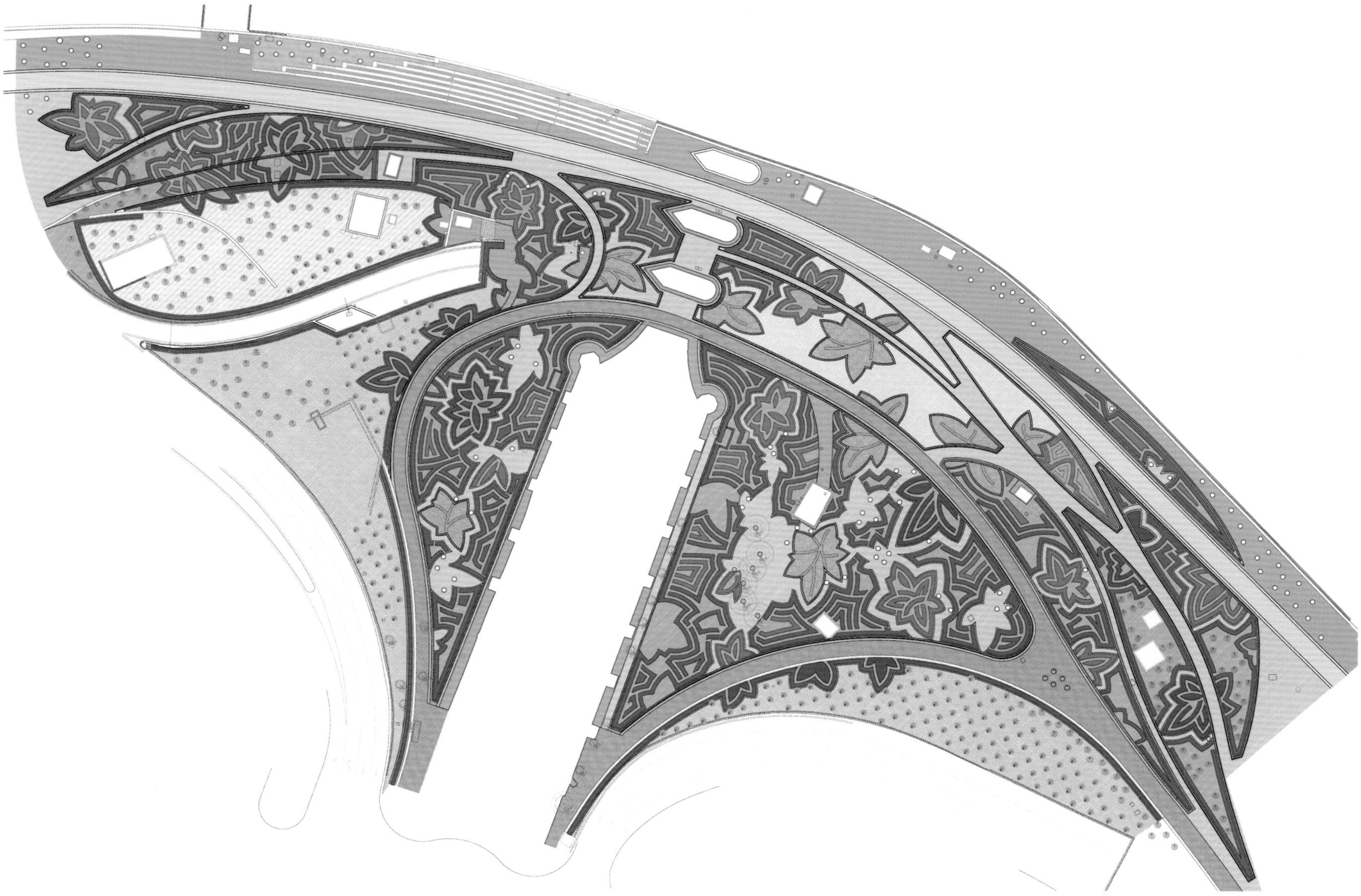

安瑞娜中心广场

景观设计：UPI-2M
景观设计师：Zrinka Babic, Krešo Ceraj, Sandra Brajkovic, Marko Đuran, Berislav Medic, Goran Janjuš, Heinrich Gottwein, Darko Makar, Ivan Pešo

地点：克罗地亚
面积：87 410 m²

摄影：Vanja Solin, Davor Konjikusic, Studio Blagec

UPI-2M 工作室致力于在这个城市郊区的地块上设计一处全新的现代化的商务综合设施。依照最新的城市总体规划设计，该地块将会成为城市的新中心——这座商务综合设施靠近最新建成的萨格勒布多功能广场，两者通过三条人行坡道和一处全新的公共广场连接。该综合设施以及广场大大推动了城市化以及城市欠发达地区的发展。该项目极具挑战性，设计师需要在综合设施周边设计极具创意的、富有魅力的功能空间，而非一般购物中心惯常所拥有的那种环境。

设计师设计了不同的景观功能区：新建成的公共广场、多个绿地、现代化的城市设施、花园、与众不同的儿童乐园（其中有雕塑、休闲设施、小山以及一处小型的圆形剧场）等。

此外，该项目为盲人设置了便利的盲道等设施。建造了富有创意的混凝土结构（像一朵朵巨大的花），采用了别出新意的户外照明设施，并设置了咖啡馆，给游人营造一个惬意、舒适的环境。该景观设计满足了各种使用者在功能、娱乐休闲以及视觉等方面的要求。

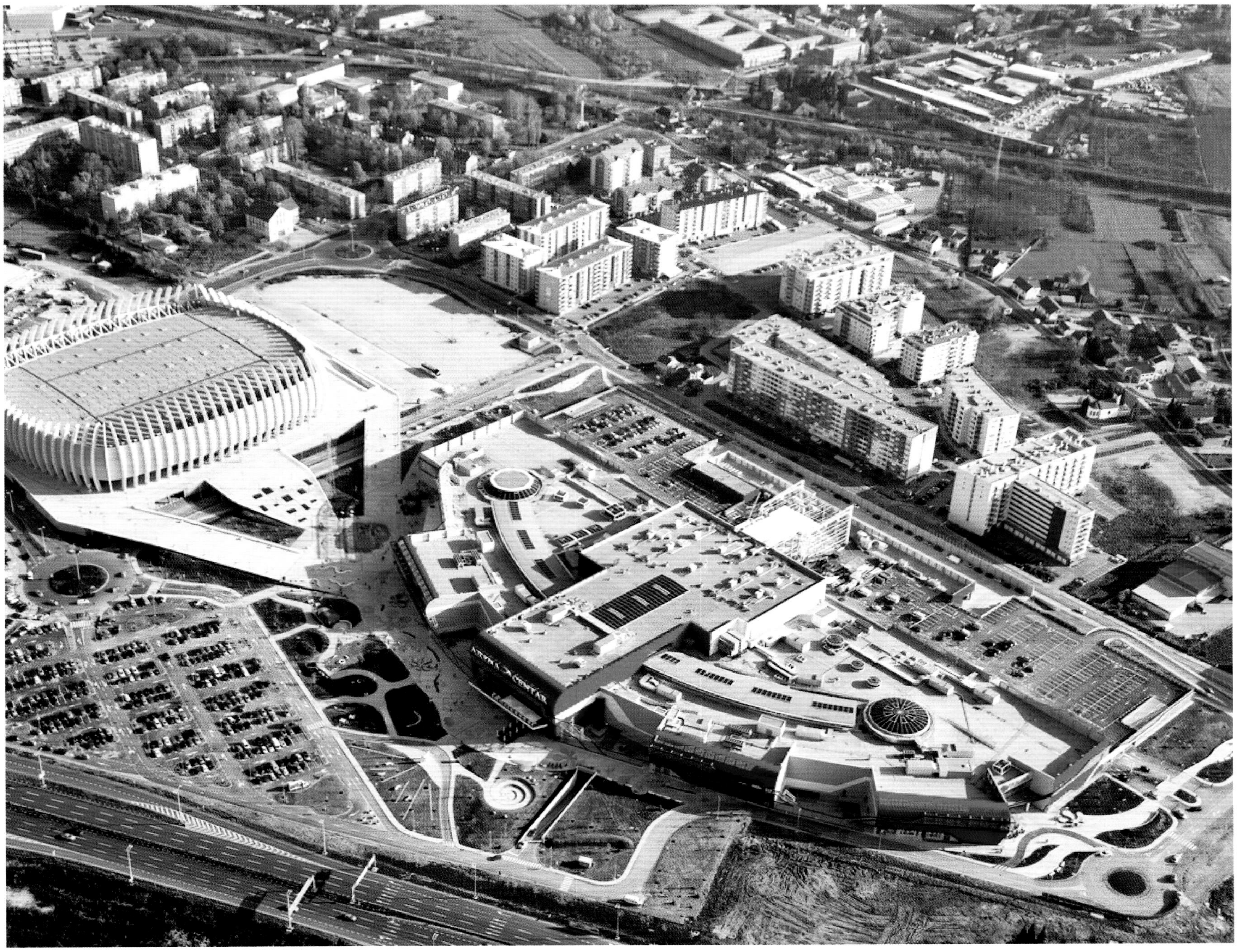
ARENA CENTAR

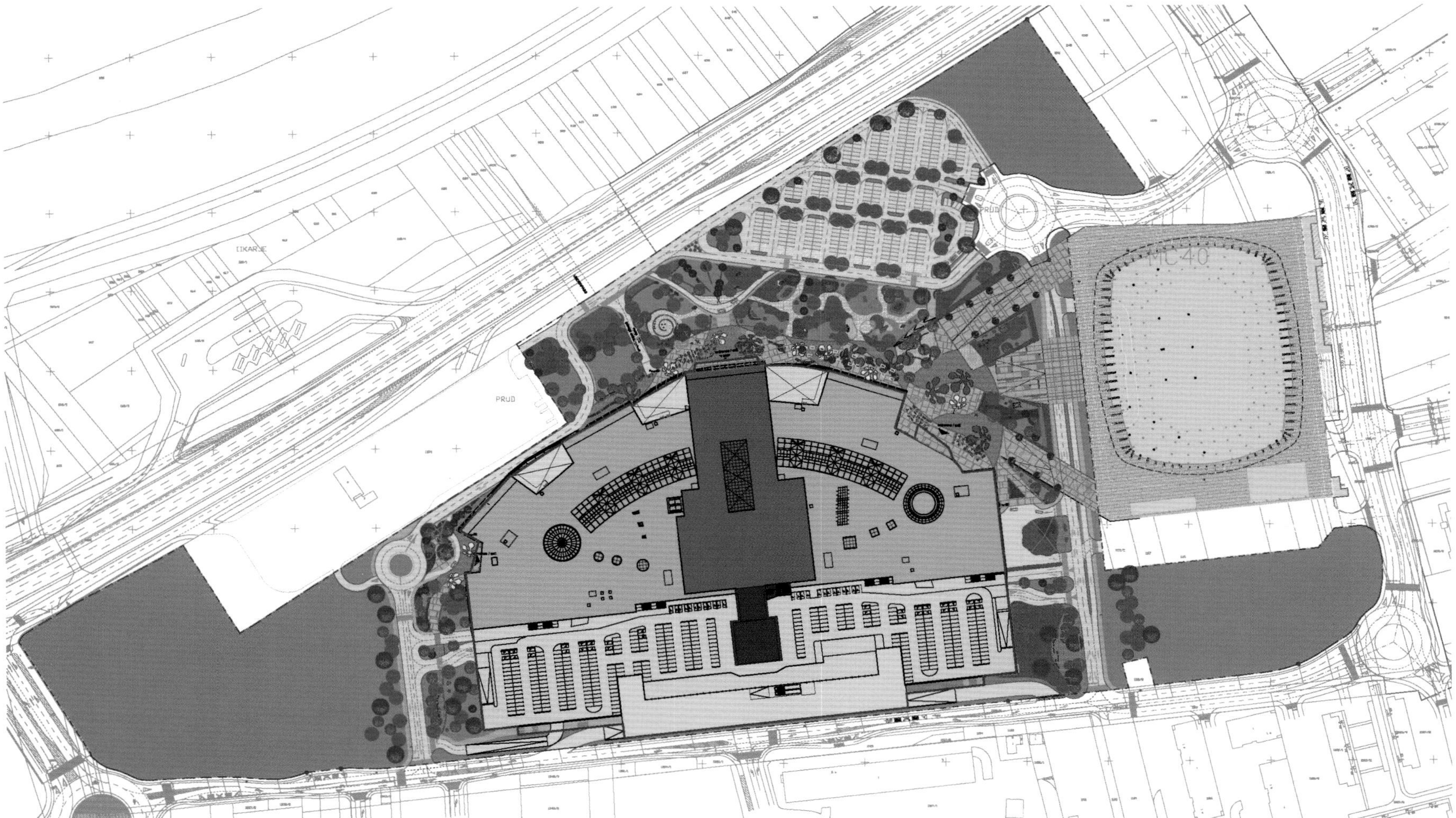
PRUD
MC40
PRUD

海湾船舶与游艇制造公司广场

景观设计：estudioOCA and OMG　**地点**：美国　**摄影**：Bryan Cantwell

景观设计师：Bryan Cantwell, Matthew Gaber　**面积**：2500 m²

该项目为海湾大道的扩建部分，其一部分将成为一条 804.5km 长的自行车道和人行道，它将旧金山海湾地区的 47 个城市连接起来。该部分始于阿拉梅达码头站，穿过一片工业区，海湾船舶与游艇制造公司就位于这里。

渡轮码头附近设置了一处广场，这里是这处海湾大道的入口处，人们在这里可以欣赏到奥克兰河口和旧金山湾的美丽风景。从造船厂收集来的残片被设计成了地块景观的核心元素，展现了该地区的工业历史。

这里有一个镶嵌有船用螺旋桨的混凝土结构，是该广场的标志性景观。I 型结构的表面经过重新加工，被涂成亮红色，它已经成为广场中央的座位区，人们坐在这里可以欣赏到海湾的美景。广场的角落处有一个锚，与其相连的链条就像是海岸线的边界线。一对吊杆拱悬于入口处，标志着这里即将成为海湾大道新建区的入口处。

海湾大道边上栽种的植被较为常见，草地被设计成线型，这更凸显了广场的几何外观。这种低矮的植被不会遮挡人们欣赏水景的视线，同时与该地的工业特性保持一致。

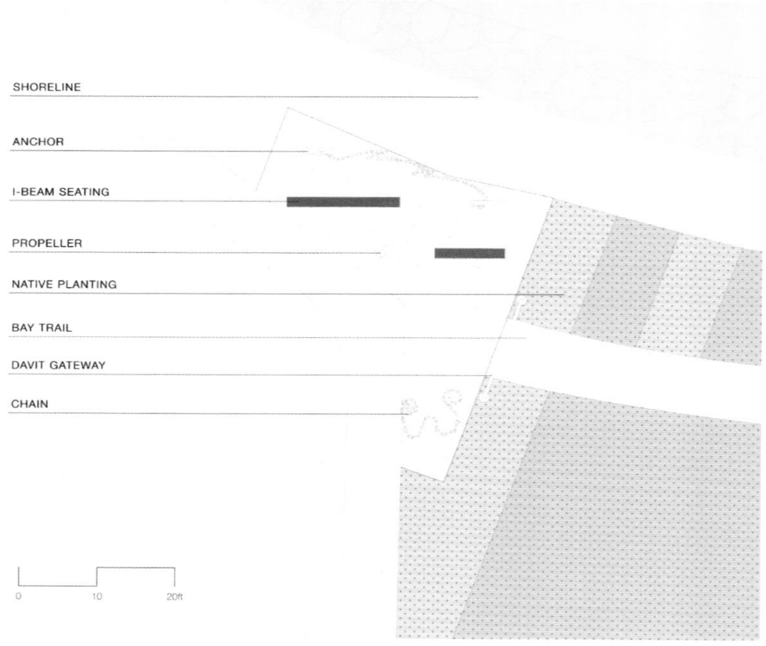

SHORELINE
ANCHOR
I-BEAM SEATING
PROPELLER
NATIVE PLANTING
BAY TRAIL
DAVIT GATEWAY
CHAIN

0 10 20ft

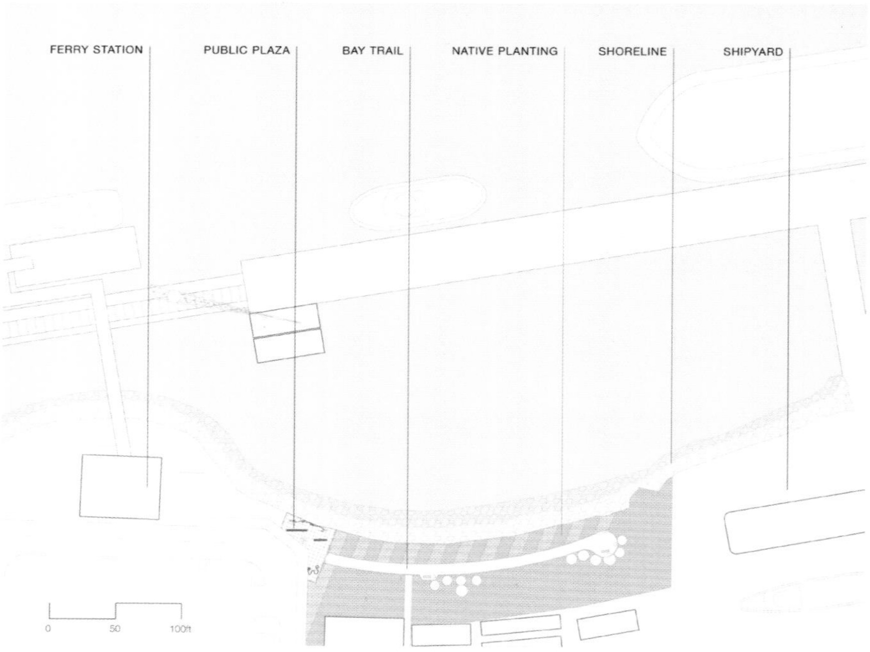

FERRY STATION
PUBLIC PLAZA
BAY TRAIL
NATIVE PLANTING
SHORELINE
SHIPYARD

0 50 100ft

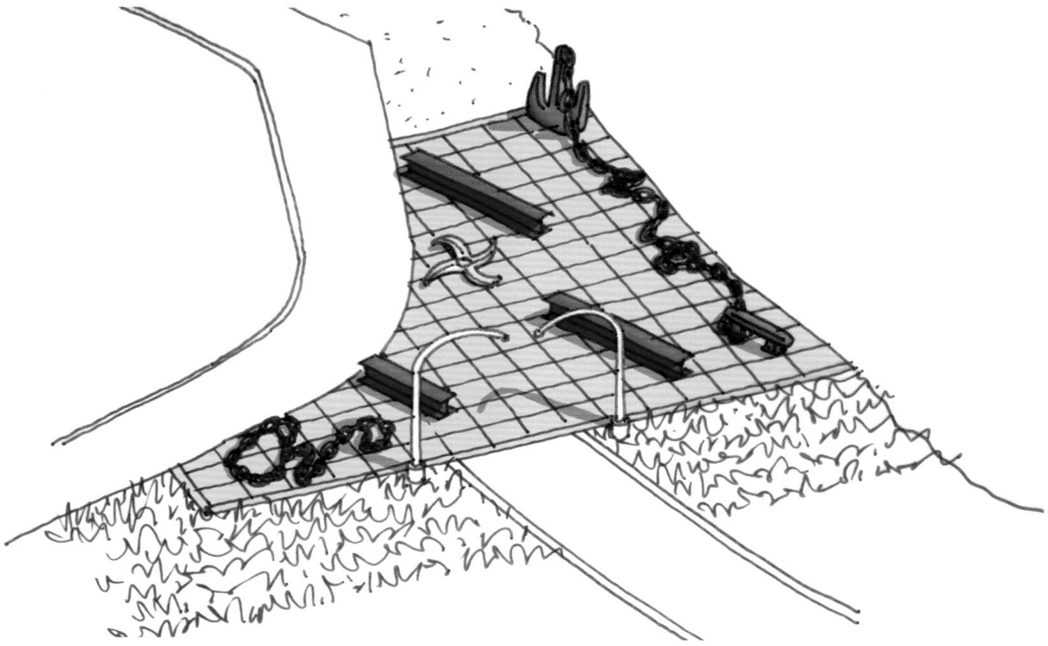

圣多明戈广场

景观设计：Mariñas Arquitectos Asociados　**地点**：西班牙　**面积**：5306 m²　**摄影**：Fernando Alda

该项目是有关对马德里圣多明戈广场的城市化改造。该项目地块位于一处历史性街区的中央位置。这也是推进城市中心区人行步道化改革、拓展其公共交通空间的总体规划方案的一个部分。

重塑圣多明戈广场的开放空间是正在推进实施的总体规划方案的首要环节，而这恰恰与市政府的决议保持了一致。基于此，有必要掩藏乃至拆除现有的公共停车空间，营造出高质量的人行空间，为市民们提供一个绝佳的休闲娱乐场所。按照该设计方案，将原有的停车场改造为花园庭院，该花园之下即为新建的地下停车场。花园一侧的大街改造为一条人行通道，而原有的卡亚俄广场成为一处设计优美的新空间，这里不允许机动车通行。

该项目是有关重建城市的公共空间，作为设计师，我们相信这是一次绝好的契机，以通过对城市活动特性的分析，来发掘出充分应用城市空间的新的模式。该项目展现了保持并提升地区价值的新的途径。对于这处位于马德里市中心的公共空间，设计师还发掘了该地块的一个潜在可能，即将其设计成一处类似“数字网络”的公共广场，人们可以自由出入。

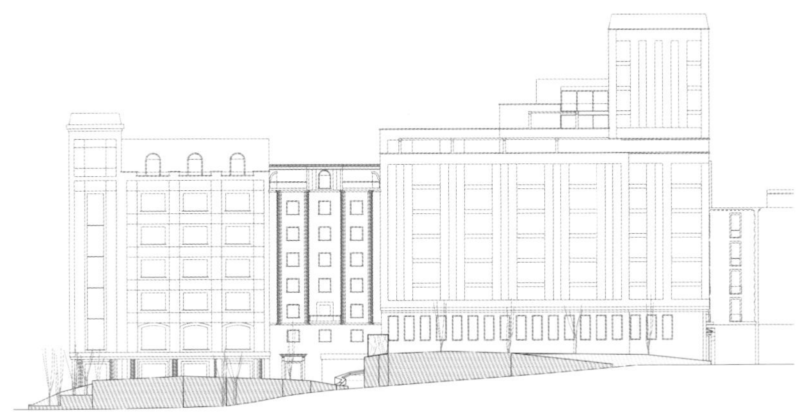

阿尔赫西拉斯城市化改造项目

景观设计：Mariñas Arquitectos Asociados　**地点**：西班牙　**面积**：19 500 m²　**摄影**：Fernando Alda

该项目地块具有非常重要的历史意义。基于其考古学上的意义以及历史价值，设计师最终给出了两种设计策略。首先，借此项目，对城市中破败的公共空间进行一番改造，重新赋予其生机和活力。其次，赋予该地块以独特的魅力，以展现其历史价值。将该区域打造成为欧非两个大陆之间的新的公共空间，如一扇徐徐开启的“新的大门”，成为西班牙南部阿尔赫西拉斯的新地标。

我们的提案通过应用城市空间分析手法来打造一处全新的城市公共空间。这个建设过程为我们展现了在构建城市环境、城市公共设施以及公共服务方面的一些新的可能性。

该项目作为一处新的城市地标，展现了一些新的风景，我们也对一些不太完善的地方进行了一番改造。该项目作为欧非大陆之间的“门户”，在城市开发区中即清晰可见，从公共汽车上、火车站等其他地点也可观赏得到。

该项目有一个设计目标，即将该地块上的不同部分与周边城市环境相互交融。这里原是一处混合了停车场和建筑物的区域，经过改造后，设计了一处平面交通线路，并在该区域与码头地区和现有的城市边缘地区之间构建起了视觉上的关联。

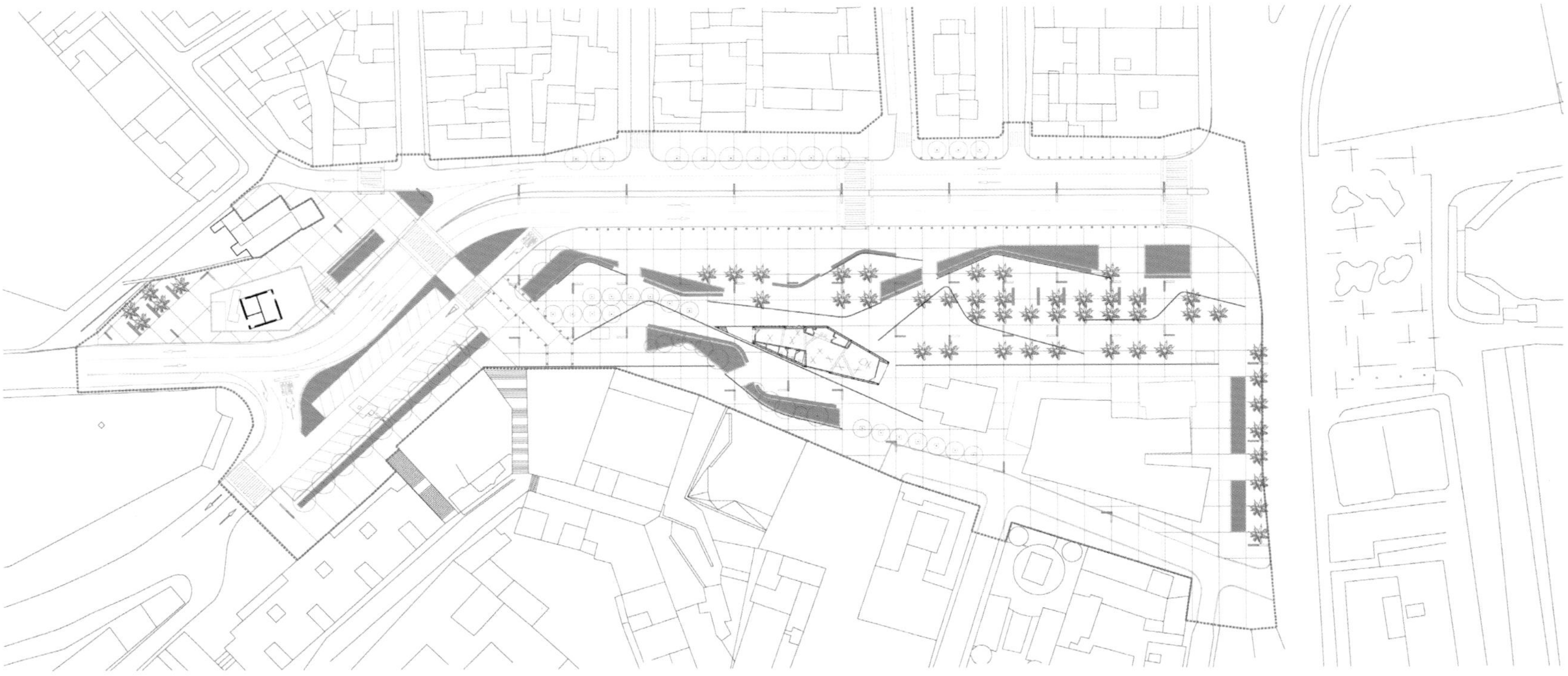

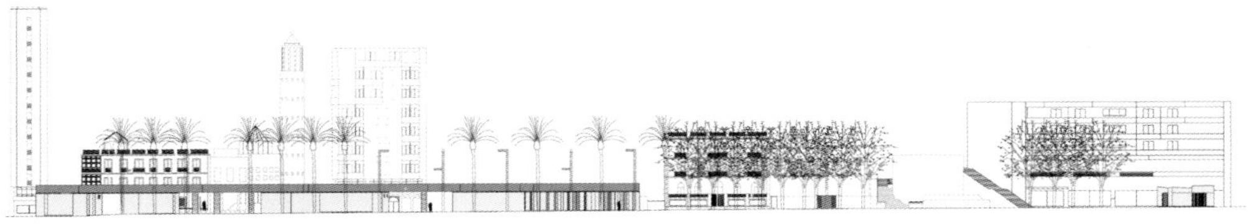

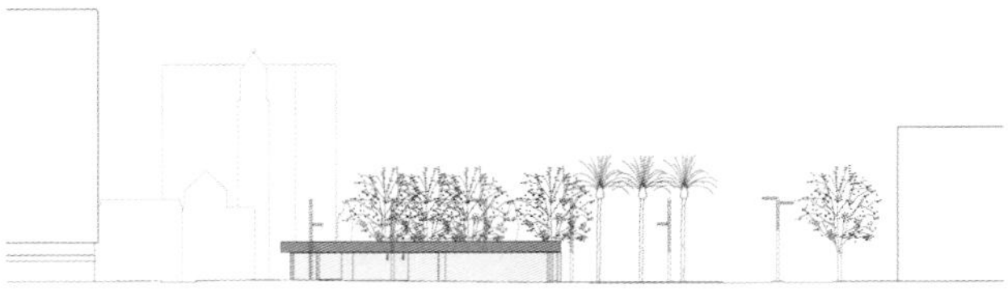

多尔切斯特广场

景观设计：CLAUDE CORMIER ARCHITECTES PAYSAGISTES INC. + GROUPE CARDINAL HARDY

地点：加拿大

摄影：Marc Cramer, Sophie Beaudoin, Isabelle Giasson and Nathalie Guérin

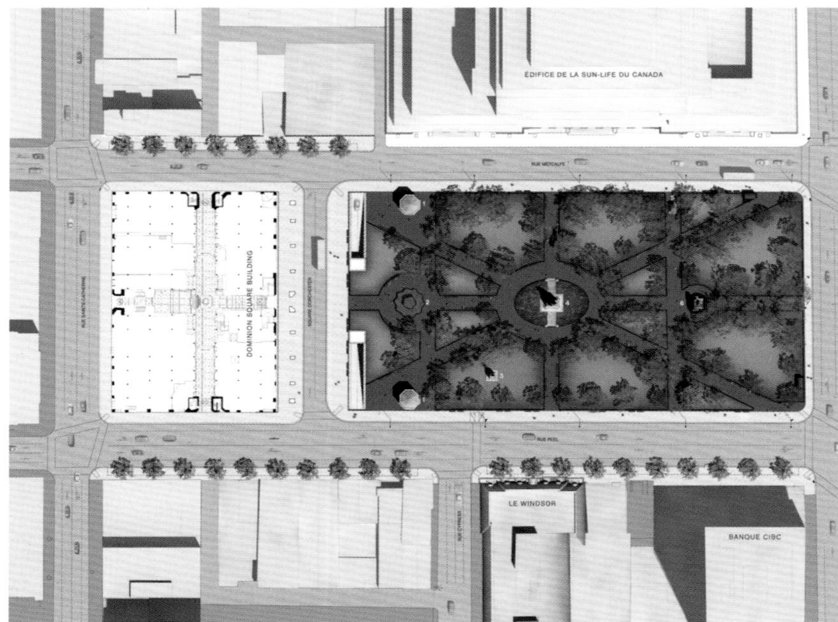

多尔切斯特广场重建修缮一期工程完工于2010年，该项目充分尊重了该地块的演进历程，反映了这里接近300年的悠久历史。该项目及整个设计受维多利亚景观的影响。该项目包含对蒙特利尔四处历史遗迹的重建，重现了圣安东尼墓地的精魂所在，并使这处城市空间重新变得熠熠生光。这处城市空间是为了纪念加拿大联邦的成立而建造的。

在重建开展之前，该地块早已变得破败不堪，毫无个性可言。重要的景观视觉连接部分都消失得无影无踪，树的种类相当杂乱，草坪上散布着横七竖八的小道，而那些城市公共设施也不过是一堆碎片的集合罢了。多尔切斯特广场象征着蒙特利尔的黄金时代，经过整修，该广场重新确立了其城市地标的地位，并成为一处独一无二的城市休闲场所。广场重新开放以来迎来的大量游客充分证明了该整修工程非常成功。

为了庆祝成立于1867年的加拿大联邦，人们于蒙特利尔设立了一处举办庆典活动和政治文化集会的顶级场所，这里最终发展成为这个新生国家的大都市。自治领(Dominion)是大英帝国殖民地制度下一个特殊的国家体制，这处新建的公共空间被称作“自治领广场”。该广场在其规划、规模、景观以及作为林荫大道的应用等方面都反应了当地市民的一些诉求，这是维多利亚时期蒙特利尔的一个缩影。该广场的北部于1987年被命名为多尔切斯特广场，南部于1966年被命名为加拿大广场。

POLISH FINISH
PERIBONKA GRANITE PAVER
GEM 8 FINISH
PERIBONKA GRANITE PAVER
FLAMED FINISH
PERIBONKA GRANITE PAVER
CROSS
GEM 16 FINISH
PERIBONKA GRANITE PAVER

加拿大蒙特利尔卡戎广场

景观设计：Affleck + de la Riva architectes, Robert Desjardins et Raphaëlle de Groot　**地点**：加拿大　**摄影**：Marc Cramer

该项目应用简洁、精致和抽象派建筑语言在圆形和圆柱形的建筑景观元素之间创建了一种对话。这些元素包含一座花园（野草在这里肆意生长）、风车的残留部分以及一处公园亭台（看上去就像一座观景楼）。此外，这里的照明设备还进行了特别设计，营造出了一个多彩的花园，展示着季节的变化。

该广场位于一处拥有150多年历史的空间中，其作为一处全新的公共设施，是一项城市规划重建项目（针对一处略显破败的工业区）的一部分。这处新建的广场富于个性，为市民们提供了一处极为宽敞的户外休闲公共空间，一年四季人流不断。

该广场的诞生源自于多学科领域专业人士的合作和富于创新性的磋商程序。该项目的创新性不仅体现在团队合作上（跨越了专业领域的局限），而且体现在应用全新的易于为市民所理解的沟通技术营造公共空间。

该设计团队应用形式多样的沟通手段鼓励市民参与到设计程序中来。除了圆桌会议、公共展示会等更为传统的讨论活动，该项目采取了更易于为公众所接受的沟通手段，通过开通网上沟通平台，以更为便捷的方式实现了公众与设计团队之间的顺畅交流。

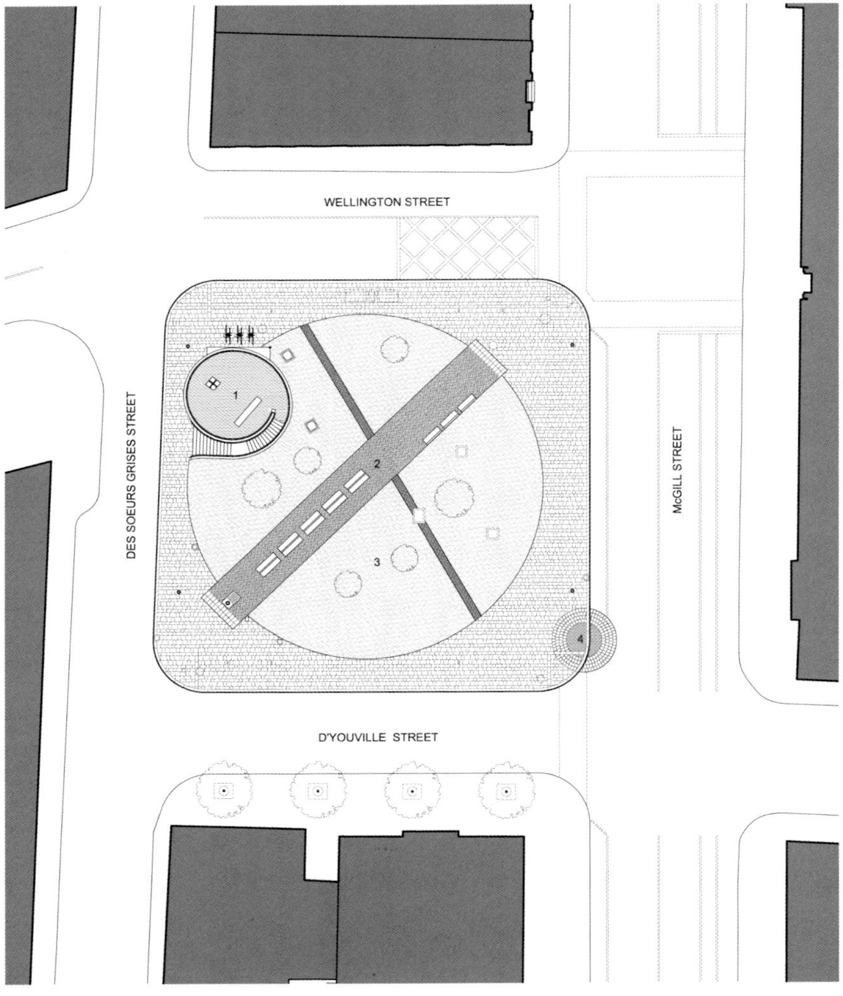

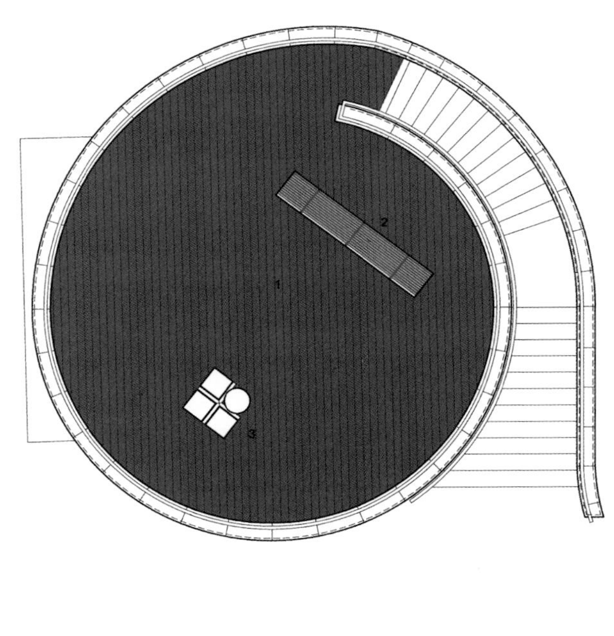

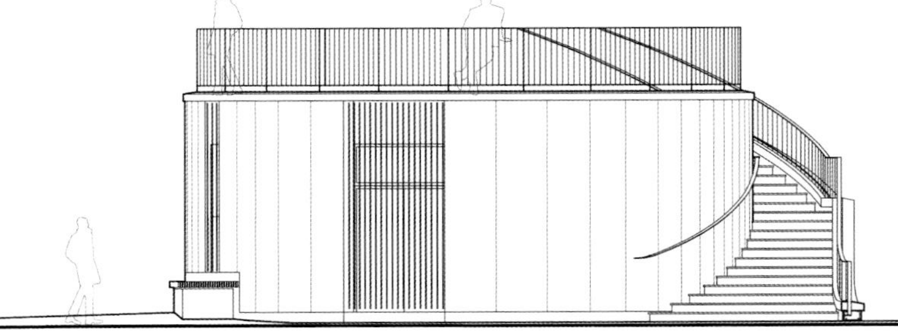

1 BELVEDERE - FOLLY
2 REST AREA
3 THE PRAIRIE
4 MARKING THE VESTIGES OF THE WINDMILL

Ville
Prairie surbaissé

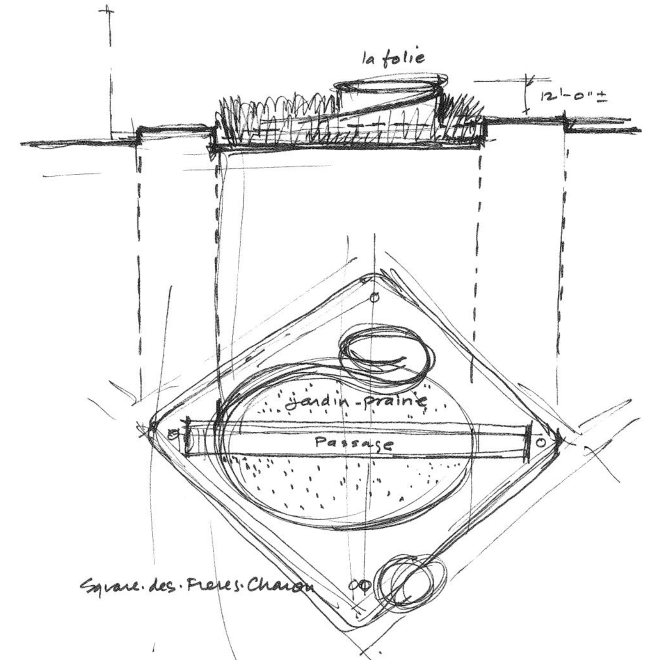
la folie
Jardin-prairie
Passage
Square des Freres-Charon

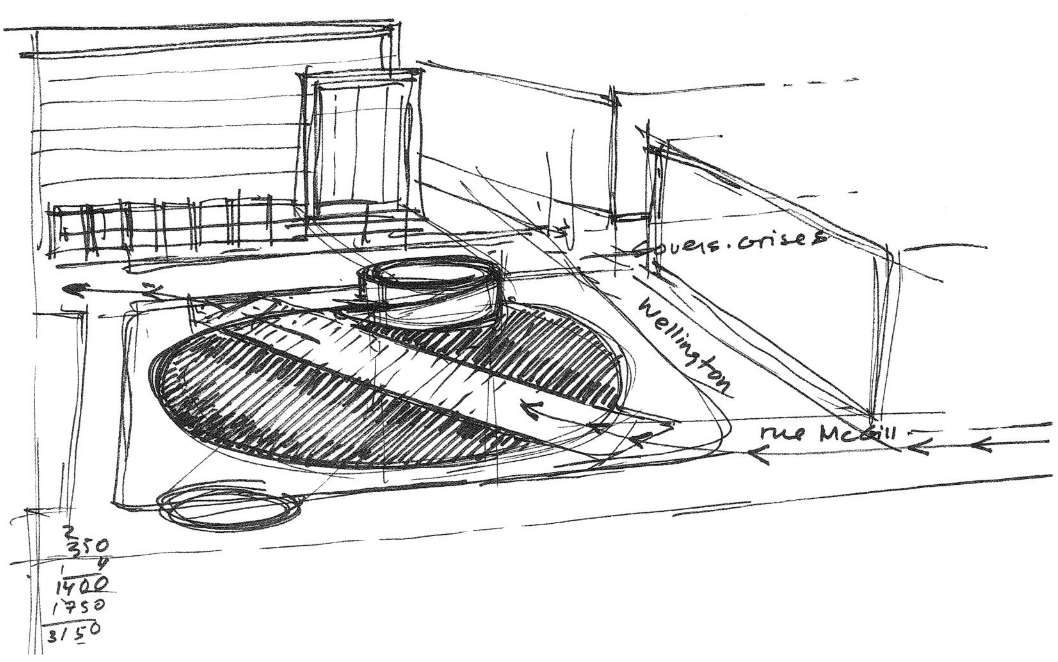
Wellington
rue McGill

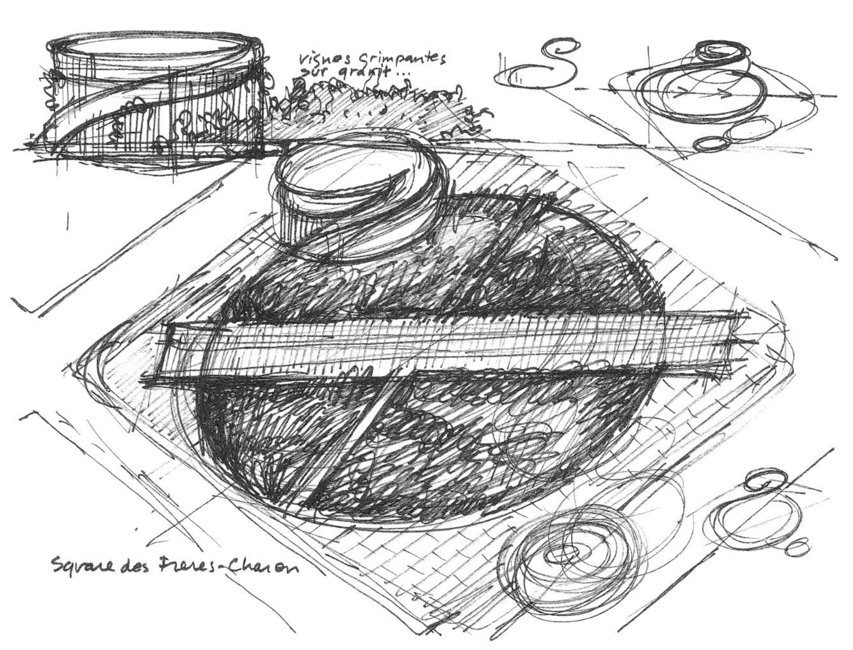
Square des Freres-Charon

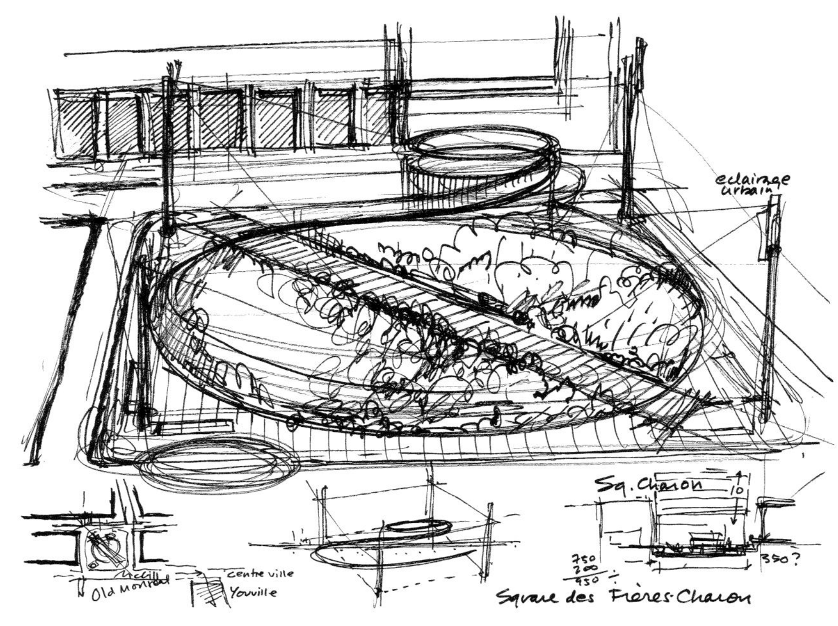
eclairage urbain
Sq. Charon
centre ville
Youville
Square des Frères-Charon

里卡德·比涅斯广场

景观设计：BENEDETTA TAGLIABUE - EMBT

地点：西班牙

面积：9 200 m^2

摄影：Elena Valles, Alex Gaultier, Elena Valles, Vicens Gimenez, EMBT

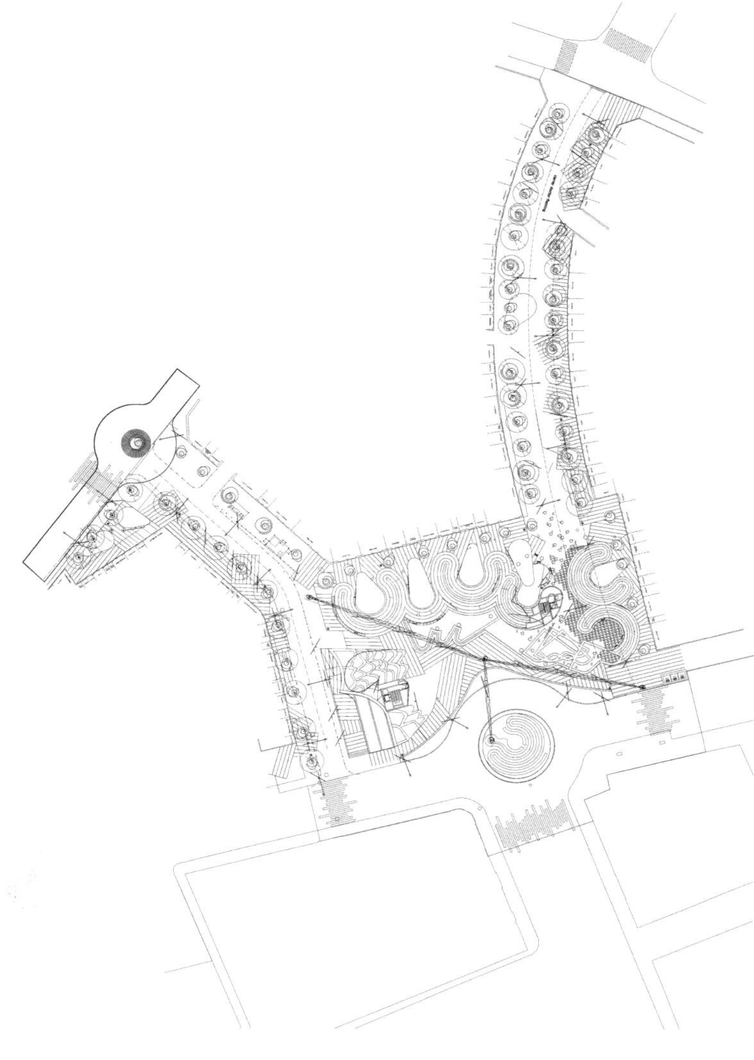

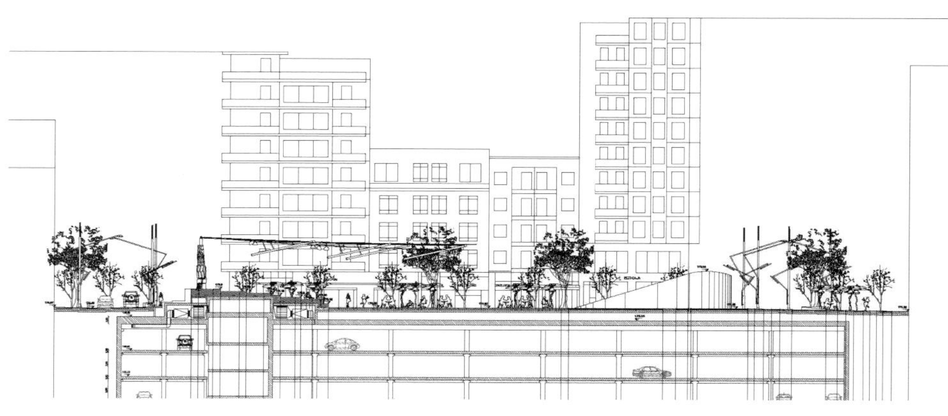

围绕着大教堂的这处大型绿色开放空间是莱里达的地标性场所，也是该城市中最富有美感的公共区域。于是我们选择这里原有的绿色开放空间作为设计时的参考。新建的里卡德·比涅斯广场在设计上也需要具有上面所提到的“美感”。该项目地块上有一座雕塑，该雕塑是专为纪念音乐家里卡德·比涅斯而设立的，本设计方案的初衷就是围绕该雕塑设计一处大型的绿色开放空间。该项目地块由多个小型广场和绿地组成，附近的马路上交通比较繁忙，行人众多。“迷宫”给人们提供了一个古色古香的设计模板。迷宫（英文拼写为labyrinth）的文化含义和解读可谓是意蕴悠长。该单词的前半部分“labyr”含义近似于“岩石、石头”，而后半部分“inth”来自于希腊语，意为“地基”。我们所设计的开放空间以迷宫舞池为主要特色，人们围绕着中心空间翩翩起舞，其舞步追随路网结构的走向而动。整个空间都充满了无穷活力。里卡德·比涅斯广场上走动的行人和流动的交通有其不同的移动方向。在这里，行人是整个公共空间的主体。

通常来讲，环形的空间不方便人们进出，基于此，整个空间像公园一样扩展开来。同时，这样的设计也可引导交通的流向，并使车内的人可以一览广场上的美丽风光。

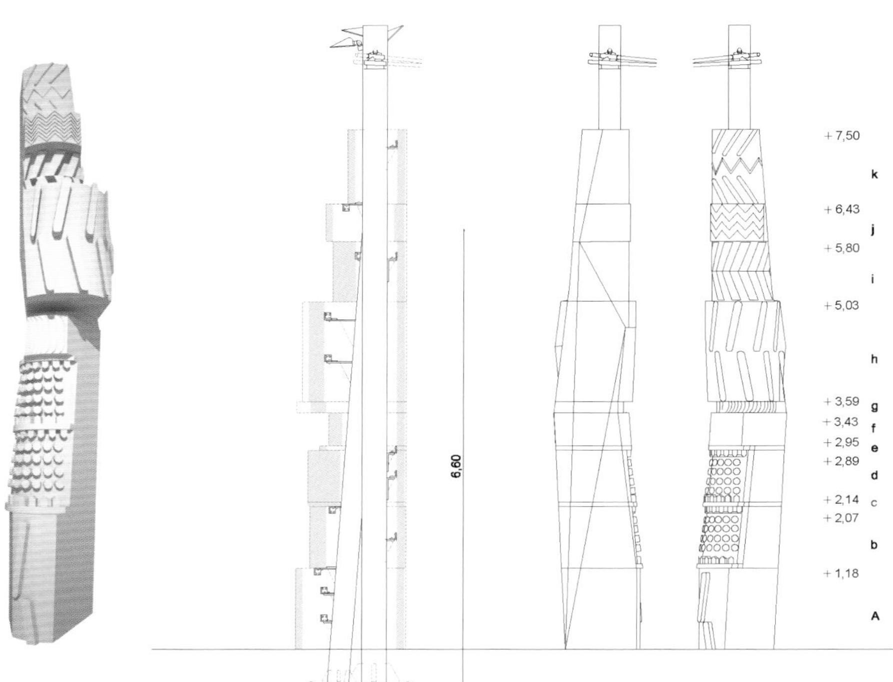
+ 7,50
k
+ 6,43
j
+ 5,80
i
+ 5,03
h
+ 3,59
g
+ 3,43
f
+ 2,95
e
+ 2,89
d
+ 2,14
c
+ 2,07
b
+ 1,18
A
6,60

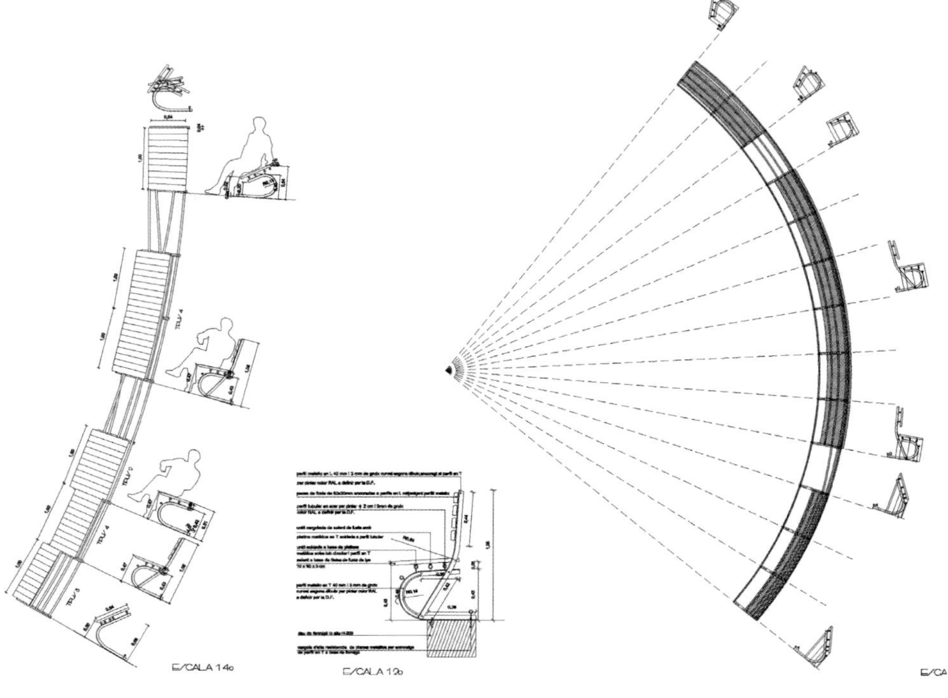

海姆斯泰德哈格维尔德广场

景观设计：HOSPER and Stijlgroep
设计团队：Berrie van Elderen, Marike Oudijk
地点：荷兰
面积：730 m^2 (pond), 14 hm^2 (estate)
摄影：Pieter Kers

霍斯珀景观设计事务所为哈格维尔德项目地块制定了城市和景观总体规划方案，该方案中包含了地下停车场之上观赏性湖泊的设计细节。

该地块曾是一所学校的所在地，其中一部分是一所中学。尽管哈格维尔德地块的风光还算不错，但植被都疏于管理，地块前面的一部分空间也近乎荒废了。2002 年，该地块有了新的拥有者，他希望在前面那部分空间建设一处由豪华公寓构成的街区。

该地块的空间在设计上分为三块，均有自己的轴线，每一部分均有其独特之处。中间一部分的核心为主建筑，周边被葱郁的植被所环绕，地块之外即为农田，再往外为景观公园。

该总体规划方案的实施促进了整个哈格维尔德地块（140 000m^2）上绿植和水系的恢复，并使其得到了很大改善。该地块的绿色特性，尤其是主建筑周边，得到了很大提升。这些建筑矗立在青草地上。

地块西部用作恢复疏于管理的植被环境，这里栽种了很多树木。最终，环状道路和周边景观都被复原，并得到了一定程度的拓展。

这里还新建了一个大型的观赏湖泊，其大大提升了该地块的独特之处。通往地下停车场的通道巧妙而自然地将该湖泊分为两个部分。

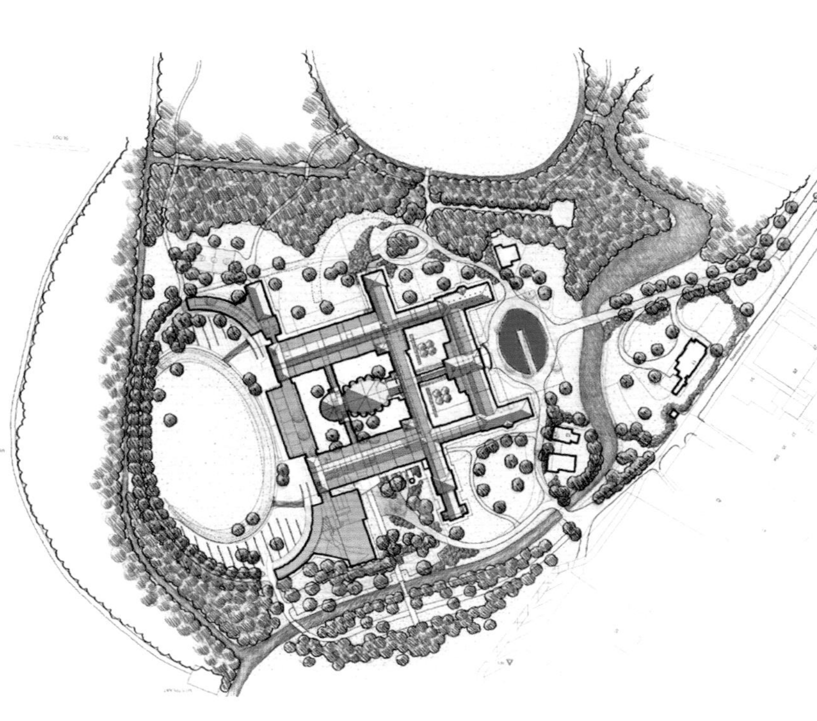

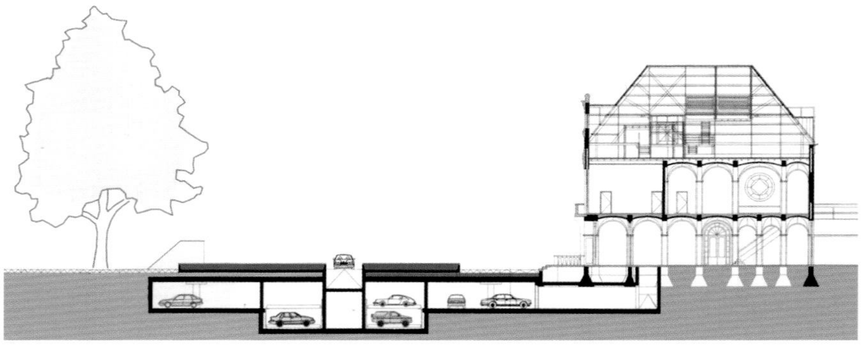

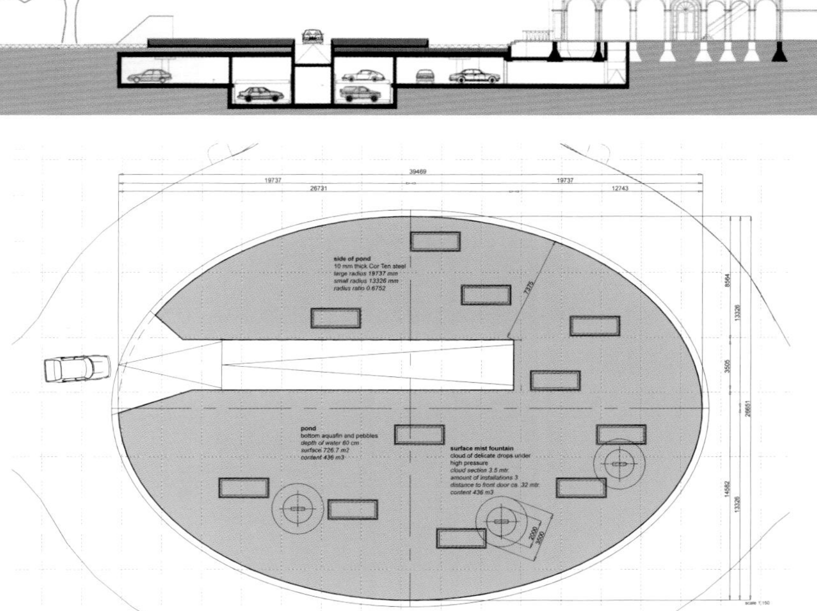

39469
19737
26731
19737
12743
side of pond
10 mm thick Cor Ten steel
large radius 19737 mm
small radius 13326 mm
radius ratio 0.6752
7375
pond
bottom aquafin and pebbles
depth of water 60 cm
surface 726.7 m2
content 436 m3
surface mist fountain
cloud of delicate drops under
high pressure
cloud section 3.5 mtr.
amount of installations 3
distance to front door ca. 32 mtr.
content 436 m3
2000
3500

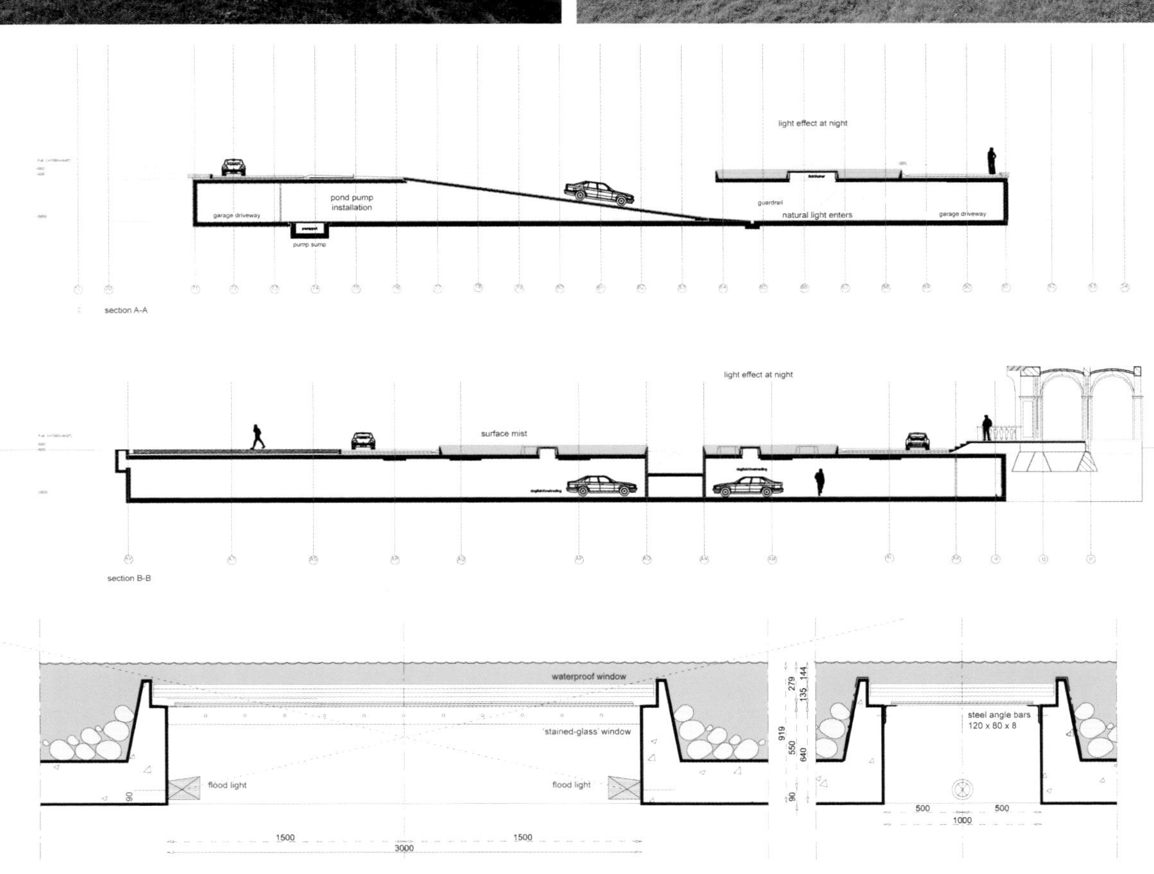
light effect at night
pond pump installation
garage driveway
natural light enters
guardrail
garage driveway
pump sump
section A-A
light effect at night
surface mist
section B-B
waterproof window
'stained-glass' window
flood light
flood light
steel angle bars
120 x 80 x 8
1500
3000
1500
500
1000
500

普奇塞达广场

景观设计：Pepe Gascón arquitectura
设计团队：Pepe Gascón (Architect), Josep Gascón, Jesús Gallego, Pau Estruch, Jordi Escofet
地点：西班牙
面积：6 000 m^2
摄影：Eugeni Pons

未改建之前，普奇塞达中央地区和周边的公共空间非常狼藉，这里繁忙的交通扰乱了城市生活空间。

改建之后，交通的繁忙状况大大改善，道路和服务通讯设施都被设置在一侧，这样就空出了大片的中央空间。两座大型的呈线性排列的花池围护着这个空间，就像广场与外部空间之间的隔离带一般，使广场免受喧嚣交通的影响。该空间是不规则的形状，花岗石是主要的铺地材料，地面被划分成拥有不同几何外观的几个部分，并设置了不同的功能，照明设备和城市公共设备都与该区域的基准线成一条直线。广场是适合休闲、聚会的场所，在设计上应与周边的建筑产生共鸣，周边的那些传统建筑物就是该广场的大背景。

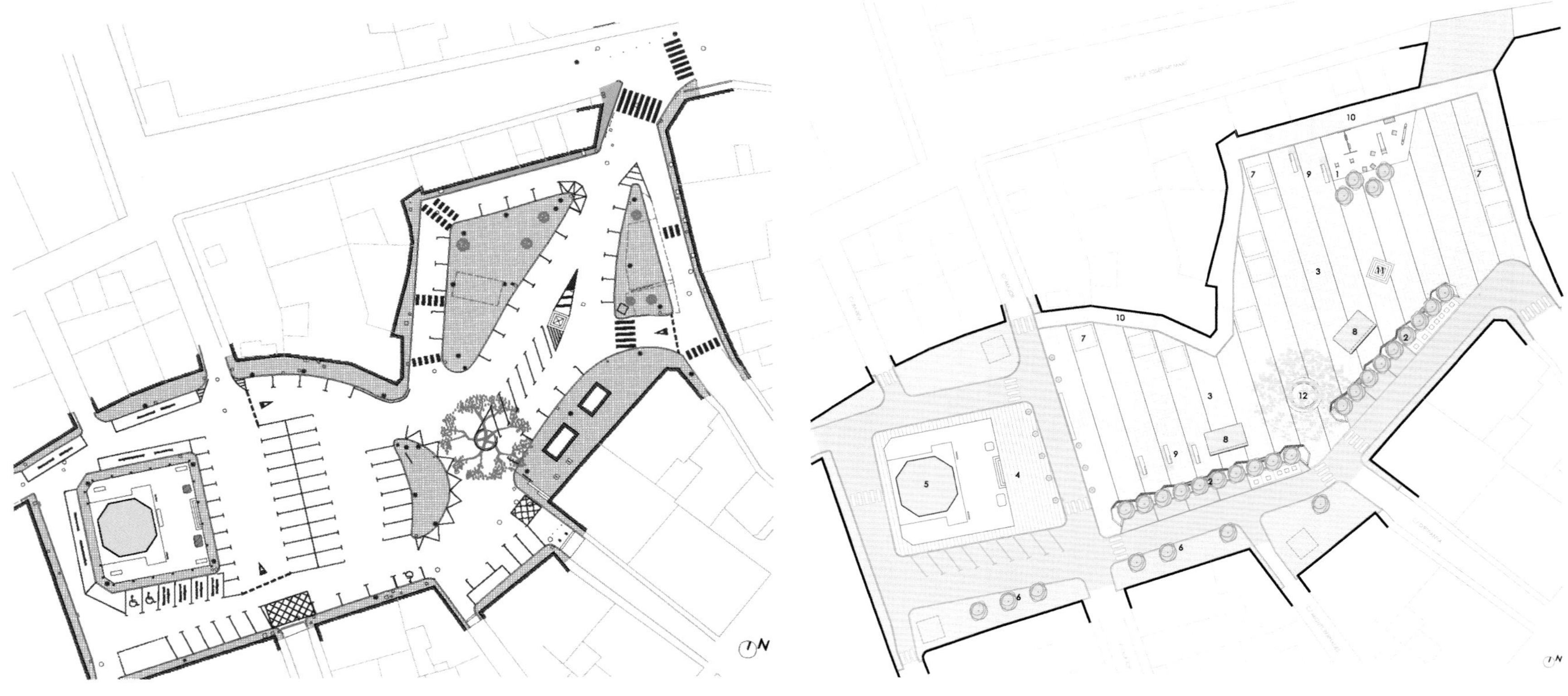

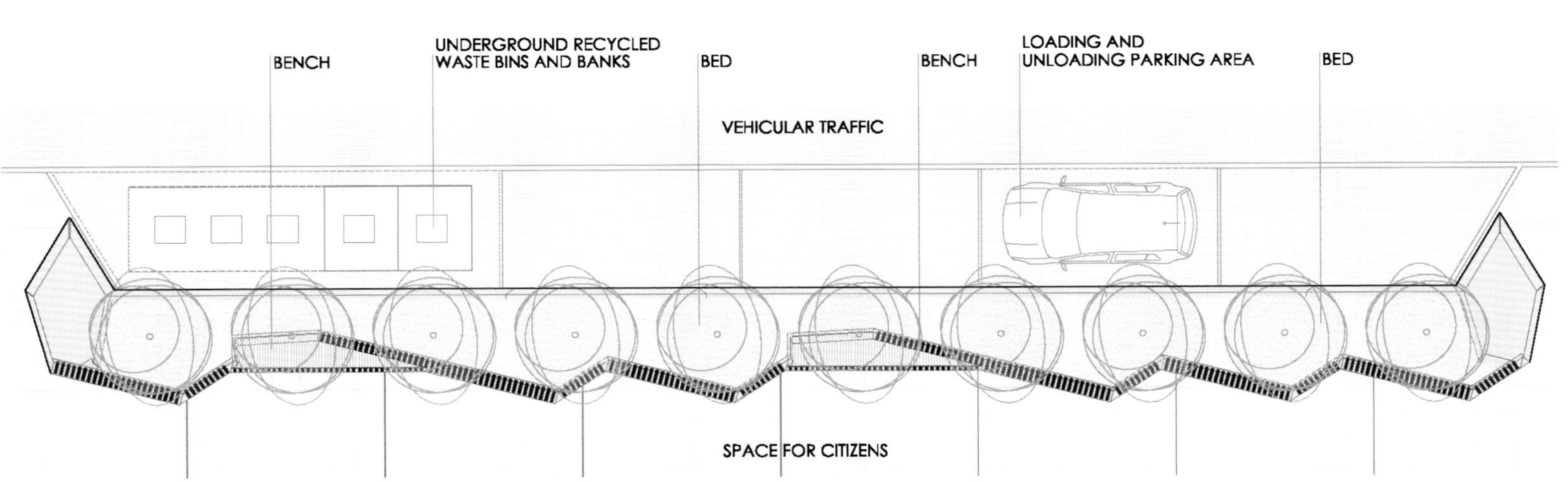
BENCH
UNDERGROUND RECYCLED WASTE BINS AND BANKS
BED
BENCH
LOADING AND UNLOADING PARKING AREA
BED
VEHICULAR TRAFFIC
SPACE FOR CITIZENS

BAR SOL I SOMB
PA TORRAT AMB TOMAQUET I JABUG
ENTREPANS DE SERRA, EMBOTITS I

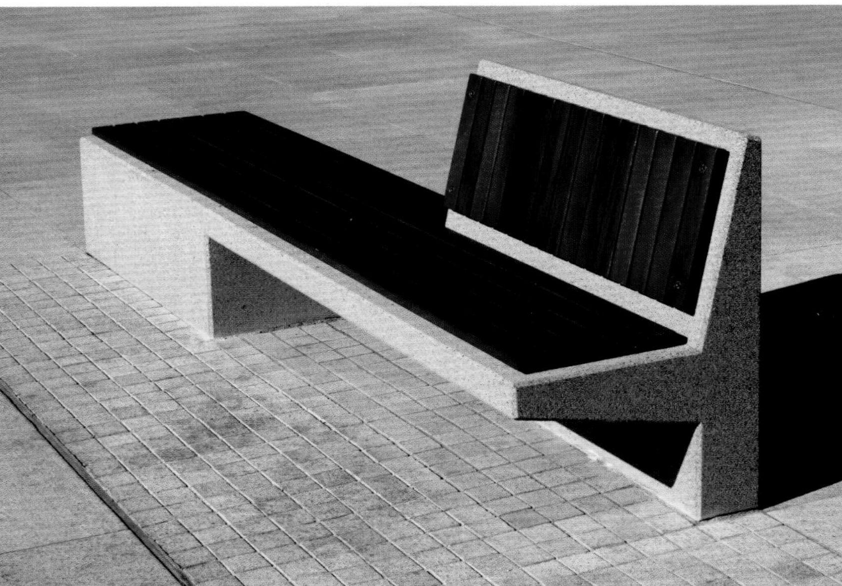

埃布罗河河畔里贝拉广场

景观设计：ACXT
景观设计师：Antonio Lorén, Eduardo Aragüés and Raimundo Bambó
地点：西班牙
面积：87 535 m²
摄影：Aitor Ortíz

这是一处组合式区域，由诸多部分组成，其中含两条人行大道，大道与埃布罗河之间有一座纵向的公园。场地设计存在这样一种可能性，即在埃布罗河右岸新建一条通道，该通道从一条人行道上的铁桥穿过花园一直延伸到三环公路的桥梁附近，这使将来在埃布罗河上建造一处人行通道成为可能。因此，该项目就成为人们穿越城市的一条关键线路。

韦尔瓦河河口附近有一处市级体育中心，其所处的地理环境使在公园中兴建诸多新的活动设施成为可能，这使该体育中心更加像一处户外体育场地。

丰特斯地区人口稠密，这意味着这里的交通比较繁忙，同时，新建的人行道将会被应用起来，公园中即将兴建的活动设施将会很受人们的喜爱。

该项目在市中心与索托坎塔洛波斯自然景观、水上公园之间营造了一处人行通道，并在整个项目区域上营造了一个路线网络，该网络将车行道、自行车道和人行道清晰区分开来，同时，水域、活动区、休闲区以及行人活动区的划分也是一目了然。

项目建造过程中挖湖堆山，土方挖填尽量可能平衡，营造出丰富的水景和起伏的地形。

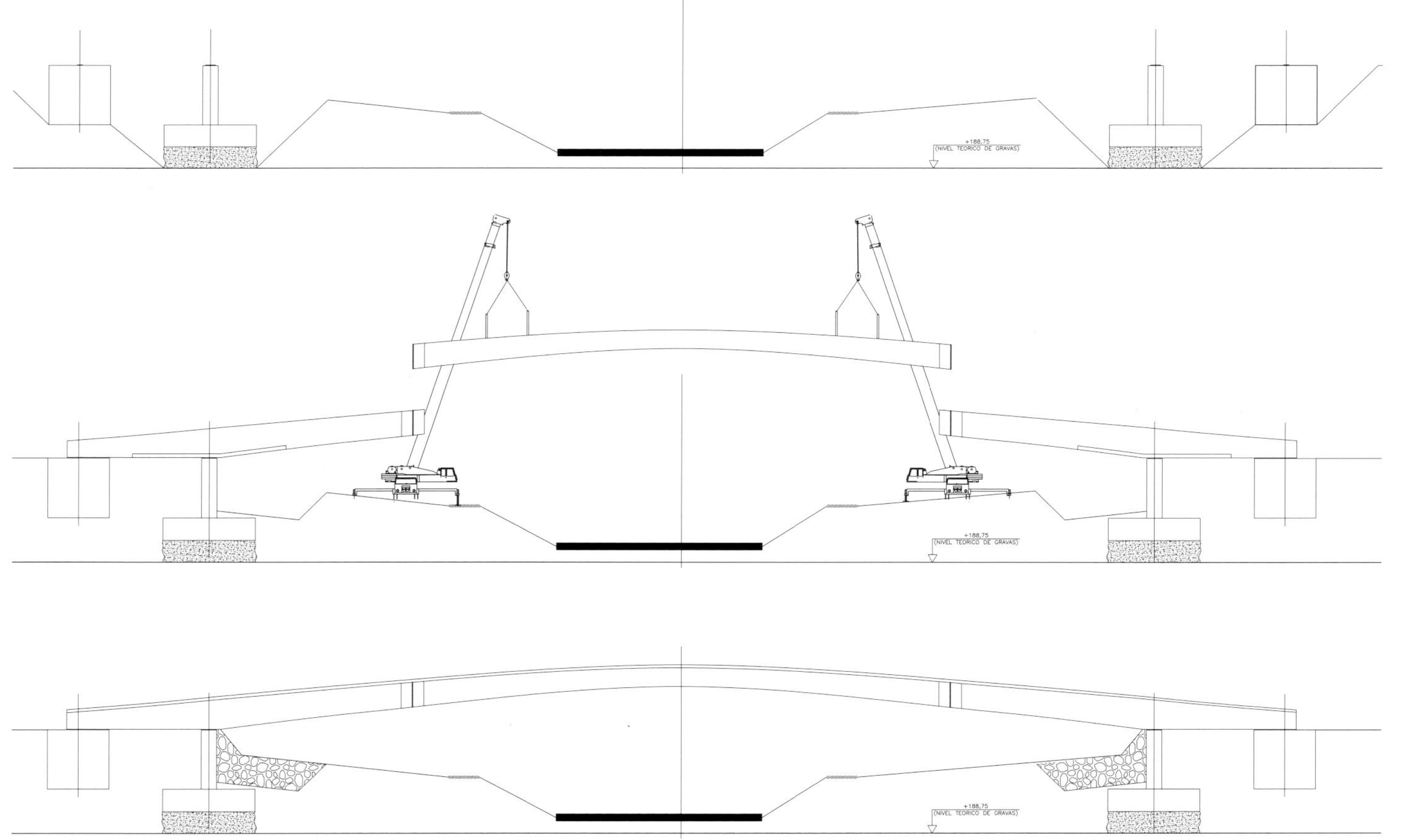
+188,75
(NIVEL TEORICO DE GRAVAS)
+188,75
(NIVEL TEORICO DE GRAVAS)
+188,75
(NIVEL TEORICO DE GRAVAS)

新规划的南谭磨岛

景观设计：Rehwaldt LA, Dresden
设计团队：Rehwaldt LA, Dresden
地点：德国
面积：6.5 hm^2
摄影：Rehwaldt LA, Dresden

南谭磨岛是一处广受欢迎的休闲娱乐场所，行人、骑自行车的人都很喜欢这里。为了解决南谭磨岛在功能上存在的一些问题，设计师对整个南谭魔岛重新进行了整体规划设计。

规划目标包含改善道路连接处、入口区的功能性设计等，从而建立起各景观间的视觉联系。为了实现更好的景观视野并保证游人的安全，灌木丛都被剪掉了，只在一些特别选定的区域栽种了一些低矮的植物。

开阔的主路和娱乐地带采用了活泼的外观设计形式，起到了提醒机动车司机减速的作用，满足了不同使用者的需求。骑自行车的人、滑冰爱好者以及行人都能共享这里的空间（含东北方向的快车道）。

主路边上设有供人们休息用的长椅。大型台阶的一部分也装配有木制座椅，这个阶梯一直延伸到人行道上，人们可以在这个阶梯处逗留休憩。

Gehweg
Mittelinsel
Gehweg
Pflasterung
Rasen
Leuchte
Überfahrt
Fahrbahn
Zufahrt
Kippbare Poller
30 Parkplätze Pflaster/ Rasenpflaster
Rasen
Bänke
Inselplatz farbiger Asphalt
Rasen
Promenade Betonplatten
Fahrradständer
Rasenböschung
Freisitz Sportvereinslokal
Bänke
Archenstufen
Rampenboden
Linsen
Sitzstufen
Geländer mit Holzauflage
Uferweg
Hochbank
Flutgraben

高塔广场

景观设计：mag.MA architetture

设计团队：mag.MA architetture (marco roggeri alessia rosso gianpiero peirano) + architetto maria berruti

地点：意大利

面积：4 140 m²

摄影：mag.MA architetture

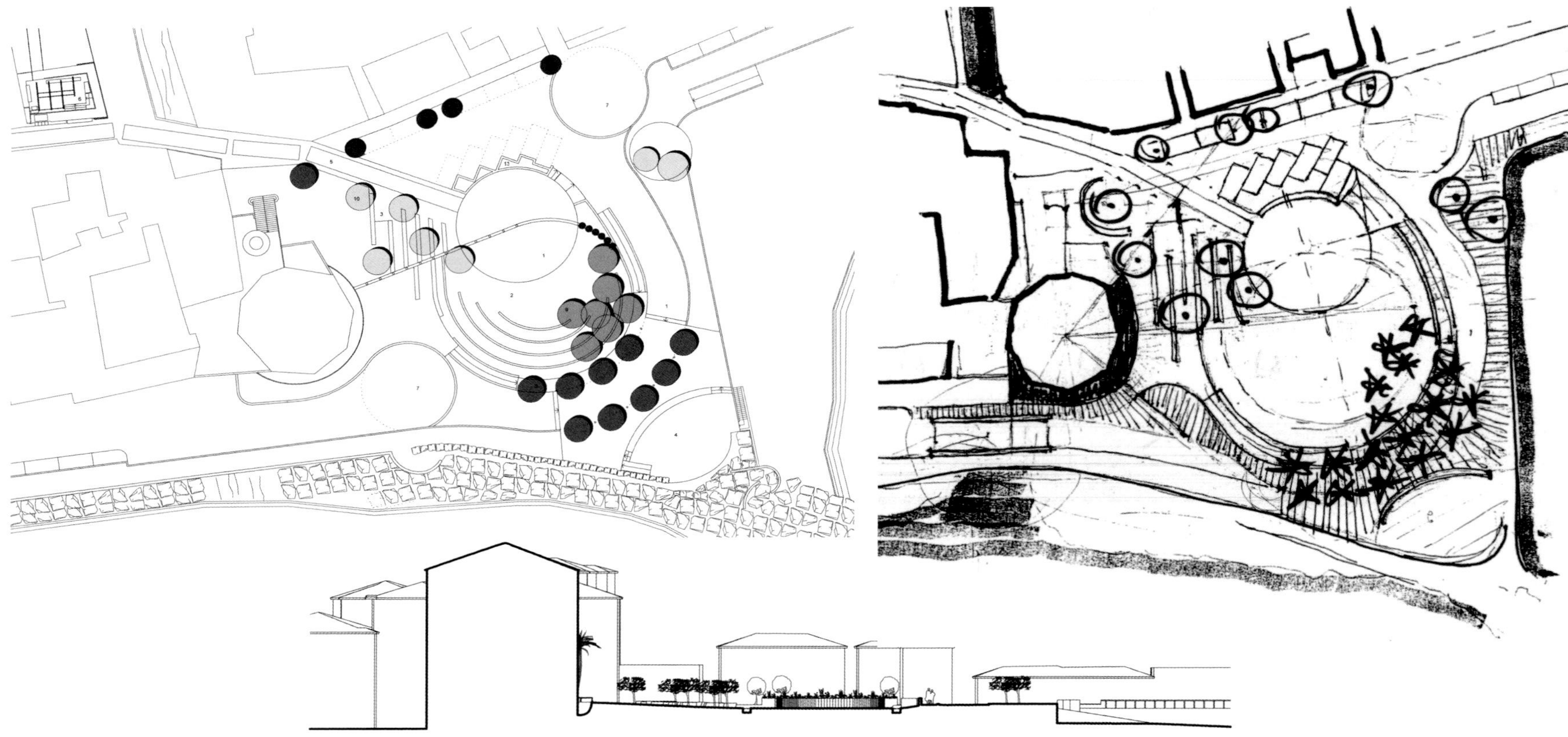

该地块的对面就是市政厅，市镇和新港口的迅速发展赋予该中心地块一些新的特征。该项目的设计目标是为该历史性街区设计人行通道以及社会活动空间。该区域的北部边界是封闭且固定的，南部边界是开放且流动的。地块的海边区域还设置了旧有的高塔和通向历史中心的通道等设施。设计师需要赋予平淡无奇、不成比例的空间以新意，实现空间各项元素之间的平衡，使该广场与这座历史性城市想协调。该广场在空间组织上受到一定的制约，即道路的重新安排。设计师设计了一条通向大海的大街，广场内部空间没有被割裂开来。高塔的独特魅力通过精心的几何设计得以凸显。高塔与广场之间有一定的高差，设计师通过巧妙地设计处理，从视觉上减弱了两者间的高差感。通往中心区的通道的规模以及使用的建造材料都是设计师精心研究出来的。

水景广场

景观设计：Bjørbekk & Lindheim AS

地点：挪威

面积：26 000 m^2

摄影：Bjørbekk & Lindheim AS

奥斯陆的滨海地区现在被称作峡湾之城，在奥斯陆当地政府的支持下，这里正按照整体规划开展一系列的改造工作。海港和滨水地区可以开展面向未来城市环境开发的项目，如娱乐休闲设施、工业等。

该项目将为 18000 左右的人建设约 9000 套新房，并创造约 42000 个工作岗位，项目场地将包括文化设施、购物中心、停车场、海滨大道以及各种各样的公共设施。

Tjuvholmen 是峡湾之城 13 个项目中的一个，它位于皮佩湾一处最为醒目的地块上。皮佩湾是一个海港的名称，其周边有气派的奥斯陆市政大楼和阿克什胡斯城堡，这些建筑后面为很受人们欢迎的城市中心区。

该项目曾是奥斯陆峡湾中的一座小岛，后与陆地连成一片，于100年前与码头和港口地区融为一体。基于这种转变，该区域将以新的形象重新展现其海岛的特色。地块海岸上的新河道、公共空间以及植被茂盛的公园塑造出了长长的海岸线，该海岸线重建了该地块与海洋、峡湾之间的关联。

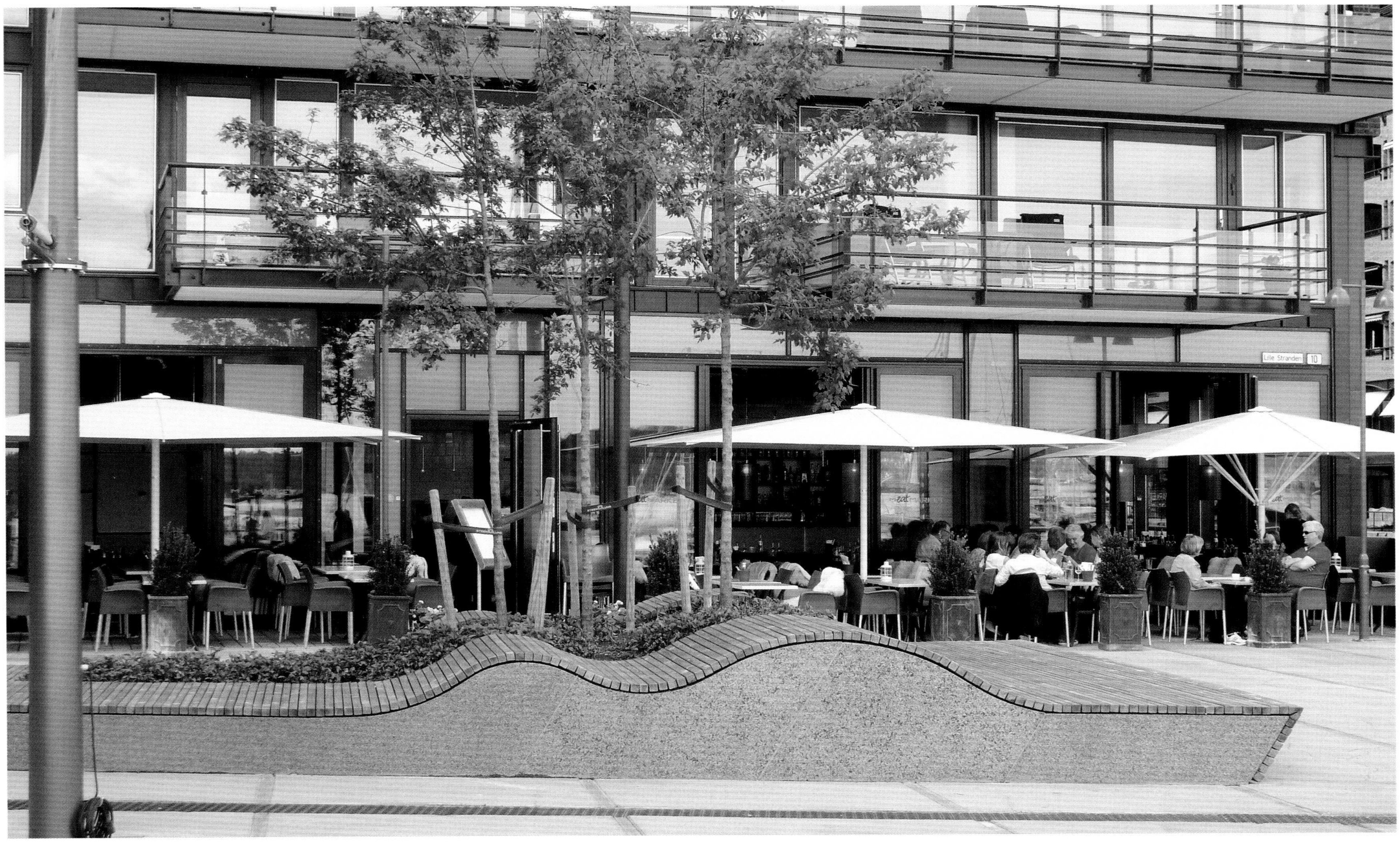

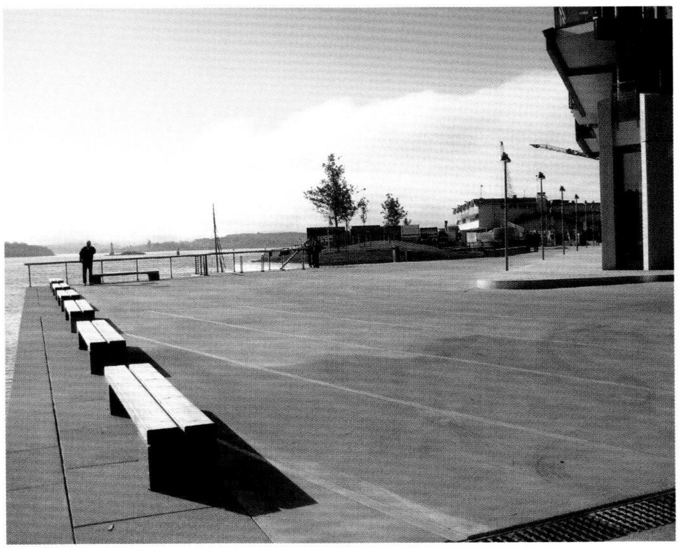

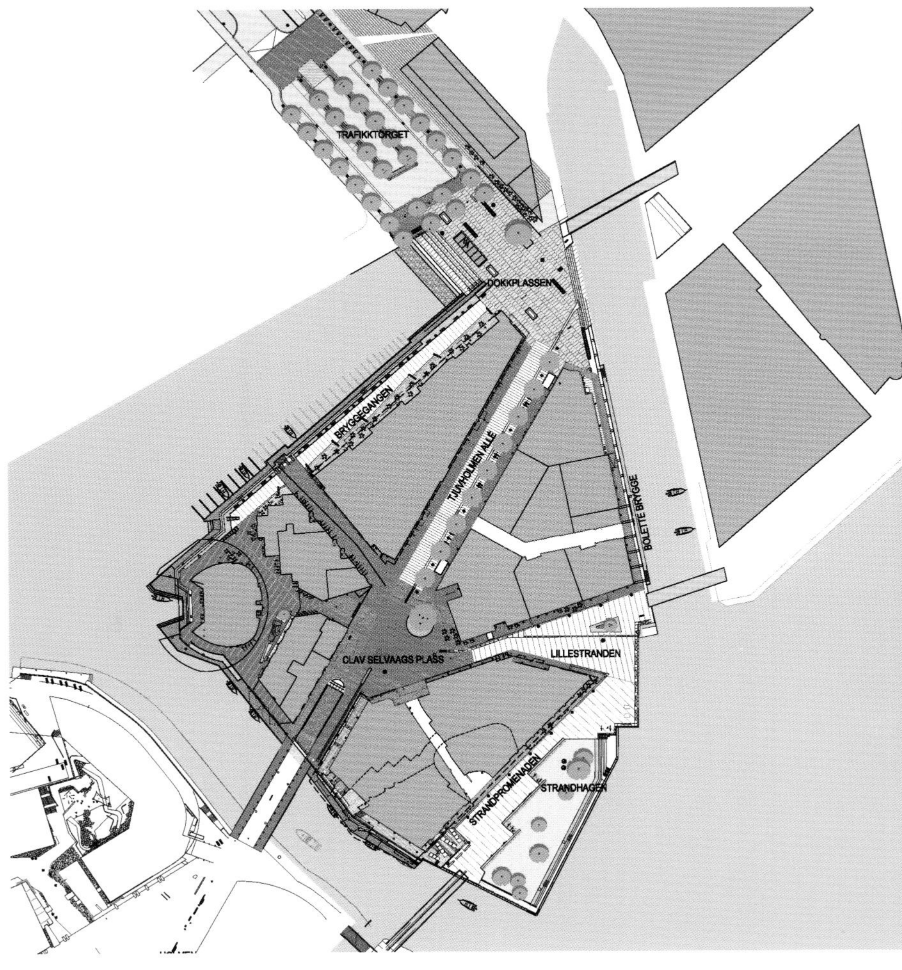
TRAFIKKTORGET
DOKKPLASSEN
BRYGGEGANGEN
TJUVHOLMEN ALLÉ
BOLETTE BRYGGE
OLAV SELVAAGS PLASS
LILLESTRANDEN
STRANDPROMENADEN
STRANDHAGEN

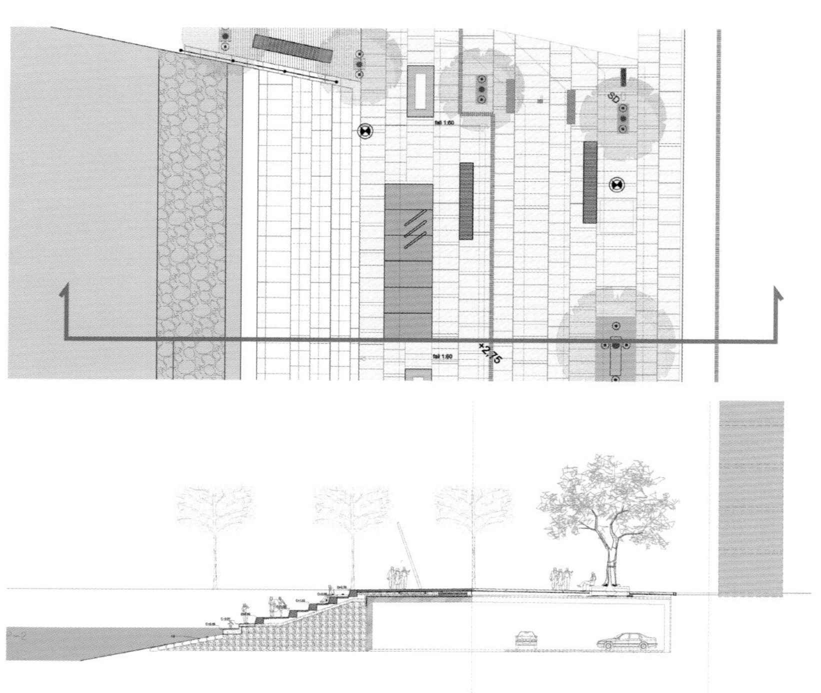

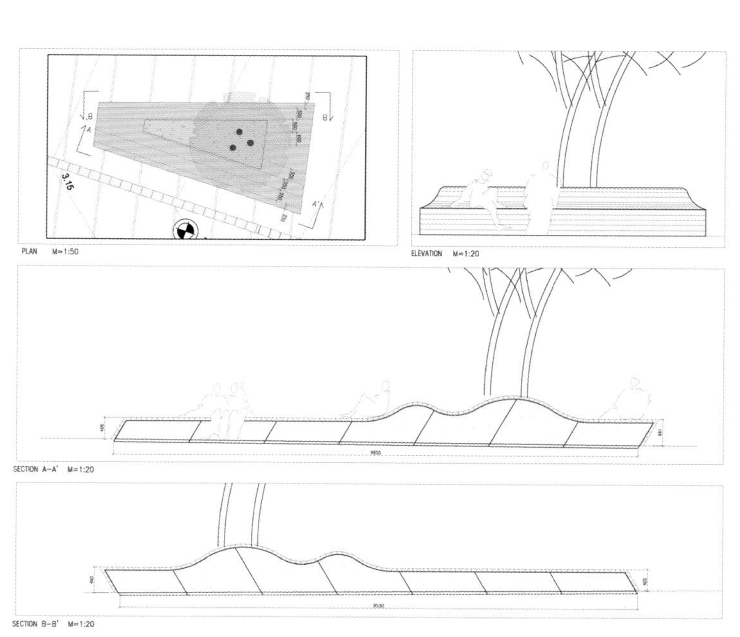
PLAN M=1:50
ELEVATION M=1:20
SECTION A-A' M=1:20
SECTION B-B' M=1:20

马洛夫轴线景观

景观设计：ADEPT, LIWPLANNING　　**地点**：丹麦　**面积**：100 000 m^2　　**摄影**：Kaare Viemose, Enok Holsegaard

马洛夫轴线景观及其周边的城市空间充分展现了马洛夫城生机勃勃的一面，同时与周边富有魅力的景观环境紧密相连。所有人都可以轻松进入这条景观轴线，这里的空间充分体现了马洛夫城的独特之处，并为市民和游客提供了难得的体验。

该项目的主要设计理念是该地区开阔的景观和自然环境融为一体。这里最为典型的是冰碛石景观，它的外观最初成形于冰河时期。冰川形成了起伏的地形，有冰窟、凹地、平原等。北部的马洛夫自然公园、南部的森德湖、马洛夫轴线区都融入了在这个优美、闲适的环境中。

马洛夫轴线区拥有流畅的建筑外观，这些建筑展现了当地的历史，打造了一个富有活力的城市生活空间。马洛夫轴线区弥漫着浓郁的自然气息，它带给人丰富的体验。

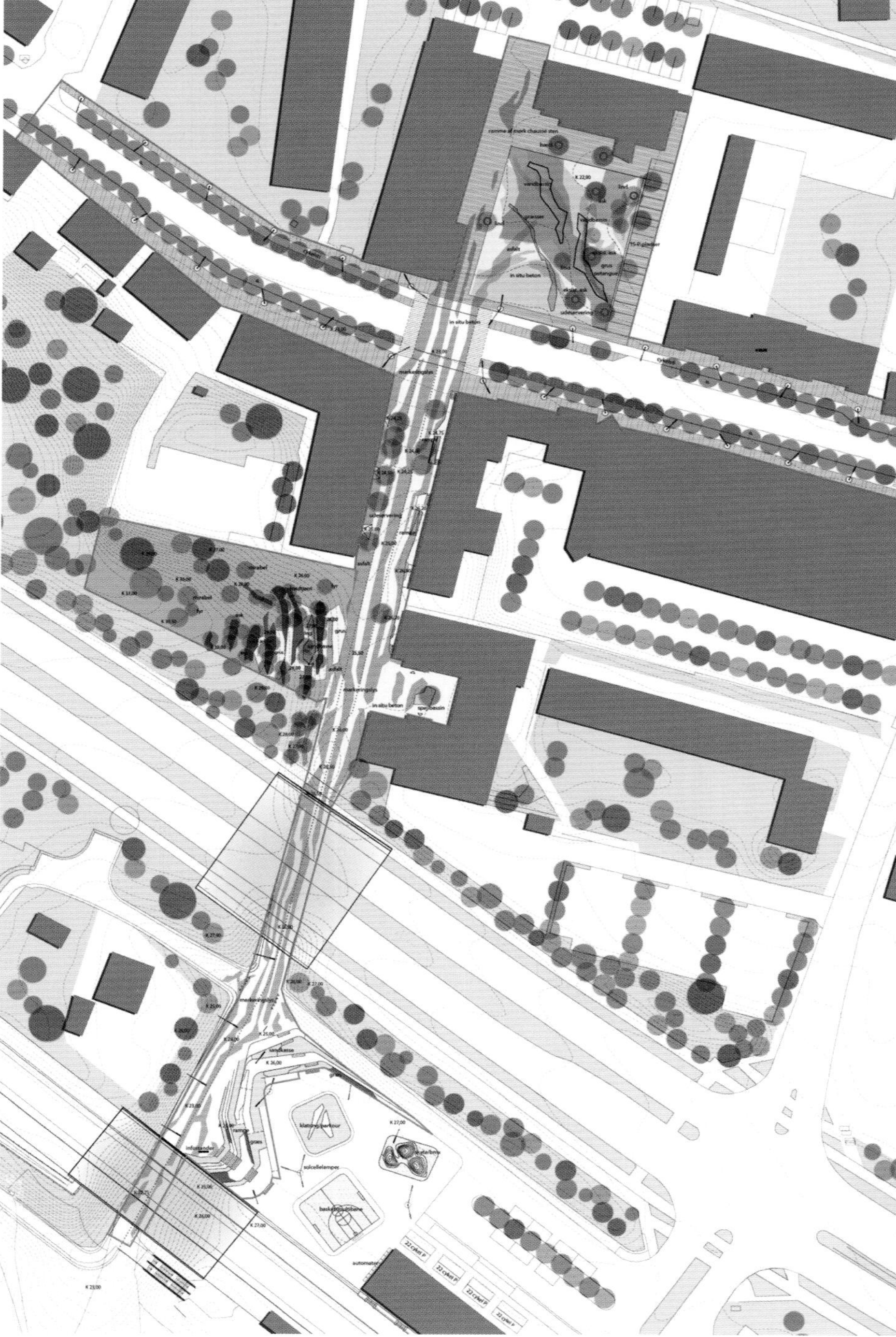

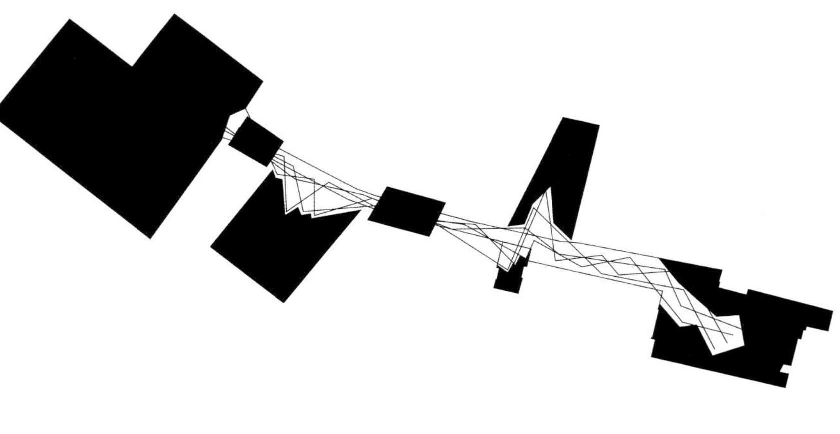

斯堪德夫广场

景观设计： Østengen & Bergo AS landscape architects MNLA

地点： 挪威

面积： 2.51 hm^2

摄影： Østengen & Bergo AS landscape architects MNLA

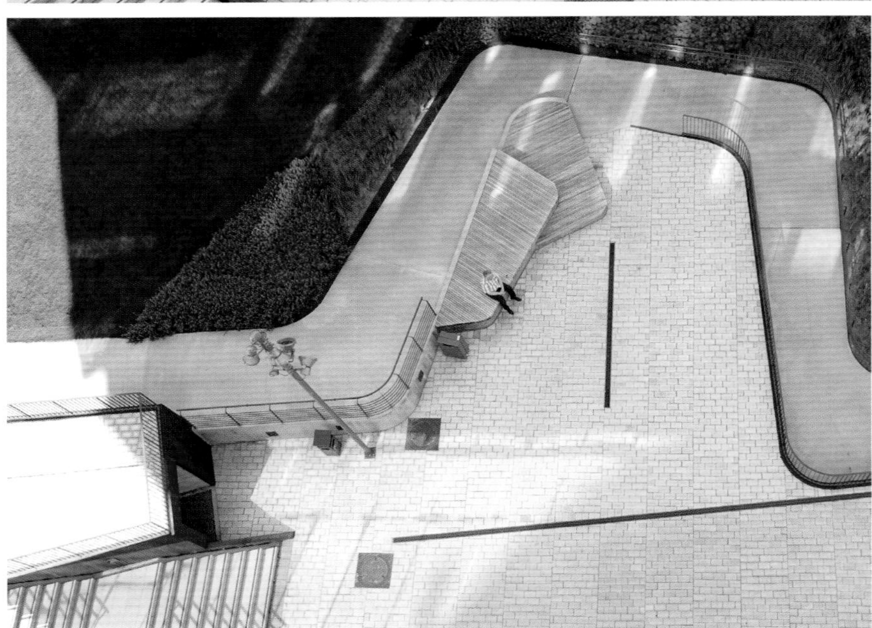

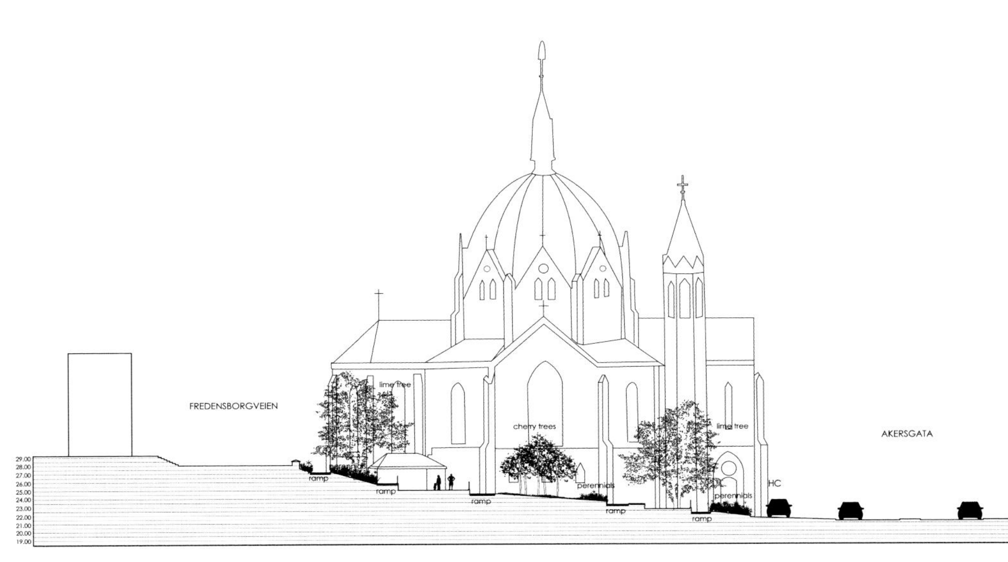

奥斯陆市中心的斯堪德夫街道尽头原是一处停车场，现在被改建为一处城市绿色空间，即斯堪德夫广场，它通过合并东边的一处古老墓地扩展了原有的绿色空间。该项目由开发商HøeghEiendom AS私人承建，于2009年完工，之后就赠与了市政当局。

该广场被几座在奥斯陆享有盛名的建筑所包围：南边是三一教堂，东边为戴希曼图书馆的宏伟的廊柱，西侧是一条向下延伸的街道。

设计师在广场上设计了一个斜坡，使两条街道之间的高度差达到7m。设计师设计了一条弯曲狭长的通道，将高处和低处的街道联系起来，该坡地上设计有休憩的区域。通道部分是整个广场设计的点睛之笔，其雕塑般的设计外观赋予整个区域独特的个性。坡地两侧设计有小型广场和绿地。

设计师力求营造一处简洁、但意蕴深远的城市中央绿色空间。通道的表面结构和挡土墙均由就地浇筑的混凝土建成。小型广场用浅灰色的花岗岩铺地，营造了温暖的氛围。

松德比的皇家角斗场改造项目

景观设计：C. F. Møller Architects

地点：丹麦
面积：1 500 m²

摄影：Helene Hoyer Mikkelsen

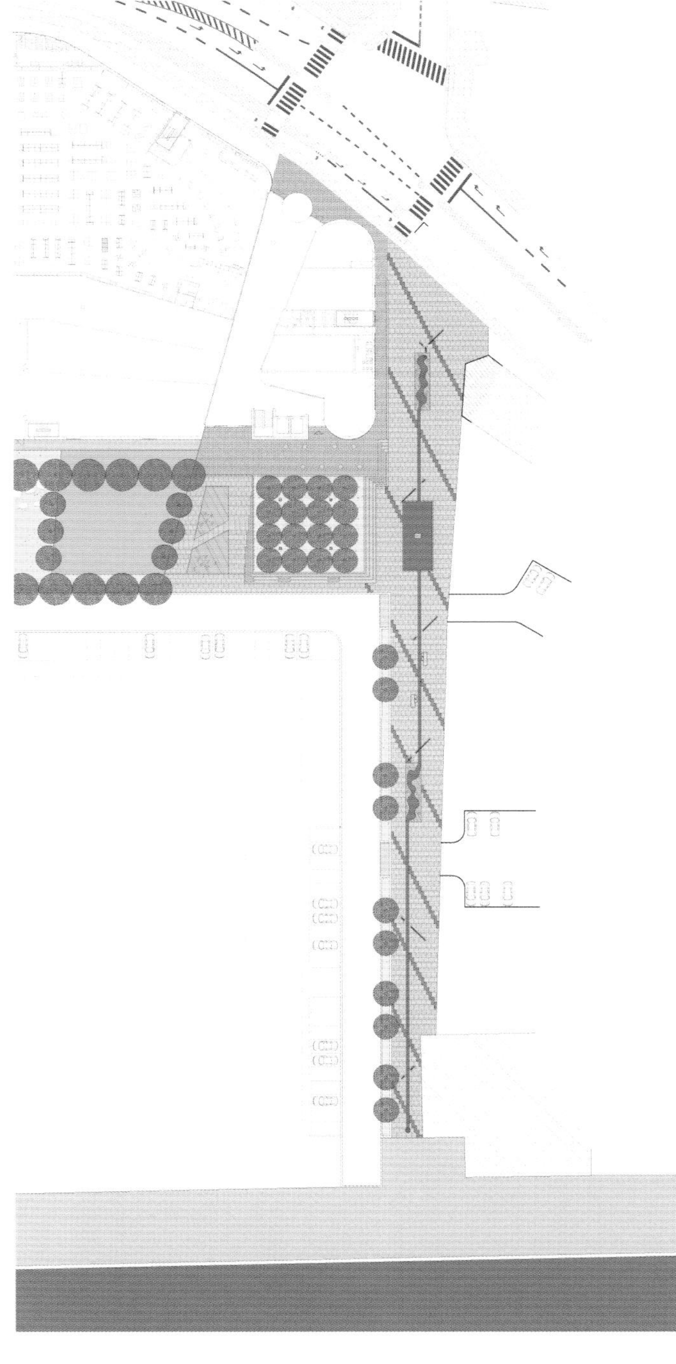

这处占地 12hm^2 的原先的丹麦皇家角斗场被改造为一处现代化的多功能城市区，这里还将建设行人通道、广场和绿地公园。C. F. Møller 建筑师事务所负责整个的总体规划方案和设计准则，将设计重点放在连接城市与前方海港的主轴线上。

行人大道围绕一条小的溪流展开设计，该溪流由喷涌出的地下水形成，一直流到峡湾之中。该小溪流经多个长满青苔的小池塘，其中较大的一座是由高强度钢材打造的倒影池。表面结构和铺路材料所使用的均是蜜色的混凝土和板岩，这里还安装有集成式 LED 照明设备。

奥尔堡滨水广场——港口与城市连为一体

景观设计： C. F. Møller Architects, Vibeke Rønnow Landscape Architects

地点： 丹麦

面积： 170 000 m²

摄影： Helene Hoyer Mikkelsen, C. F. Møller Architects, Martin Kristiansen, Aalborg Kommune

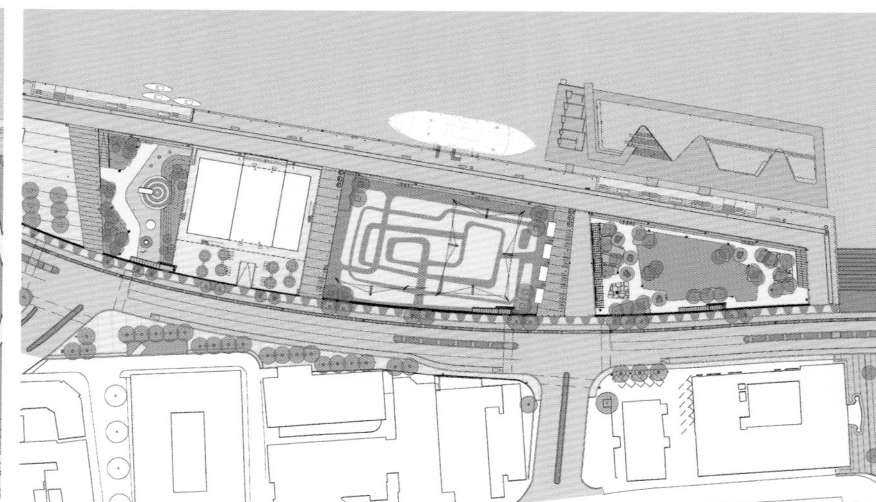

按照总体规划方案，奥尔堡滨水景观项目将该城市自中世纪既有的中心城区与附近的峡湾联系在一起。之前，对市民来说，到达峡湾地带是很不方便的，这主要是由工业化的海港和繁忙的交通而导致的。通过在城市的建筑构造中设置一些“开口”，城市和峡湾之间创建起了新的关联。

码头周围地区长约1km，其林荫大道两边栽种了大树，并且在细节处也加强了设计，以方便骑自行车的人和行人通行。通过在历史性的路堤周边新建大块的绿地，奥尔堡中世纪的城堡重新成为该海港地区的地标性建筑。

同时，该景观项目还特别设计了亲水台阶和亲水平台，以方便人们近距离地感受水的魅力。不同类型的城市公园可以方便人们开展各种类型的活动，搭建集贸市场，进行球类运动，晒日光浴，等等。其主要目的是营造出粗犷的、富于吸引力的空间，使不同类型的使用者都能从中获益。附近的花园是一处令人备感沉静的下沉式绿色空间，这里满眼是高大的树木和花卉。公园最西边是一处咖啡园和活动区。

奥尔堡滨水景观项目在设计上所要遵循的主要原则是多样性和对比性，该滨水景观已经成为奥尔堡的城市花园。不同年龄段和各行各业的人都会到这里游玩。

Radisson BLU

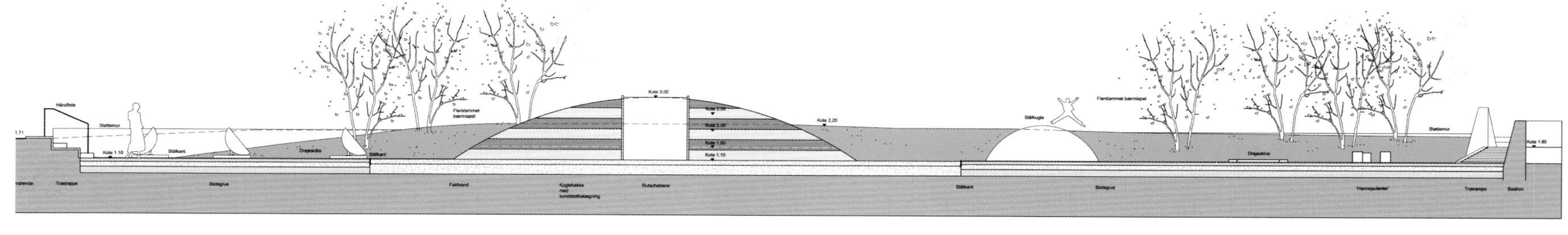

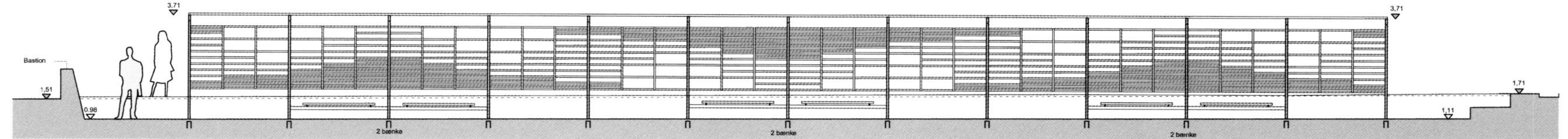
3,71
3,71
Bastion
1,51
0.98
1,71
1,11
2 bænke
2 bænke
2 bænke

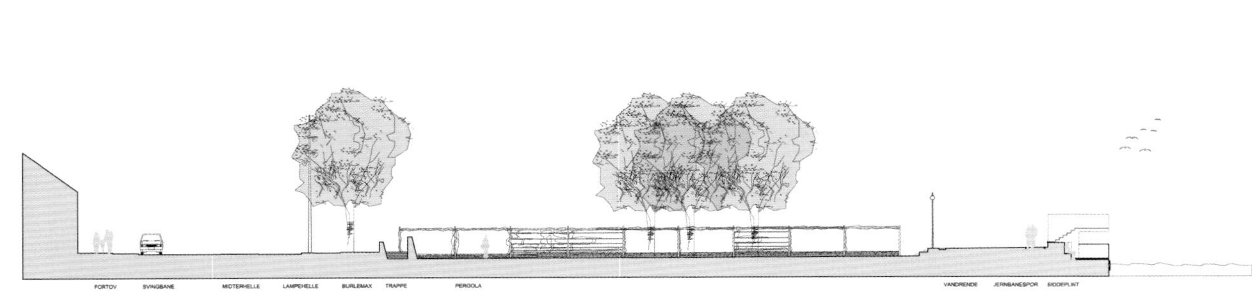
FORTOV
SVINGBANE
MIDTERHELLE
LAMPEHELLE
BURLEMAX
TRAPPE
PERGOLA
VANDRENDE
JERNBANESPOR
SIDDEPLINT

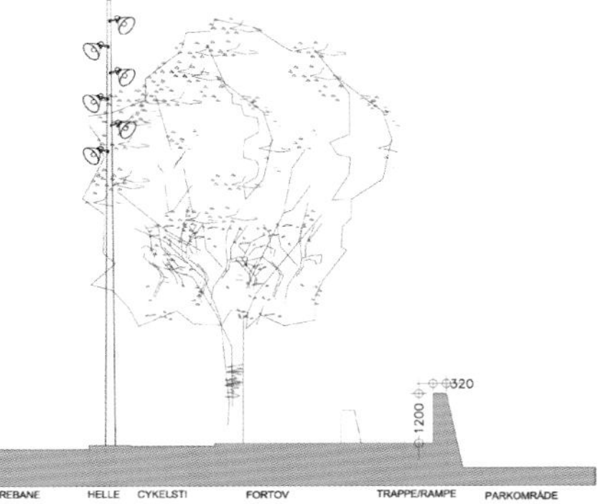
320
1200
KØREBANE
HELLE
CYKELSTI
FORTOV
TRAPPE/RAMPE
PARKOMRÅDE

马蒂尔德广场

景观设计：Buro Lubbers　**地点**：荷兰　**面积**：5 500 m²　**摄影**：Buro Lubbers

为了暂时逃离埃因霍温市中心的城市热潮，人们可以到马蒂尔德广场这处“城市绿洲”来休憩一番。购物之后或工作了一整天之后，人们可以在广场的露台上安静地小酌一杯，或坐在绿植环绕的长椅上小憩片刻。这处新建的静谧的广场以其特有的方式凸显了埃因霍温的地标——灯塔。

马蒂尔德广场的主要设计原则是多样性。该广场要能提升埃因霍温城市中心其他广场和地点的整体价值，并能够凸显灯塔，展现这处半开放式的广场，这处广场承担着很多不同功能。该广场不仅在形式设计与城市的融合性方面，而且在技术要求方面都面临着极大的挑战。该广场位于一处停车场的混凝土顶棚上，几乎没有空间来设置排水管道、铺路材料和其他工程结构。尽管面临着这些不利条件，设计师仍然使用滴水软管以极具创意的方式设计了排水系统，并对种植槽和铺路瓷砖进行了特别设计，这些都提升了广场的整体景观效果。

规划区的不规则外观要求设计师在结构设计方面多花些心思，以确保广场带给人静谧之感，同时又使人拥有欣赏灯塔的最佳视角。空间的整体性是通过设置相似的形式、使用类似的建筑材料实现的。广场地面只使用了一种铺砌材料，即类似于天然石材的深灰色混凝土。

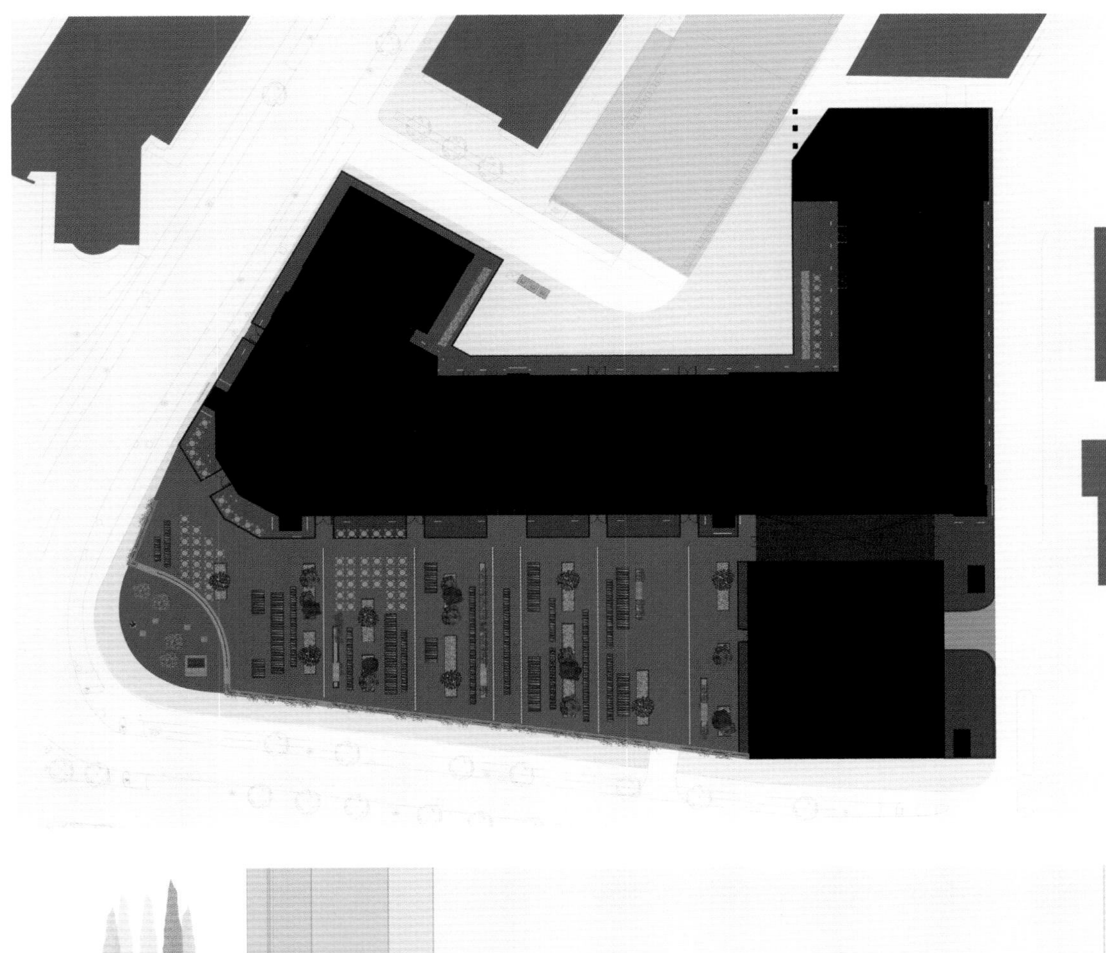

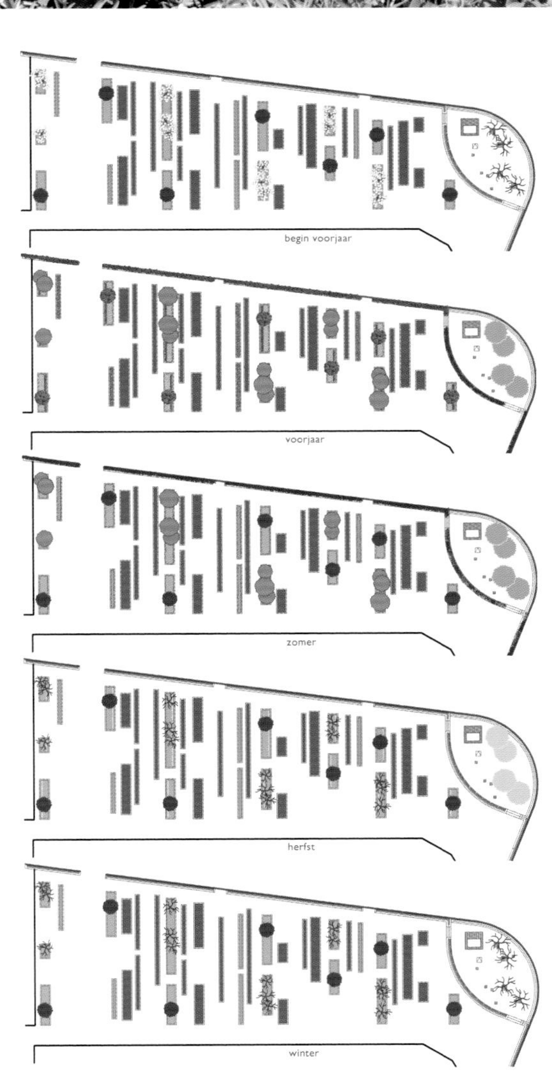

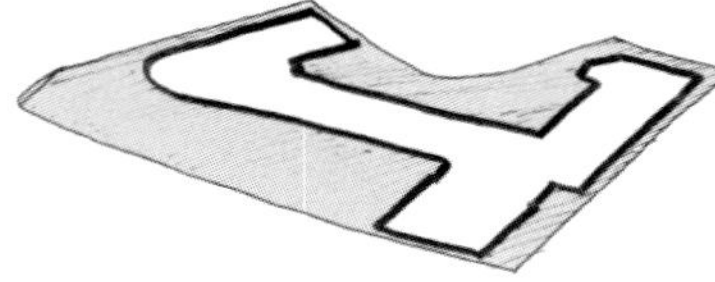

Light Tower

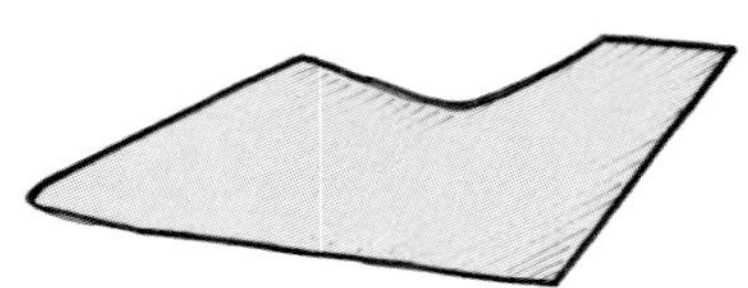

pavement as one carpet

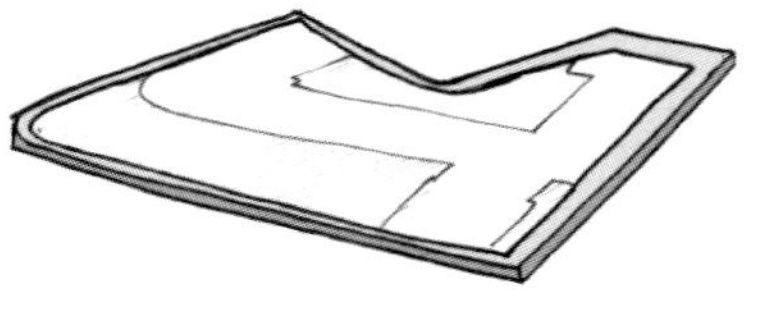

plinth

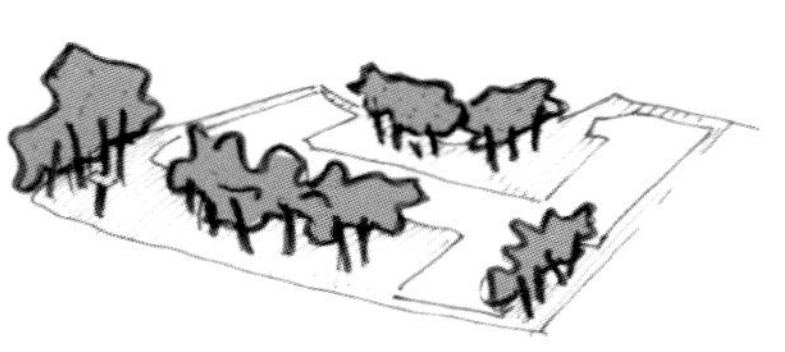

green oasis

默兹河河畔广场

景观设计：Buro Lubbers　**地点**：荷兰　**面积**：11 000 m²　**摄影**：Buro Lubbers

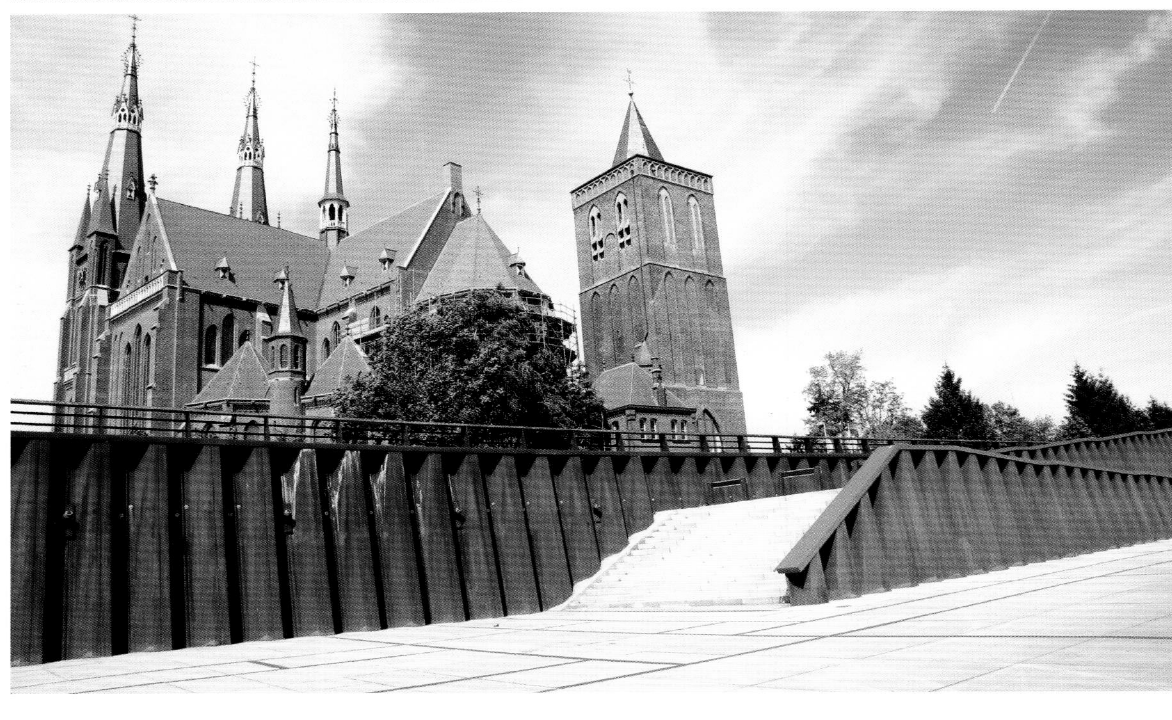

荷兰默兹河河畔的景致极为秀丽。在当前这个暴雨频发的季节，河水容易泛滥成灾，而使用柯尔顿耐腐蚀钢材修建的码头可以保护河畔 Cuijk 村庄免受洪水的侵袭。设计师所设计的这处码头还可作为当地人的一处聚会地点，且具有休闲功能，可以停泊游艇。

河堤的设计灵感来自于河流的规模和氛围。坚实的钢结构墙体将村庄与河流联系在一起。该墙体并没有将二者分隔开来，而是给两者营造出了更多的空间。而这种效果是通过在墙体边设计堤坝实现的，墙体就像是河堤的一部分。在这里，人们可以体验到码头与水域之间、村庄与景观之间的流畅的、富于空间感的过渡。

码头与村庄之间的联系首先是通过在堤坝下面设置地下通道实现的。除此之外，教堂附近设置的坡道和阶地也将二者联系在一起。通过坡道，人们可以缓缓步入码头上，而阶地则成为了河畔与堤坝顶部之间的快速通道。在一些重要的场合，坡道和阶地都可以用作观景廊道。

在滨水区设置了木制平台和其他设施。在这里，游人们可以静静地欣赏河水。给人的一个惊喜之处是原有的港口通过使用与码头相同的木质材料融入了码头的设计之中。宽阔的木质臂状结构围拢着河流，为人们提供了一个全景式的视野。

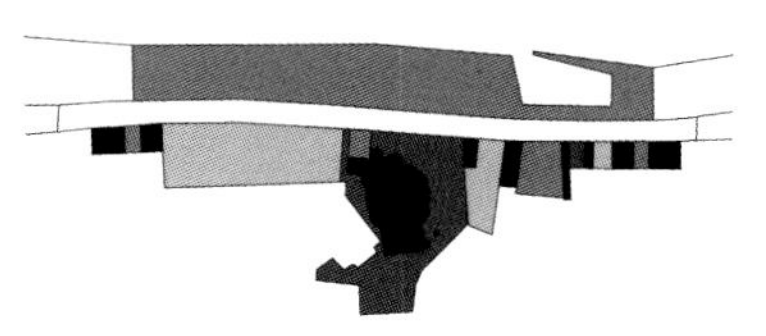

quay and village

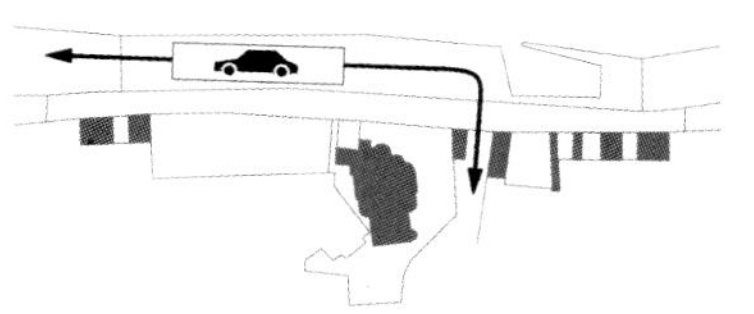

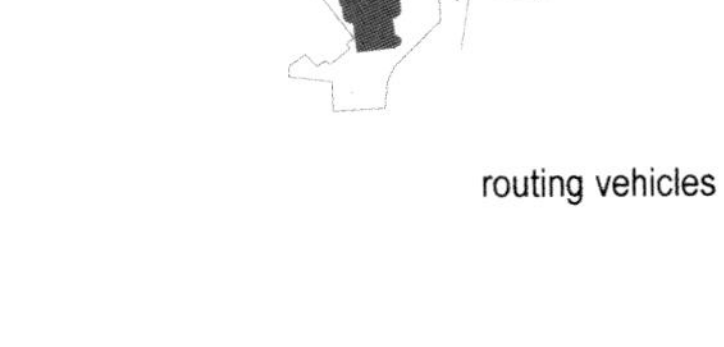

routing vehicles

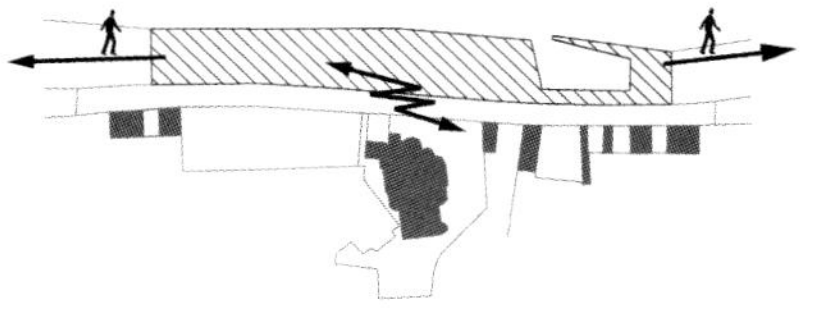

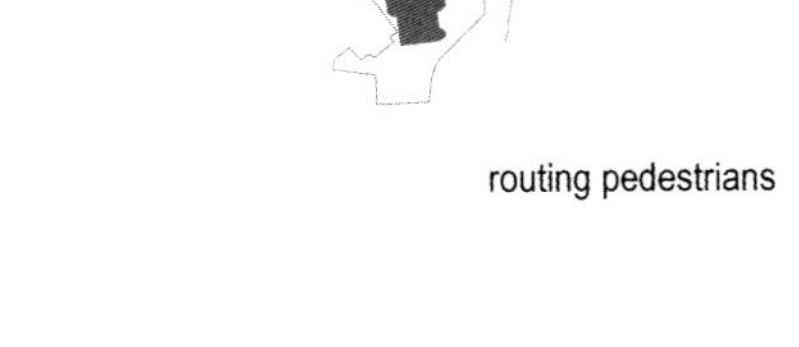

routing pedestrians

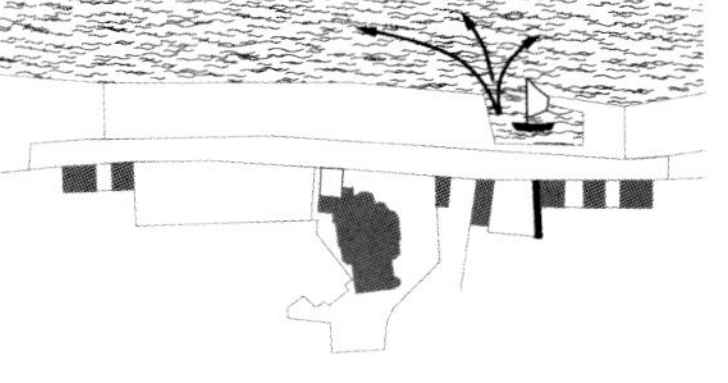

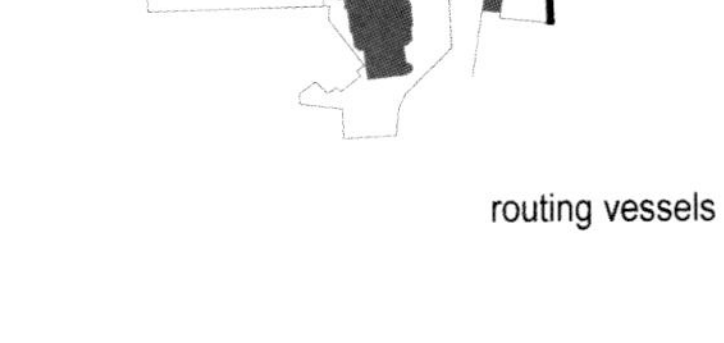

routing vessels

spitsgrachten Romeins

首尔春戈运河河道广场重建项目

景观设计： Mikyoung Kim Design

地点： 韩国

面积： 91 000 m²

摄影： Taeoh Kim

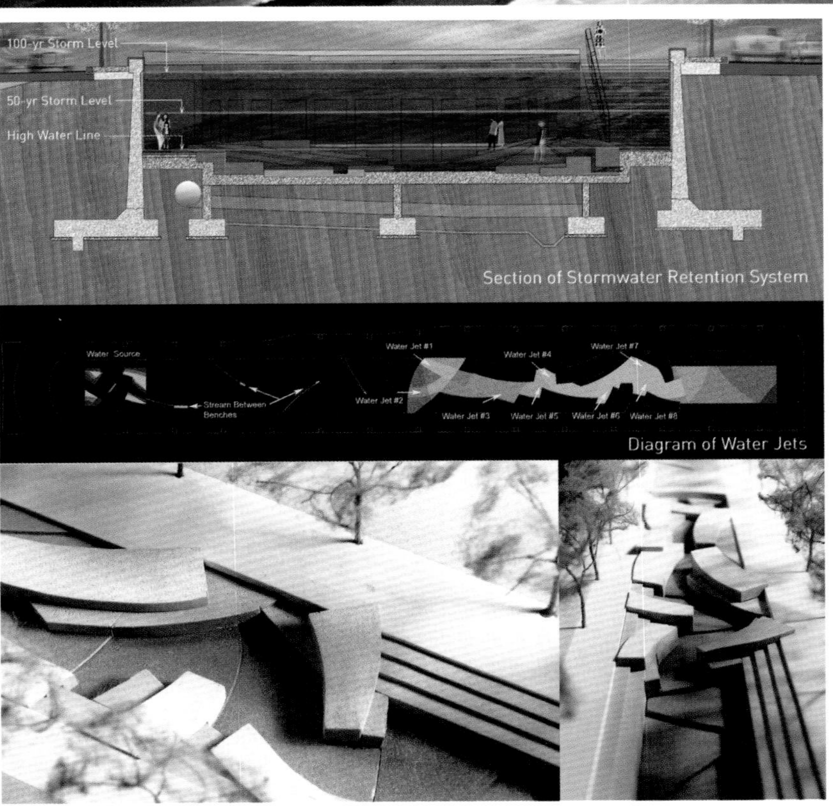

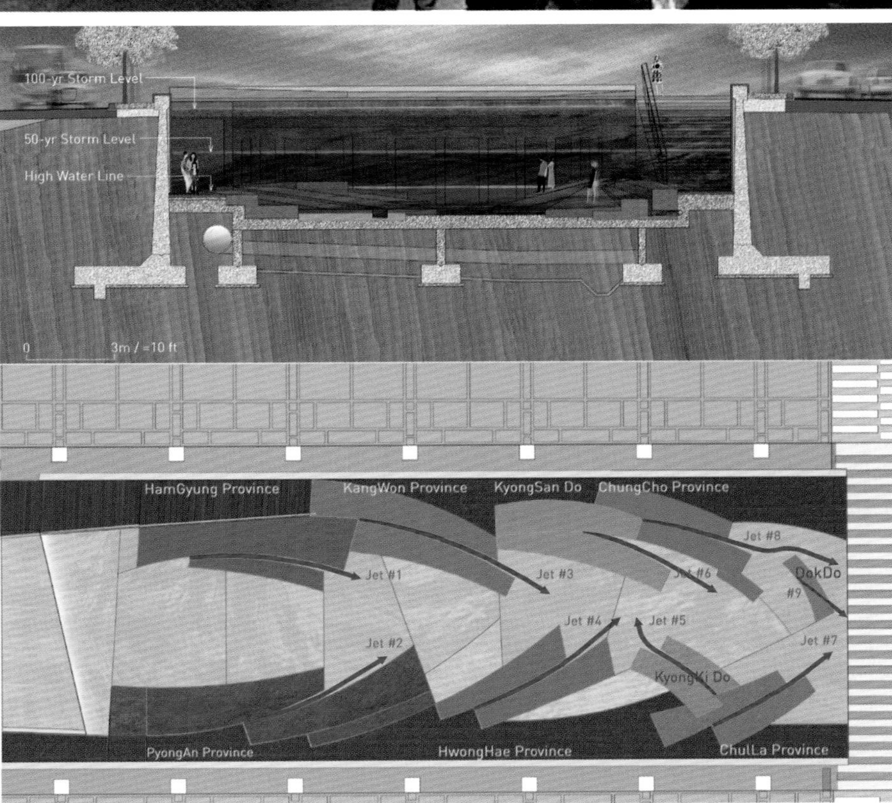

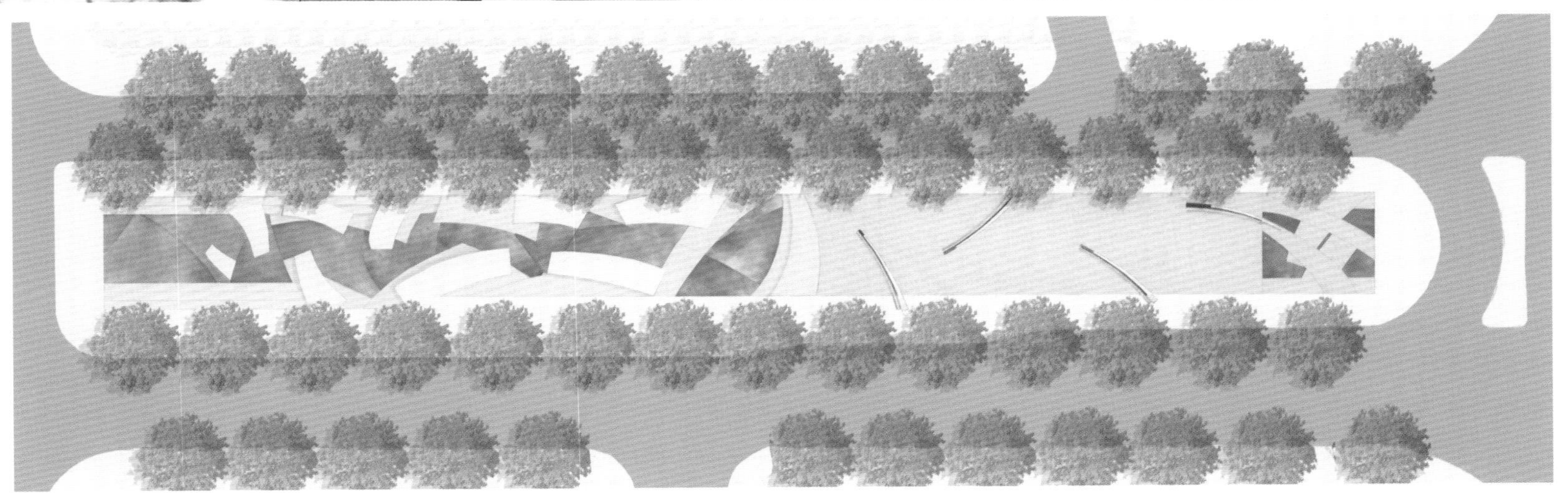

该河流重建项目位于这条 11km 长的绿色走廊的源头，这里是城市的中央商务区。该项目的总体目标是好好治理一下这处严重污染的、不通畅的河道，同时拆除绵延近 6km 的高架公路基础设施，这些设施将整座城市人为割裂开来。之前，人们都是通过车行通道来欣赏这条极具历史价值的河流，而改造之后，这里转变成了以人行通道为主的区域，同时，河水泛滥的可能性减小了，而水质也获得了极大改善。该设计充分考虑了每时每刻都在变化的水位的影响，同时也解决了季风季节大暴雨降临时，河水可能大规模泛滥的问题。独特的坡地和阶梯式石砌元素使人们可以欣赏到不同水位的水景，同时激发了人们与水之间的直接互动。该地块重建项目是这项河水流域总体整治工程的第一步。2005 年 10 月，于主广场举行了剪彩仪式，自那时以来，接近 1000 万名游客和居民到访了这个地方。这处城市开放空间不仅仅是环境整治项目的一部分，且已经成为城市中的一处中心聚会地点，而城市确实也需要有更多的公共景观。II 级水质意味着人们可以重新来到这里，享受其优美的景致。当有一些特殊事件时，比如传统新年、政治集会、时装秀、摇滚音乐会等，广场和水源区都会进行一些精心的布置。

阿姆斯特丹林荫大道广场

景观设计：Karres en Brands Landscape Architects
设计团队：Bart Brands, Joost de Natris, Jeroen Marseille, Paul Portheine, Jan-Martijn Eekhof, Daniela Hake, Katarina Brandt, Monika Popczyk

地点：荷兰
面积：4.2 hm^2

摄影：Karres en Brands Landscape Architects

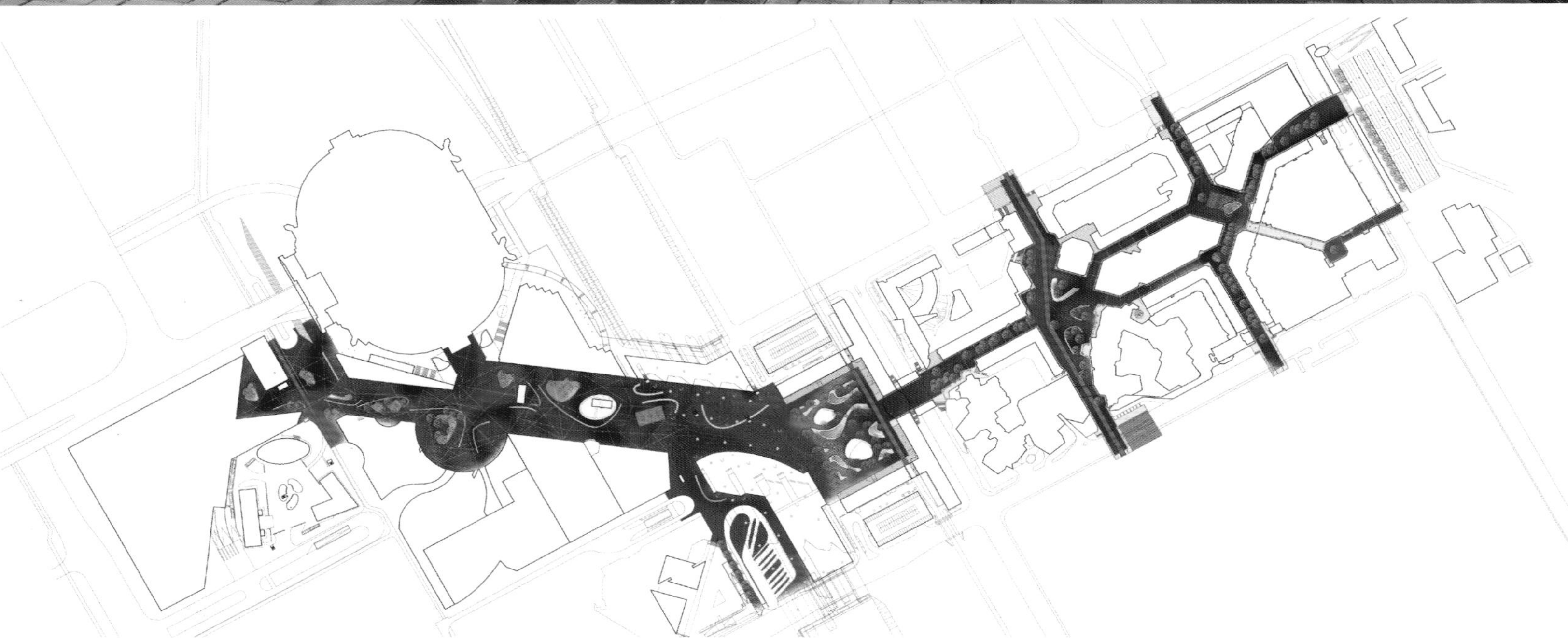

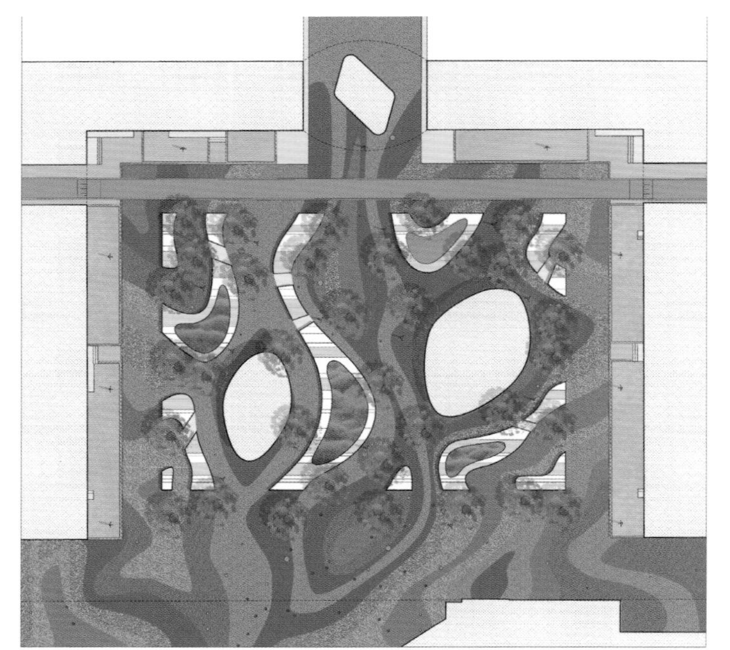

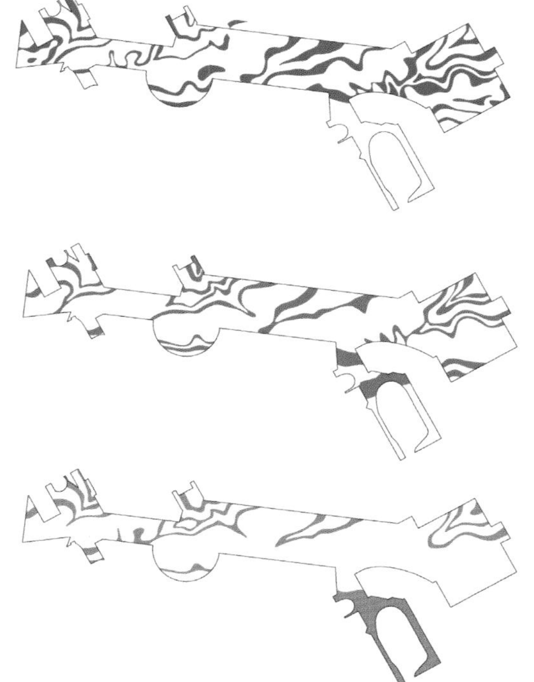

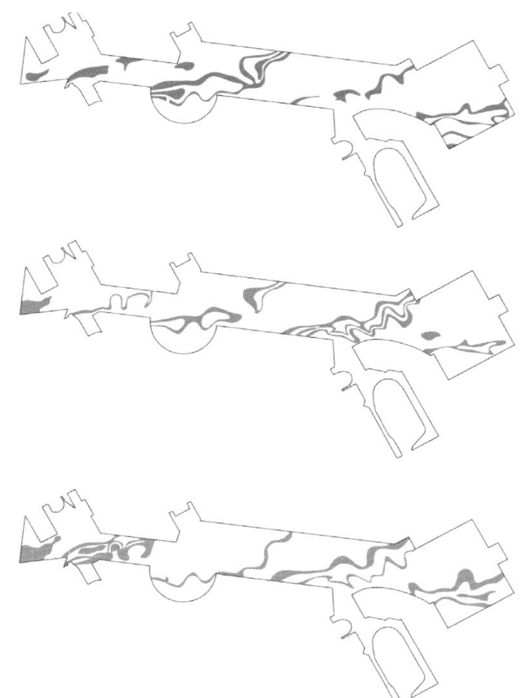

在一项新的建设项目中，阿姆斯特丹东南部地区的中心区被转变成阿姆斯特丹第二大的娱乐休闲区。这里新建的车站以及广场将有利于项目所在地及周边环境的繁荣发展（包括休闲设施、咖啡馆、饭店、办公楼、住宅等），该公共空间在功能应用上将发生很大的转变，游客人数也将增长。

对广场以及购物中心进行重新设计是为了建立这两个地方之间的空间关联，满足越来越多游客的需求。设计师设立了两个关键的设计目标：一是使这两个地方联系得更为紧密，二是使人们更乐意在这里停留。

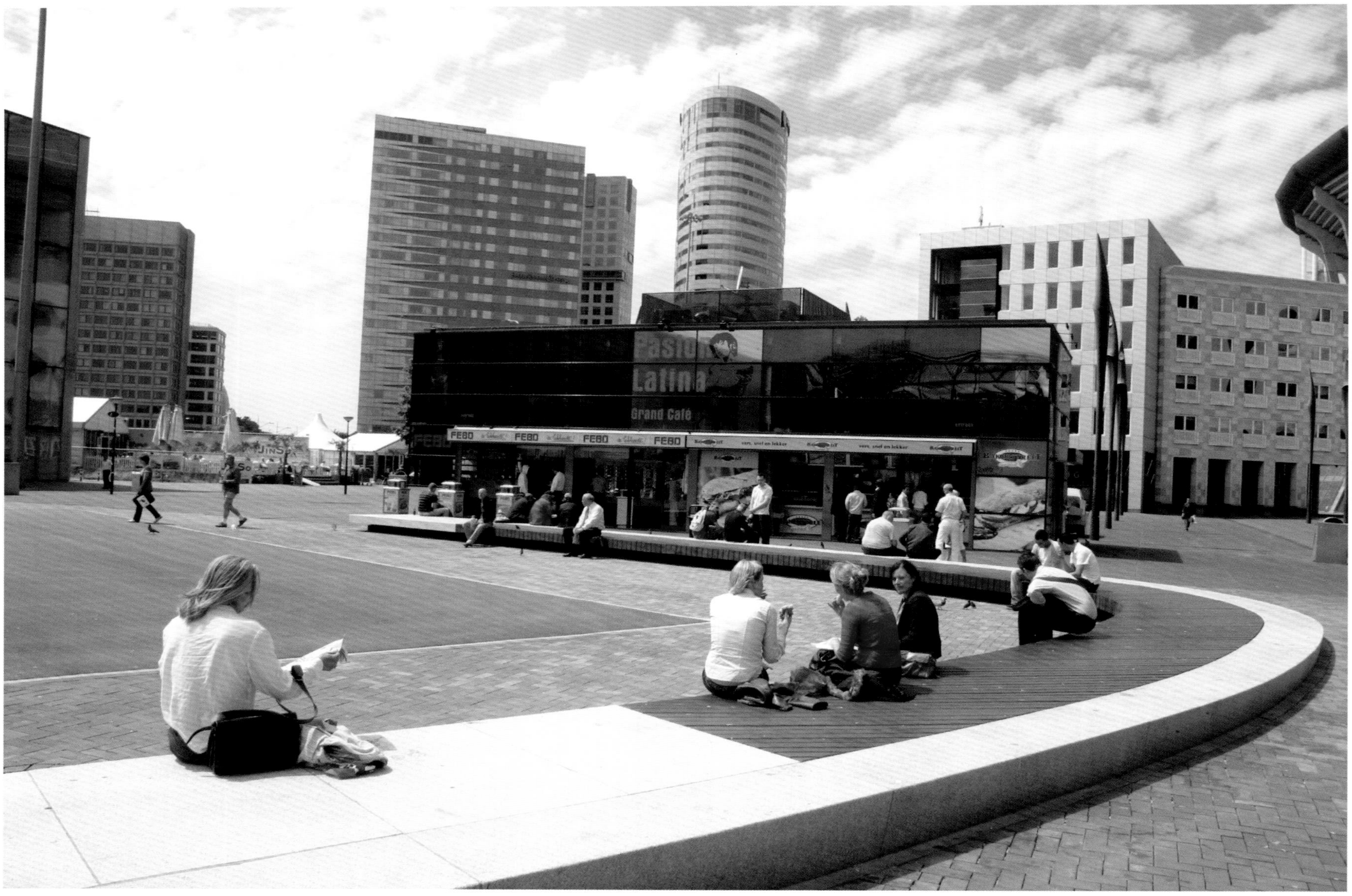
Latina
Grand Café
FEBO

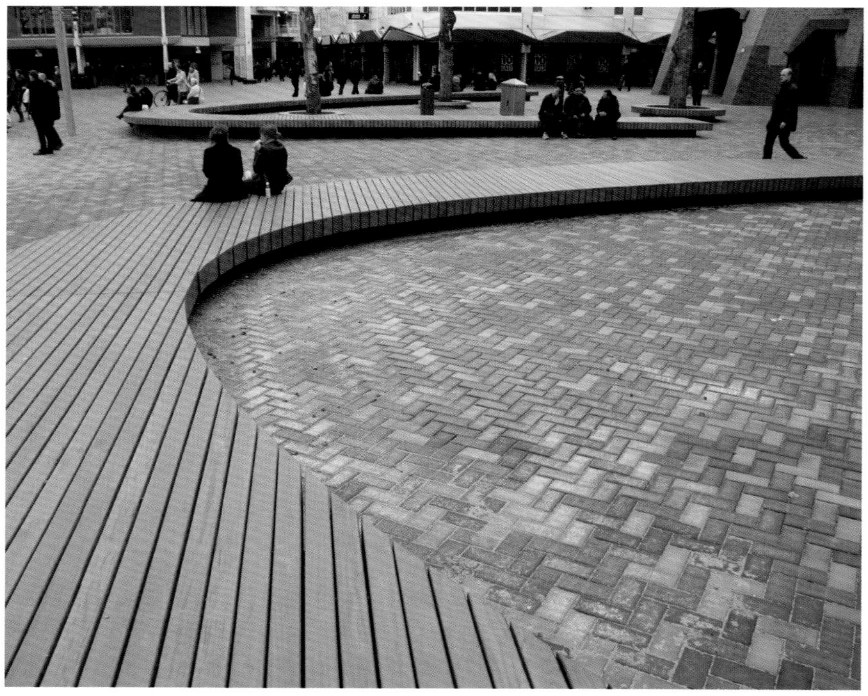

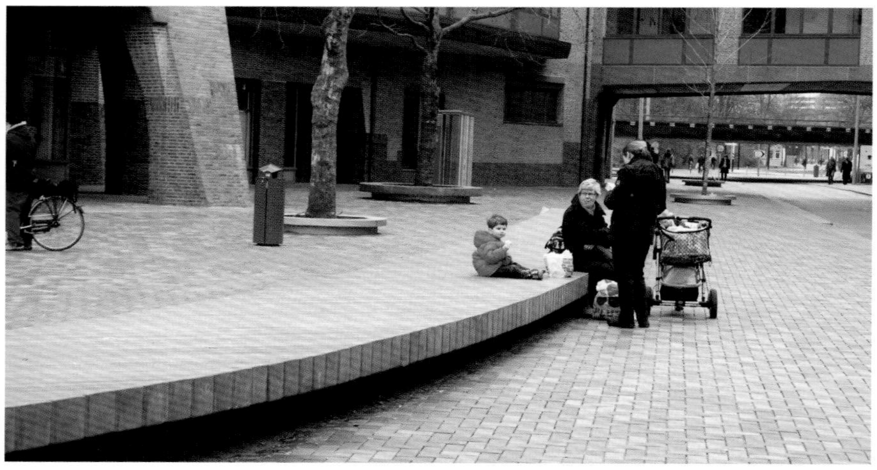

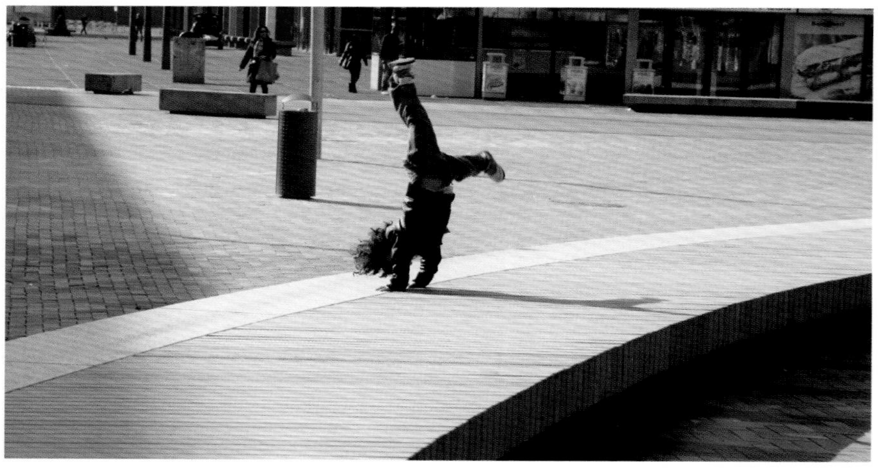

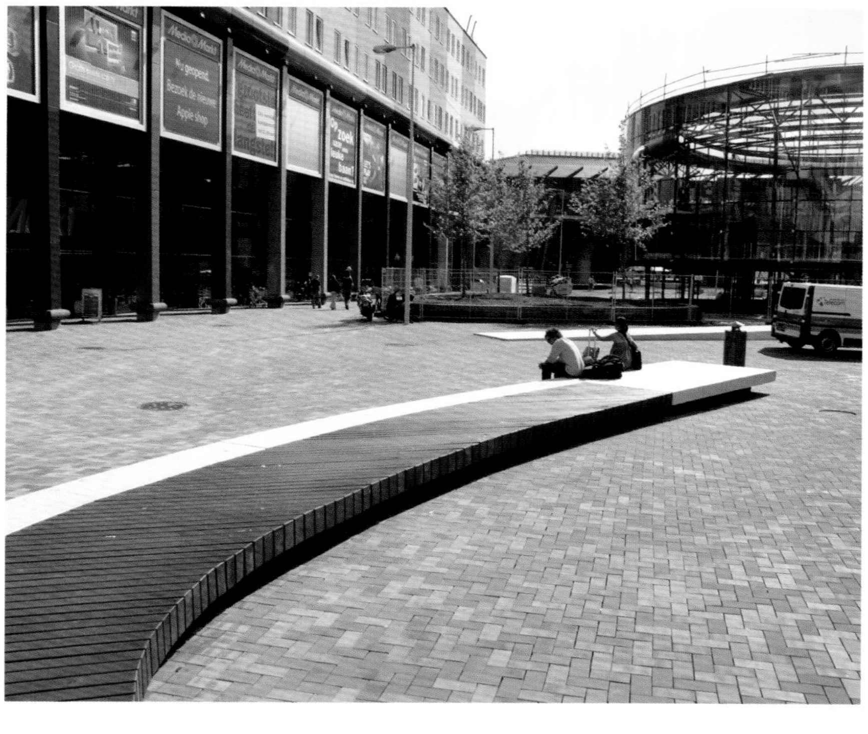

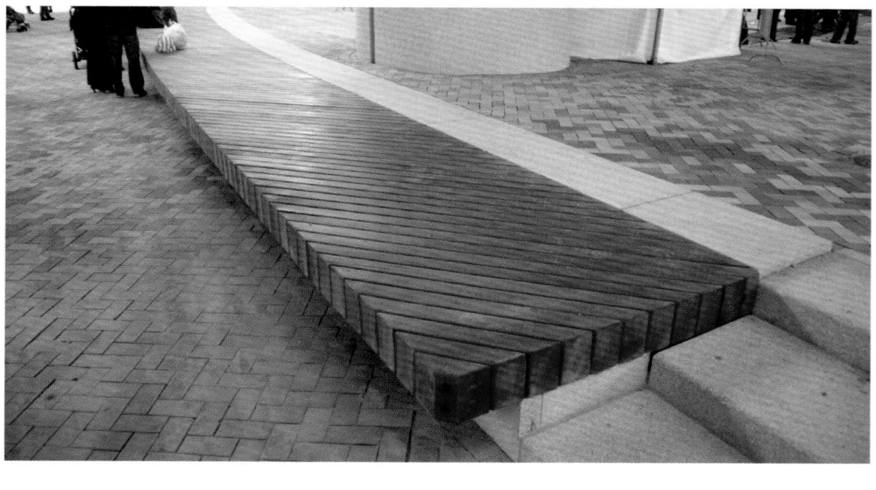